新材料是经济社会发展的物质基础，是高新技术和高精尖产业发展的先导，世界各国特别是工业发达国家高度重视新材料技术和产业的发展，提出和部署针对未来加速新材料发展的战略和研究计划。这些计划的实施，推动了大数据和人工智能在材料设计研发、生产制造和工程应用等领域的广泛应用，逐渐形成了新材料智能化技术体系，为从根本上解决新材料研发和应用效率低的瓶颈问题提供了新的技术途径。为此，中国工程院组织开展了"新材料研发与制造应用智能化发展战略研究"，旨在围绕新材料研发智能化关键技术、高端新材料智能制造技术、大数据和人工智能驱动的先进钢铁材料制造技术、大数据与人工智能赋能化工新材料制造技术等开展战略咨询研究。

　　本书基于课题1"新材料研发智能化关键技术"的研究成果编写而成。全书共分为发展概述、材料大数据与人工智能、材料高效计算与设计技术、材料先进实验技术与装置、创新平台与基础设施、材料智能研发技术标准体系、高层次创新人才培养、发展路径与政策措施建议共8章，着重阐述和探讨了新材料研发智能化的技术内涵、国内外研究现状和发展趋势、战略需求和面临的问题挑战等，提出了重点技术发展方向和发展路径以及政策与措施建议等。

　　参加本课题研究的人员有：谢建新、陈立泉、王海舟、汪卫华、段文晖、韩恩厚、宿彦京、杨明理、周科朝、汪洪、薛德祯、祝伟丽、金魁、梅金娜、王鲁宁、黄晓旭、向勇、项晓东、刘茜、张劲松、李金山、冯强、姜雪、白洋、张雷、蔡味东、代梦艳、沈学静、柳延辉、张佩宇、付华栋、王毅、李佳、李乙、张林峰、王俊生、杜云飞、施思齐、刘立斌、陈超、王泽高、伍芳、黄海友、黄再旺、雷前等。

本书主要编写人员有：

第1章　宿彦京　梅金娜　杨明理　祝伟丽　蔡味东　谢建新等

第2章　薛德桢　姜　雪　付华栋　王　毅　宿彦京　谢建新等

第3章 杨明理 张林峰 王俊升 施思齐 刘立斌等

第4章 周科朝 黄晓旭 韩恩厚 代梦艳 项晓东 刘　茜 陈超等

第5章 杨明理 王泽高 向　勇 伍　芳 姜　雪 宿彦京 谢建新等

第6章 汪　洪 路勇超 张澜庭 李大永 沈学静 唐凌天 孙碧瑶 陈永彦
张　雷 姜　雪 何杰等

第7章 冯　强 周科朝 王鲁宁 项晓东 黄海友 黄再旺 雷　前 陈　超等

第8章 祝伟丽 蔡味东 宿彦京等

新材料研发智能化发展关乎到国家新材料科技创新和产业发展的未来，对国家经济和社会尤其是高端制造业和高新技术的发展影响巨大。期望本书的出版能够为有关政府职能部门从事新材料研发、产业化发展的科技工作者、产业界人士和在校学生提供有价值的参考。

限于时间仓促，书中不足之处难免，恳请广大读者批评指正。

感谢中国工程院战略研究与咨询项目（项目编号：2021-JJZD-01）的资助。

著者

目录
CONTENTS

第3章 材料高效计算与设计技术

第6章　材料智能研发技术标准体系　235

第7章　高层次创新人才培养　267

第8章　发展路径与政策措施建议　299

新材料研发智能化关键技术

Key Intelligent Technologies for
Advanced Materials Research and
Development

第1章　新材料研发智能化关键技术发展概述

　　材料研发智能化关键技术的突破，以及基础设施和支撑条件的建设，显著加速了新材料研发和工程应用进程，促进了大数据和人工智能与材料科学理论、计算和实验的融合，推动了材料科技革命，颠覆性地变革了新材料的研发范式，为从根本上解决新材料研发效率低的瓶颈问题提供了新途径。目前以美国为首的西方工业发达国家，逐渐构建了新材料研发智能化技术体系，加速建设材料智能化研发的基础设施和支撑条件，科技、社会和市场生态正在形成，新材料设计研发和制造应用正在进入"智能化"时代。预计未来5～10年，新材料研发智能化将成为材料领域发展的主要模式，相应关键技术发展程度、基础设施与支撑平台建设水平、多学科交叉的复合型人才培养质量，将决定新材料原始创新能力，对高新技术发展产生深远影响。

新材料研发智能化是指人工智能的思想和理念、算法和技术在材料设计研发中的应用，以材料大数据为基础、人工智能算法为核心。新材料研发智能化技术体系包括材料高通量计算、跨尺度计算、集成计算材料工程和智能计算设计等构成的材料高效计算设计技术，由材料高通量实验和自主/智能实验等构成的先进实验技术，由材料大数据和人工智能构成的数据驱动的材料研发技术，以及由智能计算仿真和智能实验实时交互与反馈迭代的材料数字孪生技术等。

本章分析了新材料研发智能化关键技术的内涵，总结了近年来各国政府颁布的新材料和人工智能的发展战略和科技计划，重点综述了新材料研发智能化关键技术的国内外现状和发展趋势，通过对比分析，总结了目前我国新材料研发智能化关键技术存在的问题及面临的挑战，提出了关键技术重点发展方向。

1.1　概念与内涵

（1）材料智能计算设计

材料智能计算设计技术是将人工智能应用于材料多尺度计算、高通量计算和集成计算材料工程，利用机器智能，在新材料设计、制备、加工、服役等计算模拟过程中实现自主设置试错空间、选择计算路线、调节计算资源和优化筛选因子，形成材料计算设计闭环并高效完成自主虚拟迭代，获得最优设计方案，指导新材料实验研究和工程应用的全链条计算技术。智能计算突破了人脑的思维定式，可以在已知的变量空间之外自主发现新变量，自主完成设计思路和技术路线的优化，大幅度提高材料计算效率，提升材料设计和筛选的可靠性及精准度。

（2）材料自主/智能实验

材料自主实验是通过人工智能、机器人、数据技术和优化算法与实验装置融合，使其具有实验过程自主规划、实验结果智能分析、实验方案自主决策等功能，通过实验过程闭环反馈迭代，自动探寻新材料、新工艺和新性能的实验技术。智能实验是深度融合互联网和大数据等技术，具有自主实验的模块化协同调度和统筹，人机知识和信息实时交互和迭代，材料计算-实验-数据深度融合和协同运用等功能的实验技术。

（3）材料大数据与材料大数据技术

材料大数据泛指材料科学研究、新材料设计-研发-生产-应用等过程产生的数据，主要包括描述材料成分、工艺和性能等的数值型数据，描述组织结构的图片和图谱数据，描述材料知识的数学模型和科技文献文本数据等，具有多模态、多粒度、多维度的特点。材料大数据技术是指材料数据管理和数据分析技术，主要包括材料计算、实验、生产数据采集和科技文献数据抽取等数据处理加工技术，存储与管理、数据交换网络和标准协议、数据融通与共享等数据库技术和数据资源与基础设施，数据分析和可视化等数据应用服务技术，以及云技术-大数据-机器学习一体化的材料数字化协作平台技术等。

（4）新材料研发智能化平台

新材料研发智能化平台主要包括材料高效计算设计、先进实验、材料大数据和人工智能等技术平台，其通过互联网和通信技术，实现材料数据、算力资源、计算软件、模型算法、自主实验等的协同控制和人机交互，是通过数据和知识的共享和融合，开展协同创新研究的基础设施和协同网络。

1.2　政府发展战略和计划

1.2.1　美国发展战略

2011年6月，美国宣布了投资超过5亿美元的"先进制造业伙伴关系"计划，旨在加强政府、高校及企业的合作，强化美国制造业，其中"面向全球竞争力的材料基因组计划"[materials genome initiative（MGI）for global competitiveness，简称"材料基因组计划"] 是该计划的重要组成部分，目标是通过建设材料高通量计算、高通量实验和材料数据等基础设施和平台，形成新材料创新发展的基础条件和能力，加速推动美国新材料产业的发展，将新材料发现、开发和应用的时间缩短一半，成本降低一半。

2014年12月，美国部署了国家层面最高技术投资的发展规划——《材料基因组战略规划》，成为继2001年《美国国家纳米技术战略规划》之后的又一个国家级材料技术发展战略规划，旨在促进美国材料研发模式的变革，满足高新技术产业和新一代军用装备发展对新材料的迫切需求，提出了生物材料、催化剂、聚合物复合材料、关联材料、电子和光子材料、储能材料系统、轻质结构材料、有机电子材料和聚合物9个重点材料领域的61个发展方向。

2021年11月，美国在实施材料基因组计划取得重大成效的基础上，再次发布《材料基因组战略规划》，扩大材料基因组计划的影响力，提出推动参与材料基因组计划的研究机构和群体形成贯穿研发到应用的联盟，指导相关群体广泛推广应用材料基因工程技术和基础设施，加速新材料的应用。未来五年的发展目标是：

① 统一材料创新基础设施；

② 强化材料数据的赋能效应;

③ 教育、培训和组织新型材料研发的人力资源。

该规划指出,实现上述三个目标对美国在21世纪保持竞争力至关重要,有助于美国在卫生、国防和能源等领域材料技术创新方面保持全球领先地位,支撑未来高新技术的发展。

材料基因组计划的实施,极大地推动了大数据和人工智能在材料领域的应用,经过十余年的发展,大数据和人工智能已经成为材料基因工程的核心技术,推动了材料智能化发展,催生了材料智能研发技术。2019年,美国科学院发布《材料研究前沿:十年调查》报告,指出未来材料科学将构筑于大数据和人工智能基础之上,有望从根本上解决新材料研发效率低的问题。

1.2.2 欧盟计划

2011年,几乎在美国宣布材料基因组计划的同时,欧盟启动了"加速冶金"(Accelerated Metallurgy,AccMet)计划。由欧洲航天局(ESA)统一管理,共有31个欧洲机构参与该计划,实施周期5年,总预算2195万欧元。AccMet计划重点关注合金设计和模拟,采用高通量组合材料实验技术,加快发现和优化更高性能的合金成分,降低材料研发成本和周期,加速研发和应用的速度,降低失败风险。

2012年,欧洲科学基金会发布了"冶金欧洲"(Metallurgy Europe – A Renaissance Programme for 2012-2022)研究计划,总投资约1亿欧元。"冶金欧洲"重点关注合金在工业领域的应用,确定了17个未来的材料需求和50个跨行业的冶金研究主题,涉及材料在清洁能源、绿色交通、卫生保健和下一代制造等领域的应用。50个研究主题以未来几十年对欧洲工业的战略和技术价值为标准进行遴选,主要包括:

① 新材料发现;

② 材料创新设计、金属加工和优化;

③ 冶金基础理论。

研究内容覆盖理论研发、实验、建模、材料表征、性能测试、原型设计和工业规模化等全流程的各环节。

2013年,欧盟委员会批准实施"地平线2020"科研创新计划,实施周期为2014—2020年,总预算约800亿欧元。该计划以整合欧盟各成员国的科研资源,提高科研效率,促进科技创新,推动经济增长和增加就业为目标。该计划中的"新材料发现"(NoMaD)项目,开发出了材料"百科全书"和大数据分析工具,用于材料科学与工程的研究。

2013 年，德国政府发布《保障德国制造业未来：关于实施工业 4.0 战略建议》，投资 2 亿欧元。其旨在利用物联信息系统将生产过程的供应、制造、销售信息数据化、智慧化，最后达到快速、有效、个性化的产品供应，提升制造业的智能化水平，建立具有适应性、资源效率及人因工程学的智慧工厂。在商业流程及价值流程中整合客户及商业伙伴是该战略的重要内容。

1.2.3　中国科技计划

我国高度重视新材料的发展，近年来相继出台了若干与材料科技和产业有关的经济和科技规划、纲要、指南等政策性文件，确定了新形势下我国材料领域的发展方向、策略和重点，引导、规范和支持新材料研发和产业的升级发展。

美国宣布材料基因组计划后，中国工程院和中国科学院立即开展了广泛的咨询和深入系统的调研。2015 年，科技部启动了国家重点研发计划"材料基因工程关键技术与支撑平台"重点专项，围绕实现研发周期缩短一半、研发成本降低一半（即两个"一半"）的战略目标，构建支撑我国材料基因工程研究和协同创新发展的高通量计算、高通量合成与表征和专用数据库等三大示范平台，研发材料高通量计算方法、高通量制备技术、高通量表征与服役评价技术、面向材料基因工程的材料大数据技术等四大关键技术，在能源材料、生物医用材料、稀土功能材料、催化材料、特种合金材料等五类材料上开展验证性示范应用，验证材料基因工程技术的先进性和适用性，并在新材料领域获得突破。专项部署总经费近 15 亿元，其中，中央财政经费约 8.4 亿元，自筹经费超过 6 亿元。

2016 年 3 月，十二届全国人大四次会议审议批准了《中华人民共和国国民经济和社会发展第十三个五年规划纲要》（以下简称《纲要》）。《纲要》提出加快突破新材料、智能制造等领域核心技术。重点新材料研发及应用被列为科技创新 2030 9 个重大科技项目之一，大数据被列入科技创新 2030 重大工程。

2016 年 8 月，国务院发布《"十三五"国家科技创新规划》，提出发展变革性的材料研发与绿色制造新技术，重点是研发和建设材料基因工程关键技术与支撑平台，以及以短流程、近终形、高能效、低排放为特征的材料绿色制造技术及工程应用。

2017 年 1 月，工业和信息化部发布《新材料产业发展指南》，规划了新材料创新能力建设工程，强化新材料产业协同创新体系建设；统筹布局和建设材料基因工程重大共性技术研究平台，充分依托现有科研机构，组建材料基因工程专业化研究中心，形成重点新材料创新基础和开发共享的公共平台，降低新材料研发成本，缩短新材料研发应用周期。

2017年4月，科技部印发《"十三五"材料领域科技创新专项规划》。材料基因工程作为变革性的新材料研发技术，在该规划中有明确表述，建设目标为"开发出具有自主知识产权的高通量材料模拟算法和计算软件，建立材料基因工程的计算平台、实验平台和数据库平台，发展系列高通量制备和表征的新方法和新装备，实现典型新材料的研发周期缩短一半、研发成本降低一半"。

2020年，科技部在启动实施的四个"十四五"材料领域的重点研发计划中均布局了"材料基因工程技术应用"方向，旨在推广应用材料基因工程关键技术，加速新材料的研发和工程应用。在上述计划的推动下，我国在材料基因工程基础理论研究、关键装备和核心软件研发、关键技术的工程化应用方面取得了长足的进展。同时，这些计划也显著促进了材料数据资源的发展和人工智能的应用，推动了材料研发智能化关键技术的发展，为我国新材料创新理念的突破、智能驱动的材料新范式的构建、新材料研发智能化关键技术的研发与应用奠定了坚实的基础。

1.3　技术发展现状与对比分析

1.3.1　国外技术发展现状

近年来，世界各国特别是以美国为首的西方发达国家不断加速布局大数据与人工智能，以及新材料研发与应用，推动了人工智能在新材料领域的广泛应用，促进了新材料研发智能化关键技术的发展，以及基础设施和支撑条件的建设，在新材料研发中彰显出巨大的应用成效。

（1）材料智能计算设计技术和软件

随着材料计算理论和算法的发展、计算机算力的快速提升，材料科学计算已经贯穿材料发展的各个环节：用于探索材料物理、化学性质的产生机制，建立材料结构—组成—性质之间的构效关系；用于材料成分筛选、结构设计和工艺优化，提高新材料的研发效率；用于新材料发现、性能优化和寿命预测，加速产品的迭代升级，加快工程化应用。材料计算设计已经成为新材料研发的基础技术，是材料理性设计的重要方法，是新材料探索发现与优化迭代的重要途径。人工智能快速融入材料计算领域，已在多尺度计算、高通量计算、集成计算等多个方面取得显著进展。

密度泛函理论（DFT）计算广泛应用于材料科学领域，其准确性受到交换相关泛函的限制。半个多世纪以来，从物理原理和实验数据出发，发展了数百种泛函。但是，由于材料体系化学成分和结构的复杂性，现有泛函方法仍然不能满足对材料体系多样化和计算精度需求，仍需依据研究对象遴选泛函。因此，构建精准且具有普适性的泛函是计算材料领域的重要研究方向之一。近年来，使用大数据和机器学习改进泛函，在不增加计算成本的基础上，显著提升了DFT计算的精度和适用性[1]。目前利用机器学习优化泛函主要采用两种方法，一是逼近Kohn-Sham（KS）动能泛函，从而绕过求解KS方程，提高计算速度；另一种是改进现有泛函参数或创建新的泛函，提高计算结果的准确性。

原子间作用势是材料介观尺度模拟计算的基础。应用机器学习，利用第一性原理计算得到的大量数据构建原子间作用势已获得广泛的应用[2]。传统的势函数来源于对化学键本质的物理认识，而机器学习势通过高维数学回归，在参考态之间进行插值，以获得具有较高可靠性的原子间作用势。大量机器学习势的开发得益于材料高通量计算产生的丰富数据，通过完善数据库并训练模型，可以不断提高势函数的准确性。目前，机器学习势已经成为材料计算建模和新材料发现的有力工具，在获得接近DFT计算精度的同时，计算速度可以提升几个数量级，将DFT计算扩展到了更大体系和更长模拟时间。

相图在材料设计研发中占有重要地位。近年来，融合计算模拟和机器学习，建立了多种材料的热力学数据库，促进了新材料的研发。但目前的绝大多数相图仅限于热力学平衡相，而材料合成和加工中，材料不可避免地处于势能面的亚稳态。美国阿贡国家实验室[3]发展了基于第一性原理计算、深度神经网络和支持向量机的亚稳态相图生成流程，将自由能计算结合到基于神经网络的状态方程，快速探索亚稳相，为远离平衡的材料构建亚稳态相图。例如，自动构建了碳的亚稳态相图，获得从近平衡态到远离平衡态的数百个亚稳相，确定了亚稳态材料的相对稳定性和合成域，通过高温高压实验和高分辨透射电镜分析，验证了相图预测的固体碳亚稳相。

数据驱动的材料多尺度建模正在兴起，逐渐开启了大数据时代材料多尺度计算的范式转变[4]。例如，数据驱动的复合材料和结构多尺度有限元方法（data-driven FE2），将数据驱动材料建模思想应用到多尺度仿真框架，建立了一种尺度分离模型，替代了在两个尺度之间进行有限元仿真的传统方法，即首先在微观尺度上计算模拟，将模拟结果存储在离线数据库，将离线数据库用于在线预测。离线数据生成和在线预测，构成了数据驱动的FE2工作流程。与经典FE2相比，数据驱动的FE2在保持相同计算精度的同时，显著提高了结构分析的计算效率，成功应用于纤维增强塑料等复合材料的开发。

机器学习应用于材料集成计算工程（ICME）的多个方面，如材料微结构表征、多尺度建模、高保真数据生成和传递、基于数字孪生的智能制造等[5]。利用多尺度多物理模型，建立计算模拟数据库，应用机器学习进行多尺度分析，显著降低了数据库的成本，数据的保真度明显提升。机器学习驱动的 ICME 已成功应用于开发晶体塑性模型，预测晶体在非单调应变路径下的力学响应和织构演化。同时，机器学习与 ICME 的结合，推动了材料制造和加工过程向数字孪生的智能制造延伸，从材料设计开发到产品服役全过程，数字孪生使制造商能够预测最终产品的性能，减少对过度设计的依赖，可以选择与产品性能相匹配的材料，从选材和用量两个方面降低成本。与单纯的实验数据库相比，ICME 可以产生更为丰富的材料数据和材料知识，与机器学习和大数据分析等集成，获得更准确的工艺参数，使材料的性能在制造和服役过程中得到充分应用。

材料计算模拟与人工智能的融合，提升了材料计算在新材料研发中的贡献度。材料计算模拟的研究范围持续扩大，从解释实验、预测实验向替代实验发展，研究对象趋向多尺度、复杂和真实体系，应用范围从新材料研发链扩展到生产链和应用链。材料多尺度计算、材料集成计算工程等与人工智能的融合，显著提升了模拟精度和计算效率，推动了计算在材料多尺度和全流程设计研发中的应用。

（2）材料自主/智能实验技术和装置

人工智能与实验的深度融合，推动了材料实验的自主化和智能化发展，正在孕育着材料自主和智能实验技术的革命性突破。2010年，美国空军研究实验室与空军理工学院合作启动了全球第一套材料自主研究系统（ARES）的开发，目标是在无人干预条件下，依靠自动化实验和人工智能，实现自主的实验设计、操作和数据分析，大幅缩短材料研发周期，彻底颠覆材料研究范式。2014年，公布了 ARES 的建设成果和研发能力[6]，通过每天 100 次左右的实验通量，结合高效的原位表征技术以及逻辑回归算法降维量网格，成功地从影响碳纳米管生长的 10 维参数网络中筛选出决定碳纳米管壁层数量的温度和烃压条件。尽管当时的机器学习和预测是通过人工离线的方式完成的，但已经展示出闭环自主实验的潜力。2016年，利用 ARES 对碳纳米管的生长率开展深入研究，通过先期 84 组实验获得先验知识，采用随机森林算法建立模型，通过遗传算法确定实验迭代的反应参数，在闭环自主模式下进行了 600 余次实验，最终成功地按照不同的预设生长速率制备出了碳纳米管。2018年，ARES 研发团队指出[7]，自主实验系统可能会使新材料的发现按照"摩尔定律"增长，而且可以比人类研究人员更快地完成多维参量空间内的研究工作，更有效地应对愈发复杂和高维化的材料研发需求。2021年，发布了基于 ARES 的增材制造自主实验系统[8]，该系统结合注射器挤压打印成型技术和云端机器学习优化算法，通过自主调节打印参数，实现了符合目标规格单层打印特征的直接写入，采用自动图像分析作为在线贝叶斯优化器的闭环反馈，在不到 100 次实验迭代下，实现了预定的打印目标。同年，可用于全方位控制和驱动 ARES 的自主研究开源操作系统（ARESOS）问世，包含接口、数据分析及设计规划三大模块。目前，ARESOS 已在碳纳米管合成、流动化学和增材制造三类自主研究系统上使用。

2018 年，美国麻省理工学院报道了一种即插即用模块化的连续流动化学合成系统，通过硬件和软件的集成组合，避免了烦琐的化学实验过程[9]。该系统将流动化学合成过程分解成一系列可自由排列组合的硬件模块，软件系统可根据用户需求自由选择试剂、硬件模块（反应器和分离器）和过程反应分析（高效液相色谱、质谱、振动光谱）模块，为用户提供图形界面、远程启动优化、远程监控实验进度和分析结果等功能，并依据测试结果自动优化，用于研究 C—C 和 C—N 交叉偶联、烯烃化、还原胺化、亲核芳香取代、光氧化还原催化等。

2020 年，英国利物浦大学开发了一种称为"移动化学家"的自主实验系统[10]，可以在实验室中自由移动，使用激光扫描和触摸反馈组合，实现了在尺寸为 7.3m×11m 的实验室空间内精确定位，空间定位精度为 ±0.12mm，取向定位精度为 $\theta\pm0.005°$。在高精度操控下，机器人可以在实验室的各个站点进行灵巧的操作，与研究人员的执行精度相当。该机器人系统可同时考虑 10 个维度的变量，每天工作 21.5 个小时（剩下的时间用于暂停充电），利用 8 天时间，独立完成了 688 个实验，研发出了一种全新的高效化学催化剂。

2022 年，加拿大英属哥伦比亚大学研发出了针对多个材料性能目标进行协同优化的自主实验系统[11]。针对燃烧合成钯膜实验，通过多目标优化算法指导循环迭代实验，快速找到了电导率和加工温度的最优性能边界。多目标性能协同优化的自主实验系统，有效消除了人类研究人员先验知识对相互冲突性能指标的主观偏向，实现了材料性能此消彼长的协同平衡优化，提升了材料的综合性能，推动了新材料工程化应用进程。

（3）材料大数据与人工智能

以材料大数据为基础，以人工智能为核心的新材料研发智能化彰显出巨大潜能，孕育着材料科技和产业的巨大变革，是材料科技和产业的颠覆性前沿技术。各国政府和科技界、产业界对其高度重视，从国家战略和抢占未来科技制高点的高度布局材料数据基础设施建设，以及材料人工智能核心软件的研发。

针对材料数据"多源、多模态、多粒度、多维度"的特点，开展了材料数据存储技术、数据交换标准与协议、云资源管理技术等研究，并取得了显著进展。利用非关系型数据库技术，提升材料数据存储系统的可扩展性，实现数据个性化表达，以及大数据的高效存储和检索。例如，美国国家标准与技术研究所早在 2000 年就开发出了用于材料数据存储和交换的可扩展标记语言，为材料数据标签定义了连贯一致的文档结构[12]；美国 Materials Project 平台基于分布式文件存储数据库系统进行材料大数据的存储[13]；

欧洲NOMAD平台提出了材料数据交换标准与协议，促进了材料数据的融合、交换和互操作。

以主动学习和贝叶斯优化为代表的自主决策技术，通过对巨大材料探索空间的有效采样，以较少的实验验证和迭代，筛选出具有最优目标性能的材料，成为材料智能化研发广泛采用的技术策略。德国马克斯-普朗克研究所[14]开发了一种广泛适用的主动学习框架，结合了生成模型、回归集成、物理驱动学习和实验，以数百万种高熵合金成分成功开发出了2种在300K时热膨胀系数极低的高熵因瓦合金，证明了主动学习框架利用小样本数据，在广域空间内优化多目标性能的巨大潜力。

深度学习用于挖掘材料复杂的构效关系，大幅提升了前沿新材料的发现效率。麻省理工学院发展了晶体图卷积神经网络的深度学习框架，直接从晶体结构的原子连接方式挖掘材料性质，提出了具有第一性原理计算精度的材料性质预测方法，预测出了数十种新的晶体结构和分子材料特性[15]，基于深度学习的逆向设计，直接对新材料的"成分/结构"信息进行预测，在超大材料设计空间中成功找到目标材料的成分/结构。德国明斯特大学使用神经网络结合蒙特卡洛树搜索，构建了新的人工智能算法[16]，逆向生成了分子合成路线，显著提升了搜索效率。

基于自然语言处理算法，实现机器辅助材料科技文献阅读与知识获取，直接从科技文献文本语言获取材料知识，实现语义知识理解与发现，预测和发现新材料，成为材料人工智能领域的研究前沿和热点。劳伦斯伯克利国家实验室采用无监督学习[17]，将材料文献中的科学知识有效地编码为信息密集的单词向量，提取了材料结构和性质之间的关系，成功发现了新的热电材料。IBM公司建设了RXN在线化学系统，可自主解析文献，学习化学反应规律，预测正逆反应及其产率，将科技文献知识转化成机器学习语言作为自主实验的输入，通过自主实验的循环迭代，构建合成路线，实现化合物的全自动合成。

2019年，美国科学院《材料研究前沿：十年调查》报告[18]指出，计算-实验-数据等技术融合创新的材料基因工程，尤其是材料大数据和人工智能在新材料研发中的应用，将有效解决新材料研发和应用效率低的问题。构建基于模拟计算和数据模型的虚拟设计，在自主学习和自主决策的基础上，通过与材料实验的实时双向信息交互和智能计算-自主实验-机器学习的融合，发展材料数字孪生技术，实现材料多尺度和全流程一体设计和综合优化，有望获得突破，是未来的重点发展方向。

（4）材料研发智能化平台和基础设施

通过网络化协同，建设材料研发智能化基础设施和支撑条件，成为推动新材料研发智能化技术发展和规模化应用的有效途径。2011年，美国实施材料基因组计划初期，计划建设15个创新平台，至2015年扩大到45个。美国能源部、国防部、国家科学基金会、国家实验室、科技企业等支持并参与了创新研发平台的建设。美国国家科学基金会布局建设材料创新平台，分别建设了界面材料分析发现、二维晶体材料、生物高分子材料和聚糖材料等 4 个创新研发智能化平台，构建材料制备/加工、表征/评价、理论/建模/仿真等闭环式迭代的研发模式和支撑条件[19]，构筑工具/代码/样本/数据/技术共享生态，推动跨学科和跨团队的密切合作。聚糖材料创新平台建设的"生物车间"已经成为国家级开放共享的基础设施，用于生物学和微生物工程的自动化合成，从微生物中生产具有精确重复单元、结构域和手性的单体和聚合物。界面材料分析发现平台推动了跨学科和跨团队的密切合作共享，2016—2021 年共有 41 所大学和国家实验室的 170 余名科学家在平台工作，为联合设计研发电子产品用新材料提供了共享平台。以美国国家标准与技术研究所（NIST）为核心，集成美国西北大学等近百家科研单位和企业的材料数据、代码、计算工具等软硬件资源与服务，开发了支持材料协同创新网络的"材料资源注册系统"和"材料数据管理系统"，其通过集成材料高通量实验数据、计算建模软件工具，引领了美国和国际材料数据基础设施的发展。2022 年，NIST 发表的《制造业中的人工智能：真实世界的成功案例与经验》[20]指出，在美国"制造业拓展合作伙伴计划"支持下，人工智能和机器学习应用于制造业 89 个企业项目，技术投入的投资回报率显著提升。

　　加拿大建设的材料加速平台（MAPs）在清洁能源材料研发中获得瞩目的进展[21]，通过人工智能模型、实验机器人、自主决策软件和数据库的融合，以及科学家的参与，在自主实验的闭环反馈过程中，协同调度各类算法和进行实时数据交互，驱动机器人执行实验，实验数据实时存储在数据库，自动调用数据训练机器学习预测模型，由机器人自主执行下一次实验的反馈迭代和循环，快速地发现了新材料。

　　2018 年，哈佛大学发布《材料加速平台：利用高通量方法和人工智能加速先进能源材料发现》报告[22]，提出了 6 项建设材料加速平台的关键技术，包括：构建材料自动化和智能化的自驱动研发闭环系统，研发可组装不同制备表征手段的模块化材料机器人平台，发展跨时间和空间尺度的材料计算模拟的新方法，探索更满足材料研发需求的人工智能算法，发展支撑自主实验的逆向设计方法，建设更先进的数据基础设施和交互平台等。该报告同时指出，材料智能化研发和支撑平台建设，将释放"材料科学发现的摩尔定律"效应，加快材料研发速度至少 10 倍，研发周期从 20 年缩短至 1 ～ 2 年。

1.3.2　中国技术发展现状

　　我国新材料研发智能化理念和关键技术的研发主要是在"十三五"国家重点研发计

划"材料基因工程关键技术与支撑平台"重点专项的支持和引领下,逐渐形成并发展起来的。2016年以来,以高通量计算设计、高通量实验和大数据为核心的材料基因工程关键技术获得了突破性发展[23-24],推动了新材料研发理念的转变,促进了材料研发技术的进步,推动了材料大数据和人工智能在材料研发中的应用,为新材料研发智能化发展和关键技术的研发与应用奠定了良好的基础。

(1)材料高通量/智能计算与平台

我国自主开发了 ALKEMIE、MatCloud、MIP、CNMGE、MAGMISS等大型高通量/集成计算软件,实现了微观-介观-宏观多尺度、并发式和自动流程计算,填补了国内空白,材料高通量计算设计技术快速跨入国际先进行列。依托国家超级计算中心(天津、长沙和广州等),建立了材料高通量计算平台,开发了高通量计算和数据处理一体化技术,基于互联网和云计算环境,实现了超级计算与用户之间快速、高效的信息交互。材料高通量技术和软件及平台的建设,为材料智能计算技术的发展奠定了坚实的基础,提供了世界一流水平的软硬件设施。

利用人工智能技术发展了高精度泛函,开发了深度势能,高通量计算结合机器学习,预测出了拓扑绝缘体、催化材料和二维材料等新材料。由中美科学家组成的"深度势能"团队,结合分子建模、机器学习和高性能计算,将具有从头算精度的分子动力学模拟极限提升至1亿个原子规模,将原本需要60年才能完成的计算任务缩短到了1天完成,获得2020年度戈登·贝尔奖。虽然目前我国智能计算仅集中在部分材料的研发上,但已经显示出了巨大的先进性和优越性,为未来在更大范围实现人工智能与材料计算的融合,发展材料智能计算技术积累了经验。

(2)材料高通量/自主实验与平台

我国研发出涵盖材料芯片、粉体阵列以及凝固、锻造和热处理工艺等的系列化薄膜、粉体、块体、复合材料等高通量制备技术和30余种关键装置,大幅度提高了新材料实验筛选和发现的效率;研发出多种材料高通量表征和服役行为评价技术和装置,基于同步辐射的高通量白光阵列散/衍射技术,使材料成分和结构表征的速率提高100倍,材料高通量制备表征与服役评价技术和装备进入国际领先行列;建设了网络化的材料高通量制备实验平台。

材料自主实验技术和装置的研发处于起步阶段,但孕育着快速突破。我国研发出了面向自主研究和智能发现的固液异相自动化/数字化反应平台,通过开发基于操作栈的硬件环境和化学方案描述语言层,以及数字化控制系统,实现了无人值守情况下的数字化实验流程控制,为自主实验系统的研发奠定了良好基础。通过集成移动机器人、化学工作站、智能操作系统和数据库等,研制出了数据智能驱动的全流程"机器化学家"平台，实现了大数据与智能模型双驱动的化学合成 - 表征 - 测试全流程的自主化，具有智能和广泛的化学制品研发能力，目前已涵盖光催化与电催化材料、发光分子、光学薄膜材料等。

（3）材料大数据技术与平台

我国自主研发出了具有国际先进水平的无模式存储材料数据库系统软件，建成了"数据采集 - 数据库 - 数据挖掘 - 材料设计"一体化的数据库示范平台，服务于不同层次材料数据的累积和共享服务。研发出了材料数据云技术，基本实现了逻辑统一、物理分散的数据库的统筹管理和集中开放共享。研发的材料数据库技术和软件在科研单位和企业获得较广泛的应用，为我国规模化地建设材料数据基础设施和材料数据网奠定了技术和软件基础。

数据驱动的新材料研发快速发展，使高性能金属材料[25-27]、高熵合金[28-30]和高温合金[31-32]等新材料和前沿材料研发取得系列突破。中国和美国成为国际材料人工智能应用基础研究贡献度最大的国家，材料人工智能应用技术达到国际领先水平，实现了工程转化或临床应用。

（4）应用成效

材料基因工程和智能化技术在前沿新材料探索与发现方面获得突破性进展。利用材料高通量计算和大数据技术，在近 4 万种材料中发现了 8000 余种拓扑材料，十几倍于历史上发现的拓扑材料的总和[33-34]。发现了新型无机塑性半导体 Ag_2S 和 $InSe$[35]，研制出兼具良好塑性与优异热电性能的 Ag_2S 基无机半导体材料，是国际上首个全无机柔性热电器件，开辟了无机塑性半导体和无机柔性热电新方向。利用自主研发的材料组合芯片等高通量实验技术，研发出国际上使用温度最高（1162K）、强度最高（1000K 时达 3.7GPa）、具有良好热塑成型性能的高温块体金属玻璃 Ir-Ni-Ta-(B)[36]。采用高通量计算 - 机器学习 - 高通量单晶和薄膜生长技术，研发出更高效、更稳定的有机无机杂化平面结构钙钛矿太阳能电池，经美国纽波特公司认证，转换效率连续 3 年居全球同类电池中的首位，打破了英国、韩国和瑞士在这一领域的统治地位。

高端关键材料研发和工程化应用方面，通过高通量制备与表征实验，结合数据挖掘技术，开发出了强光照明光源器件使用的高热导率 Ce:YAG 荧光陶瓷，单颗光源芯片功率 1200W、光通量 16.8 万流明（lm），在国际上率先实现 1000W 级 COB 光源芯片的量产，功率及性能远超日本西铁城（500W）等国际先进水平。开发出了高性能铈基稀土永磁材料，实现 5000 吨级生产，累计经济效益达 6 亿元，显著推动了高丰度稀土的平衡利用。研发出了具有自主知识产权的新型结构分子筛催化材料，反应活性和选择性超过国外同类催化剂，在 84 万吨/年世界级超大型乙苯等生产装置上实现工业应用，累积经济效益近百亿元。利用高通量计算-高通量制备-服役性能评价-工程应用考核全链条协同高效研发，研发出了新型核燃料（UO_2-BeO复合燃料），从设计到入堆考核周期不到2年（国际上通常需要10年左右时间）。发展了软骨修复材料从发现到临床试验的全链条协同研发模式，开发的医用软骨修复材料应用于7种软骨损伤，完成临床试验61例，临床治疗成本降低30%～40%，通过了国家药监局第三类创新医疗器械特别审批申请，成为国际上首款软骨再生修复产品，将研发周期由10年以上缩短至5年。通过建立高通量计算-高通量实验-组织性能预测-工业应用全链条技术，研发出了多种铝基复合材料和大尺寸构件，在"嫦娥五号"月球表面采样机械臂组件、高分辨率卫星上实现空间在轨应用。利用材料基因工程技术加速了涡轮叶片、发动机机匣等航空航天钛基合金结构件的研制及工程化，部分构件在国际上率先实现工程应用，研制出耐热腐蚀镍基单晶高温合金叶片，支撑了自主研发G/H级重型燃气轮机。实现了研发周期与成本减半，开发出高强耐热镁合金，用其制造的舱体铸件通过了飞行试验考核。

1.3.3　国内外对比分析

近年来，大数据和人工智能技术在材料科技领域中的应用迅速发展，推动了跨学科交叉和多技术融合，推动了材料研发、制造和应用的智能化。机器学习与材料计算的深度融合，将显著提升计算设计的效率，突破跨尺度计算的瓶颈，加速新材料的发现，实现材料多尺度和全流程的高效计算模拟和设计优化。人工智能与材料实验的深度融合，将推动材料实验向自动化、自主化、智能化方向发展，显著提升新材料发现和验证的能力和效率。大数据和人工智能与材料制造的深度融合，将从根本上变革传统材料制造模式，显著提升新材料研发和工程化应用的效率和水平，为从根本上解决材料研发和生产效率低的瓶颈问题提供了新途径。新材料研发智能化关键技术将可能在未来5～10年内成为材料新型研发模式的核心技术，智能化研发基础设施与支撑平台的建设和应用，以及高层次多学科交叉复合型人才的培养，将体现和决定一个国家新材料科技的原始创新能力和水平，极大地提升新材料研发和工程化应用的效率，对技术创新和社会发展具有深远的影响。

美国和部分欧洲国家从20世纪90年代起先后启动了多个材料计算科技计划，在计算方法和软件方面具有坚实的基础和雄厚的实力，具有优良的文化和悠久的历史。以此为基础，近十年来，材料高通量计算发展迅速，在新型电极材料、高熵合金等新材料设计研发中发挥了重要作用。我国材料计算领域规模大、进步快，近年来，在高通量计算领域取得系列突破，计算设计效率呈数量级增长，与国际水平并跑，部分领域迅速进入世界先进行列。材料计算和数据一体化、材料计算与人工智能融合、计算平台迈向E级机时代，将成为国内外共同的发展方向，预计在未来3～5年将形成材料智能计算技术雏形，其在5～10年内将主导新材料的计算设计和虚拟筛选，成为新材料研发的支柱技术。但是，我国在材料计算领域的繁荣缺乏坚实的基础，核心软件严重依赖国外，数据积累不足，这些制约了智能化计算技术的健康发展。

我国研发了一批高通量实验技术和关键装备，显著提升了实验研究效率，高通量实验技术进入国际领先行列。但相较于国外迅速发展的材料自动化实验和自主实验，我国还处于起步阶段，目前的研究多集中于自动控制下材料化学合成实验装置的开发，在联用材料表征、数据挖掘，以及人工智能辅助决策和智能设计等方面的研究较少。15～20年内，材料自主实验有望在全球范围内以云平台和网络实现集成，届时将实现实验-计算-数据等与科学家的研究有机结合，形成自主的"合作伙伴"或"人机团队"，将以当今几乎无法想象的速度发现新材料和新知识。

我国在材料大数据与人工智能的多个领域取得了较大的进展，在材料人工智能技术应用层面基本与国际水平并跑，但在材料人工智能技术原理、底层算法、先进算法开发和综合应用方面与国外相比仍存在差距。国外已经发展了以人工智能为牵引的材料自主实验和智能计算，以及人工智能-计算模拟-先进实验融合的核心算法和操作系统，形成了材料大数据和人工智能科学研究与产业结合、产业应用反哺科学研究等发展生态。我国该领域的研究目前主要依靠政府投资、工程应用和技术发展的内驱力不足，开展基础算法研究和核心软件开发的投入少积极性不高，急需构建材料大数据和人工智能可持续发展的生态环境，夯实基础研究，培育和发展良好的市场和商业环境，拓展工程应用场景，推动数据和知识双驱动的新材料设计研发，有效地促进材料研发智能化的健康发展。

在科技部"十三五"材料基因工程重点专项和地方政府的支持下，2016年以来，我国建设了以材料基因工程为创新理念，以高通量计算和实验为核心技术的创新平台。但与国外相比，总体上看，我国在材料智能化研发平台和基础设施建设方面尚处于起步阶段，无论是投资和建设规模、联合建设的单位数量和平台数量，还是智能化水平，均与西方发达国家存在明显的差距。西方国家建设的材料研发创新平台的特色是：各部门联合建设，通过网络开发共享；合作开发，共享工具、代码和程序，推动计算-实验-数据等技术融合；充分应用人工智能技术，提升平台的智能化水平和对材料数据的应用能力。例如，HTE-MVL为美国能源部实施的能源材料网络计划（LightMAT、CaloriCool和ElectroCat）提供支持，将分布于世界各地的高通量实验、计算和数据库等平台集成和互联，构建了美国和国际材料研发协同网络平台。在欧盟"地平线2020"创新计划持续资助下，2014年由德国洪堡大学、弗里茨·哈伯研究所联合欧洲近20家机构建成了欧洲新材料发现卓越中心（NOMAD），在国际范围内推动材料科学领域数据共享和材料创新研发。通过材料智能化研发平台的互联互通，形成了各国乃至国际的材料协同创新网络，形成了数据、代码、工具等的合作开发与共享，科学家协作研究的支撑条件和工作环境，促进了多学科交叉，以及跨国界和跨地域的团队化协作，变革了材料研发文化。我国在该领域的布局和建设明显落后，急需从国家层面进行顶层设计和统筹实施，建设网络化的材料研发智能化平台，支撑新型举国体制下的有组织科研和协同创新。

1.4　问题与挑战

① 系统性的材料研发理念和模式变革滞后，缺乏智能化研发前沿技术的推动和引领，难以应对全球材料智能化快速发展的冲击。数字化和智能化已经成为国际材料科技与产业发展的大趋势，在全球范围内快速发展，正在迅速变革着材料的研发理念和模式。但是，传统的"经验+试错"研发理念和模式仍然是当前我国材料科技和产业发展的主流。由于缺乏长期稳定的科技计划战略布局和资金支持，缺乏以"智能化"为核心的高水平和整体实力强的技术研发团队引领，导致我国新材料研发理念和模式的系统性变革相对滞后，材料智能化关键技术的整体发展水平落后于西方发达国家。以美国为代表的西方国家以材料智能化发展为契机，加速变革材料研发模式和发展模式，将对我国材料科技发展带来巨大冲击，存在再次拉大我国与发达国家差距的风险。

② 材料计算设计核心软件自主保障能力差，数据资源和数据基础设施规模和支撑能力不足，缺乏稳定和整体实力强的研究队伍，严重影响材料科技创新发展。我国材料计算设计关键软件长期依赖进口，具有自主知识产权的材料计算设计核心软件、面向产品和制造的集成计算材料工程核心技术与西方国家仍存在明显差距，自主保障能力不足已经成为威胁材料科技创新潜在的"卡脖子"瓶颈。材料数据库建设碎片化和孤岛化严重，数据生产、管理和共享机制不健全，数据基础设施建设缺乏统一的发展规划，材料数据资源规模成为目前材料发展"短板中的短板"。由于缺乏稳定和整体实力强的坚持开展软件开发和数据库建设等基础性工作的科研队伍，缺乏持续稳定的资金投入和良好的市场化和商业化发展生态，我国材料计算核心软件和数据资源整合的问题长期未能破解，导致新材料创新发展和数字化与智能化转型的基础支撑薄弱，这已成为新的国际竞争形势下材料发展的重大隐患。

③ 材料科技和新材料研发高端装置大量依赖进口，制约着新材料科技原始创新能

力的提升。新材料智能化研发装置研发处于起步阶段，面临着再次落后的潜在风险。我国材料科学研究和新材料研发的高端装置大量依赖进口，需要大量的资金投入。即便如此，也很难购买到国际顶级的装备，制约着材料科技原始创新能力的提升和重大科学突破。人工智能技术与材料研发装置的融合，变革了高端装置的设计研发理念，孕育着一批有可能替代传统技术和装置的新型高端装置，也为我国通过智能化实现高端装置领域的"变道超车"，缩小该领域与国际先进水平的差距提供了难得的机遇。目前国际上商业化的高端自主实验装置已经市场化，垄断格局正在形成，我国需要尽快布局，加大投入，抓住难得的历史机遇，开展智能化高端装置的研发，推进市场化进程。

④ 缺乏以智能化研发技术为核心的创新平台和融合创新中心等基础条件支撑，这制约着材料智能化关键技术研发和规模化应用，制约着跨学科跨团队的有组织的科研协同创新。以颠覆性前沿材料和智能化关键技术研发为目标，以材料基因工程理念为指导，建设国家材料数据网络以及"计算-实验-数据"融合和网络协同的融合创新中心，以此为支撑，培养高层次创新人才，开展跨单位和跨学科协作研究，变革材料研发模式和创新文化，加速新材料研发和应用，是西方发达国家推动材料研发智能化关键技术发展和工程化应用的重要途径。我国尚未布局新材料智能化研发创新平台和融合创新中心建设，缺乏规模化的技术创新平台和基础设施支撑，这制约着我国新材料研发智能化的健康稳定发展和原始创新研究。

1.5　战略需求

① 构筑以"智能化"为核心的材料创新模式，是破解高新技术和国防安全高端关键材料"卡脖子"困境，快速实现关键材料和高端构件自主保障的重要途径。"一代材料、一代器件、一代装备"，新材料科技产业的发展直接关系到国家安全和国民经济发展水平。我国关键核心材料对外依存度仍然高达60%以上，新的国际竞争态势更加凸显出新材料研发和产业发展的短板效应，严重制约了高新技术和高端装备的自主发展。尽管我国已经布局了破解高端关键材料"卡脖子"问题的行动计划，但是依靠"经验寻优"的试错法的传统研发模式，难以从根本上解决"旧的短板补上了，新的短板又出现"的困境。新材料研发智能化是以材料大数据为基础，以人工智能为核心，通过融合材料计算设计和实验技术，实现材料高维空间全局寻优的全新创新模式，通过材料设计-制备-开发-生产-应用全链条的协同创新和一体化研发，极大地提升了新材料研发和应用的效率，有利于破解我国高新技术和国防安全高端关键材料"卡脖子"困境，快

速实现关键材料和高端构件自主保障。

② 构筑新材料研发智能化自主创新体系，助力材料原始创新能力提升，推动材料科技的重大突破，是建设材料强国和制造业强国的重要保障。构筑材料高效计算设计、先进实验、大数据和人工智能等有机融合的新材料研发智能化自主创新技术体系，是全面变革材料研发模式，提升研发效率，降低研发成本，提高工程化应用水平，从根本上解决新材料研发效率低的问题，推动材料产业高质量发展的有效途径。充分发挥新型举国体制优势，抓住新科技革命和第四次工业革命与国际同期起跑的历史契机，规模化地开展新材料研发智能化重大基础理论和核心关键技术研发、创新平台和融合创新中心建设，夯实材料自主创新的技术体系和支撑材料信息化、数字化和智能化研发的基础设施，推动材料原始创新能力的跨越式提升，是实现我国2035年成为材料强国和制造业强国战略目标的重要保障。

③ 构筑材料数据资源体系和智能化研发基础设施支撑体系，形成战略性资源优势，夯实新材料研发智能化发展的基础底座，推动材料科技的智能化变革。数据是基础性和战略性资源，关系着国家科技和产业发展的未来。通过顶层设计和战略布局，建立满足国家发展需求、符合中国材料科技和产业发展特点的材料科技数据和产业数据生产和采集网格，建设材料数据资源整合、融通共享、赋能应用的国家材料数据资源和技术体系，健全材料数据知识产权保护体系和责权利一体化机制，发展材料大数据和人工智能颠覆性前沿技术，构筑材料数据技术和产业可持续发展生态，促进数据驱动的材料智能化创新发展，是实现引领国际材料前沿发展的技术基础，是提升材料信息化、数字化和智能化制造发展水平的原始动力，将推动新材料科技的变革和产业的革命性发展。

1.6　重点发展方向

材料研发智能化核心技术主要包括材料智能计算设计、自主/智能实验、数据驱动材料研发等。依据我国材料科技发展水平、新材料研发技术基础、高端关键材料研发与应用瓶颈，以及新材料研发模式和创新文化变革的需求，新材料研发智能化关键技术和基础设施的重点发展方向主要包括以下方面。

（1）材料智能计算设计技术和核心软件

① 面向新材料研发的计算设计技术和核心软件。发展从微观、介观到宏观尺度的材料体系计算方法和核心软件，建立从原理、方法、算法、软件到应用的完整开发链和发展生态；研发适用于特定材料体系、具有技术特色的计算新方法，形成技术特色，建立技

术优势；开发基于人工智能的跨尺度计算方法，拓展跨尺度计算的应用范围。

② 面向材料制备加工、产品制造和服役评价的模拟仿真技术和应用软件。研究多物理场与材料交互作用原理，开发具有材料制备和加工工艺优化、产品制造流程模拟、多场耦合作用材料服役行为和失效过程计算功能的模拟仿真技术和应用软件；面向材料研发链、生产链和应用链，突破集成计算材料工程顶层设计和架构设计，建立支持材料开发到工程化应用全生命周期的计算模拟系统。

③ 材料智能计算核心算法和软件。研发材料高通量计算与人工智能相结合的基础算法和软件，构建算法先进、功能完善的高通量智能计算系统；开发材料结构和性能高效计算工作流，满足新材料设计和筛选的多样性、专业化和高效率需求；发展自主设计的筛选、迭代的算法和软件，研发面向新材料设计、制备、加工、服役等工程应用和融合人工智能的集成计算材料工程核心软件和工业软件。

（2）材料自主/智能实验技术和高端装置

① 材料自动/自主高通量实验技术和装置。发展不同形态和不同合成工艺的材料高效制备新原理、新方法、新技术和新装备，优化高通量实验装备的硬件和软件功能，实现从原型机到商用装备的跨越；发展高精度、高灵活性的材料自主实验机器人和强化学习技术，研发材料实验自主决策算法和控制技术，攻克复杂长流程制备和表征一体化材料自主实验技术，开发标准化和商业化的材料自主实验装置，实现材料实验研究的自动化和自主化，大幅度提升材料实验效率。

② 材料高时间分辨多维自动化表征技术与装置。基于先进光源和电子显微技术，开发四维电子显微镜，以及多场耦合的原位透射和扫描电镜的高通量表征技术，研发材料高时间分辨表征、跨尺度动态表征、超快同步辐射高通量衍射与成像、同步辐射多场耦合高通量表征以及中子衍射三维成像等高效表征技术和装备，实现材料微观结构和演变的跨时空高通量表征。

③ 工程构件全尺寸多参量高效表征技术与装备。基于先进光谱、质谱、能谱、磁探测、应力应变检测、电镜、先进光源等实验装置，开发和集成空间尺度覆盖纳米至米级的大尺寸材料和构件全域高通量表征技术和装备，发展材料的大尺寸全域成分-结构-性能-工艺-服役环境原位统计映射模型，提升材料产品和工程构件的表征能力。

④ 极端复杂环境材料服役行为智能评价装备。发展极端复杂环境材料服役行为和失效过程的计算模拟和机器学习技术，研发基于数字孪生的材料服役行为与失效智能化评价和预测技术，提升等效加速模拟实验的效率和等效性；研发多环境因素耦合材料服役行为高效评价技术和多损伤演化的多尺度关联实验技术，突破材料服役行为评价实验效率低和寿命预测准确性不高的瓶颈，促进新材料的工程化应用。

⑤ 材料智能实验和操作系统。发展材料实验数据自动采集、处理分析和实时交互等技术，研发设备互联和组网技术，开发网络化协同和模块化调度的材料智能实验操作系统，通过自主实验的互联互通和网络协同，实现材料制备-表征-评价全链条的自主化，通过计算-实验-数据的交互和融合，实现材料研发全流程的智能化。

（3）数据驱动材料研发基础算法和关键技术

① 材料研发机器学习基础理论和核心算法。研究材料多体问题计算、跨尺度关联、多尺度耦合的机器学习基础理论和算法，研发材料晶体结构深度图神经网络和可解释性图表示学习方法，研发材料多模态数据表示学习算法、材料知识推理和因果关系挖掘算法，研发数据驱动的机器学习与知识驱动的符号计算相融合的新材料发现和知识构建方法，促进人工智能与材料科学理论的深度融合和在基础理论研究中的应用。

② 数据驱动材料研发通用算法和应用软件。发展材料小样本和高噪声数据机器学习的新算法，构建巨大搜索空间和广域探索空间多目标全域优化设计的高效效能函数；研发材料组织结构图像的深度学习和图像生成与优化的通用算法和应用软件，材料多尺度和多过程耦合的高维数据机器学习通用软件，形成数据驱动的前沿材料发现、高端关键材料研发与应用的数据软件支撑。

③ 面向人工智能应用的材料大数据技术。研发多渠道分散采集、多时序离散存储、多维度统合关联的材料大数据采集、处理与存储技术，研发多材料数据库节点融合和统一服务的混合云架构，发展材料大数据区块链和多中心化管理技术；突破多源异构数据集成表示关键技术，研发适合人工智能应用的材料数据库体系结构和数据库软件，推动材料数据资源的整合和应用。

④ 材料数字孪生技术。开发材料智能计算-数据建模-自主/智能实验的数据实时双向交互和数字孪生技术，突破材料按需设计、逆向设计、全过程综合优化等颠覆性前沿技术，通过计算-实验-数据的融合，实现材料多尺度和全过程的智能化一体设计，以及材料多目标和全流程的协同优化。

（4）材料研发智能化平台与协同创新网络

① 材料计算设计平台体系建设。依托国家超级计算机资源，建设材料高效计算国家、区域、专业和行业平台；围绕E级计算机应用，发展具有自主知识产权的材料多尺度计算、高通量计算、集成计算材料软件、面向计算流程优化和计算数据分析的人工智能软件，开发材料发现、设计、开发、生产、服役全流程模拟和仿真技术；开发国家材料计算平台网络共享系统，实现计算资源的高效共享，满足大量并发用户和并发任务计算的需求。

② 基于大科学装置的材料高通量表征实验平台。基于先进光源和散裂中子源等大

科学装置，开发材料成分和结构高时间和空间分辨的超快表征、损伤演化动态原位表征技术和装置，研发海量实验数据高效处理技术，基于机器学习的材料三维精准成像技术，以及图像深度学习算法和软件，实现材料微观结构和损伤演变规律的跨时空和多维度的高效表征和评价。

③ 材料数据基础设施和国家材料数据网络。融合人工智能革新材料数据库体系结构，开发多源异构材料数据集成表示和自动处理技术，发展集数据采集-数据存储-数据挖掘-数据应用为一体的大数据云平台技术，建设面向人工智能应用的材料数据基础设施；基于区块链、人工智能和互联网等信息技术，建立材料数据标识、引用、评价和交易技术与标准体系，构建材料数据生产、管理和共享机制，探索数据商业化发展模式，建设国家材料基础设施和数据网络。

④ 材料研发智能化融合创新中心和协同创新网络。突破数据共享、资源共享、知识共享，以及任务分担、价值分配、网络互联和信息安全等瓶颈技术和机制问题，网络化互联互通材料计算设计平台、数据基础设施和智能实验系统，闭环链接各类技术和人力资源，建设材料研发智能化融合创新中心，构建我国自主的材料智能化协同网络，支撑团队化的技术协作创新和有组织的科研技术攻关。

（5）材料研发智能化发展生态

全面布局新材料研发智能化关键技术和创新理念的推广和普及，夯实材料研发智能化的数据基础支撑条件，全方位构筑国产材料核心软件的研发体系，加大材料智能化核心技术研发的力度，选择国家急需的高端关键材料开展示范应用研究，推动研发智能化关键技术的工程化应用；构筑"政-研-用-商"一体化的新材料研发智能化高端装置和核心软件商业化发展和应用的市场生态，推动国产装备和软件的标准化发展和规模化应用，避免产生新的"卡脖子"风险，保障智能化关键技术和核心软件与装备的自主可控。

参考文献

[1] Friederich P, Häse F, Proppe J, et al. Machine-learned potentials for next-generation matter simulations[J]. Nature Materials, 2021, 20(6): 750-761.

[2] Srinivasan S, Batra R, Luo D, et al. Machine learning the metastable phase diagram of covalently bonded carbon[J]. Nature Communications, 2022, 13(1): 3251.

[3] Fish J, Wagner G J, Keten S. Mesoscopic and multiscale modelling in materials[J]. Nature Materials, 2021, 20(6): 774-786.

[4] Yuan X, Zhou Y, Peng Q, et al. Active learning to overcome exponential-wall problem for effective structure prediction of chemical-disordered materials[J]. npj Computational Materials, 2023, 9(1): 12.

[5] Park J, Min K M, Kim H, et al. Integrated computational materials engineering for advanced automotive technology: With focus on life cycle of automotive body structure[J]. Advanced Materials Technologies, 2023, 8(20): 2201057.

[6] Nikolaev P, Hooper D, Perea-Lopez N, et al. Discovery of wall-selective carbon nanotube growth conditions via automated experimentation[J]. ACS Nano, 2014, 8(10): 10214-10222.

[7] Tabor D P, Roch L M, Saikin S K, et al. Accelerating the discovery of materials for clean energy in the era of smart automation[J]. Nature Reviews Materials, 2018, 3: 5-20.

[8] Deneault J R, Chang J, Myung J, et al. Toward autonomous additive manufacturing: Bayesian optimization on a 3D printer[J]. MRS Bulletin, 2021, 46(7): 566-575.

[9] Azoulay P, Graff-Zivin J, Uzzi B, et al. Toward a more scientific science[J]. Science, 2018, 361(6408): 1194-1197.

[10] Burger B, Maffettone P M, Gusev V V, et al. A mobile robotic chemist[J]. Nature, 2020, 583(7815): 237-241.

[11] Han G, Li G, Huang J, et al. Two-photon-absorbing ruthenium complexes enable near infrared light-driven photocatalysis[J]. Nature Communications, 2022, 13(1): 2288.

[12] Kaufman J, Begley E. MatML: A data interchange markup language[J]. Advanced Materials & Processes, 2003, 161(11): 35-36.

[13] Jain A, Ong S P, Hautier G, et al. Commentary: The materials project: A materials genome approach to accelerating materials innovation[J]. APL Materials, 2013, 1(1): 011002.

[14] Rao Z, Tung P, Xie R, et al. Machine learning–enabled high-entropy alloy discovery[J]. Science, 2022, 378(6615): 78-85.

[15] Xie T, Grossman J C. Crystal graph convolutional neural networks for an accurate and interpretable prediction of material properties[J]. Physical Review Letters, 2018, 120(14): 145301.

[16] Segler M H S, Preuss M, Waller M P. Planning chemical syntheses with deep neural networks and symbolic AI[J]. Nature, 2018, 555(7698): 604-610.

[17] Tshitoyan V, Dagdelen J, Weston L, et al. Unsupervised word embeddings capture latent knowledge from materials science literature[J]. Nature, 2019, 571(7763): 95-98.

[18] National Academies of Sciences E, Medicine. Frontiers of materials research: A decadal survey [M]. National Academies Press, 2019.

[19] Rapp K. Artificial intelligence in manufacturing: Real world success stories and lessons learned [Z]. 2022.

[20] Flores-Leonar M M, Mejía-Mendoza L M, Aguilar-Granda A, et al. Materials acceleration platforms: On the way to autonomous experimentation[J]. Current Opinion in Green and Sustainable Chemistry, 2020, 25: 100370.

[21] Peterson E, Lavin A. Physical computing for materials acceleration platforms[J]. Matter, 2022, 5(11): 3586-3596.

[22] Aspuru-Guzik A, Persson K. Materials acceleration platform: Accelerating advanced energy materials discovery by integrating high-throughput methods and artificial intelligence[R]. Mission Innovation, 2018.

[23] 宿彦京, 付华栋, 白洋, 等. 中国材料基因工程研究进展[J]. 金属学报, 2020, 56(10): 1313-1323.

[24] Xie J, Su Y, Zhang D, et al. A vision of materials genome engineering in China[J]. Engineering 2022, 10(3): 10-12.

[25] Zhang H, Fu H, He X, et al. Dramatically enhanced combination of ultimate tensile strength and electric conductivity of alloys via machine learning screening[J]. Acta Materialia, 2020, 200: 803-810.

[26] Zhang H, Fu H, Zhu S, et al. Machine learning assisted composition effective design for precipitation strengthened copper alloys[J]. Acta Materialia, 2021, 215: 117118.

[27] Wang C, Fu H, Jiang L, et al. A property-oriented design strategy for high performance copper alloys via machine learning[J]. npj Computational Materials, 2019, 5(1): 363-370.

[28] Wen C, Zhang Y, Wang C, et al. Machine learning assisted design of high entropy alloys with desired property[J]. Acta Materialia, 2019, 170: 109-117.

[29] Zhang Y, Wen C, Wang C, et al. Phase prediction in high entropy alloys with a rational selection of materials descriptors and machine learning models[J]. Acta Materialia, 2020, 185: 528-539.

[30] Wen C, Wang C, Zhang Y, et al. Modeling solid solution strengthening in high entropy alloys using machine learning[J]. Acta Materialia, 2021, 212: 116917.

[31] Liu P, Huang H, Jiang X, et al. Evolution analysis of γ'precipitate coarsening in Co-based superalloys using

kinetic theory and machine learning[J]. Acta Materialia, 2022, 235: 118101.

[32] Wang W, Jiang X, Tian S, et al. Automated pipeline for superalloy data by text mining[J]. npj Computational Materials, 2022, 1: 58-69.

[33] Zhang T, Jiang Y, Song Z, et al. Catalogue of topological electronic materials[J]. Nature, 2019, 566(7745): 475-479.

[34] Tang F, Po H C, Vishwanath A, et al. Comprehensive search for topological materials using symmetry indicators[J]. Nature, 2019, 566(7745): 486-489.

[35] Yang Q, Yang S, Qiu P, et al. Flexible thermoelectrics based on ductile semiconductors[J]. Science, 2022, 377(6608): 854-858.

[36] Li M, Zhao S, Lu Z, et al. High-temperature bulk metallic glasses developed by combinatorial methods[J]. Nature, 2019, 569(7754): 99-103.

新材料研发智能化关键技术

Key Intelligent Technologies for
Advanced Materials Research and
Development

第 2 章 材料大数据与人工智能

大数据和人工智能是材料研发智能化的核心和基础。数据的采集与积累、存储与管理、评估与处理、交换与共享等技术，构成材料数据资源整合、融通和应用的全链条技术体系；存储－算力－网络等硬件设施和数据采集－存储－计算－管理－应用等软件系统的集成，构成材料数据库（基础设施）系统。以数据流为纽带，以材料人工智能为核心，构建数据－计算－实验实时交互与反馈迭代的材料数字孪生系统，实现新材料研发全链条的自主化和智能化，是材料研发智能化关键技术研发和支撑体系建设的目标。近年来，材料数据库朝着适合人工智能应用的方向发展，推动了材料数据资源整合、数据基础设施建设和材料数据的广泛应用；数据驱动的新材料研发技术快速发展，在前沿材料研发、工艺优化和性能提升方面获得重要突破；人工智能与材料计算和实验技术的融合，催生了智能计算和自主 / 智能实验技术，推动材料研发技术的变革和跨越式发展；材料研发全过程数据机器学习－智能计算－自主实验高效融合的数字孪生技术孕育着突破。

本章聚焦材料数据库和材料人工智能，简述了材料数据采集、存储、交换、预处理等数据库技术，以及机器学习模型构建、逆向设计、自主决策、数字孪生等材料人工智能关键技术，综述了国内外发展现状，分析了在新材料研发中的应用案例，针对我国在材料大数据与材料人工智能领域的发展现状，以及国际竞争态势，分析了面临的问题与挑战，提出了重点发展方向。

2.1　材料数据库技术

2.1.1　概念与内涵

　　材料种类繁多、特性各异、设计研发流程长、计算和实验技术多，材料数据获取过程复杂、数据间关联性强、分散性大[1]，导致材料数据具有"多来源、多模态、多维度、多粒度"的特点。多来源是指材料数据包括计算、实验、生产、应用等数据，来源于各类计算软件、实验设备、生产过程、服役评价技术等；多模态是指材料数据包括以材料性能等为代表的数值型结构化数据、以材料组织形貌和时序演化等为代表的图像和图谱数据、以自然语言和数学公式描述的文本数据等；多维度是指材料性能影响因素众多、生产工艺流程长、应用环境复杂等导致数据的高维度；多粒度是指材料高通量计算/实验，以及大科学实验装置产生具有大数据特征的海量数据，由常规复杂实验、特定材料和特定实验手段获取高价值"小"数据。为保证材料数据的可用性和可复现性，一个高质量的有效材料数据应该同时涵盖材料成分或原料、制备加工过程、表征与检测手段和目标性能等。材料数据的数量和质量，以及规范性和标准化决定着智能化研发的效率，是新材料研发智能化的基础。

　　数据库是材料数据、标准化和规范化、安全管理、便捷化应用的载体。材料数据库技术泛指适用于材料数据"多来源、多模态、多维度、多粒度"的特点，满足可发现、可访问、可互操作和可再利用（findable, accessible, interoperable, reusable, FAIR）原则的数据采集、存储、交换、预处理等技术。

2.1.2　数据采集技术

　　数据采集技术是实现材料数据从原始产生到归档的数字化、模式化、标准化和自动化的系列技术，是实现材料数据在仪器设备、软件工具、数据库之间流通与协作，提升数据应用效率的基础。对材料原始数据进行数字化是实现数据资源积累、编辑和操作的基础；模式化为材料数据赋予可溯源的描述性信息，记录数据由谁产生、何时产生、如何产生、产生的内容及结果等信息；标准化是满足跨域数据资源的交换、共享和互操作的前提；自动化用于实现数据采集到归档的无人工干预，提高材料数据采集的质量和效率。

　　材料数据采集技术类型丰富，主要内容包括：计算数据采集技术，需要定制不同计算模型和软件的数据解析程序，形成面向不同计算方法和软件的数据自动转换工具，实现不同计算任务的数据自动解析与存储；对于实验测量数据的采集，可借助电子化和信息化工具对实验过程进行记录、管理和转换，通过定制物相分析、性能检测等仪器设备解析程序，形成面向不同表征和检测结果的数据自动解析；对于科技文献数据，通过自然语言处理和文本挖掘技术，可自动从文献中提取化学成分、工艺路线及性能等关联信息，大幅度减少数据抽取过程的人工干预，实现材料数据资源快速、准确积累。

2.1.3　数据存储技术

数据存储技术实现数据存储、管理和检索，保障灵活的数据模式设计，具有对新类型信息良好的兼容能力，具备对用户友好的界面（GUI）和开发者接口（API）。数据库和软件工具注册系统主要负责对分散存储、独立自治的数据库和软件工具等资源进行资源注册，确保数据和软件资源的可发现和可访问。数据应用开发服务系统是集数据融合、数据计算、人工智能框架、低代码开发引擎于一体，支撑数据业务和数据产品开发，为用户提供数据集成、智能标注、可视化建模、流水线协作、快速交付、在线测试等服务的全流程集成开发环境，满足材料研发、生产和应用的数字化软件开发服务需求，可快速形成可推广、可复用、可移植的材料数字化软件产品。

材料数据的存储方式，由数据库管理系统决定。数据库管理系统分为关系数据库管理系统（RDBMS）和非关系型数据库（NoSQL）系统两类。RDBMS在多字段组合查询和数据一致性上表现良好，但关系模式的可扩展性很弱，并且在写入和更新频繁的高并发情况下的能力存在瓶颈。NoSQL系统无需预定义关系模式，易于扩展、可伸缩性强，在高并发、大数据情况下读写优势显著。为满足多源异构数据自定义描述的需要，基于NoSQL系统的模板化数据存储系统逐渐成为多数据资源与应用开放互联和无缝共享的基础，实现材料数据模式的事后定义和标准化存储。

2.1.4　数据交换技术

数据交换技术包括数据交换标准与协议、云计算技术、流通保护与溯源确权技术和材料数据区块链技术等，能够进行跨数据库平台的信息获取和数据融合，有力推动材料数据库技术进入大数据时代。数据交换标准与协议可以有效突破跨材料种类、跨数据模式、跨数据库平台的数据交换壁垒，保障异构以及平台数据的集成、融合和互操作。云计算是利用互联网实现随时随地、按需、便捷地访问共享资源池（如计算设施、存储设备、应用程序等）的计算模式，具有按需自助服务、广泛的网络访问、共享的资源池、快速弹性能力和可度量的服务等特点。云计算根据服务模式可分为基础结构即服务（IaaS）、平台即服务（PaaS）和软件即服务（SaaS），按照部署方式可分为私有云、社区云、公有云和混合云。云计算根据服务模式通过云资源管理系统实现，可解决材料数据基础设施未来可能面对的高流量和多并发问题，实现数据服务能力的弹性扩展。数据流通保护与溯源确权技术用于实现数据版权登记、数据传播监测、高安全等级数据的加密存储与加密传输，保障材料数据从所有者到应用者的流通和交易的安全性，实现可持续发展的数据社区和生态。

材料数据库建设往往是中心化的，不同数据资源汇交存储至中央节点或服务器。但随着云技术的发展和区块链技术的兴起，分布式甚至去中心化数据存储成为可能，其有利于数据的加密、溯源和安全。区块链技术是一种不依赖第三方，通过自身分布式节点进行网络数据的存储、验证、传递和交流的技术方案。材料数据区块链技术实际上是建立一个去中心化的数据库，通过去中心化和去信任的方式集体维护数据资源，并形成数据碎片之间的拼接和互补。目前，材料数据区块链技术仍在探索中，仍需解决材料数据全要素信息量过大、上链负担重等问题。针对增强数据流通性和权益保障性、激励共享合作、激发数据应用价值和规模化效益的需求，依托分布式数据资源和云资源管理系统，可以利用区块链和隐私计算技术建立分级分类数据发布和交互系统，通过智能合约、分级管控，从技术和机制上保障数据有序流通，实现数据的共建、共管、共享、共赢，充分发挥区块链技术的优势。

2.1.5　数据预处理技术

数据预处理技术通过材料数据缺失值处理、材料数据噪声处理、材料数据异常值处理等，得到数据量大、分布均匀、信息完整的数据集。对材料数据质量进行评估，是提高材料数据利用效率的有效保障，能够提升材料数据在数据库、机器学习、人工智能应用中的质量，增强分析结果的准确性，缩短计算过程，让数据具有更高的可用性。

目前典型的材料数据预处理技术主要包括：

① 材料数据缺失值处理技术。数据采集中会存在缺失的数据，严重影响数据分析的结果。直接使用含有缺失值的特征、删除含有缺失值的特征、利用统计学方法填补缺失值是缺失值处理的三种策略。

② 材料数据噪声处理技术。大量噪声数据会影响数据的收敛速度，降低训练生成

的模型的准确性。人工检查、统计模型、分箱、回归、聚类等是常用的去噪策略。

③ 材料数据异常值处理技术。处于特定分布区域或范围之外的数据通常被定义为异常值或离群点。基于距离的检测、基于密度的监测等方法可以用于识别异常值。

④ 材料数据采样技术。样本比例失调将导致模型过度依赖于某类样本而出现过拟合和泛化差的问题。可以采用过采样（over-sampling）和欠采样（under-sampling）等技术使各类别数据数量维持在一个合理的比例。

⑤ 材料数据类型转换技术。将非数值型转换为数值型，以方便机器学习算法后续处理，可以使用序号编码、独热编码、稀疏向量等方式实现。

⑥ 材料数据变换技术。数据中不同特征的量纲可能不一致，数值差别大。最大 - 最小规范化、Z-Score 标准化、ℓ^2 归一化、离散化是数据规范化处理的常用方法。

2.1.6 发展现状和趋势

（1）国外发展现状和趋势

① 面向材料数据特点的存储交换技术全面发展。材料数据"多来源、多模态、多粒度、多维度"的特点，给数据存储和共享带来巨大的挑战。近年来，随着材料数据资源的整合和材料大数据的发展，材料数据存储和应用开发服务技术、数据交换标准与协议、云资源管理技术等取得了显著的进展。

a.非关系型数据库（NoSQL）技术提升了材料数据存储系统的可扩展性，实现了数据的个性化表达和大数据的高效读写，成为材料数据库技术的发展趋势。

材料数据库建设的过程，是对材料科学问题的抽象过程，这一抽象过程通常要经历两个步骤：从现实世界到信息世界的抽象过程和从信息世界到机器世界的抽象过程。第一步抽象过程由材料科学家和数据库工程师协作完成，材料科学家通过认知抽象形成能够描述材料实体、属性和联系的概念模型，数据库工程师通过对概念模型进行范式化和约束处理，最终形成信息世界的逻辑模型。第二步抽象过程由数据库工程师借助数据库管理系统（database management system，DBMS）将逻辑模型转化为软件支持的物理模型，如借助 MySQL、Oracle、PostgreSQL 和 MongoDB 等。

在人工智能与机器学习技术的推动下，材料数据融合需求加剧，在社区内进行数据上传、高并发数据写入、数据关系模式异构的功能要求不断涌现，RDBMS 开始力不从心：材料科学家与数据库工程师沟通频繁，致使材料数据库的设计与构建门槛高；数据存储逻辑模型和物理模型更改需要数据库工程师完成，数据库可扩展性弱；通过应用程序访问数据库需要预先掌握数据库的设计模式，致使数据交换与集成难度大。因此，许多材料数据库开始采用NoSQL系统进行数据归档与存储，例如Materials Project利用MongoDB进行数据存储[2]。随着用户自定义数据描述方式需求的不断增加，基于NoSQL系统的模板化数据存储系统逐渐成为多数据资源与应用开放互联和无缝共享的基础，通过提供可重用的数据类型进行数据模板的自定义，满足不同工程应用、团体、机构和个人的个性化数据表达需求，实现材料数据模式的事后定义和标准化存储。图2-1展示了RDBMS与基于NoSQL的模板化数据系统在材料科学场景下的应用对比。

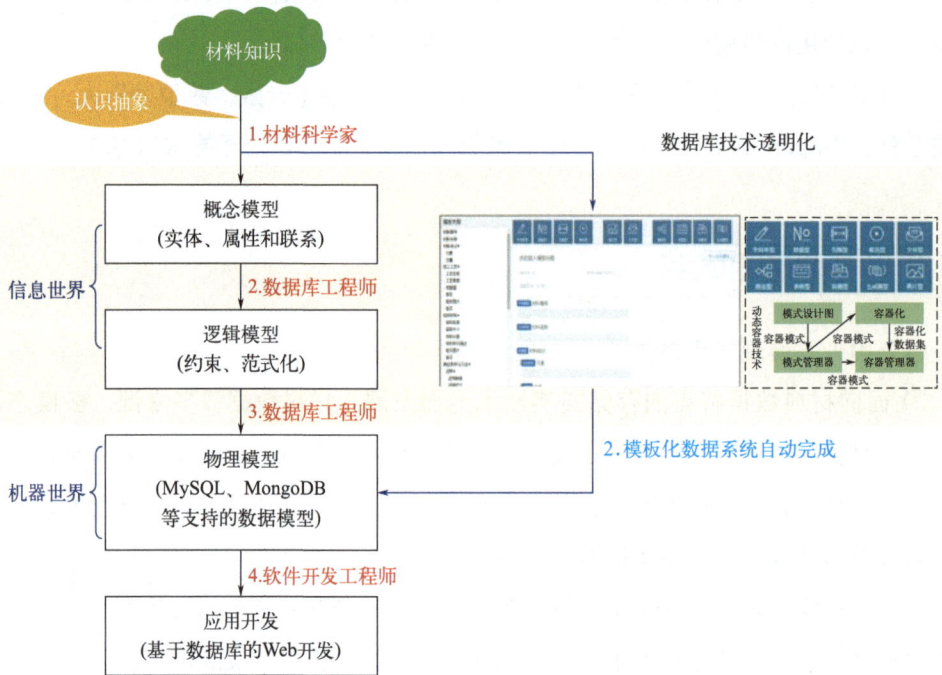

图2-1 RDBMS与基于NoSQL的模板化数据系统在材料科学场景下的应用对比

b.建设了数据交换标准与协议，提出了材料数据库访问与交换的通用规范，促进了材料数据的融合、交换和互操作。

自2000年以来，国际上开始尝试建立并推广材料数据的标准化协议。MatML是由NIST于2000年发起的专为材料信息存储和交换而开发的一种可扩展的标记语言（XML）[3]。MatML为其标签定义了连贯、一致的文档结构，确保任何编程语言都可以以任何需要的方式解析和处理数据，增强了应用程序对数据的理解和可操作性。最初，NIST成立了工作组来描述和开发MatML新语言的范围和规范，并发布Annotated MatML DTD（MatML 1.0、2.0和3.0版本）工作草案进行意见征求。2003年，MatML协调委员会成立，由ASM International、材料信息协会牵头，由来自学术界和工业界的专家组成。MatML的标准化目前由结构化信息标准促进组织OASIS管理，由模式开发工作组负责 MatML 标记语言的开发和维护。

为应对跨材料数据库平台的数据交换需求，欧洲 OPTIMADE 国际联盟率先联合国际主流材料数据库，提出了材料数据库访问与交换的通用规范 OPTIMADE v1.0 版本 [4]。OPTIMADE 定义了使用 URL 查询的 RESTful API，查询响应遵循 JSON:API 规范。被查询的材料数据库需要使用通过 Web 服务的代表性状态传输来支持请求，并发布服务于OPTIMADE API 的基本 URL（Base URL），实现了 OPTIMADE API 的材料数据库中化学成分、晶体结构和基础性质等信息可被统一发现和访问。目前实现 OPTIMADE 协议的国际主流材料数据基础设施有 AFLOW、Materials Cloud、Materials Project、NOMAD、Open Materials Database 和 OQMD 等。

在一些材料科学细分领域，国外材料科学家已在初步尝试构建领域本体和知识图谱，试图增强数据共享过程中的标准化和可理解性，促进数据融合、交换和互操作。目前，材料科学家构建了原子级材料科学领域的 NOMAD Meta-info、ESCDF 和 OpenKIM本体，陶瓷领域的 PLINIUS 本体，钢铁行业的 ONTORULE 本体，层状复合材料领域的SLACKS，以及通用材料科学数据表示的 PIF、Ashino、EMMO、MatOnto、Premap 和MatOWL 本体。但由于材料科学子领域的多样性，定义一种通用且完备的材料本体不太现实，但是统一材料本体的构建标准，是材料数据基础设施走向分散建设、集中共享的基础。

c.云资源管理系统、数据流通保护与溯源确权技术在材料数据库建设中进行了部署和应用。

美国和欧洲率先搭建了基于云计算的材料数据基础设施，可满足云数据库的快速创建、应用的便捷部署、数据隔离、资源可动态扩容、可容灾容错、物理分散、逻辑统一等需求。在虚拟化技术的支持下，IaaS 可以为材料数据基础设施提供硬件资源的按需配置，将计算单元、存储器、I/O 设备和带宽等计算机基础设施集中起来成为一个虚拟的资源池对外提供服务，保障材料数据基础设施的容灾容错和动态可扩。例如，Materials Cloud 利用 IaaS 实现了虚拟机、容器与块存储等资源的分配与配置[5]。为方便不同应用程序进行集成与共享，材料数据基础设施可利用 PaaS 提供应用程序部署与管理服务，如容器云平台，以保证材料应用程序的标准化交付、应用微服务化、弹性扩缩和跨平台。SaaS 部署在 PaaS 和 IaaS 平台之上，用户可以在 PaaS 平台上开发并部署 SaaS 服务。Materials Cloud 利用 PaaS 实现了基于 Jupyter Notebook 的在线集成开发环境，并支撑材料计算科学工具的部署与应用。图 2-2 构画了材料数据库的云基础设施解决方案。

随着数字出版和在线期刊的发展，为了摆脱统一资源定位符（uniform resource locator，URL）频繁出现的失效死链缺点，出版业推出了数字对象标识符（digital object

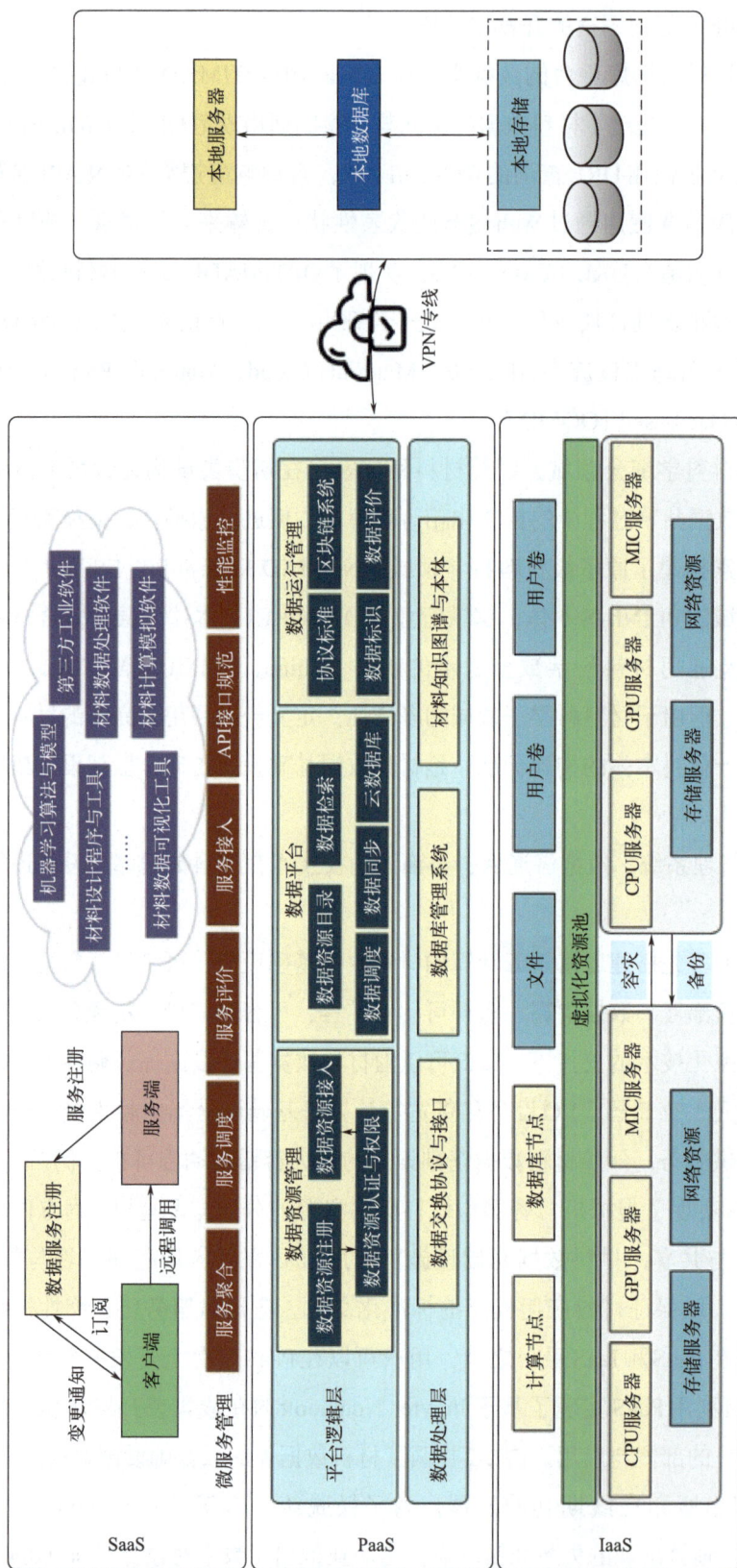

图2-2　材料数据库的云基础设施解决方案示意

identifier，DOI）集中注册管理技术。全球有两家最大的 DOI 代理注册机构，即 Crossref 和 DataCite。它们的共同功能是在不同的出版商网站之间实现参考文献引文链接，以及数据的跨数据库共享。利用 DOI 系统永久标识数据的知识产权，可以保证数据在流通过程中的可标识和可引用[6]，目前欧美主流数据库平台，例如 HTEM、MDF、NOMAD CoE 和 Citrine Informatics 等已经应用 DOI 系统对上传的数据进行标识。

② 材料科技文献信息自动提取等数据采集技术具有先发优势。随着实验表征和计算模拟仿真技术的快速发展以及信息技术的快速普及，材料领域沉淀和积累了大量的数据信息，包括材料基本物理化学性质和服役行为数据，晶体结构和相结构等属性数据，各类衍射谱图和显微组织等图像数据，动态过程演变等的时序数据，以及以科技文献形式呈现的文本数据。不同种类的材料数据一般获取成本高、过分集中或分散、缺乏统一处理标准。自动化、高精度地抽取材料数据是材料大数据技术重点发展方向之一。

美国和欧洲材料和计算机领域的科学家率先利用自然语言处理和文本挖掘技术，自动从文献中抽取材料成分、工艺路线及性能相关信息，很大程度上降低了数据积累过程的人为参与程度，加速了数据从文本描述变成简易可用的结构化数据库的进程，使大规模数据的融合、共享和进一步利用成为可能。近年来，在聚合物、居里和奈耳磁性相转变温度、复杂氧化物的脉冲激光沉积工艺条件等信息的自动抽取中进行了探索性尝试。基于 ChemDataExtractor 工具，Court 等从大约 7 万篇化学和物理领域的文献中抽取了近 4 万种化合物及其居里和奈尔磁性相变温度的数据[7]。这些数据描述了铁磁相变和反铁磁相变的温度。除了数据抽取以外，科学家还利用自然语言处理技术基于已报道的研究文献进行知识萃取，直接学习材料科学领域中隐含着的新理念和新材料。劳伦斯伯克利国家实验室采用了一种无监督的方法将已发表文献中的材料科学知识有效地编码为信息密集的单词嵌入，成功提取了元素周期表内隐含的知识以及材料结构和性质之间的关系，成功发现了新的热电材料，证明未来发现的知识大概率嵌入在过去的出版物之中[8]。

由于材料科学文本数据具有较强的专业性，直接使用通用的自然语言处理软件包（例如 NLTK、SpaCy 或 AllenNLP）进行数据收集通常会导致数据信息错误。因此，国际上相关研发单位开发了专门进行材料领域语言处理的代码，可以更好地检测化学式、科学短语和专业符号等材料、化学、物理领域的专门词汇（例如，能够识别"He"代表氦而不是代指男性）。表 2-1 提供了目前能够应用于材料领域进行自然语言处理的软件包。

③ 材料数据预处理技术关注度显著提高。材料数据自动化抽取等技术和方法的发

表2-1　应用于材料领域进行自然语言处理的软件包

序号	软件包	网址	开发单位
1	Borges	https://github.com/CederGroupHub/Borges	UC Berkeley 加州大学伯克利分校
2	ChemDataExtractor	http://chemdataextractor.org/	University of Cambridge 剑桥大学
3	ChemicalTagger	https://github.com/BlueObelisk/chemicaltagger	Unilever Centre for Molecular Science Informatics 联合利华分子科学信息学中心
4	ChemListem	https://bitbucket.org/rscapplications/chemlistem/	The Royal Society of Chemistry 英国皇家化学学会
5	ChemSpot	https://github.com/rockt/ChemSpot	Humboldt-Universität zu Berlin 柏林洪堡大学
6	LBNLP	https://github.com/lbnlp/lbnlp	UC Berkeley 加州大学伯克利分校
7	mat2vec	https://github.com/materialsintelligence/mat2vec	Lawrence Berkeley National Laboratory 劳伦斯伯克利国家实验室
8	MaterialParser	https://github.com/CederGroupHub/MaterialParser	UC Berkeley 加州大学伯克利分校
9	OSCAR4	https://github.com/BlueObelisk/oscar4	Unilever Centre for Molecular Science Informatics 联合利华分子科学信息学中心
10	Synthesis Project	https://www.synthesisproject.org/	Massachusetts Institute of Technology 麻省理工学院
11	tmChem	https://www.ncbi.nlm.nih.gov/research/bionlp/Tools/tmchem/	National Center for Biotechnology Information 美国国家生物技术信息中心

展丰富了材料数据，一定程度上解决了材料数据"数量"的问题。除此之外，数据的"质量"也决定了数据驱动智能化研发中模型预测性能的上限。因测量手段和实验方案不同、实验环境差异、理论计算误差以及数据录入错误等因素，收集到的材料数据与真实结果之间往往存在一定误差，使得材料数据的准确性降低，进而严重影响后续机器学习模型预测结果的准确性和合理性。因此，对材料数据进行预处理，提升其准确性，使得材料数据具有更大的可用性，有助于实现数据资源的最大化利用。

国际上，在数据库、数据平台的建设过程中，都注重数据的准确性、一致性、完整性和可溯源。目前，材料领域已有一些针对数据质量问题展开的研究。为提升材料数据质量以获得更好的机器学习模型预测性能，研究人员开始采用数据统计或机器学习方法对数据质量问题进行定量分析。南非夸祖鲁-纳塔尔大学使用最小二乘支持向量机对离子液体的电子电导率进行预测时，对实验测量的电子电导率数据进行人工校验、统计分析，成功剔除由于文献资料错误报道或实验测量误差造成的异常样本，最终构建的机器学习模型的平均预测偏差仅为 1.9%，保证了机器学习模型的准确性和可靠性[9]。针对材料科学领域实验数据往往不能够充分描述元数据，并且经常以不连贯的文档形式显示等问题，美国国家能源技术实验室提出了一种评估合金拉伸、蠕变-应变松弛和疲劳性能数据质量的方法，从数据完整性、准确性、可用性和标准化 4 个指标出发，制定相应指标的质量评定等级对数据进行质量评估，有效解决了合金设计和寿命预测中数据来源不同的问题[10]。英国南安普顿大学在采用人工神经网络对钙钛矿的离子电导率进行预测时，利用基于距离的异常点检测算法识别并删除了远离样本中心的样本点，藉此构建了拟合优度 R^2 高达 0.92 的机器学习模型[11]。伊朗学者采用杠杆检测法对文献中的离子液体电子电导率实验数据进行了准确性评估，共发现了 7 个异常样本点。数据预处理技术能够显著提升后续采用人工智能技术设计材料的准确性与效率，受到了越来越多的关注[12]。

（2）国内发展现状和趋势

① 材料数据存储交换技术获得突破。在"十三五"国家重点研发计划支持下，针对材料数据多模态、多粒度、多维度特点，充分考虑材料领域数据库建设门槛，北京科技大学数据库研发人员创新性提出了动态容器的思想，开发形成了面向多源异构材料科学数据的动态容器数据库技术[13-14]。通过对材料数据的分析和抽象，建立了材料科学数据的统一数据表示模型——动态容器模型（DCM）。基于 DCM 研发出了包含字符串、文件、图像、容器等 10 余种数据控件和可视化交互构建系统，支持用户根据数据内容通过数据类型控件拖拽式组合构造个性化数据模式，并以此为基础实现原始数据的 ETL 和统一存储，其技术框架如图 2-3 所示。该项技术实现了复杂异构材料数据的个性化描述、自主设计与便捷快速汇交，形成了可推广复用和快速交付部署的材料数据库系统软件，解决了材料复杂异构数据的存储难题，在材料基因工程专用数据库（www.mgedata.cn）、国家材料基因工程数据汇交与管理服务平台（https://nmdms.ustb.edu.cn）、新材料大数据中心主平台（www.materhub.cn:8082）、国家电网、广州超算、湖南航天、中广核材料数据库建设中实现推广应用。

2019 年，我国中关村材料试验技术联盟发布了《材料基因工程数据通则》，对数

图2-3　材料动态容器数据库技术框架

产生过程中必须收集的信息与遵循的格式进行了规范，将数据分为样品信息、源数据（未经处理的数据）与衍生数据（经分析处理得到的数据）三类，以操作（样品制备/表征/计算/数据处理）为条目单位，对每次操作分别赋予独立资源标识（根据国标GB/T 32843 或DOI），以确保数据满足FAIR原则和可再利用的要求。目前，我国数据交换标准与协议尚处于元数据标准的制定阶段，数据交换标准尚存在空白。

随着数据库平台持续扩容、稳定安全运维需求的增加，我国也相继采用云计算搭建数据库底层基础设施。在虚拟化技术的支持下，对计算单元、存储器、I/O设备和带宽等硬件资源形成虚拟的资源池并对外提供服务，保障材料数据基础设施的容灾容错和动态可扩。例如，MGE DATA 利用 IaaS 实现了虚拟机、容器与块存储等资源的分配与配置。为方便不同应用程序进行集成与共享，采用 PaaS 技术提供应用程序部署与管理服务，如容器云平台，保证材料应用程序的标准化交付、应用微服务化、弹性扩缩和跨平台。SaaS 部署在 PaaS 和 IaaS 平台之上，用户可以在 PaaS 平台上开发并部署 SaaS 服务。新材料大数据中心主平台利用 PaaS 实现了基于 Jupyter Notebooks 的在线集成开发环境，并支撑材料计算科学工具的部署与应用。

为永久标识数据在开放共享时的知识产权，保证数据流通过程的可溯源和可引用，可利用数字对象唯一标识符系统对材料数据资源进行知识产权标记和保护，通过数据 DOI 注册、解析与引用，可保护材料数据资源在开放、交换与共享时的安全性与知识产权。目前我国在 MGE DATA 等上已经应用 DOI 系统对上传的数据进行了标识。

② 材料文献数据抽取技术研发开始起步。我国在材料科学文献数据自动抽取技术方面起步较晚，尚处于起步探索阶段。北京科技大学研发了一套材料科学文献数据自动挖掘流水线（见图 2-4），可自动抽取高温合金成分和性能数据，并实现了数据驱动的高温合金成分设计[15]。具体流程包括文献获取、语料预处理、表格解析、文本分类、命名实体识别、表格与文本实体关系抽取和数据依赖解析，最终形成结构化材料数据库。提出了适用于小样本科技文献语料限制的材料命名实体识别方法和启发式多关系抽取算法，突破了模型训练语料有限的局限，实现了准确率和召回率的大幅提高，3 个小时内从 14425 篇高温合金文献中自动抽取出 2531 条同时含有文献 DOI、合金名称、化学元素、元素含量、合金性能名称和性能值等信息的结构化数据，合金性能涵盖了 γ' 相溶解温度、密度、固相线和液相线温度，形成了可快速迁移与应用的流水线工具（https://github.com/MGEdata/SuperalloyDigger），具有优异的泛化能力，在高熵合金等金属结构材料、陶瓷膜材料等数据抽取任务中成功应用。

③ 数据预处理技术的重视程度正在增加。我国材料领域已有研究从单一角度探索了数据质量问题，表明提升数据质量能够在一定程度上提高机器学习模型的预测精度。苏州大学开发了一种程序来识别材料工程数据库中化学式组成为 ABX_3 和（$A'A''$）（$B'B''$）-X_6 的化合物的钙钛矿的形成性，发现了 11 个 ABO_3 化合物的形成能数据存在异常并进行了合理校正[16]。上海大学等提出了面向材料领域机器学习全过程的领域知识嵌入的数据质量治理框架，如图 2-5 所示，通过明确机器学习在材料领域应用全过程中各阶段面临的数据质量问题，提出了数据驱动方法与材料领域知识协同的数据质量评估和提升策略，并将其解释为包含一系列数据质量维度、针对不同质量问题的数据质量处理模型和材料数据质量治理的行动路线的三元组[17]。

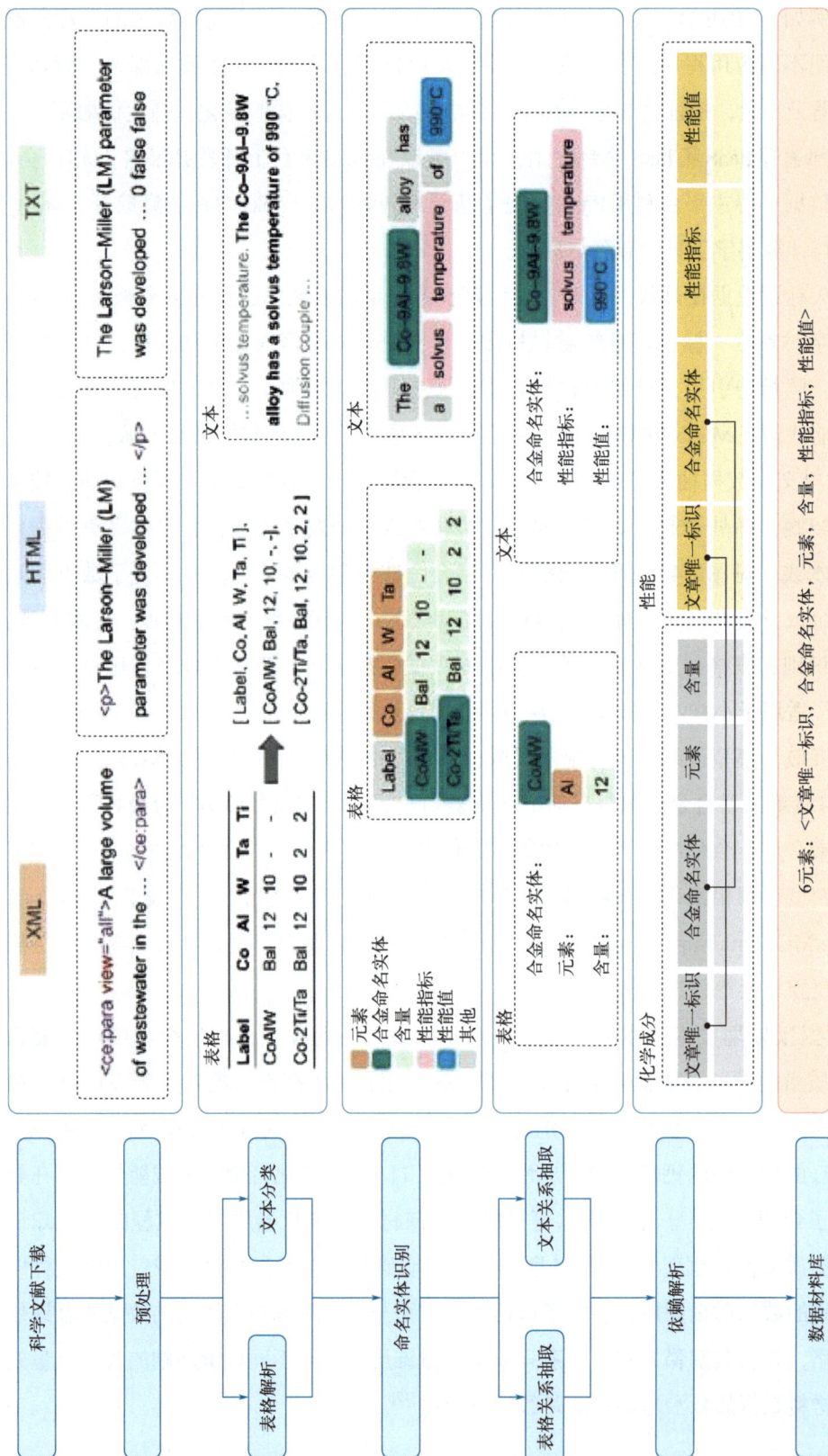

图2-4 材料科学文献数据自动挖掘流水线原理图

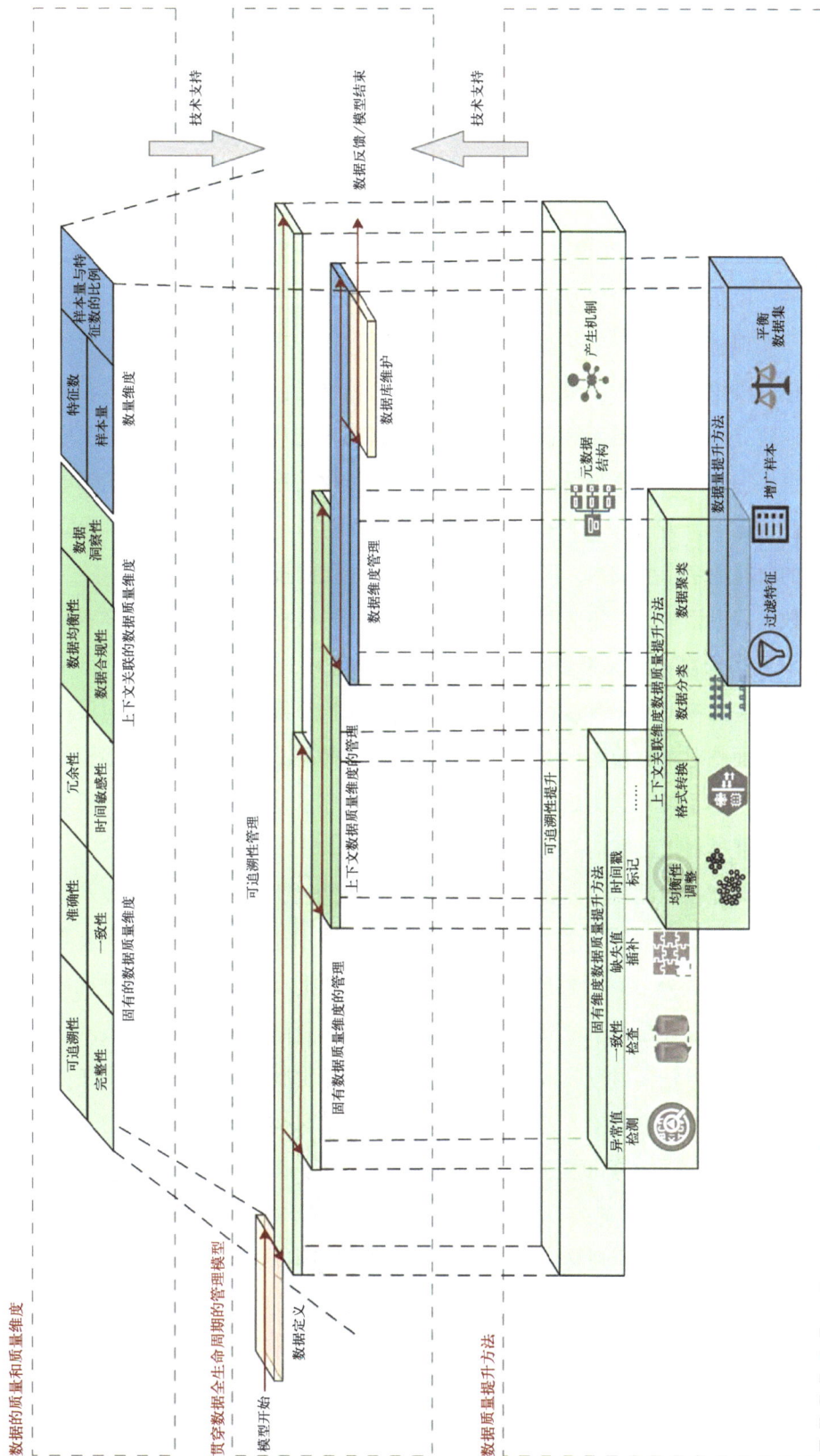

图 2-5 面向材料领域机器学习全过程的领域知识嵌入的数据质量治理框架

2.2 材料人工智能

2.2.1 概念与内涵

材料人工智能是以化学组分、晶体结构、组织结构、加工条件、表征评价、物性数据等为基础，以新材料设计研发和知识挖掘为目标，利用信息学、统计学、机器学习等技术方法，实现材料成分、工艺、组织和性能的快速设计和优化。材料人工智能起初围绕材料数据分析挖掘展开，着重强调数据挖掘、机器学习、深度学习等技术在材料数据中的应用，建立材料不同层面信息的关联，在实现材料宏观性能与微观特征关联映射的基础上，直接提供应用需求与材料成分和工艺等的量化关系。近年来，人工智能与材料计算和实验的融合，催生了材料智能计算和自主/智能实验技术，以及材料计算-实验-数据融合的材料数字孪生技术，形成了材料研发智能化的技术基础。

材料数据获取困难、采集费时费力、成本高昂，导致材料数据稀疏小样本和不完备的特点；材料多层次关联关系复杂，研发和生产流程长，数据的空间和时间尺度跨越大，材料设计中的物理和化学过程多等，导致材料数据高维和非线性；材料设计筛选空间异常巨大，面临对数据模型精度和泛化能力要求高等挑战。因此，简单移植和应用人工智能通用技术，不能完全满足新材料研发智能化的需求，需要针对新材料研发和材料数据特点，发展材料人工智能的专用算法和关键技术。

材料人工智能技术涵盖面向新材料、新工艺和新性能研发的模型构建技术、逆向设计技术、自主决策技术、数字孪生技术等。模型构建技术通过机器学习、深度学习等技术，深入挖掘材料成分-结构-性能之间的高维复杂非线性关系，实现高效准确地预测材料性能。材料逆向设计是基于变分自编码器、生成对抗网络、强化学习等技术，面向目标性能需求的设计方法，可在超大高维空间高效设计新材料。自主决策技术在自主学习预测模型基础上，通过主动学习、贝叶斯优化、强化学习构筑自主决策能力，是自主计算/实验的核心算法，可大幅度提升材料计算设计和实验的效率。材料数字孪生技术可构建模拟计算和数据模型的"数字孪生体"，与材料实验进行实时双向信息交互，促进材料计算-实验-数据的融合，实现材料多尺度和全流程的协同设计。

2.2.2 模型构建技术

模型构建技术通过将材料成分、结构、组织等信息数字化、特征化，利用机器学习、深度学习等方法，建立材料宏观性能、微观结构等目标量（因变量）与成分、工艺、显微组织等描述材料的特征（自变量）之间的映射关系。科学合理地构建与目标量相关的特征，深入挖掘材料成分、工艺、组织、性能、服役行为之间的隐性构效关系，建立高精度机器学习深度学习预测模型，在未知空间预测具有优异性能的新材料，是实现材料高效优化设计的基础。

模型构建技术可应对材料研发中构效关系复杂的挑战，主要目的是借助算法来建立目标量与材料特征之间的替代模型，使替代模型尽可能逼近真实函数关系。应用机器学习、深度学习模型，可直接预测新材料的目标量，在不依靠实验制备和计算模拟的情况下，实现新材料的预评估，辅助材料的高效研发。各算法都有其优点和缺点，根据"没有免费的午餐"定理，不存在适用于所有材料研发问题的算法。因此，在材料研发中通常选用多种算法分别构建模型，且为了充分发挥各算法的效用，需要对各算法构建的替代模型进行超参数调整优化，随后进行模型表现评估。通常利用交叉验证、自助法重采样等技术评估模型的泛化性能，选用表现最优的模型。此外，针对一些复杂且有特定需求的材料研发问题，可对现有的算法进行调整和改进以确保其适用性。

2.2.3 逆向设计技术

以材料参数和材料因子为特征，性能为目标量，通过穷举或优化材料特征设计新材料的方法称为正向设计。反之，逆向设计是根据给定目标量，通过优化算法快速找到满足要求的特征。材料的逆向设计只需输入目标材料性质，使用优化算法生成预测的解决方案，就可以对新材料的"成分/结构"信息进行预测。

2.2.4 自主决策技术

材料研发是一个不断寻优的过程，是通过调整材料成分、加工工艺等，来实现材料性能的最优化。数据驱动的材料研发方法的出现大大加快了材料性能优化的速度，然而所用的预测模型往往是黑盒模型，即没有特定的函数进行描述，增加了最优化性能探索的难度，因此，需要引入决策方法选择实验或计算方案。相比专家决策参与的材料研发流程，机器自主决策的材料研发利用智能决策手段从海量实验中进行筛选，能够更有效地探索未知的搜索空间，推荐出最优的候选实验，大幅提升材料计算设计与实验的效率，更快地发现满足需求的材料。常用的自主决策方法有贝叶斯优化、强化学习和进化算法。

2.2.5　数字孪生技术

数字孪生技术可建立现实世界实体和实体过程的虚拟表示，通过二者之间的以指定频率和保真度进行的信息同步，提升材料研发效率、增加产品可靠性、降低研发风险等。材料数字孪生将现实世界的材料设计、制备、加工、服役等实体要素数字化，建立与现实世界——对应的虚拟材料研发流程，通过数字孪生体表示材料结构和性能随成分、工艺、时间的演变，在材料研发全过程以超越截面方式实时反馈，实现材料研发现实世界与数字孪生体信息的同步。随着材料数据库和人工智能技术、高性能计算和先进实验技术的迅速发展，将多尺度计算、数据模型、自主实验等技术融合用于揭示材料研发中的成分-结构-性能关系。可更加高效地设计新材料，正在形成材料研发数字孪生模式。

材料研发数字孪生与单一的计算机模拟计算有显著区别。尽管计算机模拟计算和数字孪生都利用数字模型来描述材料的各种性能，以及材料中发生的各种过程，但数字孪生实际上是一个虚拟环境，可以包括多个尺度和多个数量的计算模拟过程；而且数字孪生围绕双向信息流设计，在数字孪生中的模拟能够从实时数据中获益，也能够对研发实体给予反馈。

材料研发数字孪生是材料人工智能技术的进一步发展与应用。传统的材料数据挖掘和机器学习以及人工智能技术重点关注用材料的单点、截面式数据来获取材料成分-结构-组织-工艺与性能的关联性关系。材料研发数字孪生技术将材料的理论与在线数据全方位融合，以超越截面式数据的形式为材料研发过程中的新材料实体实现制备、加工、服役过程的虚拟化动态过程增量展现，将有助于对新材料响应动态过程进行机理解释。

2.2.6　发展现状和趋势

（1）国外发展现状和趋势

①深度学习框架发展迅速，模型构建技术聚焦多模态数据全面应用。在材料研发智能化发展初期，材料性能预测模型主要利用传统机器学习算法来建立目标性能与材料特征之间的替代模型，其所依赖的算法主要有监督学习、无监督学习、半监督学习等。其中，监督学习在材料研发机器学习技术中应用最为广泛，主要应用于材料性能的回归与分类问题。针对回归问题，主要使用普通最小二乘回归、偏最小二乘回归、支持向量回归、高斯过程回归等方法构建机器学习模型，用以预测二元化合物的熔点、弹性

模量、无机材料的带隙、形成能、疲劳寿命等；针对分类问题，主要使用逻辑回归、支持向量机、朴素贝叶斯、决策树等分类算法，实现对半导体材料、MOF材料、铁电材料微观断裂机制的准确分类。无监督学习在材料领域也应用较多，主要采用 K-Means、DBSCAN 等聚类方法，用于材料的无损检测，辅助分析金属材料的声发射信号的类别，以进一步分析位错变形机制[18-21]。

构建具有预测功能的机器学习模型后，即可依据模型，通过一定的新材料设计技术实现目标材料的高效设计。直接的方法是依据材料特征和性能关系机器学习模型构建材料搜索空间并预测各候选材料性能，从中挑选性能最好的材料，即选择设计。这种经典策略实施简单，目前已在材料研发中得到广泛应用。特别是对于一些样本数据较多或研究问题较为简单的情况，直接建模方法可以准确地建立输入与输出间的函数关系，材料设计时准确程度高，设计效果好。新材料的性质预测是材料研发的关键点之一，已有较多团队进行了相关研究，主要针对材料物理化学性质、结构性质和材料性能，如其弹性模量、无机材料的带隙、超导临界温度、金属玻璃玻璃转变温度、固溶度等，涵盖了金属材料、无机非金属材料等材料领域[18-21]。

除了上述成分-工艺性能这类结构化数据，材料研发中也涉及图谱数据、图像数据、时序数据等数据类型，机器学习逐渐难以处理这些复杂数据[22]。深度学习是机器学习最新发展方向之一，利用深度神经网络将模型处理得更为复杂，从而使模型对数据的理解更加深入。深度学习的优势在于神经网络可揭示数据中的隐藏关系，能够处理非常复杂的非线性关系，尤其在多模态数据处理上具有得天独厚的优势。深度学习方法也有监督学习与无监督学习之分，主要包括卷积神经网络（CNN）、深度置信网络（DBN）、变分自编码器（VAE）以及循环神经网络（RNN）等工具，目前在原子模拟数据、图谱数据、图像数据分析处理方面获得了大量应用。

首先，针对原子模拟数据。深度学习基于包括原子坐标和原子组成信息在内的原子模拟数据，实现材料性能高精度预测与材料成分结构的高效筛选。在性能预测方面，深度学习方法已经应用于建立原子结构与属性之间的准确的构效关系。麻省理工学院发展了一个晶体图卷积神经网络（CGCNN）框架，直接从晶体中原子的连接中学习材料的性质，实现了具有第一性原理计算精度的材料性质预测，已被用于预测了多达50种晶体和分子材料的特性[23]。在材料的高效筛选方面，基于深度学习方法可以加速第一性原理计算并获得快速预测和高效筛选。Park等人通过训练改进的CGCNN模型（iCGCNN）用于协助高通量搜索材料，快速筛选出 ThCr2Si2-type 材料，使高通量搜索的计算时间加快了65倍，证明了iCGCNN可以通过快速、准确地识别具有感兴趣性能的晶体化合物来加速新材料的高通量发现[24]。

其次，针对图谱数据。基于现有的谱图技术，如XRD、XAS、拉曼光谱以及红外光谱等，深度学习方法通过将图谱数据视为类似于图像的连续模式，可以从谱图学习结构信息以及根据结构数据预测谱图信息，实现晶体结构以及谱图的高效预测。在谱图-结构预测方面，韩国首尔世宗大学通过开发卷积神经网络模型，在电池材料的有限化学空间内，从由相混合物组成的样品中识别相，同时预测化合物中的成分分数[25]，实现了相及成分的准确预测。在结构-谱图预测方面，美国麻省理工学院通过构建欧拉神经网络（E3NN），从原子位置和元素中预测态密度谱（DOS），实现了小样本条件下DOS的准确预测[26]。

再次，针对图像数据。深度学习方法可以加速和改善基于图像的材料表征，主要应用于图像分类和回归、EBSD分析、微观结构表征等。在图像分类方面，Ziletti等通过训练深度学习模型来识别每个晶体结构散射模式的空间群，实现了晶体带有较大缺陷条件下的准确分类[27]；在微观结构表征方面，基于图像的深度学习方法可以学习稳健的低维微观结构表征，随后用于建立预测和生成模型，以便学习正向和逆向的结构-性能联系。Cecen等采用一个三维卷积神经网络（3D CNN）来学习材料微观结构的突出特征，创建了一个由5900个微观结构组成的极其庞大的微观结构-性能基准数据集，证明了基于CNN的方法不仅能学习到可解释的微观结构特征，还能提高新微观结构的性能预测精度[28]。

② 材料逆向设计理念逐渐兴起，分子逆向设计取得突破。构建材料"性质-成分/结构"逆向关系，能够在超大材料设计空间中成功找到目标材料的成分/结构。材料逆向设计理念在于只需输入一组目标材料性质，使用算法生成解决方案，直接对新材料的"成分/结构"信息进行预测，设计出具有目标性质的新型材料。2018年，美国哈佛大学研究人员阐述了材料逆向设计的内涵，总结了逆向设计常用的人工智能技术[29]，如图2-6所示。

分子的合成路线设计涉及前驱体及反应类型等复杂变量，常因组合量巨大而难以设计。传统的反合成分析方法通常基于人为编码规则的专家系统，而路线的设计则主要依赖于启发式算法，这类方法因泛化能力差、缺乏化学合理性等，制约了其广泛应用。德国明斯特大学使用三种不同的神经网络并结合蒙特卡洛树搜索（Monte Carlo tree search，MCTS）组成了一种新的人工智能算法（3N-MCTS），用来生成恰当的分子逆合成路线。相比之前的计算机辅助合成设计方法，如最佳优先搜索，3N-MCTS在搜索速度、有效搜索的比例上都有明显提升[30]。分子结构设计由于有机基团的种类多，以及基团之间的相互作用而变得异常复杂。美国北卡罗来纳大学设计了一种用于从头设计具有所需特性的分子的生成式逆向设计策略，通过集成两个深度神经网络（生成式和预测性）生成具有目标性能的分子结构，基于150万个化学分子结构训练模型，生成了超过100万种不同的化合物，随后使用ChemAxon来对生成的化学结构进行有效性查验，结果表明

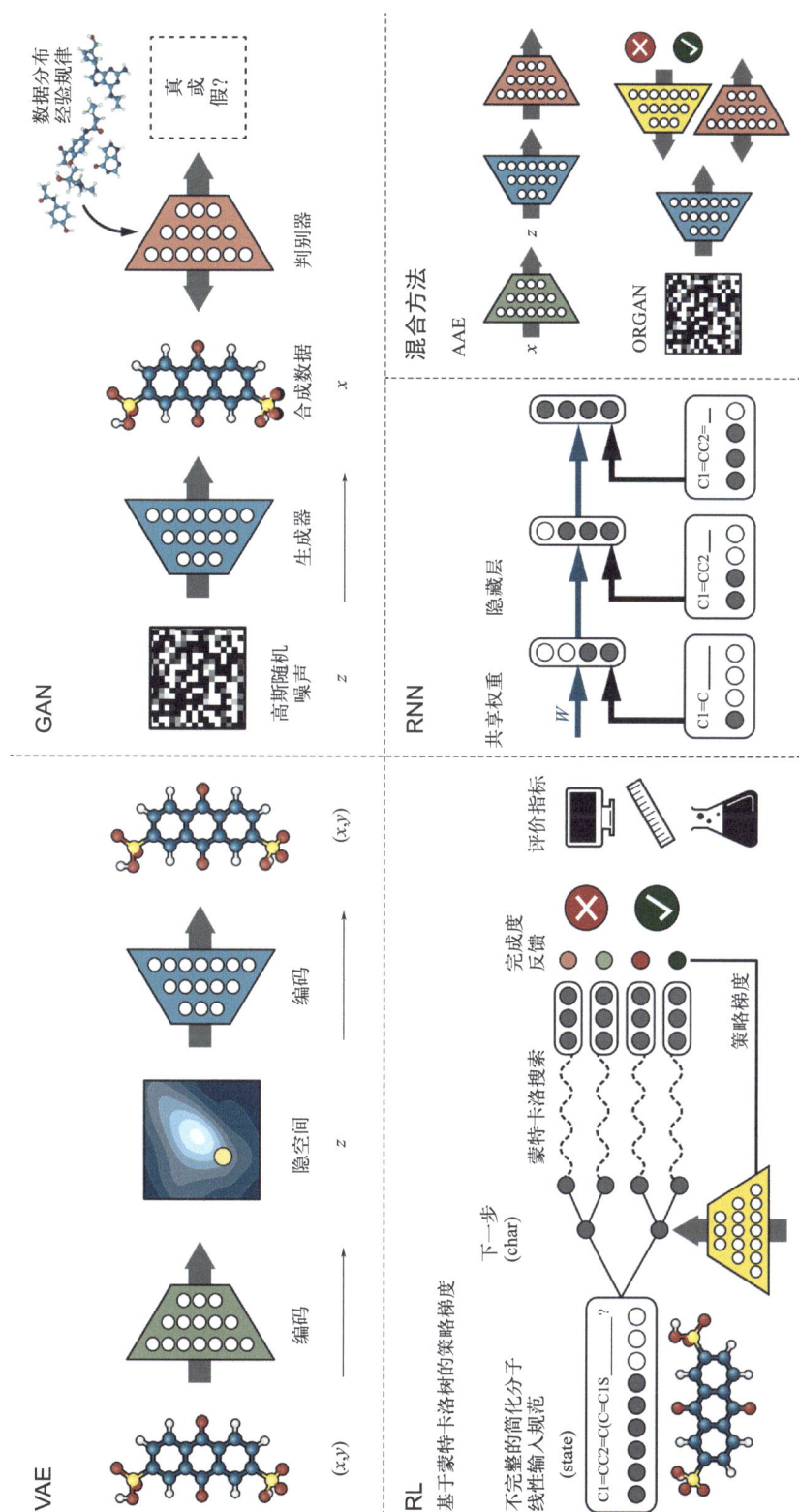

图2-6　基于生成模型的分子结构逆向设计工具：变分自编码器（VAE）、生成对抗网络（GAN）、强化学习（RL）、循环神经网络（RNN）以及复合式生成结构

95%的结构都是有效的化学分子[31]。

超材料通过提供不同材料基元的特定周期性排列形式，提供了自然界中本不具备的材料特性，但超材料的设计因基元的类型复杂、排列方式繁多而极为棘手。美国哈佛大学提出了一个超材料逆向设计框架来设计具有目标非线性响应的力学超构材料。其发端于一种基于铰链旋转正方形的超构材料，能够有效识别、设计具有目标非线性应力-应变行为的材料基元组合排列方式。设计的结构通过改变四边形的形状，可以调整由施加的压缩引起的内部旋转量，并获得目标的机械响应[32]。荷兰乌得勒支大学发展了一种通用的逆向设计方法，通过晶体、准晶和液晶的衍射图案来有效地对它们进行逆向工程。进化策略从流体相开始，降低温度，增加压力和基元宽，以最大限度地适应流体环境，为系统找到尚未预测的QC10相。通过对分法进一步找到QC10进行确认，显示出了在上一代期间获得的代表性相应的衍射图案，成功地定位了SCS模型中的一个超材料新相[33]。

无机固体材料的复杂性来源于晶体结构的复杂性，韩国科学技术院提出了一种框架用于学习无机材料的连续表示和利用潜在空间展示来发现新材料的晶体结构逆向设计模型。为了阐明VAE生成新种类无机材料的能力，他们进行了重新探索结构已知的钒氧化合物的实验。在此过程中，他们获得了大约20000个理论结果，其中存在多个全新的、有可能合成的介稳态钒氧化合物。与遗传算法比较，VAE具有更高的计算效率，可以更有效地探索材料的设计空间，并通过学习已知材料的结构来预测新的晶体结构[34]。

逆向设计是未来材料快速发现的重要途径。随着高通量计算和材料数据库的发展，数据驱动的生成模型有望成为材料逆向设计的有力工具。虽然生成模型已经开始在分子设计领域显示出希望，但其在超材料和无机固体材料中的应用仍处于起步阶段。

③ 自主决策技术蓬勃发展，为自主实验提供策略中枢。自主决策技术在材料研发中的作用尤为重要。基于高质量数据建立的机器学习模型预测精度高，可以直接利用选择设计研发新材料，但当材料数据维度高、样本量小、噪声大、缺失值多、分布不均匀时，建立的机器学习模型预测精度低、泛化能力差、不确定性大，一般利用优化设计策略，通过实验验证和数据反馈迭代，高效提升模型预测精度，加速新材料研发进程。

以主动学习为代表的优化设计，是在构建机器学习预测模型的基础上，通过模型的不确定性分析，建立平衡材料性能预测值与模型不确定性的效能方程，预测具有最大收益的数据点，对其进行实验验证，将验证数据反馈到机器学习模型，提升模型预测最优值的精度，如此反馈迭代，以最少的实验预测筛选出具有最优目标性能的材料，其流程如图2-7所示。主动学习设计实验点进行迭代的方法具有机器学习模型依赖性小、寻优效率高等优点，较多应用于材料成分设计领域。美国、欧洲等地的研究团队利用不同的机器学习方法和主动学习算法，结合具体的材料开发问题，设计不同的主动学习框架，以实现材料的高效全局优化。德国马克斯·普朗克钢铁研究所的研究团队开发了一个广泛适用的主动学习框架，结合了生成模型、回归集成、物理驱动学习和实验，从数百万种可能成分的高熵合金中成功开发了2种在300K时热膨胀系数极低的高熵因瓦合金，证明了此框架具有基于小数据集设计目标性能材料的能力，与传统材料设计流程相比，大大提高了材料设计的效率[35]。美国国家标准与技术研究所设计了一种用于材料探索和优化的闭环自主系统（CAMEO），在Ge-Sb-Te 三元系统中，成功开发了新型相变存储材料GST467，其光学带隙是目前常用材料的3倍，且所需实验量与穷举法相比减少了90%。利用 CAMEO 算法，可以有效地减少科学家在实验室中花费的实验时间，同时最大限度地提高科研效率[36]。美国西北大学的研究团队提出了一种描述符增强潜变量高斯过程方法，将领域知识纳入潜变量高斯过程框架，将此框架与贝叶斯优化结合，在太阳能电池材料——钙钛矿材料中进行了模拟，与传统的潜变量高斯过程-贝叶斯优化相比，描述符增强的贝叶斯优化能够减少目标函数评估的数量并降低设计过程的成本[37]。

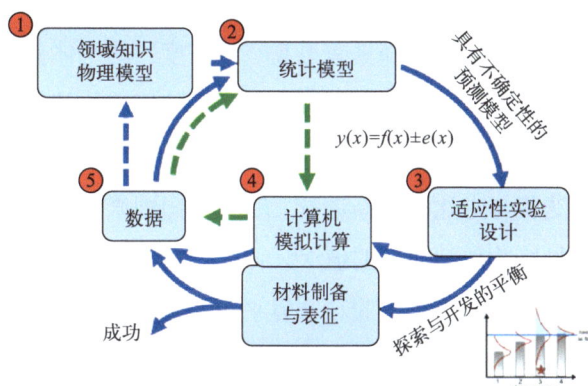

图2-7 主动学习材料设计流程

主动学习框架中实验决策的常用手段是贝叶斯优化。贝叶斯优化的自主决策特性，与自主实验平台相结合，目前已经在材料单目标和多目标优化方面取得了成功的应用。波士顿大学的研究团队开发了一种贝叶斯实验自主研究器（Bayesian experimental autonomous researcher, BEAR），用来确定增材制造结构的最佳韧性。该方法将贝叶斯优化和高通量自主实验相融合，将高斯过程模型作为预测模型，期望提升作为效用函数，通过实验迭代、优化并发现具有高性能的结构，结果表明实验数量减少了近98%[38]。在多目标优化方面，麻省理工学院开发了一种多目标优化算法用于3D打印材料的开发，通过提出如何混合主要油墨配方以开发性能更好的材料来自动指导实验设计。该算法使用汤普森采样策略收集的数据，实现了韧性、压缩模量和强度这三个相互矛盾的目标性能的权衡，并基于半自主制造平台进行实验，在30次实验迭代之后发现了12种最佳配方，大大减少了材料开发的实验与时间成本[39]。

　　除了贝叶斯优化，强化学习和进化算法也多被用于材料研发的自主决策。强化学习被广泛用于解决动态决策问题，通过与环境进行交互，分析动作与结果之间的关系，以期获取最高的累计奖励。斯坦福大学的研究人员基于深度强化学习开发了一种深度反应优化器（deep reaction optimizer, DRO）对一系列化学反应进行优化。该方法使用循环神经网络作为策略函数来决定下一个化学反应，以提高化学反应的产量。该方法将反应步骤数减少了71%，并在30min内找到了四个真实微滴反应的最佳条件。另外，其在优化银纳米粒子的合成方面也表现出优于其他黑盒优化算法的性能[40]。美国阿贡国家实验室与南加利福尼亚大学的研究人员进行合作，通过模拟神经自回归密度估计器 - 化学气相沉积（NADE-CVD）平台，结合分子动力学模拟，使用离线强化学习来预测最佳合成的流程，即获取包括温度、浓度等反应条件的时间序列，指导利用化学气相沉积法合成半导体单层 MoS_2。结果表明，该方法能够帮助合成品质优良的 MoS_2，并具有推广到预测复杂结构的合成曲线和预测反应系统长期行为的潜力[41]。进化算法是一种基于种群的元启发式优化算法，它迭代地选择具有最高"适应度"的个体作为最佳候选，其中最常用的算法是遗传算法。英国格拉斯哥大学的科学家使用遗传算法来指导在自主机器人平台中合成不同形状的金纳米粒子。遗传算法在分析了先前的光谱结果后，为下一代推荐了实验参数。随着迭代与进化的不断进行，三种不同纳米粒子形状（球体、棒体和八面体）的适应度因子最终收敛到更高的值[42]。

　　上述自主决策方法与材料自主实验和计算平台深度融合，大幅提升了材料设计与研发的效率，展现了智能决策蕴含的巨大潜力，为材料研发智能化提供了决策中枢。随着材料实验和计算平台的自动化程度的不断提高，在自主学习预测模型的基础上，可以开发并集成更智能、更有效的自主决策方法，进一步加强决策系统与实验平台之间的实时交互，构建更完善的材料智能化研发平台，通过机器自主地实现材料研发的迭代与优化过程，极大地加快了材料从设计到产出的进程。

　　④ 材料研发数字孪生概念逐渐明晰，进入可行性验证和发展起步阶段。数字孪生充分利用物理模型、传感器更新、服役历史等数据，集成多学科、多物理量、多尺度的仿真过程，在虚拟空间中完成实体映射，反映对应实体全生命周期过程。数字孪生最初是基于物理世界实体全生命周期仿真、监控和管理场景提出的，着眼点是物理实体的数字化。

　　材料本身是一个高度复杂的多尺度物理系统，材料结构在从微观到宏观的不同尺度上有丰富的细节，材料性能与外部刺激、环境作用、服役历史等的关系复杂，新材料的研发与成分设计、合成、加工处理、结构表征和性能测量等多方面相互结合，使得整个研发流程异常复杂多变。因此，材料研发作为物理实体，需要应用数字孪生技术。材料数字孪生专注于新材料设计与研发，也能够进行材料全生命周期评价，是材料制造、智能制造数字孪生系统的重要组成部分，可以作为组件孪生，或将材料层融入智能制造的孪生系统中。材料研发数字孪生技术对新材料合成、加工、服役动态过程的虚拟化复现，结合对物理世界新材料实体的性能属性（应变、极化等）、环境作用（力、热、电、磁、声）的全方位监测，可在材料研发过程中以超越截面方式实时反馈，及时规避不符合预期性能的新材料；在服役过程中，根据新材料对环境变化的动态响应过程全方位反馈新材料的性能表现[43]。

目前，从实验角度上关于数字孪生技术在材料研发方面的实践的可行性的验证较少，但美国佐治亚理工大学的研究人员在材料研发上提出了可行的设想[44]。数字孪生正在成为支持材料创新的潜在强大工具，用于优化各种复杂的材料、器件的服役性能。首先，通过物理实体的虚拟数字双胞胎，能够在任何给定时间点提供相应物理实体的准确的、全局的信息，从而能够完善领域专家对于材料/工艺的理性设计。其次，基于数字孪生技术的材料、器件服役性能预测能够驱动对上游材料设计及制造过程的改变。

迄今为止，针对材料、器件的实时监测和未来预测的服役过程规划方案还存在不足，这些方案仍聚焦于调整单个参数（比如工艺温度或者材料成分）。以改善和加速材料、器件研发过程为目的，设计能够同步设计多个相互依存的变量的有效策略极为重要。针对材料研发的数字孪生技术为该策略的设计提供了新的思路，并且加速了自动化实验的探索与设计。目前，针对材料研发的自动化实验在材料研发领域开始崭露头角，它的主要思想在于使用材料信息学完成材料性能的自动化预测、测试前预测，以及借助自动化设备合成具有目标性能的材料，来加速新型材料的发现与设计。例如，Nikolaev等提出了一种针对材料研发的闭环迭代方法，该方法能够自动分析使用化学气相沉积法制备的碳纳米管的实验结果并借以改变制备控制参数，以期达到碳纳米管的目标沉积生长要求。对自动化实验迭代过程进行进一步的拓展，需要将数字孪生技术与自动化专业决策相融合[45]。一个可行的方向是将数字孪生技术用作自动化实验设计时自主假设检验的工具。从业者只需简单地说明过程、材料、工具和数据，并由基于数字孪生技术的自动化实验框架决定接受或拒绝该假设，便可决定下一组实验的可行方向。数字孪生体负责收集、组织和应用每一次实验的数据与知识。来自多尺度、全方位、跨时间的材料或器件服役信息将为物理实体的全方位表示及服役行为预测提供坚实的数据支撑。

⑤ 国际上，材料人工智能技术重视工具化与共享化。机器学习模型和算法越来越多地应用于材料科学中各种不同的任务，如从材料表征、性能预测到结构/成分生成设计。数据驱动的算法极大地加快了对巨大材料设计空间的探索，开发出了许多高性能材料。然而，在相对比较成熟的生物信息学领域，有数千个应用程序或软件（大于9000个）

供领域内的研究人员与企业用户使用，而材料大数据技术的生态仍处于胚胎阶段，只有少量基于互联网应用的程序或软件。

表2-2展示了部分基于互联网应用程序的材料设计平台。目前，材料研发中应用较为广泛的数据库，如Materials Project、AFLOWlib、OQMD等，都附带了一些相关的材料大数据分析工具。这些软件与平台都以数据库或者高通量计算作为主要功能。同时，虽然有许多工作利用机器学习、人工智能技术进行新材料的设计与开发，但并不提供或共享其代码、程序，这大大降低了材料大数据技术在新材料研发中的潜力。

表2-2 部分基于互联网应用程序的材料设计平台

序号	介绍	名称	网址	开发单位
1	面向性预测与材料设计的机器学习应用程序	MaterialsAtlas	http://www.materialsatlas.org	University of South Carolina 南卡罗来纳大学
2		JARVIS	jarvis.nist.gov	NIST 美国国家标准与技术研究所
3		Polymer Design	reccr.chem.rpi.edu/polymerdesign	RPI 伦斯勒理工学院
4		Matlearn	matlearn.org	Univ.of Houston 休斯顿大学
5	计算平台、数据平台上搭载的机器学习应用程序	Materials Project	materialsproject.org	Lawrence Berkeley National Lab 劳伦斯伯克利国家实验室
6		AFLOWlib	aflowlib.org	Duke University 杜克大学
7		OQMD	oqmd.org/analysis	Northwestern University 西北大学
8		Materials Cloud	materialscloud.org/work/tools	EPFL 洛桑联邦理工学院
9		NIMS	mits.nims.go.jp/en/	Japan Nat. inst. of Mat. Sci. 日本国家材料科学研究所
10	atomistic design 应用程序	ANI	https://github.com/isayev/ASE_ANI	University of Florida 佛罗里达大学
11		E3NN	https://github.com/e3nn/e3nn	MIT 麻省理工学院
12		ALIGNN	https://github.com/usnistgov/alignn	National Institute of Standards and Technology 美国国家标准与技术研究所
13		SchNetPack	https://github.com/atomistic-machine-learning	Technische Universität Berlin 柏林理工大学
14	simplified molecular-input line-entry system（SMILES）应用程序	DeepSMILES	https://github.com/baoilleach/deepsmiles	NextMove Software
15		ChemicalVAE	https://github.com/aspuru-guzik-group/	Harvard University 哈佛大学

序号	介绍	名称	网址	开发单位
16	化学式分析挖掘应用程序	MatMiner	https://github.com/hackingmaterials/	Northwestern University 西北大学
17		MagPie	https://bitbucket.org/wolverton/magpie	Northwestern University 西北大学
18	图谱数据机器学习应用程序	PCA-CGCNN	https://github.com/kihoon-bang/PCACGCNN	Cornell University 康奈尔大学
19		autoXRD	https://github.com/PV-Lab/autoXRD	MIT 麻省理工学院
20		DOSNet	https://github.com/vxfung/DOSnet	Oak Ridge National Laboratory 橡树岭国家实验室
21		Mat2Spec	https://github.com/gomes-lab/H-CLMP	Cornell University 康奈尔大学
22	图像数据机器学习应用程序	AtomVision	https://github.com/usnistgov/atomvision	National Institute of Standards and Technology 美国国家标准与技术研究所
23		Prismatic	https://github.com/prism-em/prismatic	University of Wisconsin-Madison 威斯康星大学
24		Pycroscopy	https://github.com/pycroscopy/pycroscopy	National Center for Computational Sciences 国家计算科学中心
25		py4DSTEM	https://github.com/py4dstem/py4DSTEM	National Center for Electron Microscopy 美国国家电子显微镜中心

　　随着产生大量数据的高通量材料表征的进步，材料表征成为实验分析中的关键步骤。越来越多的算法研究涉及 X 射线衍射数据的相位映射、电子衍射中的对称性确定、从有限数量的薄膜 XRD 图案预测晶体维数和空间群、预测所有相的准确比例因子、晶格参数和晶粒尺寸图，以及 Rietveld 方法中的参数调整。然而，这些研究中的大多数都未提供对用户友好的软件服务。第二类互联网应用工具是用于材料性能预测的，包括 flow-ml、Javis-ML、Crystal.AI、热电预测、NIMS tools、SUNCAT、Matlearn。这些网络应用程序涵盖了各种材料的属性。例如，NIST 的 Jarvis-ML 可以预测形成能、剥离能、带隙、磁矩、折射率、介电常数、热电系数以及最大压电模式和红外模式。然而，这些互联网应用程序中，许多是以临时的方式开发的，它们通常一次只能接收一种组合或结构，不能用于筛选。第三类互联网应用工具是用于结构和成分分析的各种实用工具，包括来自 Materials Project 的晶体工具包、相图和其他工具，AFLOWlib 中的原型查找器，OQMD 中的相图工具，JARVIS 的分析工具，Materials Cloud 的声子可视化器，以及 Bilbao 晶体学服务器的晶体对称工具。第四类互联网应用工具是材料设计工具，包括聚合物设计器、matLearn 合成探索器、SUNCAT 催化设计器和 Jarvis 中的异质结构设计器。

（2）国内发展现状和趋势

① 模型构建技术发展迅速，注重性能预测及实验验证。在"十三五"国家重点研发计划支持下，机器学习辅助材料设计正在逐渐成为材料研发新模式。我国模型构建技术发展迅速，利用机器学习建立材料成分、工艺、组织结构、性能、服役行为之间高精度的构效关系，在未知空间预测性能优异的新材料，同时得到最优性能对应的材料成分和工艺等，并从实验上进行验证，是机器学习辅助材料研发最常用的策略，可以极大地加速材料研发过程。

东南大学针对二维铁磁体材料建立了可靠的机器学习模型，开发了一种自适应机器学习框架，集成了特征工程、模型学习、数据采样、第一性原理计算和模型解释等功能，可以在数据匮乏和特征维度较高的情况下，高效地搜索化学空间。提出了在运行中生成数据的迭代反馈循环方法，优先学习最能够提升当前模型性能的样本，建立的机器学习模型在热力学稳定性、磁性和能带方面的预测准确率均超过了90%。从20万种候选化合物中找到了9622种二维铁磁候选材料。其中，有722种材料的铁磁-反铁磁能量差大于0.5eV，这些材料很可能具有高居里温度，为二维铁磁材料实验和理论研究提供了丰富的候选材料[46]。基于ML技术和DFT计算开发了一种靶向驱动法用于发现稳定的无铅有机-无机杂化钙钛矿（HOIPs）。研究人员从212个已报道的HOIPs带隙值中训练ML模型，然后成功地从5158种未开发的潜在HOIPs中筛选出6种具有适当太阳能带隙和室温热稳定性的正交无铅HOIPs，其中2种在可见区域具有直接带隙和优异的环境稳定性。由于这种机器学习技术采用了一种基于梯度提升回归算法的"末位淘汰"特征选择程序，因此其不仅可以瞬间达到DFT精度（甚至快于神经网络算法），而且适用于小数据集。这也就意味着可以使用相对较小的数据集来实现准确的预测[47]。浙江大学针对抗菌肽高通量筛选问题，创造性地整合经验判断、分类、排序、回归模型，建立了一种高效而准确的机器学习方法，并结合湿实验测试，在极短的时间（19天）内实现了对含有数千亿候选序列的抗菌肽的高精度识别。对其中3条有代表性的抗菌六肽进行了实验研究，其对多种临床分离耐药菌表现出了高杀菌活性，并且脱靶毒性低、不易诱导耐药性，在小鼠细菌性肺炎模型中表现出了良好的治疗效果[48]。

② 逆向设计技术处于起步阶段，在不同材料中获得了技术验证。在材料应用过程中，最先明确的往往是对材料性能的具体需求，需要面向性能需求进行材料设计，即逆向设计。逆向设计是以材料目标性能为输入，预测对应的材料成分、结构与工艺等，该方法更加注重寻优策略和方法，可高效地设计出符合使用需求的新材料。我国逆向设计技术处于起步阶段，发展了机器学习合金设计系统（MLDS）设计策略、对抗神经网络策略、变分自解码策略等，在不同材料中获得了技术验证。

北京科技大学基于对抗训练思想，通过反馈神经网络建立了成分到性能正向预测和性能到成分逆向设计两个模型，利用两个模型之间的互相对抗，开发了集建模、性能预测和成分设计为一体的 MLDS，实现了面向性能要求的合金成分逆向设计。MLDS 包括模型训练、成分设计和性质预测三个子系统，以目标性能为要求，利用（性能→成分）P2C 模型筛选成分组合，将筛选出的成分组合作为输入应用到（成分→性能）C2P 模型，根据模型预测和目标值误差，选择是否推荐该组合，若误差超过设定阈值，则重新训练 C2P 模型，从而自动筛选出有效的合金成分设计方案。该系统应用于多元复杂高性能铜合金设计，基于收集到的数百个样本数据开发出了一种具有自主知识产权的高强高导铜合金（抗拉强度 800MPa、电导率 50%IACS），可满足高端集成电路引线框架的性能需求。同时，该方法还被应用到高强韧铝合金高效逆向设计中，研发出了 3 种新型超强高韧铝合金，合金的塑性和韧性指标与目前最先进的 7136 高强高韧铝合金相当[49-50]。

相比于高通量计算/实验以及以遗传算法为代表的全局搜索方法，人工智能中的生成模型可以更有效地利用已建立的材料数据库，从已知材料中提取信息以设计出新材料的成分和结构。天津大学的 Liu 等开发了一种基于变分自编码器（VAE）和近似同心球优化（approximate-concentric-sphere optimization），用于大规模设计，综合考虑分子密度、热值、比冲、冰点和分子的合成可及性的燃料分子设计框架。VAE 通过可逆地表示具有连续高维矢量形式的烃分子，能够有效地捕获碳氢化合物分子的燃烧特性，从而建立基于 VAE 的碳氢化合物燃料分子的潜在材料设计空间，即一个包含 11291051 个烃分子及其燃料特性的超大型燃料分子数据库。他们发现以螺旋形式连接的环丙烷或环丁烷结构是实现高燃烧价值的有效结构[51]。

③ 自主决策技术强调紧密结合实验，实现复杂材料高效探索。材料数据维度高、样本少、分布不均匀，建立的机器学习模型预测精度低，在外推到全部问题域时泛化误差大。针对此问题，我国发展了机器学习与材料实验紧密结合的自主决策技术，通过实验验证和数据反馈迭代，有效提升了模型预测精度，实现了材料高维空间高效探索。

北京科技大学强调了主动学习结合领域知识的材料设计策略。在 Al-Co-Cr-Cu-Fe-Ni 模型系统中快速搜索高硬度的高熵合金，与只基于合金成分建立的机器学习模型结合主动学习优化的结果相比，结合领域知识后的主动学习策略在第 4 次实验迭代就出现了硬度更高的合金[52]。机器学习开发时效析出强化型复杂铜合金的硬度和电导率如图 2-8 所示，以硬度和电导率期望提升的乘积作为效能函数设计铜合金成分，并通过实验测试进行了 4 次迭代，从由上百万种未知材料所组成的成分空间中筛选出具有优秀综合性能的 Cu1.3Ni1.4Co0.56Si0.03Mg 合金，实测硬度、抗拉强度和电导率分别达到了 275HV、858MPa 和 47.6%IACS，优于迄今已有报道的 Cu-Ni-Co-Si 系高强中导铜合金[53]。西安交通大学的科研人员将主动学习策略用于形状记忆合金、压电材料、储能电介质等材料的高效优化。以最大化钛酸钡基压电陶瓷等的电致应变为优化目标，比较了探索策略、开发策略、平衡开发与探索的策略以及随机策略在优化材料性能效率中的差别。基于56个数据点建立了电致应变与材料特征参量之间的支持向量机模型，对180万种可能的陶瓷材料性能进行预测，并利用自助法估计了不确定性，分别用上述策略设计材料，最终结果表明，平衡开发与探索的策略较其他策略更加高效，仅通过3次实验迭代，该策略就发现了比现有材料性能提高50%的新成分[54]。

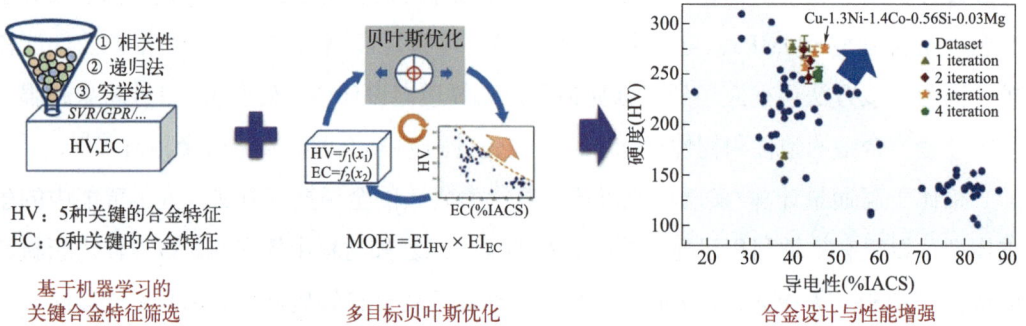

图2-8 基于材料特征与贝叶斯优化的高强高导铜合金设计策略

④ 关注材料信息表达与材料知识融合，有效提升模型精度与研发效率。数据驱动的机器学习因其高预测精度、高效率和适用性，在材料研究中得到了广泛应用。在材料领域中，材料各类数据本身具有很强的专业性，关注材料信息表达与材料领域知识的融合，能够有效提升模型精度与研发效率，增强模型的泛化能力和可解释性；同时，可以辅助材料科学家从不同尺度、不同维度认识材料的机理特征，更深入地理解材料科学问题的本质。

苏州大学采用符号回归方法寻找氧化物钙钛矿催化剂析氧反应（OER）催化活性的构效表达式，再在这些表达式中选择一个简易且准确性高的描述子μ/t，该描述子不需要密度泛函理论（DFT）计算，可直接用于高通量材料设计与筛选。结果得到了其他实验组独立数据的验证，同时指导实验合成了5种新型氧化物钙钛矿催化剂[55]。上海大学研发的基于压缩感知原理的数据驱动方法（SISSO），致力于从给定的巨大的特征空间中找出预测各种材料性质和功能的"白箱"模型或描述符，可广泛用于回归、分类及多任务学习等数据驱动问题。基于SISSO发展和完善了离子半径数据库，提出了新的准则来预测钙钛矿的稳定性，同时提出了一种具有物理含义的预测卤化物钙钛矿带隙的经验公式。目前，SISSO方法已被用于钙钛矿材料、拓扑绝缘体、催化材料、超导材料、二维材料、聚合物等的模型构建和新材料预测[56]。北京大学深圳研究生院设计了一种代数图论辅助的深度双向编码器（algebraic graph-assisted deep bidirectional），其与多种机器学习算法融合以预测分子性质，包括毒性、物化性质和生理学性质。该设计一方面利用代数图捕捉分子三维信息并生成分子描述符，另一方面利用自监督学习程序微调深度双向编码器以生成分子描述符，随后将这两部分生成的分子描述符放在一起，应用随机森林等机器学习算法进行描述符筛选并构建机器学习模型。该工作在 8 个分子数据集上实现了高精度预测，达到当时的最优水平[57]。

东北大学从物理冶金学与机器学习算法融合的角度出发，提出了以物理冶金学为指导的机器学习方法。在该方法中，通过使用相体积分数和驱动力的物理冶金模型与材料成分、热处理参数等物理冶金参数对原始数据集中进行增维处理，不仅可以将物理冶金信息融入机器学习过程，还可以充分挖掘原始数据内在信息，提升数据质量，仅利用 102 个数据样本就获得了具有优良泛化能力的预测模型。随后将该预测模型与高通量遗传算法寻优相结合，形成了高效的合金计算设计框架。基于该设计框架，在小样本数据集下成功设计出新型超高强不锈钢。通过对比无物理冶金学参与的设计过程，清晰地揭示了物理冶金信息参与机器学习性能预测时对模型性能与设计效率提升的能力。研究结果为基于小样本机器学习算法的钢铁材料设计，以及机器学习算法中物理可解释性的提升提供了可行思路[58]。

2.3　问题与挑战

（1）面向人工智能应用的材料数据库技术亟需发展

材料数据自动获取技术与软件发展滞后。材料种类庞杂，数据生产方式各异，产生数据的仪器装备和软件工具封闭的输出格式，严重阻碍了数据的积累、再利用和共享。由于缺乏系统的材料计算设计软件数据抽取脚本和工具、实验和生产装备数据开放标准，以及科技文献数据自动抽取工具和软件，导致材料数据原始积累大多还依靠人工方式，数据获取效率低、成本高，难以支撑数据的持续、高质量发展和便捷交换，难以满足大数据时代数据积累和治理的需求。

材料数据交换技术缺乏统一标准，材料数据流通融合困难。材料数据交换技术标准的制定需要材料、计算机、数据等领域的人员交叉协作，需要从数据结构、数据库、数据应用等全链条统筹规划。目前我国缺乏统一的数据交换技术标准，材料标准规范建设落后于材料数据库的建设，导致数据库的数据结构、完整性约束和数据接口不统一，难以兼顾已建数据库的差异性和数据交换的灵活性，难以适应材料大数据的发展。目前我国材料数据库建设主体各异，数据库基础软件和数据关系模式不同，数据体系架构和接口协议不统一，导致异构数据资源整合需定制化地开发各类数据库接口，严重阻碍了数据资源的聚集与交换。

数据资源权益保障与激励机制不健全。由于材料数据库间缺乏可信和持续的开放与共享网络，导致数据无法安全流通和汇聚。材料数据发布、引用评价机制，材料数据全生命周期确权、溯源与管理等权益保障和激励机制不健全，严重阻碍了材料数据资源体系的规模化发展。亟待加强材料数据积累意识、数据共享文化和激励政策引导，建立统一的数据标准规范、数据质量与安全保障机制、数据共享激励与权益保障机制、数据知识产权保护机制、数据贡献信用评级机制、数据价值评估与交易机制，培育材料数据市场，构建材料数据资源体系发展所需的良好政策、文化和商业生态。

（2）材料人工智能技术应用截面化，应用范围亟待拓展

材料人工智能技术仍处在起步阶段，技术体系和方法不完善。从国内外的发展现状看，目前的研究多集中于特定材料的某一单点性能，关注重点仍为材料研发流程中的某一截面，针对材料研发全流程的技术方案仍不完善，针对材料研发领域的通用的技术路线还不明确，导致不同材料体系下的研发解决方案的可复制性不强，阻碍了材料人工智能技术在研发领域的整体落地。因此，发展适合材料研发数据特点和应用需求的、满足不同材料研发设计的材料人工智能技术体系，能够推动材料人工智能技术在材料研发流程的各个节点、不同材料研发问题中的广泛应用。形成具有完整体系和方法的材料人工智能技术具有重要意义。

材料描述信息的结构化表示缺乏成熟技术和统一标准。应用人工智能技术开发新材料，需要明确材料成分、结构、组织等信息并将这些材料描述信息表达为结构化数据，继而作为替代模型的自变量。材料种类繁多、研发需求多样、具体问题繁杂，因此当前材料信息的结构化表示仍处于探索尝试阶段，缺少坚实统一的理论依据，尚无普适规范的技术流程，各研究团队数据标准不一，影响数据共享，进而阻碍材料数据库的构建和大数据技术在材料研发领域的应用。已有的信息表达技术多基于数据结构化、数值化或计算机视觉图像识别等方法，而针对材料领域特有的信息，如晶体结构、原子排布、原子物理化学性质等信息仍需人工构建结构化的描述特征，以作为机器学习模型的合理输入。开发机器自动构建结构化数据技术，提升材料研发过程的效率和智能化程度，是材料机器学习技术面临的较为迫切的挑战。

材料模型构建技术针对分布外泛化能力不足。由于传统机器学习技术建模的前提是假设训练集和测试集同分布，也就是说机器学习模型是在一定的数据分布内泛化，这与材料设计中追求更适宜合金元素、更理想加工方法、更高综合性能的设计理念不匹配。提升材料机器学习模型的分布外泛化能力可从两个角度考虑。

一是从机器学习算法本身考虑，需要紧跟算法研究前沿，应用乃至开发高性能算

法；需要充分掌握算法中超参数对模型以至于对材料研发的影响规律，设计开发高效的超参数调整策略。

二是从材料学科领域知识考虑，从多个层面出发，开发将已有的成熟经验知识与现有机器学习算法融合的技术，从而构建出更具意义也更有可能具备更高准确性的模型。

材料科学的发展积累了大量的经验和理论知识，这些对于材料设计的定性甚至在某些领域的定量具有重要作用，合理利用这些经验知识，相当于站在巨人的肩膀上。因此，亟待开发材料先验知识利用技术。通过先验知识的利用，一方面可以减少对材料数据的依赖，解决材料数据少的难题；另一方面可以进一步提高模型的泛化能力和可靠性，改善材料机器学习技术的设计效果，提高新材料设计效率，降低设计成本。

材料替代模型多是"黑箱"，难以探索影响材料性质的关键因素和影响规律。通过传统机器学习算法建立的机器学习模型大多不具备简洁的显式函数表达，也即"黑箱"模型，尽管具备预测能力，可有效指导材料研发，却难以根据模型探究影响材料性质的关键因素和影响规律。寻找影响材料组织性能的关键因素，明确内在的影响规律，对推动材料理论的发展意义重大。而现有机器学习技术大多仅关注变量间的相关关系而非因果关系，因此难以应用材料机器学习技术深入理解所研发的新材料的机理。为了寻找材料因果关系，需在已有材料的理论和经验知识的基础上，发展可解释材料机器学习方法，一方面实现数据可解释，将"黑箱"机器学习模型"白盒"化，另一方面结合材料知识实现物理机制可解释。明确材料成分-工艺-组织结构-性能之间的内在关系，对材料科学的发展和设计下一代新材料具有重要理论意义和应用价值。材料机器学习技术的深入应用展现出该技术强大的预测和设计能力，可极大减少新材料设计的时间成本和经济成本。然而，现有的机器学习模型大多是"黑箱"模型，内部规律未知，亟待开发具有可解释性的"白盒"机器学习技术。采用可解释材料机器学习技术，可以辅助理解材料组织性能变化的内在规律，更快、更经济地构建材料机理模型，完善或形成材料基础理论，推动材料科学的发展。

（3）与实验计算的融合程度有待提高

我国的新材料研发方向将持续向数字化不断演进，如何发展与落地材料研发数字孪生技术将是新材料研发智能化过程中长期面临的挑战。将新材料研发进行虚拟化动态展现，帮助研究人员深入理解新材料多时间、多空间尺度的响应激励特征，全方位认识并理解新材料设计、制备、服役、时效问题的科学本质，需要将材料大数据与人工智能和材料计算模拟仿真、先进实验方法进行深度融合。

材料大数据与人工智能和材料计算模拟仿真的融合研发模式有待发展与推广。从国内外的发展现状看，材料计算模拟仿真为材料大数据与人工智能提供了海量数据以供挖掘，如何高效、自动、快速地处理与可视化模拟仿真数据，从中挖掘出复杂的材料构效关系，发现超越专家领域知识的新机理、新机制，是材料大数据与人工智能面临的挑战之一。此外，如何利用材料大数据与人工智能技术对材料模拟仿真进行有效辅助，以人工智能为纽带实现跨尺度计算，以自主决策技术实现高效自主计算，也是亟待解决的问题与挑战。

材料大数据与人工智能和先进实验系统的融合亟需推动。新一代光源等大科学装置的建设，将产生海量材料表征数据，测试大数据的采集与存储、交互与共享、分析与挖掘，超出了目前材料领域常用技术的能力，需要进一步推动大数据技术的发展。随着高通量实验技术的日趋成熟，如何实现人工智能指导的自动批量实验以及批量实验反馈迭代是亟待解决的挑战之一。机器人领域的蓬勃发展，使得自主实验成为可能，材料大数据与人工智能是自主实验的决策核心，如何针对不同材料类型、不同研发场景发展相应的个性化技术也是面临的挑战之一。

人工智能-模拟仿真-先进实验三者融合的材料研发数字孪生系统尚需开发与落地。目前，材料研发数字孪生系统仍处于起步阶段，设计理念框架不完善、实时仿真尚未实现、双向交互难度大等问题凸显，应加快推进材料研发数字孪生系统建设，以新一代信息技术与材料研发融合发展为路径，培育研发数字化转型能力，加速研发数字化变革，推进研发数字化转型，构建数字化、互联化、智能化研发生态。

（4）技术发展内驱力不足

材料大数据与人工智能日益受到材料领域的关注，特别是以美国为首的西方发达国家从科学研究到工业设计和生产都对此高度关注，并形成了科学研究与产业结合、科学研究持续资助、产业反哺科学研究等发展模式，使得其材料大数据与人工智能领域发展迅速；而我国目前主要依靠政府投资引领，但技术自身发展内驱力不足。我国应建立材料大数据与人工智能可持续发展生态，鼓励创新，增强相关技术发展的内驱力，从而实现该技术的可持续发展和持续创新。

材料大数据与人工智能发展需要多学科交叉融合。发展材料数据管理、共享、应用、服务等技术，既需要材料、计算机、人工智能、统计等学科的交叉技术与工具，也需要加强跨学科交叉、跨领域融合、跨地域合作。目前，材料研发人工智能技术和应用核心软件有所欠缺。加快部署云、区块链等先进信息技术，实现多源异构数据存储与交换、高维数据可视分析、材料人工智能应用等软件协作服务，是提升材料大数据与人工智能应用水平，挖掘材料数据潜能价值，增强数据赋能的基础。良好运转的计算设备是材料大数据技术应用的基础，为材料快速研发提供了数字后台保障。但是目前针对材料研发的软件、底层操作系统和数字化所需硬件等核心关键技术能力不足，造成信息基础设施和材料研发数字化转型基础相对薄弱。材料研发共享平台较少，跨领域之间的技术融合性较差，资源整合难度高，出现了不同材料研发领域之间相互了解程度不高的突出痛点。另外，材料研发过程中不同类型数据的获取与反馈是打通现实物理世界和虚拟数字世界的关键，然而材料数据的获取与反馈往往具有滞后性，影响了材料大数据技术的应用。

2.4　重点发展方向

（1）面向人工智能应用的材料数据库共性关键技术

针对材料数据多源异构复杂动态的特点，侧重发展面向材料数据人工智能应用需求的新一代材料数据库技术和软件，响应数据人工智能应用和AI-Ready技术需求，在材料数据无模式存储技术和动态容器材料数据库系统的基础上，进一步发展材料数据库弹性自主设计与快捷建库部署软件，实现分散数据资源节点分布式便捷建库。

面向材料数据多渠道分散采集、多时序离散存储、多维度统合关联的范式需求，发展材料数据高质量规模化汇聚所需的数据采集与存储技术。主平台侧重发展材料科技文献数据自动采集挖掘技术、计算数据自动采集接口、实验数据电子化采集客户端、产线或现场监测类数据自动采集接口与转换技术。面向材料数据多源异构描述需求，发展支持标准化复用和应用化拼接的多粒度高可用数据模板系统，支撑不同类型材料数据模板的弹性设计与标准化模板注册发布。研发材料数据标识、数据质量审核技术，形成材料数据质量控制规范与保障措施。

研发分布式材料数据库统一管理与融合技术，支持数据资源注册、发现、整合、接入、流通、调度。提供统一的数据接口协议，实现分布式数据库的统一注册与监管、数据库软件的统一分发与版本更新、数据资源目录及路径的统一注册与更新。发展历史数据库便捷重构技术，实现新旧数据库的无缝衔接、自动转换与融合。发展面向非结构化数据存储模式的多层次数据检索技术，实现材料数据分布式存储的跨节点数据库资源的统一发现、智能检索、高维数据可视化。

发展面向数据中心和数据资源网络建设需求的云平台、区块链和多中心化管理相关技术。研发材料多节点数据库融合和统一服务平台的混合云架构，支撑物理分散、逻辑统一的分布式数据库的融合管理。研究区块链技术、隐私计算、联邦学习在材料数据资源网络建设中的应用，实现数据的集中管理、整合共享、应用服务、质量评价、交易记账、产权溯源等业务的协同，支撑数据中心的建设发展。发展集数据采集-数据存储-数据挖掘-数据应用为一体的大数据云平台技术，实现分散数据库创建与接入、数据资源检索发现、机器学习流程自主设计、低代码在线分析挖掘、应用服务发布与社区生态发展。

（2）适用于材料数据特点的通用算法体系及应用软件

实现材料研发由"试错法"向"数据+机器学习"模式的根本转变，将更快、更准、更省地获得成分-结构-工艺-性能间的关系。然而目前材料数据的数量与质量以及材料数据分析方法还远不能满足高准确性机器学习模型构建的要求，因此，材料机器学习关键技术的总体发展目标为：一方面，发展针对小数量、大噪声数据的新算法与新技术，提高模型可解释性，同时实现材料性能高效优化与理论知识智能化推进；另一方面，进行数据驱动材料发现与优化关键技术的部署与应用，推动新材料的数字化研发。

一是先进机器学习技术的部署应用。随着大数据和人工智能技术的快速发展，诞生了大量先进的机器学习算法，辅助解决社会、生活、工业等领域的复杂问题，特别是近年来深度学习在图像识别等领域展现出极高的预测精度。以这些先进的机器学习算法为基础，开发针对材料问题的设计策略和方法，有助于获得更高的设计精度。

二是面向材料科学特性特色技术的发展。材料是一个复杂的高维多尺度耦合系统，现有的基础理论尚难以准确地描述材料成分-组织结构-性能-服役行为的构效关系，一些深层次的机理还不清楚。先进机器学习技术的部署应用为解决材料问题提供了有效的工具，但是材料数据具有"多源、异构、稀疏"等特点，使得材料机器学习技术的开发偏向于解决具有材料学科特色的相关问题。

三是材料知识嵌入与材料知识发现。区别于计算机机器学习技术重点研究算法的改进来准确量化变量间关系，材料机器学习技术更加关注于材料设计技术的开发，使得材料机器学习技术包含材料的设计思想和材料知识，将材料知识嵌入机器学习建模过程中是进一步提升研发效率的助力。同时，高精度的机器学习模型、可解释机器学习模型，也为发现隐藏在纷繁复杂数据中的材料知识提供了有效手段。

此外，有必要将材料机器学习技术整合完善，封装为便捷的交互式软件形式，从而降低技术应用门槛，以便于对机器学习了解不深的材料研发人员使用。基于交互软件等平台，还可开发人与机器学习协作的技术模式，以便于领域知识的嵌入，进一步提升材料研发效率。

（3）耦合人工智能-模拟仿真-实验反馈的数字孪生系统

材料研发数字化方法众多，不同方法适用范围不同，对方法体系的测试与筛选大大降低了材料设计与研发的效率。数字孪生材料研发体系融合数据的采集与传输、机器学习、材料多尺度模拟、动态响应和材料全生命周期的预测与分析，全方位地在数字空间内对材料进行复现，并实现材料行为的预测和分析。针对不同的材料领域，设计具有普适性的数字孪生材料研发体系路线，提高材料研发数字孪生技术效率，进一步完善新材料数字化研发流程。

研发数据驱动的多目标智能制造工艺优化设计等前沿共性关键技术，开发智能设计-数字孪生-虚拟实验制造-数据智能迭代等核心软件，突破材料按需设计、理性设计、全过程综合优化和智能制造等的颠覆性前沿技术。构筑服务于材料设计开发、工艺优化、生产制造、安全服役等的大数据生产、管理、整合、共享、分析挖掘、深度服务数据资源体系，为材料科技和产业信息化、数字化、智能化发展奠定基础。通过材料人工智能和大数据平台技术研发，大幅度提升材料多层次、跨尺度、全过程研发的效率，提高新材料研发、产业化和工程应用水平。

（4）开展面向国家和社会重大需求的典型材料高效设计与应用示范

发展"卡脖子"材料对应的一系列紧急关键材料研发大数据技术是接下来一段时间的重要研究方向，特别是针对国防军工需求的高性能和高服役要求的材料开发技术以及新世纪可能会对未来产生工业或技术变革的新型材料的研发技术。在未来很长一段时间，由于材料数据库的扩充完善和材料研发机器学习技术的进步，新材料研发的速度会不断加快，材料性能的提升幅度会越来越大。因此，针对"卡脖子"关键材料，应用材料研发大数据技术，推动我国在相关领域持续保有和发展具有独立知识产权的先进技术，是我国在这些领域赶超西方的重要保障。

针对典型材料，应用基于材料大数据技术的材料设计新理论、新方法和应用软件，实践发展典型开发流程，开展专用工作流设计，挖掘材料成分-结构-组织-性能之间的关联规律，探索材料与服役环境之间的耦合规律，支持新材料的高效设计、计算、工艺优化、性能预测和服役评价，指导新材料的合成制备，筛选出性能优良的新材料。

参考文献

[1] Rickman J M, Lookman T, Kalinin S V. Materials informatics: From the atomic-level to the continuum[J]. Acta Mater., 2019, 168: 473-510.

[2] Jain A, Ong S P, Hautier G, et al. Commentary: The materials project: A materials genome approach to accelerating materials innovation[J]. APL Mater., 2013, 1(1): 011002.

[3] Kaufman J G, Begley E F. MatML: A data interchange markup language[J]. Adv. Mater. & Process., 2003, 161(11): 35-36.

[4] Andersen C W, Armiento R, Blokhin E, et al. OPTIMADE, an API for exchanging materials data[J]. Sci. Data, 2021, 8(1): 217.

[5] Talirz L, Kumbhar S, Passaro E, et al. Materials Cloud, a platform for open computational science[J]. Sci. Data, 2020, 7(1): 299.

[6] Paskin N. Digital object identifier (DOI) system. Marcia J Bates M N M, editor, Encyclopedia of Library and Information Sciences, Boca Raton: CRC Press, 2010: 1586-1592.

[7] Court C J, Cole J M. Auto-generated materials database of Curie and Néel temperatures via semi-supervised relationship extraction[J]. Sci. Data, 2018, 5: 180111.

[8] Tshitoyan V, Dagdelen J, Weston L, et al. Unsupervised word embeddings capture latent knowledge from materials science literature[J]. Nature, 2019, 571(7763): 95-98.

[9] Gharagheizi F, Sattari M, Ilani-Kashkouli P, et al. A "non-linear" quantitative structure–property relationship for the prediction of electrical conductivity of ionic liquids[J]. Chem. Eng. Sci., 2013, 101: 478-485.

[10] Wenzlick M, Mamun O, Devanathan R, et al. Assessment of outliers in alloy datasets using unsupervised techniques[J]. JOM, 2022, 74(7): 2846-2859.

[11] Beal M S, Hayden B E, Le Gall T, et al. High throughput methodology for synthesis, screening, and optimization of solid state lithium ion electrolytes[J]. ACS Comb. Sci., 2011, 13(4): 375-381.

[12] Hosseinzadeh M, Hemmati-Sarapardeh A, Ameli F, et al. A computational intelligence scheme for estimating electrical conductivity of ternary mixtures containing ionic liquids[J]. J. Mol. Liq., 2016, 221: 624-632.

[13] 材料基因工程数据库[Intemet]. https://www.mgedata.cn/.

[14] Liu S, Su Y, Yin H, et al. An infrastructure with user-centered presentation data model for integrated management of materials data and services[J]. npj Comput. Mater., 2021, 1: 779-786.

[15] Wang W, Jiang X, Tian S, et al. Automated pipeline for superalloy data by text mining[J]. npj Comput. Mater., 2022, 1: 58-69.

[16] Xu Q, Li Z, Liu M, et al. Rationalizing perovskite data for machine learning and materials design[J]. J. Phys. Chem. Lett., 2018, 9(24): 6948-6954.

[17] 刘悦，马舒畅，杨正伟，等. 面向材料领域机器学习的数据质量治理[J]. 硅酸盐学报. 2023, 51(2): 427-437.

[18] Hart G L W, Mueller T, Toher C, et al. Machine learning for alloys[J]. Nat. Rev. Mater., 2021, 6(8): 730-755.

[19] Lookman T, Balachandran P V, Xue D, et al. Active learning in materials science with emphasis on adaptive sampling using uncertainties for targeted design[J]. npj Comput. Mater., 2019, 5(1): 966-982.

[20] Schmidt J, Marques M R G, Botti S, et al. Recent advances and applications of machine learning in solid-state materials science[J]. npj Comput. Mater., 2019, 5(1): 394-429.

[21] Liu Y, Niu C, Wang Z, et al. Machine learning in materials genome initiative: A review[J]. J. Mater. Sci. Technol., 2020, 57: 113-122.

[22] Choudhary K, DeCost B, Chen C, et al. Recent advances and applications of deep learning methods in materials science[J]. npj Comput. Mater., 2022, 8(1): 548-573.

[23] Xie T, Grossman J C. Crystal graph convolutional neural networks for an accurate and interpretable prediction of material properties[J]. Phys. Rev. Lett., 2018, 120(14): 145301.

[24] Park C W, Wolverton C. Developing an improved crystal graph convolutional neural network framework for accelerated materials discovery[J]. Phys. Rev. Mater., 2020, 4: 063801.

[25] Lee J, Park W B, Lee J H, et al. A deep-learning technique for phase identification in multiphase inorganic compounds using synthetic XRD powder patterns[J]. Nat. Commun., 2020, 11(1): 86-96.

[26] Chen Z, Andrejevic N, Smidt T, et al. Machine learning: Direct prediction of phonon density of states with Euclidean neural networks[J]. Adv. Sci., 2021, 8(12): 2170068.

[27] Ziletti A, Kumar D, Scheffler M, et al. Insightful classification of crystal structures using deep learning[J]. Nat. Commun., 2018, 9(1): 2775.

[28] Cecen A, Dai H, Yabansu Y C, et al. Material structure-property linkages using three-dimensional convolutional neural networks[J]. Acta Mater., 2018, 146: 76-84.

[29] Sanchez-Lengeling B, Aspuru-Guzik A. Inverse molecular design using machine learning: Generative models for matter engineering[J]. Science, 2018, 361(6400): 360-365.

[30] Segler M H S, Preuss M, Waller M P. Planning chemical syntheses with deep neural networks and symbolic AI[J]. Nature, 2018, 555(7698): 604-610.

[31] Popova M, Isayev O, Tropsha A. Deep reinforcement learning for de novo drug design[J]. Sci. Adv., 2018, 4(7): eaap7885.

[32] Deng B, Zareei A, Ding X, et al. Inverse design of mechanical metamaterials with target nonlinear response via a neural accelerated evolution strategy[J]. Adv. Mater., 2022, 34(41): 2206238.

[33] Coli G M, Boattini E, Filion L, et al. Inverse design of soft materials via a deep learning-based evolutionary strategy[J]. Sci Adv., 2022, 8(3): eabj6731.

[34] Noh J, Kim J, Stein H S, et al. Inverse design of solid-state materials via a continuous representation[J]. Matter,

2019, 1(5): 1370-1384.

[35] Rao Z, Tung P, Xie R, et al. Machine learning-enabled high-entropy alloy discovery[J]. Science, 2022, 378(6615): 78-85.

[36] Kusne A G, Yu H, Wu C, et al. On-the-fly closed-loop materials discovery via Bayesian active learning[J]. Nat. Commun., 2020, 11(1): 5966.

[37] Zhang H, Chen W, Iyer A, et al. Uncertainty-aware mixed-variable machine learning for materials design[J]. Sci. Rep., 2022, 12(1): 19760.

[38] Gongora A E, Xu B, Perry W, et al. A Bayesian experimental autonomous researcher for mechanical design[J]. Sci. Adv., 2020, 6(15): eaaz1708.

[39] Erps T, Foshey M, Luković M K, et al. Accelerated discovery of 3D printing materials using data-driven multiobjective optimization[J]. Sci. Adv., 2021, 7(42): eabf7435.

[40] Zhou Z, Li X, Zare R N. Optimizing chemical reactions with deep reinforcement learning[J]. ACS Cent. Sci., 2017, 3(12): 1337-1344.

[41] Pankaj R, Aravind K, Ankit M, et al. Autonomous reinforcement learning agent for chemical vapor deposition synthesis of quantum materials[J]. npj. Comput. Mater., 2021, 7(1): 983-991.

[42] Salley D, Keenan G, Grizou J, et al. A nanomaterials discovery robot for the Darwinian evolution of shape programmable gold nanoparticles[J]. Nat. Commun., 2020, 11(1): 2771.

[43] Cogswell D, Paramatmuni C, Scotti L, et al. Guidance for materials 4.0 to interact with a digital twin[J]. Data-Centric Engineering , 2022, 3: e21.

[44] Mann A, Kalidindi S R. Development of a robust CNN model for capturing microstructure-property linkages and building property closures supporting material design[J]. Front. in Mater., 2022, 9: 851085.

[45] Nikolaev P, Hooper D, Webber F, et al. Autonomy in materials research: A case study in carbon nanotube growth[J]. npj Comput. Mater., 2016, 2(1): 16031.

[46] Lu S, Zhou Q, Guo Y, et al. On-the-fly interpretable machine learning for rapid discovery of two-dimensional ferromagnets with high Curie temperature[J]. Chem, 2022, 8(3): 769-783.

[47] Lu S, Zhou Q, Ouyang Y, et al. Accelerated discovery of stable lead-free hybrid organic-inorganic perovskites via machine learning[J]. Nat. Commun., 2018, 9(1): 3405.

[48] Huang J, Xu Y, Xue Y, et al. Identification of potent antimicrobial peptides via a machine-learning pipeline that mines the entire space of peptide sequences[J]. Nat. Biomed. Eng., 2023, 7(6): 797-810.

[49] Wang C, Fu H, Jiang L, et al. A property-oriented design strategy for high performance copper alloys via machine learning[J]. npj Comput. Mater., 2019, 5(1): 363-370.

[50] Jiang L, Wang C, Fu H, et al. Discovery of aluminum alloys with ultra-strength and high-toughness via a property-oriented design strategy[J]. J. Mater. Sci. Technol., 2022, 98: 33-43.

[51] Liu R, Liu R, Liu Y, et al. Design of fuel molecules based on variational autoencoder[J]. Fuel, 2022, 316: 123426.

[52] Wen C, Zhang Y, Wang C, et al. Machine learning assisted design of high entropy alloys with desired property[J]. Acta Mater., 2019, 170: 109-117.

[53] Zhang H, Fu H, He X, et al. Dramatically enhanced combination of ultimate tensile strength and electric conductivity of alloys via machine learning screening[J]. Acta Mater., 2020, 200: 803-810.

[54] Yuan R, Liu Z, Balachandran P V, et al. Accelerated discovery of large electrostrains in $BaTiO_3$-based piezoelectrics using active learning[J]. Adv. Mater., 2018, 30(7): 1702884.

[55] Weng B, Song Z, Zhu R, et al. Simple descriptor derived from symbolic regression accelerating the discovery of new perovskite catalysts[J]. Nat. Commun., 2020, 11(1): 3513.

[56] Ouyang R, Curtarolo S, Ahmetcik E, et al. SISSO: A compressed-sensing method for identifying the best low-dimensional descriptor in an immensity of offered candidates[J]. Phys. Rev. Mater., 2018, 2(8): 083802.

[57] Chen D, Gao K, Nguyen D D, et al. Algebraic graph-assisted bidirectional transformers for molecular property prediction[J]. Nat. Commun., 2021, 12(1): 3521.

[58] Shen C, Wang C, Wei X, et al. Physical metallurgy-guided machine learning and artificial intelligent design of ultrahigh-strength stainless steel[J]. Acta Mater., 2019, 179: 201-214.

新材料研发智能化关键技术

Key Intelligent Technologies for
Advanced Materials Research and
Development

第3章　材料高效计算与设计技术

随着材料科学与技术的发展，材料计算逐渐成为新材料研发和应用的重要研究方法，在支持实验研究、拓展新理论、预测新现象、发现新材料等方面发挥了巨大作用，直接或间接地参与了近几十年中一些重要新材料的发现、研发和应用，广泛应用于新材料研发的多个环节。早期的材料计算受到算法、软件和计算机算力限制，研究范围窄，仅应用于对实验结果的分析解释。经过数十年发展，材料计算的研究范围得到极大扩展。在科学研究方面，应用于探索材料物理、化学等性质的产生机制，建立材料结构－组成－性质之间的构效关系；在技术开发方面，应用于材料成分筛选、结构设计和生产工艺优化，提高了新材料的研发效率；在产品研发方面，应用于新材料发现、性能优化和寿命预测，加速了产品的迭代升级，加快了产品的部署应用。

本章聚焦材料高效计算与设计中的多尺度计算、高通量计算、集成计算和智能计算等核心技术，概述近年来各技术的发展现状以及在新材料研发中的应用情况，阐述在大数据和人工智能背景下，材料计算技术的发展趋势。针对国内外材料计算领域的发展现状及国内外竞争态势，分析比较了我国发展材料高效计算与设计技术面临的问题和挑战，提出了重点发展方向。

3.1　多尺度计算

3.1.1　概念与内涵

针对材料体系的多尺度特征，采用计算模拟方法，从一个尺度下的材料结构和性质出发预测另一个尺度下的材料结构和性质，或者同时预测材料在两个或两个以上尺度下的结构和性质。

3.1.2　多尺度计算技术

多尺度计算技术包含两个部分，即从微观到宏观各尺度下的材料计算方法和跨尺度计算技术。前者构成了材料计算的基础。材料计算科学领域已经发展了覆盖微观、介观、宏观各个尺度的研究方法，包括第一性原理计算、分子动力学和蒙特卡洛模拟、相场模拟、计算热力学/动力学、微结构演变模拟以及工程仿真等多种材料和系统的计算方法。材料体系的多尺度问题包括空间尺度和时间尺度两个方面。针对材料体系，在不同空间/时间尺度范围内需要采用不同的计算方法。

在第一性原理计算中，从材料组成和微观结构出发，通过求解薛定谔方程（Schrödinger equation）预测材料体系的总能量、稳定性、电子结构以及各种物理化学性质。基于密度泛函理论（density functional theory, DFT）的第一性原理计算是微观尺度材料体系的主要计算和研究方法。分子动力学（molecular dynamics, MD）模拟通过求解经典的牛顿运动方程来获得原子、分子体系中各粒子的运动轨迹。在经典MD模拟中，各粒子间的相互作用一般采用经验势函数描述。MD方法可以直接模拟粒子随时间在空间中的运动轨迹，处理材料体系的动力学问题和预测材料各种动力学相关的性质。相场法（phase field method）是一种描述不同外场条件下材料介观尺度形貌和微组织结构随时间演化的方法，以Ginzburg-Landau理论为物理基础，分别使用非保守场变量（结构序参量）和保守场变量（浓度场）构建函数，构造瞬时微观结构演化的模型，通过求解动力学方程获取各物理机制下材料的动力学演化行为。计算相图（CALPHAD）方法基于热力学基础理论建立热力学模型，描述材料体系中的各组成相（包括气相、液相、固相）的热力学性质，根据由实验、第一性原理计算、统计学方法及经验/半经验公式等获得的不同类型的数据，优化拟合模型参数，构建适用于多元多相真实材料并达到工程精度的数据库。有限元方法（finite element method, FEM）是一种求解偏微分方程边值问题的近似解的数值方法，针对物理问题的控制方程，选择特定的变分形式建立其易于求解的弱形式。针对弱形式选择离散化策略进行离散化，包括网格的形状和划分、形函数的选择等，然后确定求解算法，通过极小化误差函数来获得原问题的近似解。有限元方法包括有限差分、有限单元、有限体积、边界元等方法。

跨尺度计算技术可分升级法和分解法两大类。在升级法中，从较小尺度下的结构和性质出发，通过逐级放大，获得较大尺度的结构和性质。在分解法中，较大尺度体系被分解为若干具有较小尺度的子体系，在两个尺度下同时求解，不同尺度之间的信息在界面上交换。升级法可以进一步分为数学法、物理法和数据法三个子类。数学法通过数学推导获得较大尺度下的结构和性能参数，包括多尺度渐进、多分辨率等方法。物理法通过假设每个尺度下的控制方程，利用物理原理推导出较大尺度下的材料模型，包括粗粒化分子动力学、位错动力学、相场、自动元胞机等方法。数据法使用机器学习或人工智能方法，从大量较小尺度下的模拟中构建较大尺度下的降阶模型。分解法可以分为多分辨法和网格法两类。多分辨法适用于材料的关键性质决定于某个关键区域的情况，如固体中位错、裂纹尖端、晶界和表面等缺陷等，对该区域采用较高精度的计算方法，对其他主要起支撑作用的区域，采用较低精度的计算方法，通过界面信息传递建立不同区域之间的关联。网格法基于多重网格，通过不同尺度间的信息传递和迭代验证，建立材料跨尺度关联。

3.1.3　发展现状和趋势

本节在介绍不同尺度下材料体系计算方法发展现状的基础上，概述材料跨尺度计算与设计领域的主要进展。

（1）不同尺度下的材料计算方法[1]

密度泛函理论及其数值实现方法已经经历了数十年发展，至今仍然是一个十分活跃的研究方向。基于科恩-沈吕九（Kohn-Sham）方程，密度泛函理论计算方法问题转化为如何获得合理的密度泛函问题，用于精确地去描述和求解方程中系统的电子相互作用交换关联项。以寻找合适的交换相关近似为主线，从局域密度近似、广义梯度近似、非局域泛函到自相互作用修正，从基态密度泛函理论、含时密度泛函理论到相对论密度泛函理论，从基于基组函数、实空间网格、小波基组的离散方法到线性标度等数值方法，密度泛函理论体系及其数值计算方法获得长足发展。

随着密度泛函理论框架和数值方法的发展，密度泛函理论的应用日趋广泛，成为材料科学中强有力的研究工具。研究体系包括了从零维（如小分子、团簇、量子点）、一维（如纳米管）、二维（如固体表面）到三维（如新型化合物、高温超导材料）的多种系统。运用第一性原理计算可以直接获得材料的基态电子态密度和能量本征值，可以进一步预测材料的激发态的性质。例如，通过分析能量在空间的分布及其梯度，可以获得材料中粒子的受力，优化原子在材料微观结构中的位置和空间分布，分析材料的结构稳定性；通过发展密度泛函理论并运用线性响应技术，可以对晶格动力学进行计算，比如声子色散等；结合统计物理学方法，可以计算晶格振动在不同温度下对自由能的贡献，分析材料相变问题，计算相结构和相图。虽然第一性原理计算可以从微观尺度直接预测材料的各种物理化学性质，但是由于计算量大，能够处理的体系尺寸相对较小。对于结构具有晶体对称性的体系，利用周期性边界条件，能够获得较好的预测。对于对称性差（无序材料）、空间尺度大的体系，第一性原理计算的应用仍然受到一定限制。

MD方法连接了材料的微观结构和宏观性质，因对微观结构和原子尺度过程的成功描述，其在材料领域的研究中得到了广泛的应用。MD模拟在近20年间飞速发展，成为探索新材料基本原理的最重要工具之一。例如，模拟材料的相变、优化、缺陷、晶体生长，模拟材料中粒子的扩散，计算电化学储能体系电解液中离子或溶剂的扩散系数、介电常数和黏度等。受限于计算机的运行速度和存储能力，目前MD模拟能模拟的典型体系，以固体为例，一维方向上的线尺度在百纳米左右，不超过$1\mu m$，在时间尺度达到了纳秒到微秒量级。MD模拟的关键因素之一是势函数的选择，这将直接决定模拟结果的合理性和可信度。对于固相材料而言，特别是具有强关联电子体系的材料，要获得精确合理的势函数难度较大。通过第一性原理计算来获得材料中粒子间的相互作用力，可以大大提高分子动力学模拟结果的可信度。但是，第一性原理计算量大的缺点限制了分子动力学模拟的应用。近年来，机器学习方法应用于势函数的构建，大幅度提升了势函数的可靠性和构建效率。

随着计算机技术的快速发展和材料热力学、动力学数据的逐渐完备，相场法迅速发展起来，成为微观组织模拟的有效方法，应用于枝晶生长、马氏体相变、多晶晶粒粗化、位错反应、合金沉淀相析出、薄膜微结构演化、多组分互扩散、电畴和磁畴演化动力学等多个领域。作为多尺度模拟的一种手段，相场模拟与微观及宏观尺度模拟有着密切的联系。一方面，针对具体体系进行相场模拟需要大量的材料热力学和微观结构参数作为输入参数，如化学自由能、界面能、弹性常数和晶格常数等。利用第一性原理计算、分子动力学和蒙特卡洛模拟，可以在不依赖经验参数的情况下获得相场模拟所需的部分参数。对于较为复杂的体系，如多元合金，可以利用CALPHAD方法和热力学数据库来构建相场模拟所需的多元体系自由能等参数。另一方面，相场模拟得到的微观组织结构可以作为输入参数应用到宏观模拟（如有限元模拟）中，预测材料实际的服役性能，亦可把相场模拟的微观组织演变和其性能计算结合起来获得材料性能随时间变化的规律。CALPHAD方法在材料科学研究和工程应用上受到越来越多的关注，较多工作集中于优化评估在一定温度、压力条件下多组元体系中每一相的吉布斯自由能、焓、熵、比热容、活度和化学势等热力学数据，以及实测的相图和相平衡数据。

经过几十年的发展，有限元方法目前已成为工程技术各领域进行结构、流体力学、热传导、电磁场分析时采用得最广泛和最成熟的数值方法。随着"数字化制造"时代的来临，对产品、器件或构件的研发及工程化应用周期提出了越来越苛刻的要求。有限元数值模拟在优化产品、器件或构件结构性能，缩短产品、器件或构件研发周期，预测产品、器件或构件实际使用性能特别是极端苛刻环境中的服役性能方面将发挥越来越大的作用。具体涉及宏观材料及器件或构件在多物理场耦合条件下，包括温度场、应力场、电磁场、流场等多因素作用下的行为分析。有限元方法能够求解在复杂的非线性初始条件和边界条件下材料或器件（构件）在外场作用下的响应问题，包括温度场分布、应力场分布、电磁场分布、流场分布、材料或器件的失效问题等。工程经验表明，有限元方法能够有效地处理连续介质的场效应问题。对于不规则连续介质模型以及复杂非线性边界问题，它能够克服求解非常系数偏微分方程或方程组带来的一系列困难，求解出模型每个细节的场分布。对于动态变化的非线性边界条件以及随着外部场变化及随时间变化的物理演化模型，有限元方法比解析法更具优势。

（2）跨尺度计算[2]

材料跨尺度计算将不同尺度下的计算结果进行耦合，得到材料的结构和性能信息。通常情况下，较小尺度下的计算模拟具有计算精度高、取样效率低、局限于较小体系等特点，较大尺度下的计算模拟具有取样效率高、计算精度低、适用于较大体系等特点。要实现高精度、高效率的材料计算模拟，需要克服高精度计算方法的效率瓶颈和低精度计算方法的精度瓶颈。采用跨尺度计算有利于发挥各尺度下计算方法的优势，实现高效率、高精度的计算模拟，既可以描述原子层次的局域相互作用，也可以描述大尺度下结构基元的运动规律，解决材料计算中的上述精度/效率瓶颈，更真实地反映材料体系结构和性能的演化规律。

跨尺度建模在过去几十年里广泛应用于材料领域。跨尺度建模涉及推导方程、模拟算法和参数传递等方面。如果已知较小尺度下的材料行为，可以利用跨尺度计算获得在较大尺度下的材料行为。通常情况下，较小尺度可以是微观的电子、原子、分子及其聚集体，较大尺度可以是介观或宏观结构，如相、颗粒、部件等。对于均质材料，可以使用统计力学工具在不同尺度之间建立跨尺度联系。对于异质系统来说，对跨尺度计算有较高挑战性。

从微观体系的从头计算开始，不断扩大尺度，一直模拟到产品规模，这是极具吸引力的想法，但由于计算模型巨大，计算复杂度和成本随尺度呈几何级数增长，这种想法常常不具现实性。跨尺度计算是一个相对较新的领域，目前已发展了一些将宏观尺度或平均行为与原子尺度联系起来的近似理论，如Cauchy-Born规则被用来根据原子尺度的应变-能量密度计算宏观尺度的应力-应变关系。这些理论分别建立在统计力学、量子力学、均质化等理论基础上。

材料在各尺度下的结构和性能通常情况下存在耦合关系，即单一尺度下的结构和性能与另一尺度下的结构和性能之间具有关联性。这种关联性为新材料设计带来两方面影响。一方面，为材料的结构和性能预测提供了可能性，从物理的角度看，材料在较大尺度下的性能决定于较小尺度下结构基元的性质及其相互作用机制，可以从较小尺度的行为预测较大尺度的行为。另一方面，多尺度之间的复杂耦合关系是材料学中极具挑战性的重大科学问题，为材料的结构-性能构效关系的跨尺度预测带来了复杂性，是当前和今后相当长时期的攻关课题。对材料体系开展全流程计算研究，客观上要求对研究对象在各个尺度同时或者分步进行计算分析。近年来，随着人工智能技术的快速发展，采用数据法开展跨尺度计算的策略受到广泛关注。例如，将人工智能算法与高性能计算资源结合，建立不同尺度下的计算数据之间的跨尺度关系。

目前大多数跨尺度计算集中在跨空间尺度问题中，跨时间尺度问题中较少。但在许多材料系统中，多时间尺度普遍存在，并可能带来更大的挑战。材料涉及的物理过程常发生在多个时间尺度上。例如，材料疲劳是一个多时间尺度现象，循环载荷周期通常为秒级，而组件的寿命可能超过数年，需要在有限温度下同时考虑原子振动的快时间尺度和连续过程的慢时间尺度。材料加工和服役过程中涉及多物理耦合，这些物理过程的特征时间尺度不同，也会引入多时间尺度问题。

3.2　高通量计算

3.2.1　概念与内涵

针对材料设计中变量多、试错空间巨大等问题，开发了具有鲁棒性，自动化、高效率的材料并发式设计、计算和筛选系统。利用该系统，可以从数量众多的候选设计中高效优选出具有较高成功率的设计样本，然后交付实验验证，从而大幅度降低实验试错样本的数量和实验成本。

3.2.2　高通量计算技术

新材料设计是一个多维度、多尺度、多目标的复杂优化问题，在材料计算设计中转变为变量空间的维度问题。传统的计算模拟方法难以实现对高维变量空间的逐一筛选。在高通量计算中，主要采用以下流程：

① 利用自动建模技术，根据变量组合建立计算模型；

② 分析计算研究内容，设计计算步骤，构建任务工作流；

③ 根据任务需求和计算资源，匹配计算节点和任务工作流，执行高通量作业；

④ 评估计算结果，完成错误分析和结果分析；

⑤ 将分析结果返回步骤①，用于优化计算模型，或者形成筛选结果报告。

因此，材料高通量计算将需要逐一进行的人工试错转变为并发式的自动化流水线模式，不仅能够提高设计和筛选效率，更充分地利用计算资源，而且能够突破人工试错的局限性，使传统方法不可能完成的高维变量空间搜索变为可能。

材料高通量计算的应用可以用图3-1描述。材料的设计和筛选需要多个步骤。根据变量组合，构建出 N 个设计方案，每完成一个步骤，一些候选材料被淘汰，设计方案数量减少。经过多步筛选，候选方案的数量大幅度减少，最后的方案提交实验验证。材料高通量计算技术实现了材料体系高维变量空间的高效虚拟筛选，支持获得新材料的组成、结构、制备、加工和服役性能等信息，能够大幅度减少实验试错的样本数。材料高通量计算技术解决了人工作业难以完成的高自由度空间搜索这一难题，尤其是在未知新材料的探索中能够避免人脑的惯性思维，在被人脑忽略的空间中开展搜索工作，是材料设计领域的一项突破性技术。因此，高通量计算是应对材料计算研究体系多变量、多路

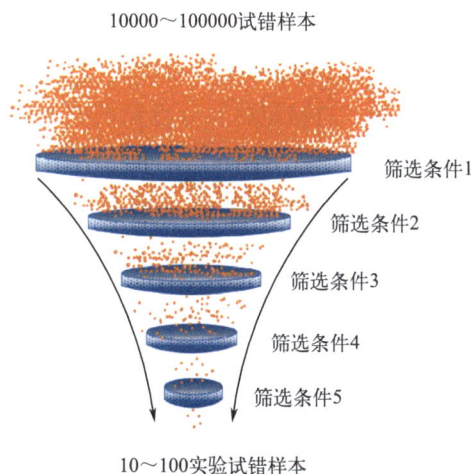

图3-1　材料高通量计算示意图

线和多流程的有效手段。相对于实验试错，计算试错具有成本低、速度快、风险低等优点，是实现缩短材料基因工程研发周期、降低实验成本等目标的重要工具。

3.2.3　发展现状与趋势

高通量计算在20世纪80年代被提出，其首要目标是针对计算密集型任务，根据计算资源情况，对任务进行分割和组合，采取最高效的任务组合和资源分配方式，以达到计算资源的最大化利用和完成尽量多的计算任务。根据这一目标，高通量计算具有一些显著特征，例如，适合样本数巨大的计算密集型任务，追求计算任务完成量，而不是单个任务的计算速度，等等。在高通量技术的支持下，一些缺乏超级计算设备的单位可以充分利用分散的计算资源完成大量的计算任务。

2000年以后，由于多核处理器、计算显卡、新型计算芯片等技术的发展，计算资源和计算能力得到了空前发展，传统意义上的高通量计算与材料虚拟筛选融合，高通量计算被赋予新的含义，其不仅是计算资源的优化分配技术，而且是高效的材料设计和虚拟筛选技术。高通量计算在材料设计领域的应用得到了爆发式增长，成为材料基因工程发展最快的方向之一。本节从应用端、平台端和生态端三个方面总结国内外高通量计算与材料虚拟筛选领域的发展现状和趋势。

（1）应用端

高通量计算与材料虚拟筛选的应用端主要是指针对特定新材料的设计需求或某种材料的性能优化需求，通过开展较大规模的高通量计算（$10^3 \sim 10^4$ 量级），构建特定材料类型的专用数据库，基于专用数据库（高通量计算获得，或者该类型材料的开源数据库等）结合基于经典理论的判断准则，或者基于统计分析、人工智能方法的模型，对材料进行虚拟筛选。相比平台端而言，应用端对算法软件工程化及大规模稳定平台系统建设等方面需求较低，开发较为容易，对特定材料专业知识要求高，适合专业课题组研发，发展最成熟，被国内外广大课题组所使用。在应用端，国内外较多课题组针对特定材料种类开展了广泛的研究，取得了丰硕的成果，极大地丰富了人们对不同材料的认知，加速了多种材料的性能调优和新材料开发，包括可充放电电池正负极材料、电解液材料、催化剂材料、拓扑材料、热电材料、传统合金材料、高熵合金及高熵陶瓷、分子材料、复合材料等。

国外许多课题组在运用高通量计算辅助材料虚拟筛选方面取得了显著成效。

美国加州大学伯克利分校的Ceder课题组是高通量计算辅助材料设计的倡导者之一，在这一方向做了大量工作[3]。例如，通过高通量第一性原理计算磷酸铁锂电极材料在不同氧化学势下的相图，并用于辅助分析电极稳定性。通过元素替换法结合高通量计算预测潜在的新化合物，并基于计算数据了解了不同元素离子互相替换的概率分布，以便辅助掺杂元素筛选，助力新材料发现。结合高通量第一性原理计算、遗传算法等，构建了 Li-Si 体系的机器学习势函数，能够准确描述 Li-Si 的晶相和非晶相行为，为准确预测 Li-Si 非晶相的性质提供了基础，辅助开发了锂离子电池高比能 Si 负极材料。结合高通量第一性原理计算和氧化还原电势分析，研究了不同离子组配合下的高熵材料作为锂离子正极的可行性，指导合成了稳定的十五元高熵正极化合物。基于石榴石和 NaSICON（钠离子超离子导体）的结构特征提取了多种结构判断准则（如活化扩散网络、较近的扩散离子占位等），对大量氧化物进行了筛选，得到 7 个具有超离子导体特性的候选材料，并通过高通量的从头算分子动力学模拟评估了这些材料的离子电导率，可应用于锂离子固态电解质的筛选。

美国哈佛大学 Aspuru-Guzik 课题组联合美国麻省理工学院和三星美国研究院等机构，对大约 400000 个分子开展了基于含时密度泛函的高通量计算，利用机器学习模型预测实验结果，耦合专家系统等方法逐级筛选备选分子，从 160 万个分子的探索空间中确定了可见光范围内数千个具有潜力的有机发光分子，通过分子合成、器件制造及发光效率测试，获得了发光效率达到 22% 的分子材料[4]。该工作显示高通量计算辅助材料筛选能够有效提升新材料研发效率，将备选分子空间压缩了大约 5 个数量级，提升了实验探索优化的效率，节约了成本。

美国麻省理工学院 Gómez-Bombarelli 课题组和西班牙瓦伦西亚理工大学 Moliner 课题组结合第一性原理高通量计算、文献挖掘、人机交互、合成和表征，解决了模板法合成沸石结构时的物相选择性问题[5]。通过对超过 586000 个"分子筛（框架）-分子"对的模拟，重现了文献报道的结果，提出了新的多维合成设计指标（包括模板分子的能量、几何和静电描述符等），应用于分析有机结构导向剂（organic structure-directing agent, OSDA）设计中的物相竞争问题。该方法不仅能够用于指导合成单一的 OSDA，也可以用于指导多离子共生的 OSDA（如铝硅酸盐），并调节材料的性能。

美国西北大学通过高通量第一性原理计算研究了几种特殊结构化合物的稳定性及在不同合金中的潜在析出倾向，相关研究能够用于指导合金材料的强化设计[6]。美国田纳西大学诺克斯维尔分校、美国阿贡国家实验室等单位合作，通过基于高通量计算的相图法设计了具有共格 L21 相析出强化的耐高温轻质高熵合金并进行了实验验证，使得合金具有与镍基高温合金相似的微观组织，从而获得优异的高温力学性能[7]。美国杜克大学、美国加州大学圣迭戈分校、德国马克斯·普朗克研究所等单位通过高通量第一性原理计算预测了不同配方高熵碳化物的形成能力，并进行了实验验证，为设计筛选新型超高温抗烧蚀材料提供了理论参考，显示了高通量计算辅助材料成分筛选的有效性[8]。瑞士洛桑联邦理工学院提出了基于固体结构分析估算锂离子扩散的弹球模型，从7472种有效结构中初筛出796种潜在结构，并对其中未被验证的132种高离子采用高通量第一性原理分子动力学计算离子电导率，最终获得了6种新的锂离子导体[9]。

国内一些课题组也在高通量计算辅助材料虚拟筛选方面取得了较多成果。中国科学院物理所、北京凝聚态物理研究中心根据拓扑量子化学和对称性指标理论给出了从对称性数据到拓扑不变量的完整映射关系，并开发了自动计算材料拓扑性质的全流程[10]。通过自动化流程中的逻辑判断，高通量标定了每种材料的拓扑性质，从ICSD数据库中39519种无机晶体材料中发现了8056种具有拓扑效应的材料，并对材料的拓扑性质进行了详细标定，如"拓扑绝缘体""拓扑晶体学绝缘体""高对称点半金属"等。筛选出的拓扑材料包括了前人十几年间发现的几乎所有拓扑材料，还包括了大量新的拓扑材料。由于筛选的材料均为实验合成过的材料，且存在比例如此之高的具有拓扑性质的材料，颠覆了人们之前认为拓扑材料具有特异性和稀有性的认知。清华大学、上海理工大学等联合德国马克斯·普朗克研究所、美国普林斯顿大学等机构，利用磁拓扑量子化学获得的磁拓扑指数，通过高通量第一性原理计算预测了磁性拓扑材料体系，从实验报道的549种磁性化合物中发现了130种材料具有拓扑相[11]。中国科学院金属研究所针对声子拓扑，研发了高通量计算与大数据技术相互融合的拓扑声子材料计算算法和软件，对声子拓扑材料进行了广泛的筛选，从13000多种材料中筛选出的拓扑声子材料就已经高达5014种，同时也开源了拓扑声子材料数据库（www.phonon.synl.ac.cn）[12]。

清华大学和美国宾夕法尼亚州立大学合作，基于相场模型构建了聚合物基电介质在电-热-力多场耦合下的击穿模拟方法，通过高通量计算分析了颗粒物形貌及取向对击穿电场强度、介电常数及能量密度的影响规律，并优化设计了三明治结构，获得了高能量密度聚合物基电介质复合材料，储能密度相比聚合物基体提升2.44倍。此后，它们通过高通量相场模拟构建了聚合物基电介质击穿电场强度随添加剂的杨氏模量、介电常数、电导率变化的数据库，开发了机器学习模型用于筛选添加剂，成功制备了P(VDF-HFP)-BaTiO$_3$和P(VDF-HFP)-Al$_2$O$_3$复合电介质，使得击穿电场强度相比聚合物本身分别提升了36%和43%[13]。

北京航空航天大学提出了基于群论分析和高通量计算设计材料的新策略。群论分析可以初步确定晶体材料性质的定性信息，并通过群-子群关系来获得高对称晶体的低对称原型结构，大批量生成潜在晶体材料，再通过第一性原理计算来定量计算材料性质，实现材料的大规模筛选[14]。如图3-2所示，通过该方法，以钙钛矿结构为基础，筛选出与其对称性相关的子群（203个空间群），生成了78个具有相应化学式结构的原型结构，结合元素替换获得21060种三元硫族化合物，基于能量、能带结构、相稳定性筛选出97种候选半导体，其中22种具有良好的稳定性、合适的带隙及高光吸收率等，理论光电转换效率超过30%，可以媲美现有最高效的GaAs太阳能电池，显示了高通量筛选在发现高性能功能材料方面的巨大潜力。

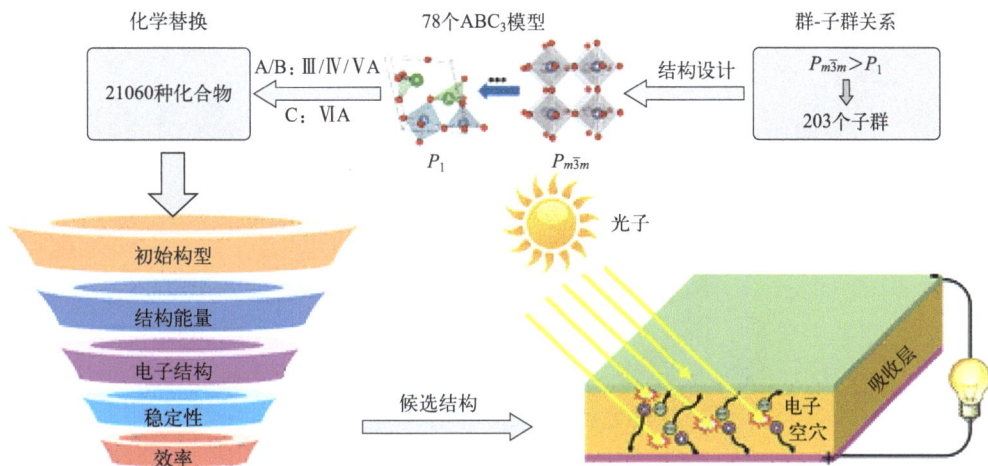

图3-2　基于群论分析和高通量计算筛选新型钙钛矿太阳能电池材料流程示意图

上海大学开发了材料信息平台（materials informatics platform，MIP），支持基于第一性原理的材料高通量计算筛选[15]。利用该平台，建立了包含数万个第一性原理计算结果的数据库（包括80000+个晶体结构数据，30000+个能带结构数据和6000+个电输运数据），开展了高热电性能硫族化合物的筛选（图3-3）。首先，第一步的筛选条件为阳离子为ⅠB、ⅡB、ⅢA、ⅣA族的元素，阴离子为S、Se、Te元素，属于面心立方阴离子亚晶格，阳离子配位数为4。从MIP数据库中经首步筛选得到214种化合物。其次，因为热电材料大多是半导体，所以设置了第二个筛选条件，能带带隙大于0.1eV，得到了161种材料，再对筛选出的161种材料进行电输运以及热输运的高通量计算，最后进行实验验证，得到了Cd2Cu3In3Te8，其ZT值在高温下达到了1.0。

中国科学院硅酸盐研究所和中国科学院金属研究所将高通量计算用于辅助SiCf/SiC（碳化硅纤维增强碳化硅复合材料）界面材料的开发，助力了新一代航空发动机用陶瓷基复合材料的研发。上海交通大学采用高通量第一性原理计算结合机器学习筛选了具有低电偶腐蚀特性的含Mg二元化合物，辅助耐蚀镁合金设计[16]。武汉大学基于弹性常数提出了二维材料剥离难易程度判据，并对晶体材料进行了高通量筛选，从10812种晶体中获得了58种易剥离材料和90种候选材料作为有望剥离的材料，这148种材料中已经有34种被实验证实，该研究工作为开发新型二维材料提供了基础[17]。复旦大学通过高

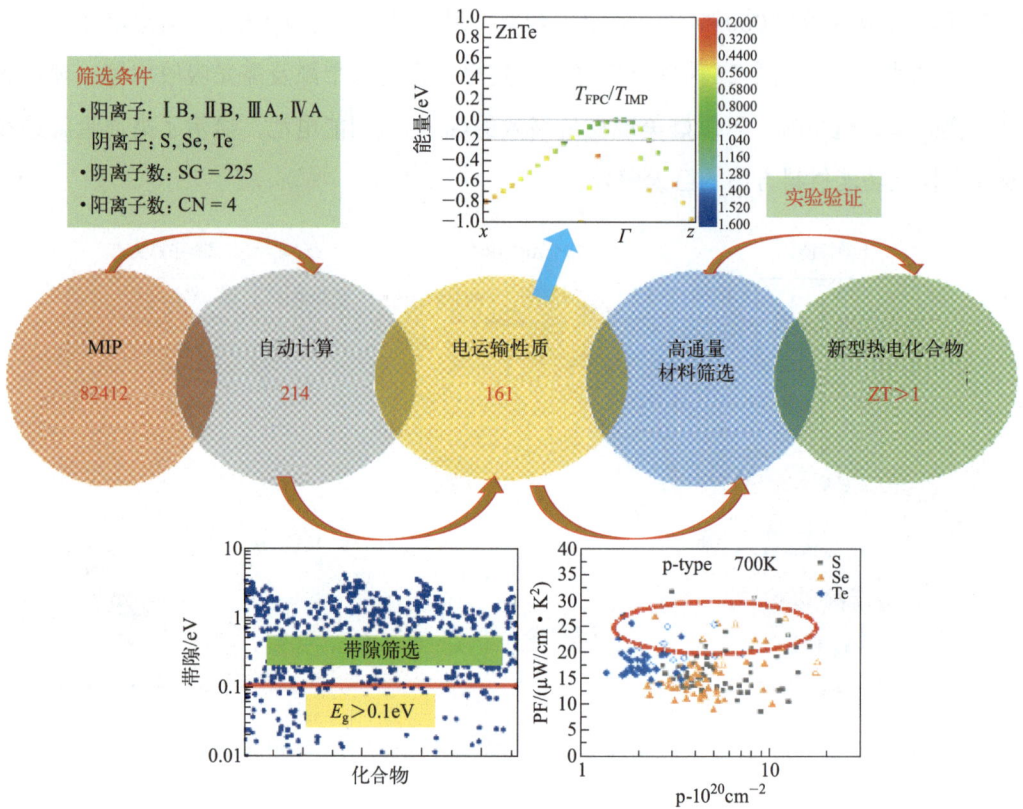

图3-3　利用MIP进行热电材料的高通量筛选

通量第一性原理计算结合机器学习方法，以无铅钙钛矿材料的稳定性、带隙宽度、德拜温度等性能为目标，逐级筛选，从32种有机阳离子组合空间中获得了18038种电中性化合物，并最终筛选出4种具有较高热稳定性的无铅钙钛矿材料作为太阳能电池候选材料[18]。

在应用高通量计算辅助材料筛选方面，国内外都做了相当丰富的工作，也取得了丰硕的成果，验证了高通量计算能够有效提升新材料研发效率，已经在众多材料研究中体现出了其价值，筛选范围几乎涵盖了所有材料类型，如锂（钠）离子电池材料、太阳能电池材料、催化剂、传统合金材料、高熵合金及高熵陶瓷、有机发光材料、高分子基介电复合材料、热电材料等。高通量计算辅助材料筛选在应用端具备以下特点：

① 底层计算工具主要是第一性原理计算方法，其他模拟方法的使用还非常有限。这主要是由于第一性原理计算方法具有高可靠性和高适用性的特点，几乎可以应用于任何材料体系而无需特殊设定，因此可以被广泛应用。晶体对称性也具有完备的理论框架，因此基于晶体对称性分析的方法也常被用于功能材料的筛选，其可以约束材料筛选空间并预测材料潜在的特殊性质，如拓扑特性、约束化合物元素配比、是否易剥离

等。相比而言，分子动力学模拟、相场模拟、有限元模拟及计算相图方法等，计算预测能力不足且经常需要针对不同问题采用特定的模型和参数设置，因此在高通量计算中使用较少。

② 系统化计算逐渐增多，数据共享也已成为共识，但数据利用率和利用效率仍处于较低水平上。大部分研究工作均努力将一类材料的某类性质进行系统的计算评估，从而对这一类材料获得一个整体的认识。同时，建立公开数据库，分享计算结果，供其他研究者参考也已逐渐成为共识，涌现出了不少优秀的专用数据库，对细分领域的发展提供了有力支撑。不过，依然有很多过程数据可能未被共享，只是分享了最终结果数据，而过程数据往往是极其昂贵的（比如通过从头算分子动力学计算原子扩散），所以存在大量的数据浪费。

③ 国外在全流程筛选设计和学科交叉方面做得更好，国内在这方面还需努力。虽然高通量计算辅助材料设计的研究很多，但是所设计的材料真正落实为工业产品的例子比较少见。例如，材料基因组计划提出之前，美国西北大学 Olson 团队以及 Questek 公司就已经实现了通过计算辅助研发飞机起落架用超高强不锈钢，它们在材料设计全流程方面的经验远超国内。自高通量计算兴起以来，公开数据库也迎来了爆发式生长。面对这种大数据，国外在学科交叉方面依然处于领先地位。例如，近些年有针对性地开发了多种深度学习方法用来解析数据中的信息以辅助新材料设计，或者结合其他领域的方法，如数据爬取、统计分析等实现计算数据与实验数据的耦合研究。相比而言，国内类似的成果较少，亟待加强研究。

（2）平台端

高通量计算与材料虚拟筛选平台端用于平台软件系统的开发、运营和维护，包含高并发调度管理系统、材料模拟软件接口和前后端数据处理工具、数据存储技术及基于数据的建模技术等。目前，美国、欧盟和我国在政府项目的支持下，均已经建设了高通量计算辅助材料虚拟筛选平台。

在高通量计算辅助材料虚拟筛选平台建设方面，美国处于先行者地位，在其能源部、国防部、国家标准局、国家科学基金会等单位的支持下，多个研究机构协同合作建立了多个著名的平台，如 Materials Project（https://materialsproject.org/）、AFLOW（http://aflowlib.org/）、OQMD（The Open Quantum Materials Database, https://www.oqmd.org/）和 JARVIS（https://jarvis.nist.gov/）。这些平台提供了方便的高通量计算调度工具，开发了材料前后端分析处理工具，例如基于 Materials Project 开发的 Pymatgen 成了材料领域最著名的前后端处理工具之一，提供了广泛的基础计算数据库及各类分析工具，为多种类材料性能优化设计和新材料发现提供了强力支撑。

欧盟国家在政府项目的支持下，多个研究机构协同合作建设了一些高通量计算辅助材料虚拟筛选平台，如NOMAD卓越中心（The Novel Materials Discovery Centre of Excellence，NOMAD CoE，https://nomad-lab.eu/）、AiiDA（Automated Interactive Infrastructure and Database for Computational Science，https://www.aiida.net/）、CMR（Computational Materials Repository，https://cmr.fysik.dtu.dk/）、MAX（http://www.max-centre.eu/）等。同样，这些平台的开发为领域提供了一些优秀的开源工具，如AiiDA平台是常用的高通量计算运行调度管理平台。

与国外类似，在国家重点研发计划"材料基因工程关键技术与支撑平台"重点专项和其他项目的支持下，我国初步开发了高通量计算辅助材料虚拟筛选平台，如北京航空航天大学的ALKEMIE（Artificial Learning and Knowledge Enhanced Materials Informatics Engineering，https://alkemie.org/）、中国科学院计算机网络信息中心的MatCloud（https://matcloud.com.cn/）、国家超级计算中心（天津）的CNMGE（http://mathtc.nscc-tj.cn/）、国家超级计算中心（广州）的Matgen（https://matgen.nscc-gz.cn/）等。

与国外相比，我国高通量计算辅助材料虚拟筛选平台的建设起步晚，底层设施开发方面对整个领域的贡献不足，还未能发展出有影响力的平台。此外，我国在平台建设过程中未能有效吸取国外平台建设的经验和教训，没有建立较广泛的建设委员会来分工协作，集中优势力量在各细分领域分别建设，而是以小型课题组主导进行了试验性建设，未能避免重复建设所造成的浪费。当然，小规模建设也有其益处，比如试错迭代速度快，能够高效开展探索工作等。

（3）生态端

高通量计算与材料虚拟筛选生态端以开放协同为基本理念，构建公用基础设施平台，形成赋能用户并获得用户反哺的良性循环，如自然生态般具备生生不息的进化能力。一个高通量计算与材料虚拟筛选平台能够形成生态必须具备两个特性：一个是可以赋能用户应用需求，提高整个领域的研发效率；另一个是具备良好的用户贡献模式，能够获得用户的反哺，通过开放协作促进平台的良性发展。相比应用端和平台端，国内在生态端的发展方面远落后于国外。

一个平台是否能够孵化出自己的生态，主要判别标准不仅仅是平台的使用者数量，平台的贡献者数量也非常关键。开放开源是建立良好生态的基础，这已经在诸多成功的生态中得到了验证。作为类比分析，可以参考人工智能领域中生态的发展情况，比如美国Google公司主导的TensorFlow生态，美国FaceBook公司主导的PyTorch生态以及国内百度公司主导的PaddlePaddle生态，都是发展较好的专业深度学习生态。这三款软件均为开源软件，代码主要在GitHub上托管，其中TensorFlow代码贡献者为

3110人，PyTorch代码贡献者为2236人，PaddlePaddle代码贡献者为544人。图3-4显示了这三款软件在GitHub上的更新情况，更新情况能够比较直观地显示出这几个生态的活跃程度与进化快慢程度，即TensorFlow > PyTorch > PaddlePaddle（最近TensorFlow有被PyTorch超越的趋势）。图3-5对比了pymatgen代码（Materials Project的核心代码）、ASE（Atomic Simulation Environment）代码、AiiDA核心代码、NOMAD代码在GitHub上的更新情况。pymatgen、ASE、AiiDA及NOMAD代码的贡献者分别为187人、190人、68人、533人，社区均处于相对活跃的状态，也有希望形成良好的生态。值得指出的是，pymatgen和ASE并不是直接进行高通量作业调度和监管的代码，而是提供材料建模分析和调度不同材料模拟软件基础接口的专业软件，被广泛应用于各种材料类高通量计算平台。在平台软件代码层面，国内的MatCloud、ALKEMIE等开放性不高，无法从公开渠道找到其底层源代码。国内高通量计算平台主要依托小型课题组开发和维护，难以形成良好的开发生态，如果不改变开发理念，在未来则很难与国外的平台进行竞争。例如，ALKEMIE主要由北京航空航天大学孙志梅课题组开发和维护。对比而言，Materials Project最初由美国麻省理工学院Ceder课题组（后转去美国加州大学伯克利分校）主持开发，加州大学伯克利分校的Persson等人负责了后续的开发和运

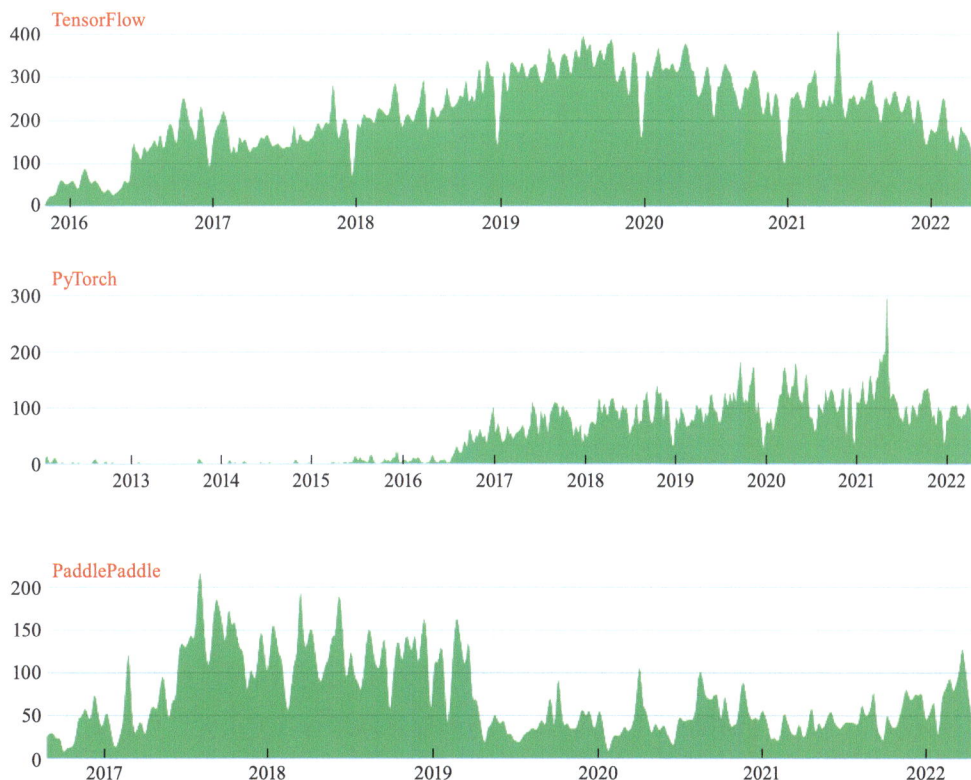

图3-4　TensorFlow、PyTorch、PaddlePaddle代码在GitHub的更新情况

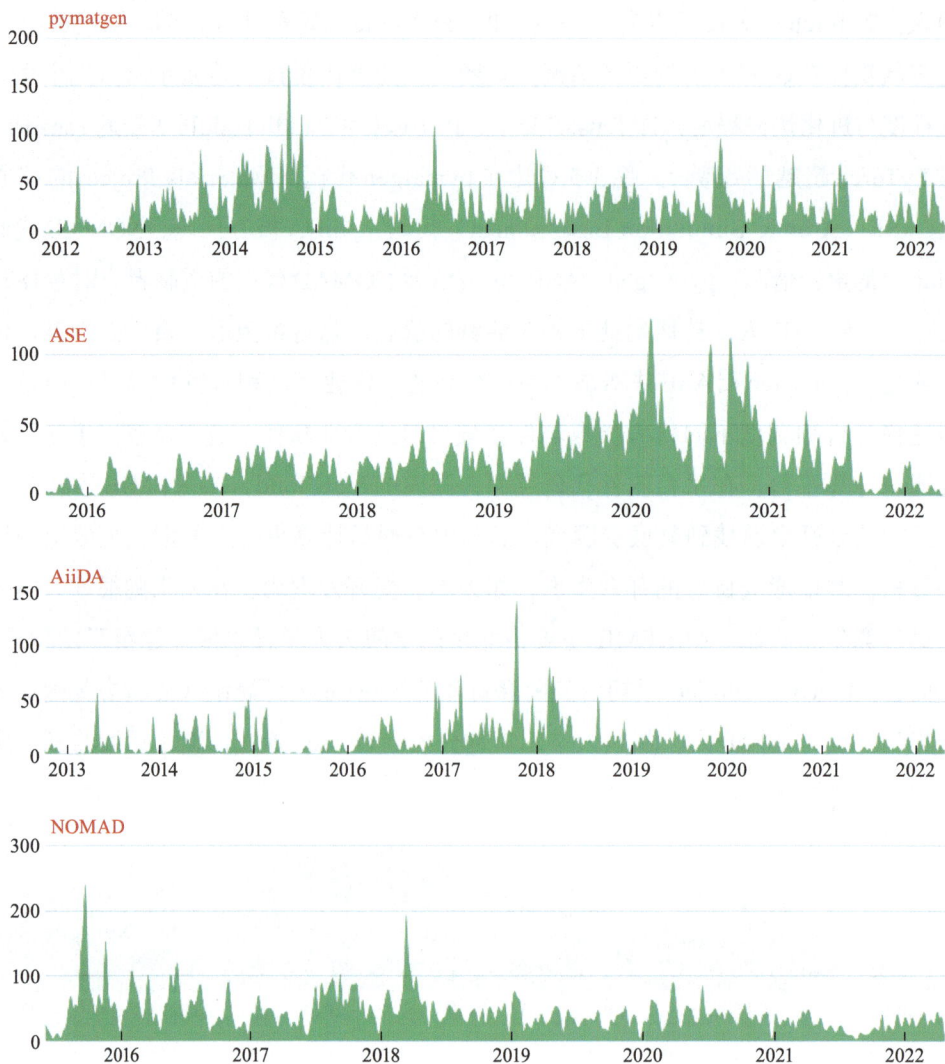

图3-5 pymatgen、ASE、AiiDA、NOMAD代码在GitHub的更新情况

行，借助开源开放的理念，平台的开发和推广工作进展迅速，迄今参与开发的人员超过了200人；AFLOW由美国杜克大学Curtarolo课题组牵头，联合了美国纽约州立大学布法罗分校、马里兰大学、加州大学圣迭戈分校、北卡罗来纳大学、得克萨斯大学奥斯汀分校等学校和研究机构的14个研究组共同参与开发；NOMAD卓越中心由丹麦、比利时、英国、法国、德国、奥地利、意大利等国的10余个研究机构和大学的研究组及超算中心共同开发。由此可见，国外在开放协同理念方面远胜国内，具有良好的协同生态，不仅可以保证平台不断进化发展，同时也能够不断培养开发人才，保障人才队伍的延续和壮大。

构建具有良好生态的高通量计算与材料虚拟筛选平台，除了基础设施代码的开源开放，保证各细分领域专家能够协同合作外，还需要具有内容丰富的共享数据库，实现数据的开放共享。高通量计算只是快速获取数据的理想手段之一。材料智能研发需要耦合大数据技术和人工智能技术。没有数据的支撑，材料智能研发只能是纸上谈兵。良好的数据共享理念，可以快速形成庞大的数据库，极大地减少重复计算造成的经费和时间浪费，加速材料的筛选。因此，庞大的基础数据库是高通量平台留住用户的关键。数据库的建设是一个长期积累的过程，且具有很强的先发优势特点，在这方面，我国的高通量计算辅助材料虚拟筛选平台也处于落后状态。目前，Materials Project 上已经能够提供 14 万多个无机物的计算结果，包括 7 万多个能带结构计算结果，1 万多个弹性常数计算结果及 3000 多个介电常数张量计算结果，以及 6 万多个有机分子、50 多万个纳米多孔材料等的计算结果；AFLOW 包含 300 多万个形成能计算结果，30 多万个能带结构计算结果，以及少量其他性质计算结果；OQMD 数据库包含大约 100 万个无机物的平衡态计算结果。相比而言，国内尚无综合性高通量计算平台免费提供这些计算数据，仅存在一些细分领域计算数据库，如拓扑材料数据库、储能材料数据库等。

在高通量计算辅助材料筛选生态建设方面，国外的高通量计算平台正逐渐孵化出良好的自进化生态，而国内平台由于处于起步阶段，生态孵化显著落后。目前，具有最好的生态的平台当数 Materials Project，在底层开源基础代码开发和基础数据库共享方面都比较受用户欢迎，获得了广大用户的认可，注册用户数量超过 10 万，在辅助电池材料、磁性材料、压电材料研发等方向发挥了重要作用。目前，整个高通量计算辅助材料虚拟筛选领域还处于起步阶段，随着底层算法的发展、多种数据库融合、与 AI 技术的交叉以及底层计算资源由传统超算中心逐渐向新型云计算平台的迁移等，未来的生态具体会发展为何种模样还未可知。拥抱开源开放理念，集中优势力量协同开发，国内依然有很大的机会能够发展出良好的高通量计算辅助材料虚拟筛选生态。

多尺度计算和高通量计算推动了材料计算技术向提高计算精度和计算效率两个方向发展，研究对象趋向大体系、复杂体系和真实体系。材料计算方法和算法持续发展，低标度量子化学、量子动力学等新算法应用于材料体系，高可靠性和可迁移性力场应用于多尺度计算，力、热、光、电、磁加载下的计算模型应用于复杂服役环境中材料的性能预测，高通量计算、GPU 与先进并行算法和云计算大幅度提升材料计算的效率。材料计算研究的材料类别将进一步拓展，针对复杂材料体系的计算研究将得到关注。研究对象将从均质体系发展到混合体系，从单一材料发展到复合材料，包括金属基、陶瓷基和高分子基等复合材料。将在模型和算法方面突破对无序结构体系的计算研究，包括无序合金、聚合物等材料的计算设计。在模型、算法、算力的共同发展和推动下，可以实现大尺寸、复杂体系及环境的计算模拟，并获得较高的计算精度和计算效率。

3.3　集成计算材料工程

3.3.1　概念与内涵

集成计算材料工程（integrative computational materials engineering，ICME）通过建立计算材料学工具集，将计算获得的材料信息与产品性能分析、制造工艺模拟相结合，通过模型化与计算实现对材料制备、加工、结构、性能和服役表现等参量或过程的定量描述，理解材料结构与性能和功能之间的关系，引导材料发现发明，在实际制备之前对材料成分、制造过程和构件进行最优设计，旨在加速新材料的开发和工艺的优化。

3.3.2　集成计算材料工程技术

ICME 是常规计算材料模拟方法在新材料开发中的具体应用，具有显著的专业化、工程化、实用化特征：

① 在 ICME 中，通过模型化处理，将材料性能表达为以材料成分、工艺为参数的模型函数，材料特性是响应材料成分与工艺变化的动态输出。在产品设计过程中，利用经过实验验证的材料性能预测模型来获得材料性能数据，将大大减少材料性能测量的工作量和所需的经费与时间。

② 在计算模拟中，ICME 涉及并考虑工业制造设定的边界条件，模拟产品制造过程，是实现材料、制造过程和产品设计整体优化的手段。通过融合材料多尺度、多层次的组织演化模拟和工艺过程模拟与产品设计，能准确预测零部件各部分的材料组织演化过程，并借助性能预测模型准确预测零部件各部分的性能和服役行为，开展材料和产品的正向和逆向设计。

③ ICME 通过材料设计和产品设计的集成对材料-产品-制造过程进行并行设计与优化。在整个优化设计平台上，不同学科的专家一起工作，加速了专家之间的协作和沟通。数据和知识将进行统一表示，数据的不确定性得到有效的管理。产品的选材-设计-样机制造-产品制造-产品认证各个阶段都是无缝地连接起来的，从设计阶段就开始考虑产品的可制造性、服役行为与可回收性能；将模拟贯穿产品设计、制造和认证始终，实验认证只有在必要的情况下才开展，从而为更快、更高效的产品迭代开发提供了可能。上述模拟消除了材料性能的不确定性，有利于新材料在产品设计中快速使用。

以金属材料为例，ICME 以模拟仿真技术实现了对材料工艺、组织结构与性能的预测，优化了材料的加工过程，获得了较佳的材料使役性能。金属材料制备工艺涉及冶炼、铸造、锻造、焊接、热处理、热轧与冷轧等成型过程，涉及液/固与固/固相变等一系列复杂的物理化学转变。为了获得优质构件，需要优化制备工艺使金属材料的成分、工艺、组织与性能处于最佳状态，同时控制缺陷至可接受的尺寸或者直接消除宏观缺陷。ICME 研究能比较准确地预测材料制备过程中的各种场变量、组织性能、缺陷信息及设备载荷等，实现对制备工艺的优化与设计，突破了以大量经验积累和简单循环试错为特征的"经验寻优"传统研究模式。

3.3.3　发展现状与趋势

以美国、欧盟为代表的先进材料制造强国，在 ICME 的算法、软件、学科转型、文化建设与人才培养等方面取得较大的进展。早在 2008 年，美国国家研究委员会与集成材料计算工程委员会就针对如何进一步提升美国在国际先进材料制造中的优势与竞争力以及国家安全，将 ICME 列入学科建设、工业转型的发展计划中[19]。该计划得到来自国家研究委员理事会、国家科学院、国家工程院、国防部、国家核安全局和能源部等组织、机构的配套支持。美国国家航空航天局（NASA）在 2015 年提出 VERSION 2040[20]，旨在未来 25 年内，建设综合、多尺度建模的先进集成材料计算工程，以确保美国在未来航空航天领域的先进性与创造性。欧盟 5.0 提出，建立促进工业创新的材料模型市场（materials modelling marketplace）以及虚拟市场（virtual materials marketplace），即欧洲版的 ICME[21]。俄罗斯发布了"2030 年材料与技术发展战略"和"至 2030 年科技发展预测"。中国"十三五"期间的"材料基因工程"，美国 2011 年、2014 年和 2021 年版的材料基因组计划，德国的工业 4.0，英国的工业 2050，日本的智能制造系统 2020（IMS2020）和社会技术创新 5.0，以及韩国的"产业创新 3.0"等都包含了集成计算材料工程内容，以促进各国制造业中的材料计算技术和制造技术融合。

在集成计算设计准则下，为推进先进材料的快速制造，美国空军研究实验室寻求开发一个统一的平台，用于客观地描述和量化材料结构。该项目促成了 DREAM.3D[22]的开发。DREAM.3D 是一套综合配套软件，使材料科学家以及其他领域的工程师和数据分析科学家能够在统一的框架中管理多维、多模态的材料数据。其中，SIMPL（也称为空间信息管理协议）用于实现 DREAM.3D 的分析和数据储备功能，同时它可以跟踪、访问和定义工程材料中的复杂、分层数据。工具集由 BlueQuartz Software 以开放的方式开发和支持，其设计方式允许将其他软件包移植入 SIMPL/DREAM.3D 生态系统。

目前，DREAM.3D 已被用作基于加工-结构-性能模式的材料设计框架。以钛锻件微观结构设计为例，零件设计师使用行业标准为给定零件设计虚拟的整体形状，零件的几何形状和局部加工变量都可以通过SIMPL集成和管理。然后，局域变量被"分区"，用于定义拥有同种加工流程的材料的连续区域。这种对零件结构在模具线以下的客观模拟实现了局部微观结构设计。借助DREAM.3D可以实现加工过程中局域微观结构的虚拟设计。通过协调设计局域虚拟结构，实现了零件整体达到目标力学性能。同时，在每个分步骤中，可以从多维度、多尺度获取全方位的材料信息。

福特汽车公司研发的虚拟铝铸造（virtual aluminum castings，VAC）技术用于发动机缸体和气缸盖的设计与开发，是集成计算材料工程在工业生产中的一个应用典范[23]。传统的铝制缸体和缸盖的制作流程为：设计→制造→测试→再设计→再制造→再测试，产品分析往往在流程完成后才进行，属于一种高成本方法。此外，在产品开发后期进行的细微参数调整可能导致发动机耐用性方面的问题，同时延迟了新产品的推出进程。VAC技术通过提供一个整体分析环境，使产品的制造和测试能够同时进行，确保问题在发动机最终测试之前就得以解决。

开发VAC工具的关键在于开发一种能够准确地预测不同制造工艺对力学性能影响的方法。显然这是一个重大的挑战，因为这些模型必须考虑在跨空间尺度和时间尺度下发生的冶金现象。例如，合金中原子尺度的溶质扩散和沉淀在宏观下表现为屈服强度或热生长。因此，在VAC中需要利用连续建模工具，从原子尺度，经过纳米结构和微结构尺度，一直到宏观尺度构建属性模型。这些不同空间尺度上的冶金特征以各种复杂的方式影响着发动机的最终性能。

20世纪末，在美国许多工业部门发生了一场重大的变革——集成产品开发（integrated product development，IPD）[24]。IPD流程的出现，极大地提高了产品开发效率。IPD也称为"同步工程""并行工程"或"协同产品开发工程"。其核心组成部分是集成产品开发团队（IPDT），他们对所开发的产品拥有所有权和责任。在一个有效的IPDT中，所有成员都有一个成功的标签，并以不同的方式为最终产品成型做出贡献。例如，系统工程师负责统筹全局，确定规格、周期和资源等开发参数，在设计过程中，他们确保工具之间、系统组成之间以及设计组之间的集成，负责在整个团队中共享数据；设计工程师确定分析、测试和建模的范围和方法，并应用于设计开发、验证所需的计算工具和相关实验中；制造工程师指定制造零件所采用的工艺和所需的计算模拟工具；材料工程师分析所选材料的性能和局限性，以支持制造工艺的开发。

IPD的动态执行过程实际上是基于计算辅助的多学科设计优化（MDO）来实现的。现代工程管理是复杂的，而MDO作为一个重要的集成计算工具，可以帮助工程师实现这一点。例如，先进燃气涡轮发动机拥有80000个独立零件、5000个独立编号的零件，其中又包括200个主要部件，需要借助有限元分析和计算流体动力学软件进行三维计算机辅助工程（CAE）分析。IPDT使这一分析得以实现。由于有限元分析等计算工程分析工具的开发和验证，基于计算机的 MDO 已成为许多系统或子系统提高效率并实现设计或流程优化的常规方法。基于计算机的MDO使工作流程自动化、模型构建和执行自动化，以及设计挖掘自动化。IPD作为一套先进的产品及研发管理的体系，从产品投资与开发的角度来审视产品与研发管理的思想和架构，通过构建优秀的管理体系来达到提升产品管理与研发绩效的目的，已被IBM、波音和华为等公司采用。

美国加州大学圣芭芭拉分校致力于ICME全流程模型构建与评价，将先进的计算、表征技术与大规模数据处理相融合，为先进材料系统的发现、开发和部署开辟了新途径[25]。该团队认为，大规模的实验操作需要投入大量的资源，且无法解决材料开发后期以及材料真实服役中遇到的突发问题。因此，需要有针对性地选择必要的测评实验与ICME辅助计算工具相结合，实现新材料快速、迭代的发现和开发。

德国马克斯·普朗克研究所的Dierk Raabe团队针对连续介质机械边界值求解问题，构建变形和应力的本构响应，开发了基于傅里叶变换或光谱数值求解器的DAMASK-Düsseldorf高级材料模拟工具包，用于模拟耦合多物理场的晶体塑性、热和损伤现象[26]。团队开发了针对新型孪晶诱导塑性钢的ICME程序包，基于从头算的合金成分筛选，设计出伸长率大于70%、极限抗拉强度大于1 GPa的Fe-Mn-C基奥氏体TWIP钢。其优良的强度、韧性源自孪晶与位错亚结构的交互作用而产生的高的应变硬化，这些亚结构动态地降低了位错平均自由程。

美国政府使用洛斯阿拉莫斯国家实验室（LANL）和劳伦斯利弗莫尔国家实验室（LLNL）的协同计算和实验成果，建设了一个现代化的矿坑设施，用来预测核武器在储存中部件的最短寿命。该项目基于对地下核爆炸试验（UGT）数据、实验室实验和计算机模拟的分析。对含不同杂质组合的钚的冶金性能进行了实验和理论研究，最后对模型钚性能随年龄变化的初步性能进行计算机模拟。该项目开发了商业代码（Thermo-Calc, QMU-Crystal Ball）、分子动力学代码、设计灵敏度工具和一些特定代码的组合。实验室基于主要性能的模拟，使用了边际和不确定性量化（QMU）方法来评估坑的寿命。基于数据、科学计算方法和保守假设的年龄相关模型被用来计算由于材料特性的变化而导致的坑寿命的变化。该项目将构件环境与材料性能演化相结合，用来预测构件寿命的边界，构件的生命周期越长，相关成本节省就越多。

铁姆肯公司研发的管道受控热机械加工（CTMP）程序提供了一个将材料建模集成到制造过程中的模型。通过实时控制减少工艺变化、优化制管工艺，使产量增加，达到改善性能，减少能源消耗、成本和周期的目的。CTMP程序的主要组成部分是分析工具、测量技术、过程模拟和产品响应。该程序的两个最重要的分析工具是管优化模型（TOM）和虚拟试验装置（VPP）。TOM提供了一个基于PC的框架，用于开发生成所需微观结构的管材制造工艺。VPP允许在计算机中模拟而不是在生产设施中评估工艺和设备场景。TOM使用了多种不同等级的钢开发模型，增加了模型的适用范围。铁姆肯公司广泛使用了"实验设计"方法来开发制造过程中可控因素和材料微观结构之间的数据驱动关系，这些关系随后被连接到TOM中，例如受控慢冷、逆热传导、奥氏体分解、热膨胀系数、再结晶、晶粒长大、流动应力和一些专门的有限元轧机模型（ELROLL）。商用代码包括用于连续冷却转变曲线的QuesTek MCASIS代码、各种有限元（FE）或有限差分（FD）代码（ABAQUS、DEFORM、SHAPE），以及VPP中的优化代码（如EPOGY）。

　　国内集成计算材料工程的发展主要围绕其在不同空间、时间尺度的算法的开发与优化。例如，开发了第一性原理计算，运用于精度更高、尺度更大，同时极端复杂的物理、化学环境。开发新型分子动力学算法，如非绝热分子动力学算法。开发机器学习深度学习算法，用于势函数开发。开发不同相场模型，如弹性场、凝固场等。耦合CALPHAD的热力学软件的开发和面向制造过程的高性能CAE算法、智能优化算法以及工业CAE软件等的开发。集成计算平台搭建也有所突破，同时用于ICME全流程计算的高质量数据库也有所突破。

　　清华大学开发了航空发动机单晶高温合金涡轮叶片建模与仿真系统，对单晶高温合金涡轮叶片定向凝固过程开展了宏观、微观多尺度耦合建模，并发展了射线追踪计算热辐射的方法，解决了抽拉过程中热辐射大规模计算的难题；提出了分层计算方法，克服了多尺度耦合时计算量巨大的难题；建立了拉速自动优化模型，并提出自适应抽拉技术；改进了实际温度场分布下晶粒竞争生长模型，提出了晶体取向模拟方法、螺旋选晶器结构参数设计准则和晶体取向控制方法。

　　上海交通大学开发的Thermal Prophet[27]是一套热处理ICME系统，利用商业有限元计算软件MSC.Marc强大的非线性求解能力，实现了对淬火冷却过程温度、组织、应力、应变的预测。主要功能包括：加热、渗碳工艺过程的模拟计算；采用扩展的温度-相变-应力-碳含量四场准耦合算法，预测各种零件在加热、渗碳、淬火等工艺过程中温度、碳含量、微观组织（奥氏体、铁素体、珠光体、贝氏体或马氏体）的分布，以及应变和应力分布（零件变形）；各类参数采用灵活的二维表格结合多种插值算法进行设定，以满足不同参数多尺度非线性变化的特点；采用分组模式进行上下贝氏体的计算，提供共享/独立两种孕育期计算方式；提供了自动依照碳含量识别亚共析或过共析分解反应的计算功能；在力学本构关系中考虑了热应变、相变应变、相变塑性、热蠕变非线性等因素，并能够选择不同的屈服准则和硬化准则等屈服条件。

中北大学特种液态成型技术研究中心开发的EasyCast[28]是一套集三维实体造型文件接口、计算网格剖分、铸造过程仿真、铸造缺陷预测及结果显示为一体的集成软件系统，主要包括建模、充型分析、凝固分析和CAD等功能。铸件充型凝固过程数值计算包括熔融金属液流动和传热数值计算，主要用于液态金属充填铸型过程；预测的缺陷主要是铸件形成过程中易发生的缩孔、缩松、偏析、晶粒粗大等，另外可通过数值计算提出合理的铸造工艺参数，包括浇注温度、铸型温度、铸件凝固时间、冷却条件等。算法采用有限差分法，并综合了热量和体积的计算，提高了铸件缩孔缩松预测的准确性。

中南大学开发的CALTPP（Calculation of ThermoPhysical Properties）主要用于计算热物理性质随温度及成分变化的函数。ICME（集成计算材料工程）工具需要热物理参数作为其关键输入，如Thermo-Calc、DICTRA、MICRESS、ANSYS等。CALTPP程序包含输入模块、计算优化模块以及输出模块。功能包括：扩散系数的计算和原子迁移率的优化；固-液、固-固、液-液界面能的计算；热导率的预测；黏度的预测；摩尔体积计算及相关数据库。株洲钻石切削刀具股份有限公司与中南大学采用该程序系统研究了梯度结构的影响因素和影响规律，优化了基体合金化学成分和梯度结构，结合烧结工艺优化对合金梯度厚度进行了精细控制，获得了优秀的物理和力学性能，成功开发出钢用车削刀具新牌号YB6315，用于P类材料半精加工领域中对刀片的抗冲击性能要求较高的断续切削，性能较上一代产品提升20%以上。在此基础上，研发团队提出了硬质合金设计的集成计算材料工程[29]，其核心是将第一性原理计算、相图热力学、扩散动力学、相场模拟和有限元分析等多种计算方法同关键的实验相结合，探究新型硬质合金研发的可行性，并且快速合理地确定实验制备的合金的成分和工艺参数，再用金相显微镜、X射线衍射、扫描电镜、电子探针、透射电镜等检测技术配合物理性能和力学性能测试对材料结构和性能进行研究和验证，最终得到具有优良性能和较高实用价值的新型硬质合金材料，如图3-6所示。

材料计算研究范围持续扩大，从解释实验、预测实验向替代实验发展，应用范围从新材料研发链扩展到生产链和应用链。新材料的研发和应用过程包含研发链、生产链和应用链。随着材料计算模型和计算方法的发展，计算研究的可靠性提升，应用范围将扩大到新材料研发和应用的全流程。经过数十年发展，材料计算从解释实验现象发展到预测实验结果、设计新材料阶段，但总体上仍然处于新材料研发链的前端。对于材料加工过程的工艺优化、服役过程的损伤和寿命预测等仍然有很大的发展空间。发展适用于研发链中后端、生成链和应用链的材料计算方法和软件，支持材料产业全链条的发展，将成为今后材料计算的发展方向。

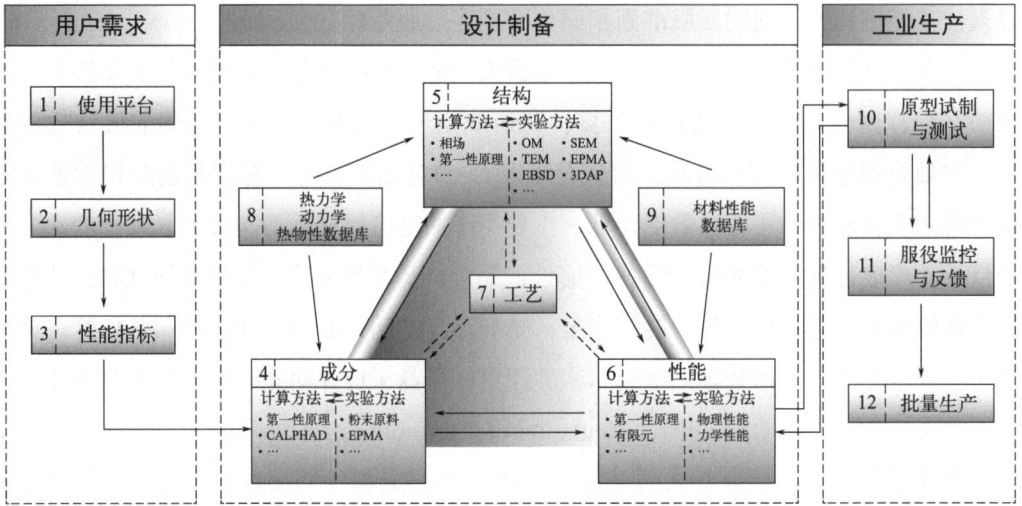

图3-6 硬质合金研发过程中的集成计算材料工程框架

3.4 智能化计算

3.4.1 概念与内涵

将人工智能应用于材料多尺度计算、高通量计算和集成计算材料工程，在新材料设计、制备、加工、服役等过程的计算模拟中，利用机器智能实现自主设置试错空间、选择计算路线、调节计算资源和优化筛选因子，形成材料计算设计闭环并高效完成自主虚拟迭代，获得最优设计，指导新材料实验研究和工程应用。

3.4.2 智能化计算技术

在多尺度计算和集成计算中，建立变量之间的关系和多变量优化设计是极具挑战性的工作。在材料计算方法和实验数据日益丰富的基础上，利用人工智能探索新材料研发过程中涉及的跨流程、跨尺度变量之间的复杂关联，以及材料加工和服役过程中涉及的材料结构和物性变化、材料与环境之间的多物理作用，可以有效克服当前多尺度计算和集成计算中的一些瓶颈问题，如跨尺度结构-性能映射关系、高可靠性和通用性的跨尺度力场、多尺度与多物理模型耦合、工艺-产品一体化设计等。复杂材料体系的多变量特征导致了设计和计算中的高维变量空间，其变量组合数量远远超过了当前高性能计算机的算力水平，采用枚举法进行材料设计、计算和筛选基本上不具有可行性，这就是复杂材料体系设计中的"维度爆炸"问题。在传统模式下，依靠物理、化学模型和科研工作者的直觉，可以将一些变量缩减，达到减少试错空间的目的。但这种方式局限性较大，尤其是一些前沿和具有颠覆性的新材料体系，尚缺乏可靠的物理、化学模型，难以对变量的敏感性做出准确判断。另外，即使部分变量被删减，剩余部分的计算量仍然庞大。

在材料基因工程框架下，材料大数据和人工智能技术为解决跨尺度计算、高通量计算和集成计算提供了新方法。如图3-7所示，人工智能技术可以应用于材料高通量计算中的多个环节，进一步提升材料的设计和筛选效率。在自动建模环节，人工智能在两个方面得到应用：一方面，可以对各计算模型进行打分，去掉得分较低的模型，在开展大规模计算之前，简化需要计算试错的样本数，达到提高筛选效率的目的；另一方面，根据学习结果，可以进行变量设计，预测出新的变量，提高建模的相关性和可靠性。在计算环节，人工智能可以应用于错误分析和自动纠错过程。高通量计算作业的错误发生率较高，高效可靠的错误分析和纠错方法对高度自动化运行的设计和筛选过程至关重要。在数据分析环节，人工智能可以实现对海量数据的高效分析，提取出有价值的信息，并根据分析结果自主优化计算模型。在多尺度计算中，人工智能可以更高效地建立不同尺度间的参数优选和传递规律，获得具有较高可靠性和通用性的力场参数。在材料和产品设计环节，人工智能可以同时对多个目标进行优化，从多条制备和工艺路线中优选出最佳方案。

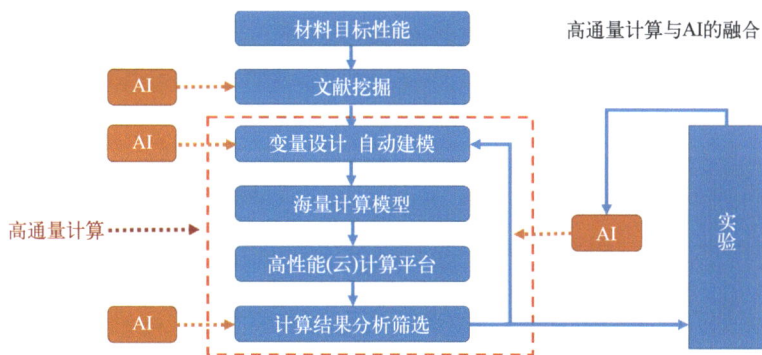

图3-7　人工智能在材料高通量计算中的应用

人工智能技术与多尺度计算、高通量计算和集成计算技术相辅相成，它们的结合形成了材料智能化设计、计算和筛选技术，这不仅是材料计算技术的一次飞跃，而且带动了材料设计思想和材料基因工程技术的发展。智能化计算技术突破了人脑的思维定式，能够在已知的变量空间之外自主发现新的变量，自主完成设计思想和技术路线的优化，不仅大幅度提高了材料设计和筛选的效率，而且提升了材料设计的可靠性和精准度。

3.4.3　发展现状

近年来，人工智能快速融入材料计算领域，在多尺度计算、高通量计算、集成计算等多个方面产生了较多研究成果。

利用人工智能优化第一性原理计算方法。第一性原理计算广泛应用于材料计算研究，其计算精度取决于泛函的形式。材料的化学成分和结构多样，现有泛函方法还不能满足对多样化材料体系的计算的精度需求，需要根据研究对象遴选泛函。因此，构建精准且具有普适性的泛函是计算材料领域的研究方向之一。近年来，一些研究团队使用大数据和机器学习来改进泛函，获得了较好的结果。例如，基于大量的量子化学计算，并结合其他若干数据库的数据，华东师范大学建立了一个庞大的数据库，利用监督学习优化泛函（图3-8），得到了一个具有较高计算精度和较好普适性的新泛函CF22D，在一些较大、复杂的体系以及含有过渡金属元素的体系中得到了良好的计算结果[30]。

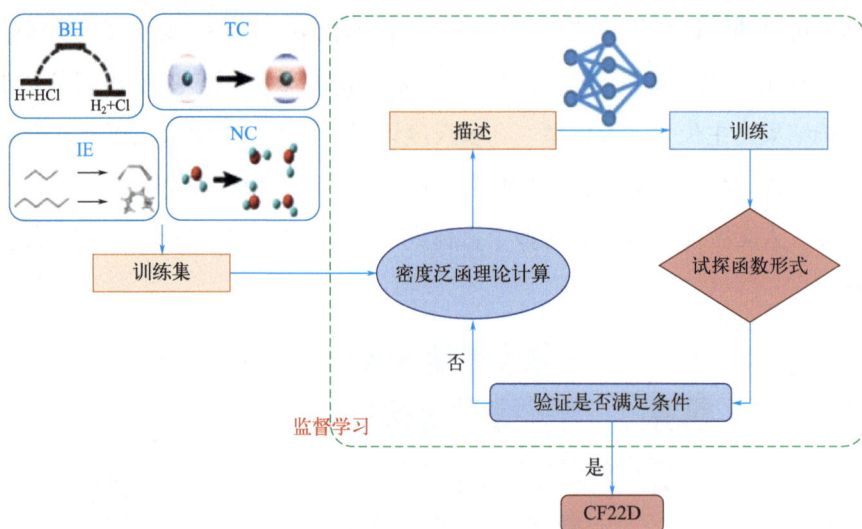

图3-8　基于监督学习的CF22D泛函开发流程

较大体系如介观材料的计算模拟依赖于原子间作用势。使用机器学习方法和第一性原理计算产生的大量参考数据构建原子间作用势在近年获得广泛应用[31]。传统的势函数来源于对化学键本质的认识，而机器学习利用高维数学回归在参考态之间进行插值，以获得具有较高可靠性的原子间作用势（简称ML势）。ML势已经成为材料建模和新材料发现的有力工具。在有效边界内使用时，采用ML势可以获得接近DFT的计算精度，但速度快几个数量级，这使得将DFT计算扩展到更大体系和更长模拟时间成为可能。ML势的开发得益于高通量计算生成的大量DFT数据。通过完善数据库并继续训练，可以进一步提高ML势的准确性。

ML 势的主要局限性在于缺乏通用性和可解释性。本质上，ML 势是 DFT 数据库的精确数值插值，只具有数学意义，不包含任何特定系统的物理特性，对插值域外的预测可能给出不可控且通常缺乏物理意义的结果。确保对未知模型的外推具有物理意义的唯一方法是向模型提供一些基本的物理规则。将机器学习模型与基于物理的原子间势结合可以保持 DFT 精度，也不会增加拟合参数的数量和计算量，但可以改善 ML 势的通用性和可解释性，为通用 ML 势进行设计开辟了新方向。近期开发的基于神经网络的物理信息神经网络势证明了这一方法的可行性。由于机器学习的快速发展，ML 势显示出巨大的应用前景，发表的论文数量迅速上升，绝大多数工作侧重于方法开发上，如在搜索上更有效的描述符和回归模型。在未来，ML 势将与其他方法一起成为材料建模标准工具包的组成部分。同时，通过将数学 ML 势的灵活性和适应性与物理模型紧密结合起来，将成为这一领域的重要研究方向。

相图在材料设计和制备中有重要意义。相图主要通过计算或实验确定相界，然后通过唯象模型插值已知数据点，外推到实验无法到达的区域。结合计算模拟和数据挖掘技术，近年来针对多种材料建立了较为详尽的热力学数据库。但绝大多数相图仅限于处于热力学平衡附近的相，在材料合成和加工中，材料可能会被困在势能面上的亚稳态中。美国阿贡国家实验室[32]发展了一个基于第一性原理计算、深度神经网络和支持向量机的亚稳态相图生成流程（图3-9）。该流程将自由能计算结合到基于神经网络的状态方程学习中，允许快速探索亚稳态相，为远离平衡的材料构建亚稳态相图。以碳为例，开展了自动亚稳态相图的构建，获得了从近平衡态到远离平衡态的数百个亚稳态相。基于得到的亚稳态相图，进一步确定了亚稳态材料的相对稳定性和可合成域，在石墨样品上进行高温高压实验，并结合高分辨率透射电子显微镜检测，证实了固体碳亚稳态相的预测。

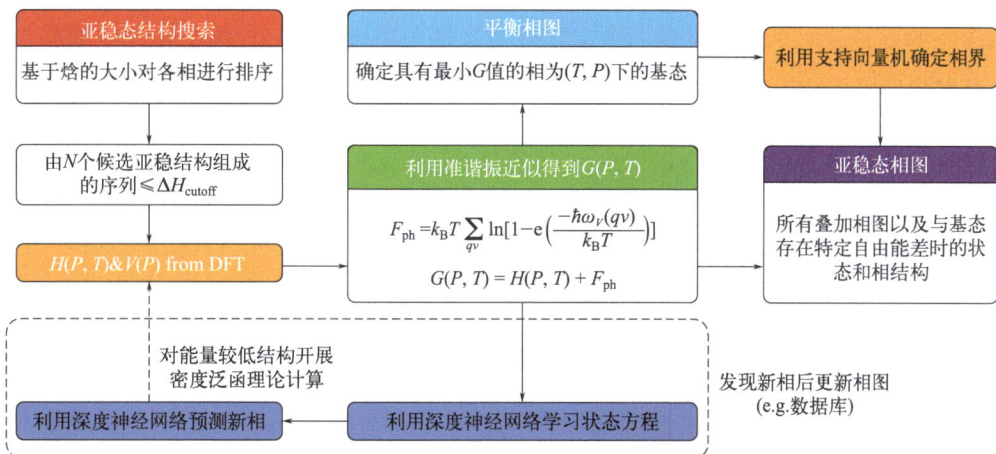

图3-9　利用第一性原理计算和机器学习构筑相图

　　CALPHAD与机器学习相结合成为建立材料加工工艺参数与材料性质之间关系的一种快速可靠方法。基于CALPHAD方法的结果，采用机器学习模型在进行实验之前完成工艺参数的快速筛选，有助于提高预测结果的可靠性。科罗拉多矿业大学提出了一种结合CALPHAD和机器学习的方法，通过建立Fe_3Si域模拟结晶的元模型来优化软磁合金的成分和加工参数[33]。首先利用热力学计算和析出模型获得Fe_3Si纳米晶体的平均半径和体积分数等数据，模拟非晶态Fe_3Si纳米晶体的成核和生长过程。然后，使用k-NN算法生成计算成本较低的元模型，在没有显著的精度损失条件下，取代了传统的穷举法建模，大幅度提高了模型的筛选效率。利用该方法，获得了纳米晶体在成核和生长演化过程中的成分和工艺参数。这种方法可以作为在实验之前进行多维参数空间快速筛选的工具，有助于缩短合金的开发时间。

　　数据驱动的多尺度材料建模的兴起，开启了大数据时代材料多尺度计算的范式转变[34]。最近，针对复合材料和结构提出了数据驱动的多尺度有限元方法（data-driven FE^2）。该方法将数据驱动的材料建模思想应用到多尺度仿真框架中，提出了一种尺度分离模型，替代了在两个尺度之间进行有限元仿真的传统方法，即首先在微观尺度上进行模拟，将模拟结果存储为材料数据库，这部分工作称为离线数据生成过程。然后，将该离线材料数据库直接用于宏观模拟，即在线预测。离线数据生成和在线预测构成了数据驱动的FE^2的工作流程。与经典FE^2相比，数据驱动的FE^2保持了几乎相同的计算精度，通过利用离线数据库中的数据，显著提高了结构分析的计算效率。这一计算方法已经成功应用于纤维增强塑料等复合材料的结构分析。加速多尺度模拟的另一个重要进展是利用机器学习技术提升在线预测能力。例如，利用人工神经网络可以通过离线训练获得材料的应力-应变关系，快速预测材料本构行为，因此可以实现在线预测的加速。

　　利用人工智能提升高通量计算的筛选效率。确定材料的微结构是对材料进行认识和改性的前提。对于无序材料，确定其微结构是一项极具挑战性的工作。中国科学院山西煤化所等单位创建了"辣搜"（large space sampling and active labeling for searching，LAsou）方法（图3-10），用于无序材料的高效结构预测。"辣搜"方法基于主动学习策略，可以有效地减小采样空间，极大地降低计算成本，仅用少量第一性原理计算就可快速预测无序材料的热力学稳定结构。针对三种有限尺寸体系的测试表明，"辣搜"方法比传统枚举法在筛选效率方面具有显著优势。除有限尺寸体系外，"辣搜"方法还有望广泛应用于更大、更复杂、准无限尺寸体系，以及纳米颗粒、催化剂、固溶体、高熵合金和高熵氧化物等新材料[35]。

　　随着材料数据科学的发展和计算能力的提高，数据驱动的ICME应运而生。机器学习方法可应用于ICME的多个方面，如材料微结构表征、多尺度建模、高保真数据生成

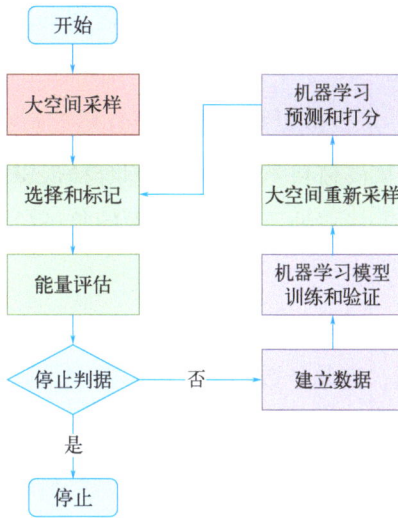

图3-10 基于主动学习的LAsou方法

和传递、基于数字孪生的智能制造等[36]。基于微结构图像数据集训练的卷积神经网络技术可以提取材料的微结构特征，已成为识别图像模式的专门工具，可对复杂相的成分进行分类、对微观结构演化过程中的结构损伤进行量化和分类评估。机器学习的使用可以加深人们对材料微结构的认识，提高 ICME 计算结果的可靠性。高保真数据对于建立稳定可靠的数据驱动模型至关重要。图 3-11 是一个典型的数据驱动的 ICME 框架。如图所示，利用多尺度多物理模型，可以通过计算模拟构建数据库，应用各种机器学习或深度学习算法进行多尺度分析。与传统的多尺度模型相比，采用计算模拟生成数据库的成

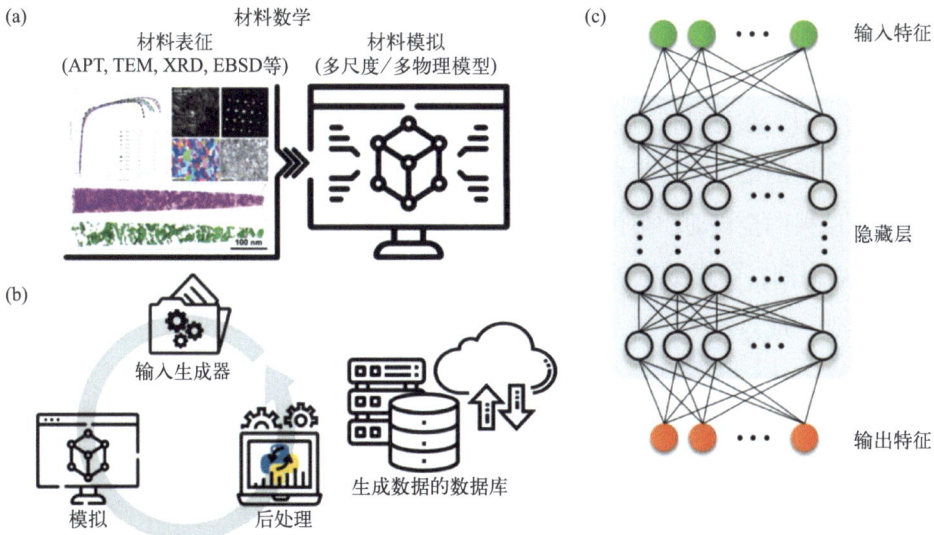

图3-11 数据驱动的 ICME 框架

本显著降低，与机器学习结合后，数据的保真度显著提升。这一方法已经成功应用于开发晶体塑性模型，用于预测FCC晶体在非单调应变路径下的力学响应和织构演化，计算速度提高了99.9%，应力-应变数据和纹理误差分别控制在10MPa和1°以内，表明机器学习与ICME的结合为多尺度材料系统的设计和解释提供了一个新途径。目前这些耦合ICME和大数据分析的新方法还处于实验室层面的验证阶段，未来可能应用于实际的工业平台。

传感器在工业制造中的广泛使用，不仅实现了简单的实时监控，而且可用于收集和分析制造和加工过程的数据，向基于数字孪生的智能制造延伸。从材料的设计开发到产品的服役评价，制造和加工过程的数字孪生系统使制造商能够预测最终产品的性能，减少对过度设计的依赖，可以选择与产品性能相匹配的材料，从选材和用量两个方面节省材料成本。通过集成传感器、云存储和人工智能算法，基于数字孪生的智能制造可以收集、集成和分析数据，开展自主决策，实现智能工厂的目标。与单纯的实验数据库相比，ICME可以产生更为丰富的材料数据和材料知识，可以与机器学习和大数据分析等先进技术集成；制造商可以获得更准确的工艺参数，使先进材料的性能在制造过程和服役过程中得到充分应用。

材料计算与材料数据库、人工智能技术加快融合，形成材料智能化计算技术，并将主导未来的新材料计算设计。材料计算与材料数据库继续保持密切的相互依赖关系。数据库为计算模型的建立提供数据，同时作为计算数据的载体。计算是材料数据的生产者，是数据库资源的重要贡献者。当前，材料计算数据已成为材料数据库数据的最大来源，这一状况将在未来持续，且计算对数据库的贡献度将进一步提升。人工智能技术应用于计算模型建立、工作流设计、计算结果分析等多个计算环节，不仅提高了计算研究的效率和可靠性，而且有利于突破人类知识水平和人脑想象力的限制，预测新模型和新路线，形成新知识。在材料计算新方法、新算法和计算软件取得快速发展的基础上，材料计算与人工智能的结合将催生材料智能化计算技术，利用机器智能实现计算模型、计算流程和计算结果的全自动闭环优化迭代，使新材料的按需设计从可能性走向可行性。在未来3年左右时间，将形成材料智能化计算技术雏形，5～10年将主导新材料的计算设计和虚拟筛选，成为新材料研发的支柱性技术之一。

3.5　材料计算软件

材料计算软件经历了较长的发展时期。自20世纪90年代起，已涌现出数百种功能各异的材料计算软件。经过数十年的发展和淘汰，目前具有较多用户的软件约有数十种，它们占据了国际材料计算软件市场的绝大部分份额。从类型上，可分为通用软件和专门软件。前者包含材料体系的基本方程及其解法器，运行后获得材料的基本信息，如能量、能量梯度、电子密度、原子轨迹等。后者基于通用软件的计算结果，通过建立物理模型，经过进一步运算，获得材料的热力学、动力学、力学、光学、电学、磁学等性质。部分大型软件兼具通用软件和专门软件的功能。按物质运动方程可分为量子力学软件和经典力学软件。按软件授权方式，可分为商用软件、免费软件和开源软件。商用软件基本为付费软件，且分为商用版和学术版，前者售价一般远高于后者。开源软件是指在软件发行的时候，附上软件的源代码，并授权允许用户更改、再散布和衍生。开源软件并不抵制商业收费，如VASP既为收费软件，也是开源软件。免费软件在提供免费使用的时候，通常会有一些限制，如源代码不一定会公开，且使用者没有使用、复制、研究、修改和再散布的权利。

表3-1列出了近些年国外具有一定知名度的材料计算软件。按照第一性原理、分子动力学和有限元分析分成三类。按照是否使用周期性边界条件，分为有限尺寸体系和周期性体系。纳米材料、高分子材料等常采用有限尺寸方式处理，块体、薄膜等材料计算中常采用周期性边界条件。近年来，材料高通量计算技术快速发展，通过集成材料计算通用和专用软件，开发自动建模、工作流设计和数据分析模块，建立了多个高效率、自动化的材料高通量计算筛选平台。

表3-1 部分国外知名材料计算软件

序号	名称	软件产地	主要功能
1	VASP	奥地利	固体材料及表面的第一性原理计算研究
2	Materials Studio	美国	材料计算模拟软件集成系统，支持第一性原理、分子力学、分子动力学等多种计算类型
3	QuantumATK	丹麦	材料器件的第一性原理和力场水平上的分子动力学计算
4	CRYSTAL	意大利	固体物理和化学性质的第一性原理计算研究
5	Wien2k	奥地利	固体电子结构的密度泛函理论计算
6	CASTEP	英国	密度泛函理论方法模拟材料结构和性质
7	CPMD	美国/德国	从头算分子动力学计算
8	SIESTA	西班牙	分子和固体的电子结构计算和分子动力学模拟
9	Quantum ESPRESSO	美国、欧洲国家等	基于密度泛函理论的材料模拟和电子结构计算
10	CP2K	德国	材料体系第一性原理分子动力学计算模拟
11	Gaussian	美国	有限尺寸体系的高精度量子化学计算
12	NWChem	美国	量子化学计算
13	DMol3	美国	闭壳层和开壳层体系的密度泛函理论计算

序号	名称	软件产地	主要功能
14	GAMESS	美国/英国	从头计算量子化学程序
15	Q-Chem	多国	电子结构从头计算程序
16	ADF	荷兰	有限尺寸、固体和界面的第一性原理计算
17	Turbomole	德国	有限尺寸体系的第一性原理和量子化学计算
18	Abinit	比利时	固体材料及界面性质的第一性原理计算
19	LAMMPS	美国	气液固体系的分子动力学模拟
20	NAMD	美国	大分子体系的分子动力学模拟
21	Materials Project	美国	材料高通量计算
22	AFLOW	美国	材料高通量计算
23	Prisms-PF	美国	相场法计算
24	OpenPhase	德国	相场法计算
25	AiiDA	瑞典	材料高通量计算
26	COSMOL	瑞典	多物理场下材料性能的相场计算和有限元分析
27	ABAQUS	法国	材料结构和性能的有限元分析
28	ANSYS	美国	材料结构和性能的有限元分析

　　国内陆续开发了部分材料计算软件，见表3-2，包括部分第一性原理计算软件和部分应用软件。这些软件在功能、效率等方面具有一定的特色。如BDF较好地处理了研究体系的相对论效应，对稀土、锕系、过渡金属、超重元素等体系具有较高的计算精度。CALYPSO采用粒子群算法和第一性原理计算相结合的方法，在晶体结构搜索方面具有较高效率和可靠性。但是，在材料计算软件市场的竞争中，我国处于绝对劣势地位，在软件数量、功能、用户、生态等方面与国外相比具有很大差距。表3-2中仅有为数不多的软件拥有100个以上用户。我国材料计算软件的国产化任务异常艰巨，不仅与国外差距巨大，而且面临资金、项目、人才、体制、用户、市场、生态等多重制约。

表3-2　部分国内知名材料计算软件

序号	软件名称	开发单位	主要功能
1	BDF	北京大学	低标度DFT方法；固体NMR计算
2	PWmat	中国科学院半导体研究所	基于平面波和GPU卡进行电子结构计算和材料设计
3	CALYPSO	吉林大学	晶体结构预测
4	WESP	中国科学院精密测量科学与技术创新研究院	采用CPU和GPU异构并行方式实现HF/DFT方法加速
5	Miedema Calculator	北京航空航天大学	合金形成焓计算
6	EM-Studio	中国工程物理研究院化工材料研究所	含能材料分子高通量设计

续表

序号	软件名称	开发单位	主要功能
7	JAMIP	吉林大学	人工智能辅助、数据驱动的材料设计软件
8	Hefei-NAMD	中国科学技术大学	凝聚态体系中的激发态动力学计算
9	PWDFT	中国科学技术大学	采用CPU-GPU异构加速可快速实现上万原子平面波杂化泛函第一性原理计算
10	HONPAS	中国科学技术大学	随周期性复杂大体系的基态电子结构进行线性标度高性能计算
11	TOPS	复旦大学	预测高分子聚合物分相结构
12	DASP	复旦大学	半导体缺陷和杂质的第一性原理计算
13	VARxMD	中国科学院过程工程研究所	固体和液体燃料在高温高压极端条件下的热分解与氧化过程的反应机理计算
14	iComputeHub	成都材智科技有限公司	材料计算软件在线集成调度与计算流程自动化的材料集成计算软件系统
15	MatCloud+材料云	北京迈高材云科技有限公司	高通量、多尺度材料计算和机器学习一体化
16	ALKEMIE	北京航空航天大学	基于数据驱动的材料高通量计算
17	ChEDA	中国科学院过程工程研究所	采用分子动力学模拟、动力学蒙特卡洛、格子玻尔兹曼等方法计算纳微结构材料、器件、物理集成电路的热、电性质与行为
18	DGDFT	中国科学技术大学	可进行超百万原子大体系的基态能量、力学性质、构型优化、第一性原理分子动力学模拟等计算
19	IPMCS-DM	昆明贵金属研究所	基于动力学蒙特卡洛方法的微观扩散模拟动力学软件

3.6　国内外分析对比

① 美国等西方国家的政府从20世纪70年代起开始持续重视和支持材料计算，时间跨度、研究范围、支持力度均超过我国。

2001年，美国能源部启动了"高级计算科学发现项目"（Scientific Discovery through Advanced Computing），其中包含了利用计算机模拟进行新材料设计研究。2010年，美国能源部主导了"材料和化学计算创新项目"（Computational Materials and Chemistry for Innovation），研究对象包括极端条件材料、薄膜、自组装与软物质、强关联电子材料、超导材料、铁电材料、磁性材料、光学材料等。2012年，在美国能源部资助1100万美元，由密歇根大学牵头建立了"结构材料预测集成科学中心"（Predictive Integrated Structural Materials Science Center，PRISM），致力于材料计算软件的开发。美国能源部在2019年追加支持"先进储能材料联合研究中心"1.2亿美元，"Materials Project"高通量计算项目是该中心的四大支柱之一。美国国家科学基金会在2012—2021年期间，耗资1.1亿美元设立了"设计材料以彻底改变和规划未来"（Designing Materials to Revolutionize and Engineer Our Future，DMREF）计划，开发新材料发现和设计的有效工具和方法是该计划的一个重要内容。2010年，美国国防部确定了六个基础研究子领域，计算材料科学是其中之一。2012年，美国陆军拨款1.2亿美元资助了两个研究群体，其中之一为约翰·霍普金斯大学等12所大学牵头的极端动态环境（MEDE）材料团队，利用计算机模拟仿真研究高载荷、高应变速率等极端条件下材料的合成技术和使役性能；另一个群体由犹他州立大学负责，利用多尺度电子结构计算模拟，开发电化学能源等新材料及先进器件。美国空军在约翰·霍普金斯大学设立了空天先进结构材料和设计中心——集成材料建模卓越中心（Center of Excellence on Integrated Material Modeling，CEIMM），推进集成材料计算等技术在新材料研发数字化中的应用，支撑新一代军用飞机的研发。

　　欧洲科学基金会设立了"材料从头计算模拟先进概念计划"和"生物系统与材料科学的分子模拟"等计划，致力于发展凝聚态材料的从头计算方法，开发计算软件，并应用于材料的微观和介观结构研究。21世纪初，德国政府在实施的卓越计划中设立了"高工资国家的集成制造技术"项目，后来称为"材料虚拟加工链"，致力于建立一个标准化、网络化、模块化、开放的和可扩展的材料加工工艺仿真平台，这是"集成计算材料工程"的雏形。英国科学与技术设施委员会、法国国家科学研究中心、德国马克斯·普朗克研究所等均支持了大量的材料计算领域的项目。如德国马克斯·普朗克研究所开展了半导体纳米材料的电子结构和光学性能的多尺度模拟、铁铝合金第一性原理研究、钛合金相稳定和力学性能研究等。日本文部科学省在2002年启动了"生产技术先进仿真软件"项目，其中包括量子化学模拟、分子设计、纳米级器件模拟等与材料计算相关的内容。其后，先后在"间隙控制材料利用技术""元素战略"等科技计划和项目中设立了材料计算项目。

　　我国材料计算领域的国拨经费支持主要来源于三个方面。一是国家自然科学基金。在数学物理学部、化学学部和工程与材料学部分别设立了与材料计算相关的专业代码。二是21世纪初的"国家重点基础研究发展计划"（973计划）。先后设立了"材料计算设计与性能预测基础问题""面向性能的材料集成设计的科学基础问题""基于集成计算的材料设计基础科学问题"等三个项目。三是"十三五"国家重点研发计划"材料基因工程关键技术与支撑平台"重点专项。专项供支持了45个项目，包括6个以材料计算为主的项目以及20多个研究任务中包含材料计算模拟内容的项目。在"十四五"国家重点研发计划重点专项中，也设立了部分材料计算相关项目。我国在材料计算领域的科技投入基本上以国拨经费为主，近年来在材料基因工程重点专项的引导下，经费投入明显加大，但与国外长期、高强度支持比较，仍然存在明显差距。

② 中国和美国在国际材料计算领域占据主导地位，发表论文数占全球论文数的一半。中国的年发表学术论文数已超越美国，攀升至世界第一，但在材料研发的参与度上仍然明显低于美国。

材料计算的研究成果形式多样，其中大部分成果以研究论文的形式发表在学术刊物上。因此，可以通过检索学术刊物中的相关论文，分析该领域的发展状况。图3-12比较了中国和美国在材料计算领域的论文情况。该数据来源于 *Web of Science*，采用主"Materials""Computation or simulation or modeling or 'density functional' or DFT or 'ab initio' or 'molecular dynamics' or 'phase method' or 'finite element'"等主题词搜索。在过去20年里，中美均在材料计算领域取得显著研究成果，发表论文数逐年增长，且中国的增长速度快于美国。从2010年起，中国成为世界上发表材料计算论文最多的国家。截至2022年8月，中国的相关论文数为239916篇，美国为203986篇，占据全世界该领域论文数（938233篇）的47.3%。其中，2021年的数据为中国25559篇，美国11147篇，占据全世界当年论文数（69482篇）的52.8%。

相对于美国在材料计算领域研究成果的逐年增长态势，中国在该领域的发展呈现出不同的特点。在1999—2021年期间，美国的论文数从4112篇/年稳步上升到11147篇/年，年增长率为4.4%。在2010年以前，中国的年发表论文数量低于美国，但在增长速度上快于美国。2010年中国论文数量达到7438篇，超过了美国的7064篇。超越美国后，中国进入一个加速发展期，论文数量迅速增加，并在2011—2014年期间保持在15000篇/年左右。在2015年经历一个相对低谷（11865篇）后，再次进入快速发展期，在2021年达到25559篇。在1998—2021年期间，年增长率达到17.6%。

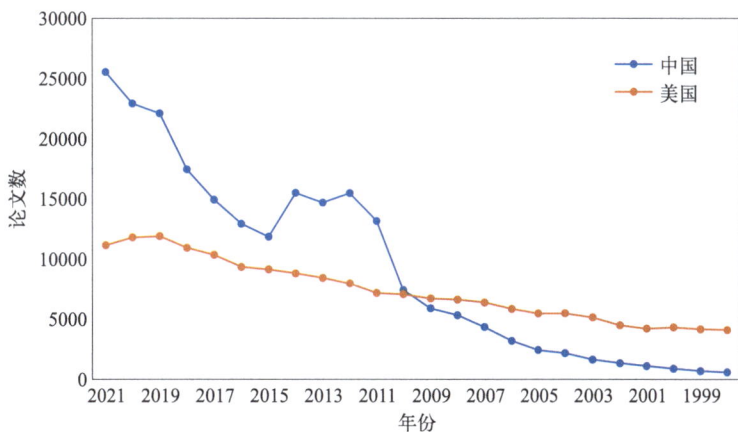

图3-12 中美在材料计算领域的发表论文数量对比

美国的材料基因组计划和我国的材料基因工程重点专项对材料计算领域发展的推动作用明显。从2011年起，美国的论文数量增速加快，在2011—2019年期间显著提速。2016年，美国发布了《材料基因组计划实施5年成就报告》，报告列举了32项成就，其中23项与材料计算有关。材料基因组计划实施后，美国召开了4次项目负责人会议。从会议发布的报告摘要分析，涉及材料计算的项目数量超过了一半。

美国的材料基因组计划引起了世界主要经济体对材料高通量计算、实验和数据技术的重视。在这个背景下，中国的材料计算也进入一个快速增长期，论文数量大幅度增加。在重点专项的支持下，2016年后又一次快速增长。在材料基因工程重点专项支持下，中国的材料计算取得长足进步，在重点专项取得的重点成果中，全部涉及计算模拟工作。

值得注意的是，如果统计材料计算研究在材料研究领域的占比，可以发现，美国计算研究的占比明显高于中国，如图3-13所示。在1998—2021年期间，美国的材料计算占比呈上升态势，从1998年32%到2021年的47%，表明材料计算对材料研究的贡献程度逐年加大，有接近一半的研究成果中包含了材料计算研究的内容。同一时期，中国的材料计算占比从20%上升到35%，最高点为2012—2014年间的36%，对应于材料基因工程概念从美国扩展到世界这一时期。从上升幅度看，中美两国在过去23年均提升了15个百分点。从绝对占比看，中国目前仍落后于美国约12个百分点。上述分析表明，虽然中国每年的材料计算论文数已经达到了美国的两倍多，但在材料领域总论文数中的占比却比美国少大约25%，表明中国材料计算在材料研发中的参与度明显低于美国。

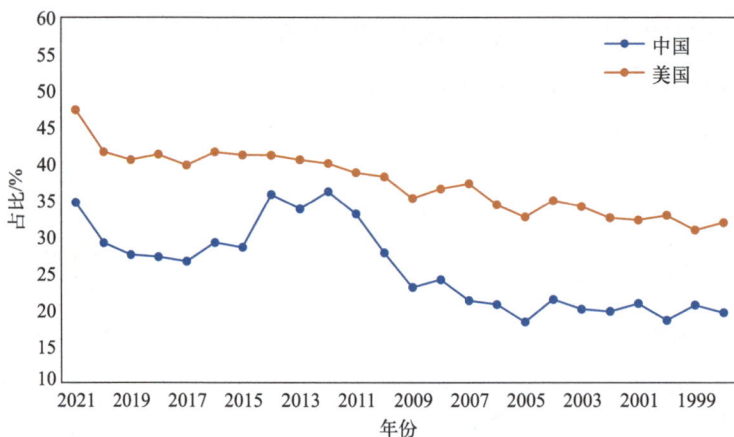

图3-13　中美材料计算研究论文在材料研究领域总论文数中的占比

③ 美国等西方国家的材料计算研究中，理论研究、方法研究和应用研究并重，研究内容较分散。国内的材料计算研究以应用研究为主，研究领域集中在若干热点。

材料计算研究受到计算模型、软件、硬件资源的限制，研究范围具有一定的局限性。例如，需要从复杂的材料和环境体系中提炼出计算模型，需要根据算力水平和经费规模选择计算模型的大小（所含原子或者颗粒）和计算方法。早期的材料计算研究受计算机计算能力不足的影响，以理论、模型、方法研究为主。随着计算机算力的提升，针对材料体系开展大规模计算模拟的工作越来越多；随着计算软件的完善及可视化建模、拖曳式操作、可视化分析等工具的出现，材料计算的应用门槛降低，应用计算软件研究材料结构和性质的工作越来越多，形成当前以应用研究为主的局面。

从材料类别分析，计算研究集中在金属/合金材料和无机非金属材料，它们通常具有周期性的晶体结构，对于具有有限尺寸和无序结构体系的研究较少，如高分子材料、无序合金等。从材料功能看，计算研究的热点包括催化材料、储能材料、光学材料、电子材料等。从材料研发过程看，计算研究的热点集中在新材料发现和解释实验研究结果，对于材料加工和应用等产业链中后端的研究较少。这一情况在中国尤为突出。仍以研究论文为例，在材料计算研究的论文中，关于石墨烯的论文中国有9694篇，美国为5158篇；关于催化材料的论文，中国为6528篇，美国为3426篇。中国表现出比美国更显著的热点趋同效应。

④ 材料计算主流软件基本为欧美开发，中国具有自主知识产权的材料计算软件在数量上、功能上、用户群体上明显落后于欧美。

在从头计算方法、密度泛函理论、分子动力学、相场方法、有限元分析等发展完善的基础上，随着计算机技术的进步和高性能计算的发展，一些基于上述理论方法的计算软件相继发展起来，并逐步应用于材料体系。这些软件的发展可以追溯到20世纪70～80年代。在20世纪80年代后期，我国先后引进了一些先进的计算软件，如DV-Xα、Gaussian等，开始了材料计算领域的追赶。进入21世纪以来，我国在科技领域投入显著增强，高性能算力迅速提升，开始大量使用国外先进的材料计算软件。但是，在过去30多年中，我国基本没有建立起材料计算软件的自主开发模式，在材料计算领域大量使用国外商用或共享软件，如VASP、LAMMPS、Materials Studio、ANSYS等。

国内各研发机构和生产企业购买的国外材料计算软件的数量较难统计。从一些软件销售商展示的代表性用户看，VASP、Materials Studio、ANSYS等软件的用户已经覆盖国内几乎所有"双一流"建设高校、绝大部分与新材料研发相关的研究院所和一些大型国有企业。由于这些软件版权的限制，一些单位需要购买若干份软件。例如，西南地区某高校购买了9份VASP的License。由于计算软件需要每年更新，用户需要每年支出升级费用，或者使用若干年后，必须购买新版本软件。据保守估计，我国每年支付的材料计算软件费用超过3亿元人民币。

与此同时，国产材料计算软件发展缓慢。在通用基础软件方面，长期缺乏支持，仅有个别研究组发展了少量计算软件，如北京大学的BDF、中国科学技术大学的ABACU等，在软件功能、应用范围等方面明显落后于国外软件。在材料计算应用软件方面，我国在个别方面发展了独具特色的算法和软件，如吉林大学的CALYPSO在材料晶体结构预测方面具有较高的效率，清华大学的MOMAP能够定量预测有机材料的发光效率、载流子迁移率等。总体上，在材料计算通用基础软件和应用软件上，国产软件数量少、功能单一、更新慢、缺乏用户基础，与国外产品相比，存在巨大差距。

　　近年来，我国高度重视材料高通量计算方法和软件的发展。高通量计算软件集成了通用基础软件和应用软件，针对新材料研发目标，开展材料设计和筛选，实现了多种软件的高效应用。在重点专项的支持下，发展了若干高通量计算软件，如北京航空航天大学的ALKEMIE、国家超级计算中心（天津）的CNMGE等，在软件功能、应用范围等方面达到了国外同类软件的水平。

3.7　问题与挑战

　　① 材料计算在新材料研发中的定位模糊，发展方向偏离国家和市场需求。

　　材料计算是在对原子、分子等较小体系的计算模拟的基础上逐步发展起来的。在计算过程中，需要对边界条件和材料属性进行简化，建立比较理想化的计算模型，这必然对计算结果产生影响，具有一定的预测误差。这导致一些科研人员重实验、轻计算，认为计算研究可有可无，仅仅是实验的补充或者是对实验结果的锦上添花。另外，还有部分人员采用高精度从头计算方法对原子、分子等较小体系做出堪比实验精度的预测，期望能对新材料的设计计算得到类似的预测精度。上述两种倾向均未能正确认识材料计算在新材料研发中的作用。

　　上述片面认识的形成有观察者的原因，也有从事材料计算的人员自身的原因。一段时期以来，材料计算研究的对象集中在少数热点领域，如二维材料、电池材料等，脱离材料科学主流需求，造成材料计算研究与新材料研发脱节，虽然发表了大量学术论文，但离满足真实材料制备、加工、服役等各阶段的计算需求较远，无法有效覆盖多数材料全生命周期，难以满足真实工业材料的大量设计需求，这也是新材料产业中材料计算可有可无论的产生原因之一。

　　我国国家科技项目对材料计算支持的来源主要包括国家重点研发计划重点专项、"973计划"、"863计划"和国家自然科学基金。其中，国家自然科学基金中除工程材料学部外，数理学部和化学学部也对材料计算相关内容进行了资助。总体上看，项目总数较多。但是，从项目研究内容和经费体量看，资助模式以点为主，主要针对特定材料、特定性质开展研究，项目执行周期一般为 3 ～ 4 年。除"973 计划"的项目获得滚动支持外，其他绝大多数项目在结题后未获得持续资助。在重点专项中，对材料高通量计算进行了系统性支持，从整体上提升了我国材料高通量计算的水平。但在材料计算的其他方向，项目的整体性和连续性不足，难以在国际上形成中国特色和优势。

② 材料计算软件严重依赖国外，国产材料计算软件的发展被长期忽视。

我国的材料计算的发展处于起步阶段，在计算方法和计算机应用水平等方面与国外相比具有较大的差距。在同一时期，国外的部分计算软件已开始商业化，其他的软件也进入迭代优化阶段。因此，我国的材料计算在起步阶段只能依赖国外软件。随着国内材料计算水平的提升，部分科学家注意到国产材料计算软件严重缺乏的情况，多次呼吁重视自主知识产权软件的开发工作。受国内科研单位考核机制的影响，科研人员从事软件开发的动力不足。在国外软件企业的打压下，国内企业无力参与到材料计算软件行业。国内部分团队开发的具有特色功能的软件，只能嵌入国外主流软件中。在多因素影响下，国产材料计算软件的发展生态缺失。虽然近年来部分资本注入到材料计算软件行业，但难以撼动国外软件的主导地位。如果缺乏国家的统一组织和高强度的连续支持，只是依托部分研究团队和部分社会资本，难以组建出具有世界先进水平的软件开发队伍，难以保障所开发软件的自主知识产权，难以构建材料计算软件良性发展生态，难以开发出可以挑战 VASP、Materials Studio 的软件产品。

材料计算是一个持续发展的专业，涉及材料学新理论、新模型、新算法、新架构等的创新发展和应用。材料学家、软件开发者、运维人员、用户等组成了一个相互依赖的生态体系。他们之间的良性循环，推动了材料计算不断向前发展。软件开发不仅需要开发者，还需要用户。庞大的用户群既是软件开发持续进行的动力，也是修补完善软件功能的必要条件。正是用户的积极参与，才形成了 VASP 等软件庞大的商业团队、培训体系和应用软件工具，这些因素相辅相成，造就了 VASP 在材料计算领域的地位。

材料计算软件开发是一个系统工程，需要科学家和技术人员协同。当前，我国这两类人才是分割的，基本没有合作的经验，也缺乏合作的基础。科学家崇尚科学创新，不愿意把时间花在写代码上。软件开发人员缺乏物理学和材料学基础，对理论模型缺乏理解。特别地，我国从事材料计算的高端科研人员中，基本无人具有从事大型计算软件开发工作的经历。我国缺乏精通材料计算软件总体架构的高端人才（总设计师）。国外材料计算软件的发展历程一般为：由数位科学家发起，针对某些特定目标和功能写代码；先在小范围使用，随着功能不断增多和性能不断完善，使用范围随之扩大；随着用户不断加入，团队从科学家和学生为主导变为科学家-软件开发人员-技术辅助人员共同主导，随后开始商业化进程。在现行科研体制下，我国现阶段很难复制上述过程。而且，上述过程时间漫长，成败难定，很难说适合我国国情。

在缺乏国家支持的情况下，我国科学家基本不可能依靠兴趣发展材料计算软件。从事材料软件开发，意味着放弃"高大上"的科学研究，这对从事材料科学的科研人员来说是一个考验。如果按照目前重大项目的5年期进行支持，项目完成后，如果国家不继续支持，他们不得不离开软件行业，重回研究岗位。近两年，资本市场上有个别风险资金投入材料计算软件行业，有效性和持续性尚待观察。

③ 材料多尺度计算、高通量计算和集成计算面临智能化时代的新挑战。

制造业的发展对新材料提出了多样化、复杂化、高性能化等诸多要求。一方面，需要对当前的材料多尺度计算、高通量计算和集成计算等技术进行发展，才能满足制造业的需求。另一方面，人工智能技术的进步推动着材料计算技术的变革。目前，材料计算技术正处在一个变革期，在理论、模型、方法、算法和流程等方面均面临要与智能化技术进行对接。

材料多尺度计算对象尺寸偏小，不足以描述具有纳米限域效应体系、无序结构体系、复杂有限尺度体系的结构和性质，需要发展具有低标度、高精度的第一性原理计算方法。各尺度之间的参数传递是跨尺度计算的常用方法，发展具有高可靠性和高普适性的力场，仍然是跨尺度计算中具有挑战性的课题。人工智能技术为低标度第一性原理计算方法的发展和高可靠性力场的开发带来了新的机遇和挑战。

材料高通量计算面临着复杂材料体系的变量维度爆炸的难题，其超过了当前最先进的计算机的处理能力。人工智能技术为解决维度爆炸问题提供了新思路，采用智能化方法评估变量空间，不仅可以大幅度缩小变量维度，而且可以产生出新的未知变量，衍生新知识。人工智能参与下的高通量计算不仅提高了设计、计算和筛选效率，而且让这些过程更具有目的性和具有更高的成功率。

实现先进材料的集成计算工程需要克服不同尺度的物理模型建立方面的技术难题。材料的性能受多种结构特征、缺陷以及与尺寸和时间相关联的竞争机制的影响。目前，没有任何一种广泛普适的方法可以对某种材料整个尺度范围内的性能进行建模，真正实现原子尺度、微观尺度、介观尺度、宏观尺度的模型和方法的集成。虽然已经能够建立不同空间、时间尺度的模拟，但是如何耦合这些不同层次的物理参数，建立有效的预测模型，仍然是极具挑战性的课题。ICME将跨尺度方法分为两种：第一种是多层级分析方法，将物理模型的计算拟划分为多个时间或空间层级，明晰整体分析过程中的关键参数并实现不同层级之间的传递；第二种是并发多尺度分析方法，在关键区域不再使用连续介质模型，采用更为精确的原子级别模型，将原子模型中键合与非键合相互作用等效为有限元模型中的特定结构单元。不同尺度间关键参数进行有效传递是两种方法的重点。人工智能技术为通过一定的耦合方式实现不同空间、时间尺度关键数据的链接和转换，以及各尺度下物理模型之间的耦合，提供了新工具。

人工智能技术的应用需要有相应应用领域的理论支撑，随着研究者对材料科学理论的深入研究，越来越多的物理机制以及材料结构与性能的关系能够从理论层面去解释。发掘先进材料成分-结构-工艺-性能的物理机制，构建容纳建模和测试信息的 ICME 基础结构库，是通过计算机基于材料科学理论去模拟真实材料的结构与性能的有力帮手。发展先进材料设计成分-结构-性能的基础理论，是当前人工智能和 ICME 用于先进材料制造的理论瓶颈。

3.8 重点发展方向

① 发展材料多尺度计算方法、算法和软件，拓展跨尺度计算的应用范围。抓住 AI 重构材料计算软件市场的机会，发展从微观、介观到宏观的材料计算方法、算法和软件系统，建立从原理、方法、算法、软件到应用的完整开发链，推动具有自主知识产权的材料计算软件的发展；发展适用于特定材料体系、具有技术特色的新计算方法，如具有强关联电子作用特征的超导材料、具有显著相对论效应的含高 Z 元素材料、具有较强电子-声子耦合作用的能量转换和传递过程材料、从化学成分出发预测材料微观结构的新方法、较大材料计算体系的低标度高精度算法等，并完成软件化，形成技术特色，建立技术优势；发展跨空间和时间尺度的计算原理和方法，开发基于人工智能的跨尺度计算全原子和粗粒化力场参数优化技术，拓展跨尺度计算的应用范围，提高计算精度；推动多尺度计算在揭示材料体系科学原理、发现新材料、建立材料构效关系等方面的应用，继续保持我国在能源材料、电子材料、催化材料计算设计领域的优势地位，将研究拓展到金属/合金、工程塑料、复合材料等国家亟需的新材料领域。

② 开发材料智能化计算设计技术，推动材料计算在新材料设计和筛选中的应用。发展材料高通量计算与人工智能相结合的算法和软件，在自动建模、工作流设计、数据处理等环节应用人工智能技术，提升高通量计算各环节的有效性和合理性；在已开发的材料高通量计算技术基础上，整合优化，构建算法先进、功能完善的高通量计算系统，将多尺度模拟工具集成到高通量计算体系中，部署多家国家超算中心，扩大用户群体；针对材料的多样性，开发材料结构和性能计算的工作流，满足材料热力学、动力学、力学、光学、电学、磁学等多种性质的计算需求；依托国家超级计算中心，整合一流的软

硬件资源，建立数个国家级的材料高通量计算平台，强化平台的人才聚集能力、软件开发能力、资源调度能力和技术支撑能力；发挥高通量计算在材料数据库建设中的作用，建设较为完备的材料计算数据库，推动材料计算在新材料的设计和筛选中的应用。

③ 建立较为完备的集成材料计算工程工具集和计算软件，应用于材料制备、加工和服役过程的优化设计。发展多物理/化学场与材料作用原理、计算方法和软件，开发多场耦合下材料服役性能的计算模拟工具，建立工程材料全生命周期计算仿真平台，实现辅助材料全生命周期的按需设计；针对材料制备和加工工艺流程，设计和开发标准化接口、数据传递规范、跨尺度参数传递等技术，发展以人工智能技术为特色的工艺流程优化技术；针对材料研发链、工艺链和应用链，开发较为完备的计算模拟工具，满足新材料研发和应用全链条需求；突破集成计算材料工程顶层设计和架构设计，建立具有自主知识产权的系统架构，奠定我国发展集成计算材料工程技术的基础；针对典型金属/合金、无机非金属、高分子、复合材料，开展制备和加工过程工艺优化、服役环境中的性能和寿命预测。

参考文献

[1] 施思齐，徐积维，崔艳华，等. 多尺度材料计算方法 [J]. 科技导报，2015, 33(10): 20-30.

[2] Fish J, Wagner G J, Keten S. Mesoscopic and multiscale modelling in materials[J]. Nat. Mater., 2021, 20(6): 774–786.

[3] http://ceder.berkeley.edu/.

[4] Gómez-Bombarelli R, Aguilera-Iparraguirre J, Hirzel T D, et al. Design of efficient molecular organic light-emitting diodes by a high-throughput virtual screening and experimental approach[J]. Nat. Mater., 2016, 15(10): 1120-1127.

[5] Schwalbe-Koda D, Kwon S, Paris C, et al. A priori control of zeolite phase competition and intergrowth with high-throughput simulations[J]. Science, 2021, 374(6565): 308-315.

[6] Kirklin S, Saal J E, Hegde V I, et al. High-throughput computational search for strengthening precipitates in alloys[J]. Acta Mater., 2016, 102: 125-135.

[7] Feng R, Zhang C, Gao M C, et al. High-throughput design of high-performance lightweight high-entropy alloys[J]. Nat. Commun., 2021, 12(1): 4329.

[8] Sarker P, Harrington T, Toher C, et al. High-entropy high-hardness metal carbides discovered by entropy descriptors[J]. Nat. Commun., 2018, 9(1): 4980.

[9] Kahle L, Marcolongo A, Marzari N. High-throughput computational screening for solid-state Li-ion conductors[J]. Energy Environ. Sci., 2020, 13(3): 928-948.

[10] Zhang T, Jiang Y, Song Z, et al. Catalogue of topological electronic materials[J]. Nature, 2019, 566(7745): 475-479.

[11] Xu Y, Elcoro L, Song Z D, et al. High-throughput calculations of magnetic topological materials[J]. Nature, 2020, 586(7831): 702-707.

[12] Li J, Liu J, Baronett S A, et al. Computation and data driven discovery of topological phononic materials[J]. Nat. Commun., 2021, 12: 1204.

[13] Shen Z, Wang J, Jiang J, et al. Phase-field modeling and machine learning of electric-thermal-mechanical breakdown of polymer-based dielectrics[J]. Nat. Commun., 2019, 10(1): 1843.

[14] Gan Y, Miao N, Lan P, et al. Robust design of high-performance optoelectronic chalcogenide crystals from high-throughput computation[J]. J. Am. Chem. Soc., 2022, 144(13): 5878-5886.

[15] Xi L, Pan S, Li X, et al. Discovery of high-performance thermoelectric chalcogenides through reliable high-throughput material screening[J]. J. Am. Chem. Soc., 2018, 140(34): 10785-10793.

[16] Wang Y, Xie T, Tang Q, et al. High-throughput calculations combining machine learning to investigate the corrosion properties of binary Mg alloys[J]. J. Magnes. Alloys, 2024, 12(4): 1406-1418.

[17] Jia X, Shao Q, Xu Y, et al. Elasticity-based-exfoliability measure for high-throughput computational exfoliation of two-dimensional materials[J]. npj Comput. Mater., 2021, (1): 1941-1948.

[18] Cai X, Zhang Y, Shi Z, et al. Discovery of lead‐free perovskites for high‐performance solar cells via machine learning: Ultrabroadband absorption, low radiative combination, and enhanced thermal conductivities[J]. Adv. Sci., 2022, 9(4): 2103648.

[19] https://www.the-marketplace-project.eu.

[20] Groeber M A, Jackson M A. DREAM. 3D: A digital representation environment for the analysis of microstructure in 3D[J]. Integrating Materials and Manufacturing Innovation, 2014, 3: 56-72.

[21] http://www.bluequartz.net.

[22] Allison J, Li M, Wolverton C, et al. Virtual aluminum castings: An industrial application of ICME, JOM, 2006, 58(11): 28-35.

[23] Michael Winter, P&W. Infrastructure, processes, implementation and utilization of computational tools in the design process[R]. Presentation to the committee on March 13, 2007.

[24] Pollock Research Group, Materials Department, UC Santa Barbara. https://labs.materials.ucsb.edu/pollock/tresa.

[25] https://materials.imdea.org/research/research-programmes.

[26] Tasan C C, Hoefnagels J P M, Diehl M, et al. Strain localization and damage in dual phase steels investigated by coupled in-situ deformation experiments and crystal plasticity simulations[J]. Int. J. Plast., 2014, 63: 198-210.

[27] 刘晓晖，韩利战，顾剑锋，等. 浦泰热处理 CAE 软件 Thermal Prophet v3.1[Z]. 国家计算机软件版权，注册号：2021SR0156434.

[28] 铸造过程工艺优化集成系统软件 EasyCast[Z]. 中北大学特种液态成型技术研究中心.

[29] Liu Y, Zhang C, Du C, et al. CALTPP: A general program to calculate thermophysical properties[J]. J. Mater. Sci. Technol., 2020, 42(7): 229-240.

[30] Liu Y, Zhang C, Liu Z, et al. Supervised learning of a chemistry functional with damped dispersion[J]. Nat. Comput. Sci., 2022, 3(1): 48-58.

[31] Mishin Y. Machine-learning interatomic potentials for materials science[J]. Acta Materialia, 2021, 214: 116980.

[32] Srinivasan S, Batra R, Luo D, et al. Machine learning the metastable phase diagram of covalently bonded carbon[J]. Nat. Commun., 2022, 13: 3251.

[33] Jha R, Chakraborti N, Diercks D R, et al. Combined machine learning and CALPHAD approach for discovering processing-structure relationships in soft magnetic alloys[J]. Computational Materials Science, 2018, 150: 202-211.

[34] Su T H, Huang S J, Jean J G, et al. Multiscale computational solid mechanics: Data and machine learning[J]. J. Mech., 2023, 38: 568-585.

[35] Yuan X, Zhou Y, Peng Q, et al. Active learning to overcome exponential-wall problem for effective structure prediction of chemical-disordered materials[J]. npj Comput. Mater., 2023, 9(1): 12.

[36] Park J, Min K M, Kim H, et al. Integrated computational materials engineering for advanced automotive technology: With focus on life cycle of automotive body structure[J]. Adv. Mater. Technol., 2023, 8(20): 220105.

新材料研发智能化关键技术

Key Intelligent Technologies for
Advanced Materials Research and
Development

第4章　材料先进实验技术与装置

实验是新材料研发过程中不可或缺的关键环节，是验证理论模型和材料性能、筛选材料成分和工艺参数的重要步骤，也为材料计算提供基础数据。传统的材料实验技术主要采用顺序迭代方法，获取材料数据的效率低。先进的高通量制备表征技术采用并行处理方式，可在短时间内制备大量具有不同成分不同组织的材料样品，并通过对多样品多参量的同时表征获得海量组织性能数据。随着人工智能技术的快速发展，高通量制备表征技术与机器人、人工智能、数据科学等技术的深度融合，衍生出材料自动/自主实验技术。先进自主实验系统通过自主设计制备方案–自动开展实验测试–智能分析实验结果–迭代优化制备方案的循环，最终输出在特定性能目标下的最优材料成分和制备工艺，大幅提升材料研发效率，推动材料研发的智能化发展。

本章介绍了材料高通量制备表征技术、材料原位表征与测试技术、材料服役行为高效评价技术和材料自主/智能实验技术的内涵，概述了各类先进实验技术的技术特征和典型应用案例，阐述了国内外发展现状和趋势，总结了我国先进实验技术发展面临的问题和挑战，提出了重点发展方向。

4.1　材料高通量制备表征技术与装置

4.1.1　概念与内涵

高通量制备技术是指采用某种实验方法在单次实验、短时间内制备出大量样品的方法。高通量制备通过巧妙设计的实验设备，实现多组分材料的同时或自动连续制备，从而最大限度地缩短样品制备时间，降低研发成本。高通量表征技术具有两方面的内涵，一方面指单批次可实现大量样品的同时表征，另一方面指对同一样品多个可表征参量信息的同时表征[1-3]。可表征参量信息的集成化、耦合化和定量化是高通量表征的鲜明特征。高通量制备技术获得大量样品，高通量表征技术通过对多样品多参量的同时表征产生大量数据[4-5]。全新的"数据+人工智能"的材料研究智能化技术中，快速获取材料数据的能力是关键。高通量制备表征与高通量计算是获取数据的两个关键途径。高通量制备表征技术在获取材料数据的同时，也为材料理论计算、模拟仿真提供实验验证，使理论模型和仿真预测更加可靠，是材料研发智能化技术的重要支撑。

4.1.2　高通量制备技术

材料高通量制备技术将传统的顺序迭代方法变革为并行处理，可在短时间内完成大量样品的制备，正发展成为高效获得材料成分-相-组织-性能关系所必需的实验工具。近年来，针对航空航天、特种装备、新能源、生物医用等领域的关键材料的研发，涌现出了一批材料高通量制备技术/装备[6-9]。例如：基于物理和化学气相沉积的薄膜组合材料芯片，基于多工位等离子喷涂和光定向电化学沉积的梯度厚膜组合材料芯片，基于溶胶-凝胶、水热-溶剂热、微流控芯片的微纳粉体，基于3D打印、螺旋进样、蜂巢式模板、散异质结的块体材料等。为了高效获取材料数据，发展了一批高通量表征技术/装置。例如：基于同步辐射光源的三维X射线衍射技术，三维透射电镜技术，聚焦离子束-扫描电镜-能谱-电子背散射衍射和纳米力学的集成表征技术，同步辐射微束荧光、衍射和吸收谱的集成表征技术，透射电镜-三维原子探针耦合表征技术等。这些高通量制备表征技术为提升材料实验的效率奠定了坚实的基础。

（1）块体材料高通量制备技术

块体材料制备流程长，工艺控制参数多，难以快速筛选出最优的工艺条件一直是该领域的核心问题。块体材料高通量制备技术主要有：扩散多元节、高能束增材制造、粉末冶金、螺旋梯度铸造、梯度热处理、梯度热变形和喷墨打印等，在高温合金、钛合金、铝合金、高熵合金、生物医用材料、玻璃和陶瓷等研发领域获得了广泛的应用。

① 扩散多元节技术。扩散多元节技术是将多个不同金属块紧密贴合在一起进行高温热处理，促使金属之间相互扩散形成固溶体或金属间化合物，在界面附近区域切片即可看到大量成分和相连续渐变的合金。通过高温相互扩散可实现成分的连续分布，通过微观成分、组织、性能分析，可建立材料成分-组织-性能的相互关系。此外，扩散多元节技术还可高通量地获得材料的热力学和动力学信息（图4-1）。利用相界局部平衡原理可以测量三元相图等温截面；利用拟合扩散浓度梯度的方法可以测量扩散系数与杂质扩散系数；利用纳米压痕方法可以测量硬度和弹性模量，分析固溶强化和析出强化；利用高速激光产生的表面声波在晶粒不同位向的转播速度差异可以确定弹性模量随晶粒位向的变化；利用双束激光微区分析测量装置可以测量微区热传导系数、比热容与热膨胀系数，研究各相的有序性、点缺陷、元素替代随成分变化的规律，实践证明，这种高通量的测量方法在测量相图、弹性模量、热传导系数、比热容与热膨胀系数等方面可以获得与传统的合金法同等精度的测量结果，由于这种方法制备的样品包含了该材料体系在该温度下能形成的所有相的所有成分，因此与传统合金法相比，测量效率大大提高。同时，由于这种方法制得样品的成分是连续变化的，因此可以很敏感地发现材料性能随成分变化的异常现象。利用扩散多元节技术，中南大学研究团队精准预测了镍基单晶高温合金中有害相析出的成分范围。

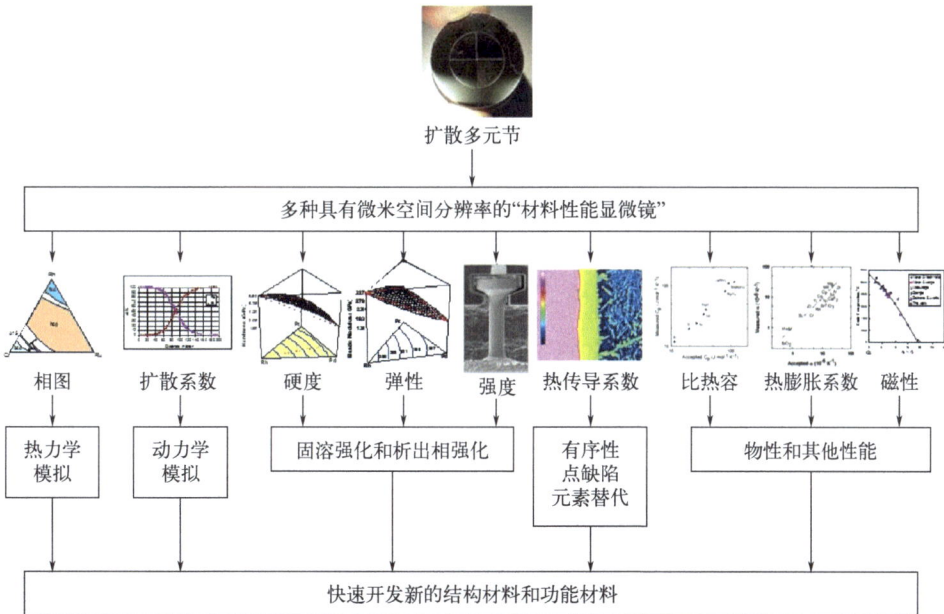

图4-1 基于扩散多元节的高通量制备与表征

② 高能束高通量增材制造技术。高能束高通量增材制造技术通过将不同元素的粉体、丝材以可控的速率递送至高能束（激光、电子束、电弧等）处烧结，从而实现毫米至厘米尺度分立样品库的快速制备。该方法可以灵活选择平衡凝固或非平衡凝固工艺过程。我国开发了基于激光、电子束高能束增材制造技术的高通量块体材料制备新装备，特别是发展了专用激光增材制造高通量送粉装置和电子束多成分立式10×10阵列铺粉装置。激光增材制造高通量送粉装置的送粉速率在1～20g/min之间精确可调，可记录温度、成分等关键过程数据。高通量电子束装置可实现超过100种铺粉工艺的高速切换，实现100种金属粉末的送铺粉和成型。西北工业大学基于激光高通量增材制造装置实现了高熔点、难加工金属材料的高通量制备。基于微区熔池形态和温度的实时监控，利用激光激发超声技术与高抗干扰性激光干涉检测技术，构建了在线高通量块体材料弹性参数与材料缺陷检测系统。以钛合金、镍基高温合金和钴基高温合金为示范材料，研究了成型工艺对块体材料成分均匀性和样品致密性的影响规律，分析了高能束冶金熔体超常传输及快速凝固行为，以及原位热处理对块体材料组织的影响；确定了合金元素的含量对于高能束增材制造钛基、镍基均质合金及成分梯度合金中成分、相、组织的演化规律的影响，基于钛合金、高温合金的合金化机理完成合金成分设计，采用所建立的激光、电子束高通量材料制备系统快速沉积制备了连续、分立式成分、组织可控的高通量钛镍基、钴基合金块体材料。研究人员利用激光高通量增材制造技术实现了宏程序辅助的二元（Ti-V、Ti-Mo）和三元（Ti-Al-Mo、Ti-V-Cr等）钛合金组织特征的高通量收集，并基于微米压痕逆向算法实现了屈服应力的精准预测，建立了激光增材制造钛合金成分-组织-性能的一体化关系，研发效率显著高于传统制备表征技术。

③ 粉末冶金高通量制备技术。传统粉末冶金制备方法是通过一次实验制备一种或几种不同组成的材料，效率低下且研发成本昂贵。传统研发方式效率低主要体现在两个方面：

a.制备的材料的成分组合单一。通常情况下，材料的成分与性能有着直接的相关性。比如在冶炼金属材料时，在目前的技术条件下，只能选取一种成分组合方式进行冶炼，因此传统方法在很大程度上降低了筛选最优成分组合的效率。

b.制备样品的原料使用量大，因此往往需要投入更多的资金。新材料小批量试制过程中，通常样品消耗量较大，尤其是使用贵金属时需要付出高昂的代价，如需要反复多次试验，这就进一步增加了成本。

高通量粉末冶金制备技术可以快速获取多组元粉末冶金材料在高通量制备过程中的成分和组织分布规律，高通量地获取制备工艺对粉末冶金样品单元的成分-相-组织-性能关系的影响规律（图4-2）。高通量粉末冶金制备技术包括多组元粉末的高精度自动称量和输送、多组元粉末的精确布料、多组元粉末的高速同步混合、多样品多温区同步梯度烧结、多组元粉末等静压固结致密化等。通过对以上技术的融合和集成，实现粉末冶金分立和连续组分样品的高通量快速制备，结合与之相匹配的性能表征（如密度、抗弯强度、硬度、摩擦磨损性能等），得到粉末冶金块体材料的成分-相-组织-性能之间的相互关系，实现粉末冶金材料的高通量制备和筛选。同时，选择典型粉末冶金高速钢材料配方，将通过高通量与非高通量方法制备的块体材料进行结构和性能比较，评价高通量方法的可移植性。在粉末冶金混合和致密化传统原理基础上，以粉末冶金块体材料的精确、快速、成分可控高通量制备为目标，围绕成分组合、样品致密化成型等环节，提出了粉末冶金块体材料高通量制备的新方法和新技术，高效获得了成分-工艺-组织-性能关系，加速了粉末冶金材料的研发应用，缩减了产品研发周期和投入。

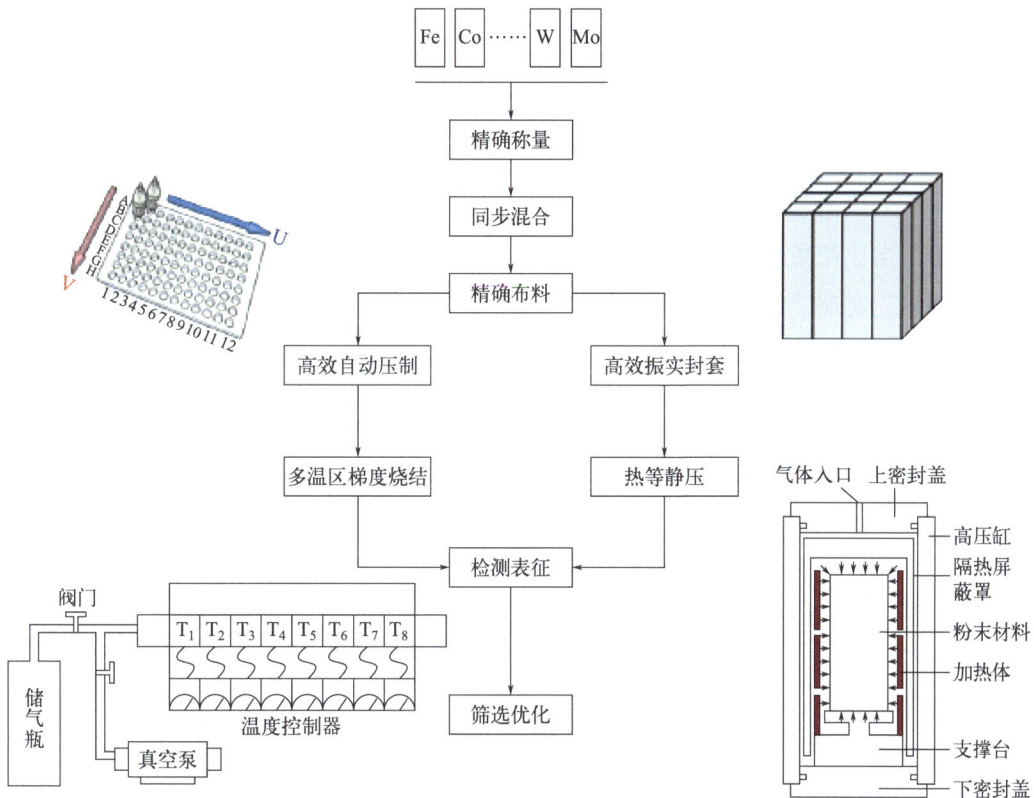

图4-2　粉末冶金材料高通量制备技术

钢铁研究总院开展了基于热等静压工艺的高通量微制造技术研究及应用示范，开发了适用于高通量微制造的专用小型化热等静压设备，通过有限元分析优化设计了具有106个拓扑密排蜂巢结构的金属包套，采用增材制造工艺实现了复杂包套结构的精密制备，并采用涂覆 Al_2O_3-SiO_2 热障涂层的方式实现了包套材质与蜂巢孔内目标制备材料的有效阻隔。在各蜂巢内填充不同成分粉末，在高温高压的共同作用下，使各蜂巢孔各向均衡受压、固结和致密化，可以实现106个多组分高温合金和模具钢合金试样的一次性制备。

通过设计多通道多孔不锈钢金属格栅，对多组分金属粉末进行物理阻隔，同时辅以SiC粉末辅助加热技术，可实现100种不同组分的合金粉末的微波快速固结成型。微波对吸波材料的快速升温作用也被应用于材料的高通量热处理，利用不同坩埚材料微波性质的差异，将吸波的碳化硅与透波的氧化铝以不同比例复合，所制成的辅助加热装置，在同一微波设备中可同时产生多个温度场，实现芯片材料的高通量并行热处理。可实现对100个合金样品的热处理操作，快速获得材料的最佳热处理工艺。

④ 螺旋梯度凝固高通量制备技术。传统铸造工艺通常采用单炉熔炼，效率低，成本高，能耗大，需要经过多次实验才有可能获得目标合金。北京科技大学通过螺旋梯度熔炼铸造方式（图4-3）制备了化学成分呈连续变化的合金棒材，制备的合金棒材具有尺寸大、可工程化应用的特点。开发的螺旋梯度连铸高通量制备技术和装置具有我国完全自主知识产权，突破了现有材料高通量制备技术仅用于纳微米级粉体、薄膜、块体小尺寸试样的局限性，获得了厘米、分米级试样，满足了材料高通量制备样品能够进行拉伸冲击等力学性能测试、浸泡电化学等耐蚀性能评价，以及变形热处理等工艺性能研究的迫切需求，实现了高通量制备的样品的微观组织和宏观性能可放大至工业化生产水平

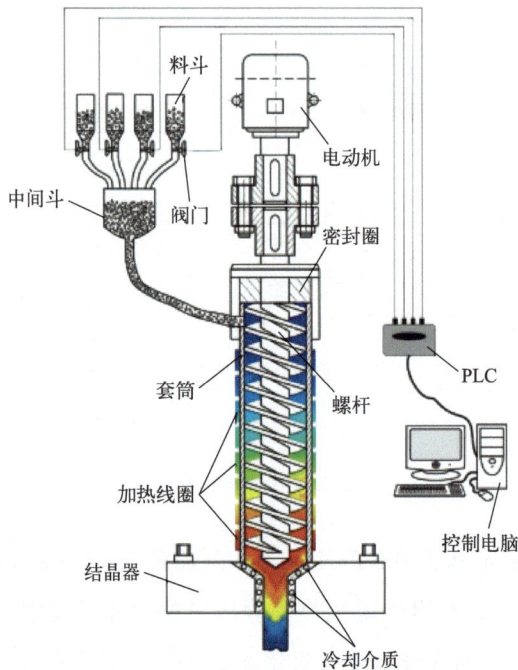

图4-3　螺旋梯度熔炼铸造方式示意图

的目标,对于金属结构材料的快速研发具有重要的实用价值。螺旋梯度连铸高通量制备技术原理是:由系统控制金属颗粒连续、不等量地放入中间料斗,金属混合颗粒通过管路流入熔腔口内,在自身重力及螺旋杆旋转带动下,顺着螺旋台阶不断地缓慢向下流动。混合原料颗粒在熔腔外壁的感应加热线圈作用下,不断升温,在到达熔腔底部之前完全熔化。最后,熔体顺着结晶器流出、凝固,被引锭机拉出形成成分连续变化的合金棒材。该技术可制备出尺寸可控、多组元、成分梯度任意变化的合金棒/板坯,借助高通量及常规测试表征手段,可实现硬度、耐蚀、电导、拉伸等性能的快速表征和筛选。目前,已完成50多种二元至六元不同体系的铝基、镁基、锌基合金的高通量制备,并开展了玻璃与黄铜的连接、颗粒数量不断变化的颗粒增强型铝合金试样的制备工作,制得的棒状试样直径可达30mm、长度可达600mm。利用金属原位分析仪和微束X荧光原位统计分析系统可以对梯度棒材进行化学成分分布的高通量表征,利用原位连续压痕高通量硬度测试仪对梯度棒材的硬度分布进行高通量表征。

⑤ 梯度热处理高通量制备技术。高性能合金通常需要通过热处理工艺调控微观组织和性能,热处理冷速是最关键的工艺参数之一,"一个冷速,一个试样"的传统方法依赖几种有限的冷却介质,所建立的冷速-微观组织-性能映射关系数据量少且离散。同时,不同批次的实验测量引起的实验误差难以量化。针对这一共性技术痛点问题,中南大学提出了梯度热处理方法,开发了梯度热处理高通量制备装置。通过设计块体圆柱试样,在圆柱体一端喷水或吹风,在单个试样上实现了冷速、微观组织和性能的梯度分布,结合高通量表征和有限元模拟仿真,可以快速建立高性能合金热处理冷速-微观组织-性能的相互关系,一次梯度热处理实验的效果相当于多次传统热处理实验并行的效果,大幅减少了试样、实验次数和成本。由于梯度热处理在一个试样上进行,实验环境参数一致性高,实验误差更加可控。以粉末冶金镍基高温合金为例,梯度热处理方法可以在一个试样上获取30~1500℃/min冷速范围,覆盖了工程构件(如粉末冶金涡轮盘)在热处理过程的冷速范围,以此高效建立的冷速-析出相-性能的相互关系可直接用于工程部件热处理工艺筛选和优化,相比于传统"一个试样,一个冷速"热处理方法,实验次数和成本均减少90%以上。

⑥ 梯度热变形高通量制备技术。高性能金属结构材料具有制备工艺流程长,控制变量多的典型特征。高性能部件通常采用热加工工艺成型,如何寻找最优热变形工艺(如变形温度、变形速率和变形量)一直是这一领域存在的共性技术难题。传统方法通常采用Gleeble热模拟试验机压缩圆柱试样,获取不同温度、应变和应变速率下的流变应力曲线以及对应的微观组织,以此建立热加工图和获取热加工窗口。由于变形后的圆柱试样等效应变分布窄,获取材料最优的热加工窗口通常需要密集地测试多组圆柱试

样，从温度、应变和应变速率三个维度进行正交实验参数设计，试样数量多、实验量大、成本高。针对这一共性技术难题，中南大学开发了梯度热变形高通量制备技术和装置，通过设计变截面双圆锥台试样，可以从一个变形后的试样中获取比同等条件下压缩圆柱试样更宽的等效应变，一次获得原来需压缩多个圆柱试样才能达到的实验效果，大幅减少了试样、实验次数和成本。同时，圆锥台试样压缩实验更接近工程部件的热加工过程，通过实验室双圆锥台热压缩可以快速判定工程部件异常晶粒长大等微观组织异常演变行为和窗口，对于高性能合金部件避开异常组织演变工艺窗口是极具意义的。梯度热变形装置采用电阻加热方式，同时适合等截面如圆柱和变截面如双圆锥台试样的热压缩实验，改善了传统Gleeble热模拟试验机电流加热仅适合等截面试样的不足。电阻加热方式大幅改善了试样与压杆间的温度均匀性，提高了数据可靠性和实验精度。结合高通量表征和有限元模拟仿真，梯度热变形方法可以高效建立高性能合金热变形工艺参数与微观组织的相互关系，获取工程部件最优的热加工工艺窗口。相较传统方法，梯度热变形方法节约样品数80%以上，研发效率提高50%以上。

⑦ 陶瓷喷墨打印制备技术。玻璃、陶瓷等典型无机非金属材料的制备过程一般包括原料配制、球磨混合、高温烧结、高温熔化、退火冷却等多个步骤，工艺复杂烦琐，周期长，能耗、成本高，严重阻碍了新材料的研发和应用进程。特种玻璃陶瓷通常是指在光、热、电、磁、力等性能方面具有特殊性能的硅酸盐材料，主要应用于航空航天、电子信息、光通信、新能源、环保等高技术领域。鉴于该类材料独特的结构和应用方式，多以块体形式作为结构功能件使用，且材料诸多性能的测试表征也以一定尺寸的宏观样块为基础，因此以玻璃、陶瓷为代表的无机非金属材料的高通量制备技术需要围绕块体材料制备技术展开。目前喷墨打印技术已经在玻璃、陶瓷材料的二维图案印制方面取得了成熟的应用；以原位固化为基础的陶瓷材料精细胶态成型工艺已经实现大尺寸、复杂结构坯体的高强度、高均匀性、近净尺寸成型，并获得了广泛的研究和应用。高通量喷墨打印技术以多通道点胶系统为平台，以湿法料浆或前驱体料浆为原料，拥有多组元多通道高通量装置运动、气动、定量模块，可实现制备过程物料参数、组元信息、工作模式的人机联动控制。高通量喷墨打印技术目前已应用于铋锌硼等多元玻璃的高通量制备及性能优选，可实现不同成分分立玻璃样品的快速制备，且组元含量精确可控，通过自动配料、同步均化、批量熔制工艺流程大大提高了效率，并降低了研发成本。

（2）薄膜组合材料芯片技术

20世纪90年代中期，随着集成电路的大规模发展以及组合化学方法的传播，美国劳伦斯伯克利国家实验室的项晓东博士等将"组合多样品"思想引入材料研究，并借鉴生命科学中的"生物基因芯片"技术开发了基于真空镀膜技术和物理掩模的高通量组合材料芯片技术。为达到高通量样品的成分分布可控，掩模技术是必备手段。物理掩模法是依靠多个溅射源依次沉积，并结合物理掩模板实现成分可控分布的高通量薄膜制备方法。按照掩模板的工作方式，可以分为分立掩模法和连续掩模法。鉴于物理掩模法无法直接实现原子级别的材料混合，往往需要额外的热处理工艺，通过促进叠层薄膜相互扩散，最终实现成分均一分布。由此，基于物理掩模法制备高通量薄膜样品的过程，将遵循"叠层薄膜沉积-低温扩散-高温成相"工艺路线。目前，基于物理气相沉积的高通量薄膜制备技术较为成熟，如高通量离子束溅射、高通量电子束蒸发、高通量分子束外延和高通量脉冲激光沉积等，已形成技术体系，并展示了应用效果。

① 磁控溅射组合材料芯片制备技术。磁控溅射组合材料芯片制备技术主要解决大面积薄膜均匀沉积、多层膜临界厚度控制和多元成分的可控制备等技术问题，实现多腔室磁控溅射高通量组合材料芯片的制备。目前磁控溅射组合材料芯片制备装置制备的样品的可控化学组分可超过5种，组合材料芯片样品的单元密度达200个/mm^2。磁控溅射组合材料芯片制备系统主要基于磁控溅射原理和精确的掩模设计（图4-4），由装/取片腔（真空锁）和品字形布局的3个独立的溅射腔组成。腔体之间由3个气动高真空摆动

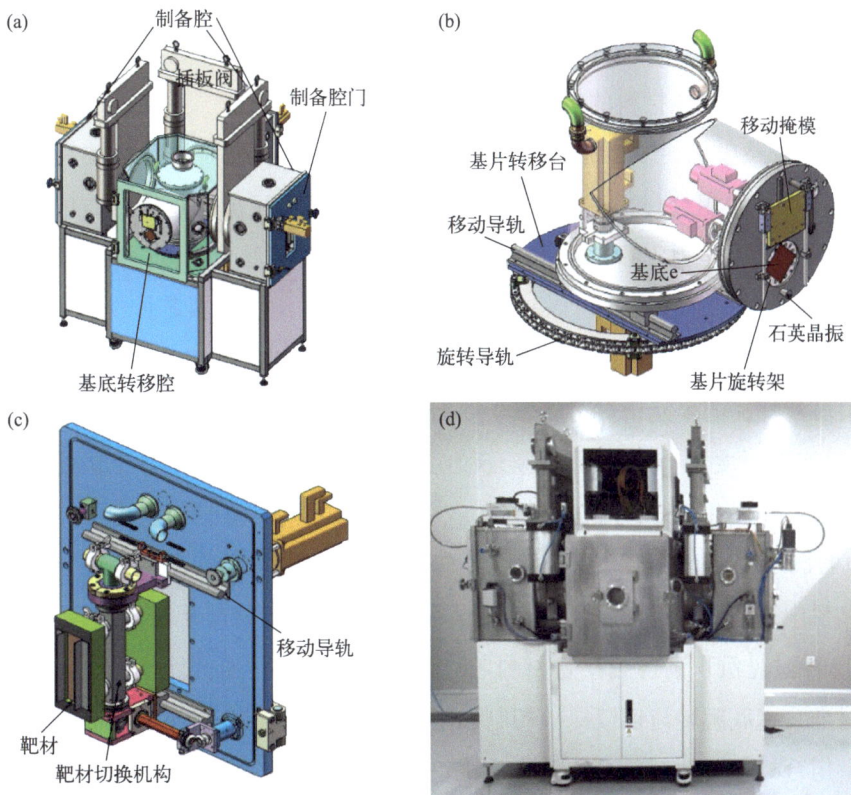

图4-4　高通量磁控溅射镀膜装置
（a）整体构造示意图；（b）传动腔示意图；（c）溅射腔示意图；（d）设备实物图

阀连接，并分隔为4个独立的真空区域。装置的主要系统包括真空系统、溅射靶及充气系统、机械传动及掩模系统和电控系统。磁控溅射组合材料芯片制备装置采用直立式、多工位独立沉积的方式，在基片和溅射靶之间增设带水冷的狭缝机构，能降低沉积速率以实现原子层沉积。在连续往返均匀沉积的同时，多元材料交替、叠层沉积成薄膜，通过控制单层膜厚度处于扩散-热处理临界厚度以下，可实现成分梯度或厚度可精确控制的等效共溅射。采用掩模连续微步长移动、靶材顺序选择、基片升降和旋转换位等多种手段，通过多靶等效共溅射或顺序均匀溅射，在一块较小的基片上一次性沉积多种单质金属或化合物的纳米厚度的薄膜，组合形成由大量不同组分的薄膜样品密集排列而成的组合材料芯片。

电子科技大学研究团队开发的磁控溅射组合材料芯片制备设备可实现6种靶材成分的沉积。主腔体内有基片移动托盘，基片通过托盘轨道运动至各个沉积区内进行磁控溅射沉积镀膜。基片前方紧贴有掩模板，通过基片的精确旋转和掩模板的进动，可以实现在一块基片上沉积大量不同成分的样品阵列。该装置在直径3in的圆形基片上制备的薄膜的不均匀性小于3%，单层厚度可控，可实现0.5～3nm叠层薄膜的连续沉积，组合材料芯片样品成分分辨率优于1%。目前高通量磁控溅射组合材料芯片制备技术已应用于固态LLZO电解质、CIGS太阳能电池吸收层、InAlZnO非晶氧化物半导体材料、Ti-Ni-Zr合金薄膜和Fe-Y-B磁性材料的成分与结构调控等方面的研究。

② 电子束蒸发组合材料芯片高通量制备系统。宁波星河材料科技有限公司团队研发了电子束蒸发组合材料芯片高通量制备系统，实现了成分可控分布的高通量组合材料芯片的制备。该系统具有多种掩模模式可选，并配置了可以同时装配6种材料的Telemark 264电子束蒸发源，可以制备成分多于五种的组合材料芯片、成分多于三种的连续镀膜组合材料芯片，以及成分多于三种的阶梯镀膜组合材料芯片等。该装置制备的组合材料芯片样品的单元密度可达200个/mm^2，制备样品速率优于10h/片，成分分辨率达1%，可实现厚度1 nm的叠层薄膜连续沉积，直径3in的圆形基片上沉积薄膜的不均匀性<3%，材料蒸发速率可以控制在0.1～0.2nm/s，并可监测镀膜过程，镀膜速率分辨率为0.1Å/s（1Å=10^{-10}m）。基于高通量电子束蒸发的组合材料芯片已在Li_2S-GeS_2-P_2S_5等材料体系中开展了示范应用，快速获得了Li_2S-GeS_2-P_2S_5材料相图和成分-阻抗谱。

③ 脉冲激光沉积高通量组合材料芯片装置。上海大学研究团队通过发展分立掩模高精度对准、基底旋转与连续掩模控制、阳极层离子源等关键技术，研发了脉冲激光沉积高通量组合材料芯片制备系统。该系统包含一种高通量薄膜材料芯片制备通用的分立掩模高精度对准系统（图4-5），解决了现有的高通量薄膜制备系统中普遍存在的掩模与基片距离大、距离控制精度低、掩模板不可重复利用、生产效率低下、沉积膜组分不可

控、膜阴影范围大等技术问题。通过对脉冲激光沉积系统进行改进和定制，使其具有连续成分扩展功能，实现了梯度材料芯片的高通量制备。该功能通过靶材与基片的偏心设置可实现在没有掩模的条件下的高通量制备，在单次沉积中沉积多种不同组分的材料，大大缩短了沉积不同组分的时间，可实现材料组分的快速优化，组合材料样品的单元密度可达200个/mm^2。脉冲激光沉积高通量组合材料芯片制备系统已应用于Ti$_{2.5}$O$_3$(010)/GaAs(001)、(Bi$_2$O$_3$)$_{0.4}$(ZrO$_2$)$_{0.6}$、ZnO:Bi$_x$/MoS$_2$、La$_{2/3}$Sr$_{1/3}$MnO$_3$等功能材料和异质结的高通量制备。

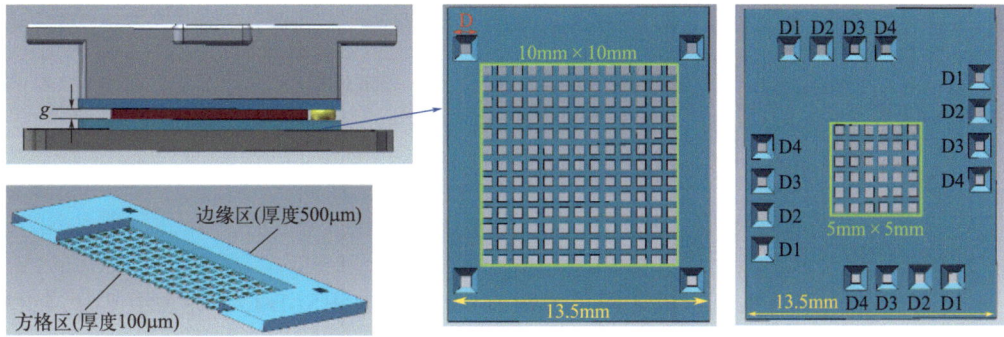

图4-5　高通量薄膜材料芯片制备通用的分立掩模高精度对准系统示意图

④ 多组元高温材料高通量化学气相沉积技术与装置。中国科学院上海硅酸盐研究所团队研发了多组元高温材料高通量化学气相沉积（CVD）技术与装置。高通量CVD装置以气体反应物流速和沉积温度为控制变量，可实现多组元高温陶瓷涂层高通量沉积，并应用于碳化硅纤维增强陶瓷基复合材料的组分和工艺筛选。如图4-6所示，通过对载气和前驱体输运管路的设计，集成高精度质量流量控制器以及MTS加热挥发装置，实现了包括载气Ar，以及H$_2$、NH$_3$、MTS、C$_2$H$_2$、BCl$_3$共5种反应气体的流量精确控制和稳定输运。满足含N、C、Si、B在内的4种以上元素的多组元材料化学沉积。该装置利用不同气源导向管的直径差异，控制管道内部气体的流速，改变化学气相沉积条件，从而实现试样在不同管道内部的差异性沉积。高通量CVD装置中含有7根导向管，可同时实现不同流速下的化学气相沉积；设计了楔形传热结构用于控制热量传输，在反应器内形成温度梯度，构建差异性温场。通道近线性梯度温差为80～100℃，实现了气源导向管内部不同部位装载试样的变温沉积。结合不同气源导向管内部气体流速的差异控制，实现了气体流速与沉积温度双参数控制下的高通量化学气相沉积，单次实验的制备能力达140个/批次。该装置包含气体管路流量控制、管道加热控制、高性能阀门执行机构控制、洗涤吸收塔内溶液pH值控制、自动补液控制等多个互相协调的控制系统，以满足高通量化学气相沉积系统多元素精确控制要求。

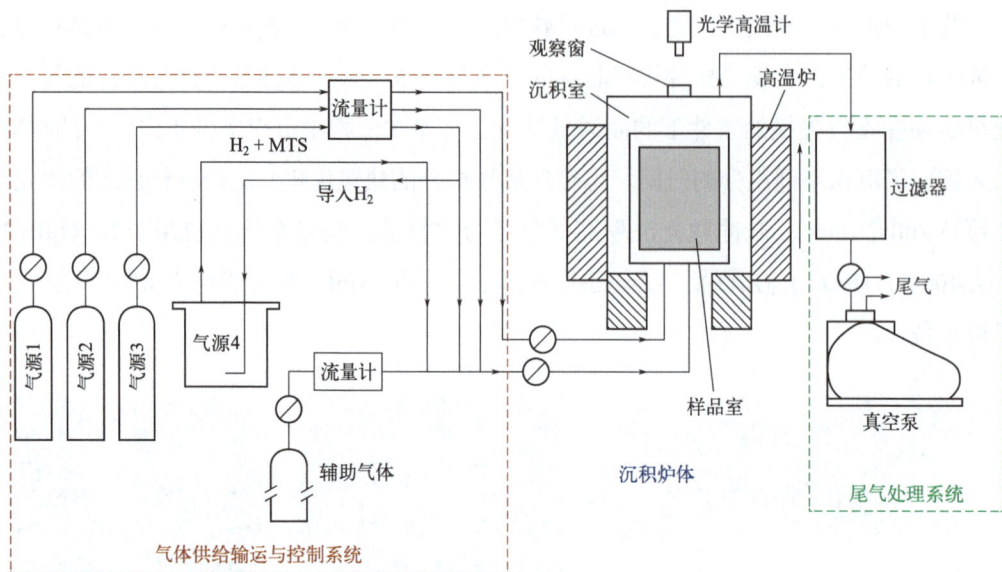

图4-6　多组元高通量CVD系统

目前高通量CVD系统已成功应用于Si-B-C、Si-B-N和Si-B-C-N等多组元涂层材料的成分和工艺筛选，结合涂层成分、结构和性能的高通量表征，加快了高温陶瓷涂层材料从研发到应用的进程。

中国科学院宁波材料研究所团队与宁波星河材料科技有限公司团队合作，研发了等离子体/微波辅助高通量化学气相沉积（CVD）技术与装备。基于等离子体CVD方法，在单基底上可以通过编程智能化控制来实现分立组分的高通量制备，解决了微区等离子体技术开发及沉积区域约束等关键性技术问题。该装置以射频（f=13.56 MHz）和微波（f=2.45 GHz）为激发电源，搭建了两套独立的等离子体产生系统，分别利用微波电感耦合技术和射频电容耦合技术激发工艺气体产生等离子体，等离子体产生微区位于腔体的中心区域。在等离子体产生区域的下方配置了高精度三维移动温控样品台，工艺气体经由质量流量控制器引入腔体，通过薄膜真空计和蝶阀调控腔体内工艺气体压力。整个系统的控制基于PLC设计与实现，通过人机交互界面实现对系统各单元的控制。沉积薄膜样品时，仅在等离子体产生微区形成薄膜沉积效果，通过系统软件控制高精度样品台移动至布局的指定坐标以完成单次薄膜沉积工艺，从而在单个基底上实现不同工艺参数按规则分布的微区沉积薄膜。等离子体/微波辅助高通量CVD装备单次实验的样品数大于100个，制备样品的组元大于4种，已应用于含Si、C、P、H成分的薄膜材料的高通量制备的研发。

⑤ 多源喷涂高通量厚膜组合材料芯片制备。多源喷涂高通量厚膜组合材料芯片制备设备包括控制柜、供气系统、送粉器、五轴联动机械手臂、等离子喷涂喷枪。通过

机器人控制能够完全实现涂层制备的自动化。通过多路送粉能够实现梯度涂层的制备。通过喷枪功率的调整，实现了涂层与基体的良好结合，实现了粉末间基本的冶金结合。通过多功能的转台能够实现涂层在不同方向上的梯度分布。组合材料芯片的样品单元密度超过 200 个/mm²。

等离子喷涂制备的组合材料芯片前驱体具有成分梯度变化和单位面积上成分点多等特征。由于金属粉末在等离子火焰中停留时间较短，金属粉末无法充分合金化。为了实现芯片成分合金化、组织致密化，对组合材料芯片前驱体进行了激光加热后处理，可充分合金化。所得有成分梯度的样品的显微硬度值与公开报道数据之间的误差在 10% 之内，已应用于 Ni-Al-Cr 和 Ni-Cu-W 合金厚膜材料的高通量制备的研发。

⑥ 光定向电镀的厚膜组合材料芯片高通量制备技术。光定向电镀沉积高通量制备设备由光源、光电极和沉积系统三个部分构成，如图 4-7 所示，其中光电极是其核心。通过水热合成法在 ITO 玻璃上沉积 TiO₂ 光电涂层，并研究工艺和组分对 TiO₂ 光电涂层性能的影响，实现了光电极模块的自主设计和制造。主要技术指标为：样品化学组分数量 ≥3；电镀厚膜的均匀性；2mm 范围内不均匀性小于 2%；一次性样品制备数量 ≥100；成分分辨率优于 1%；制备速率优于 30h/芯片。

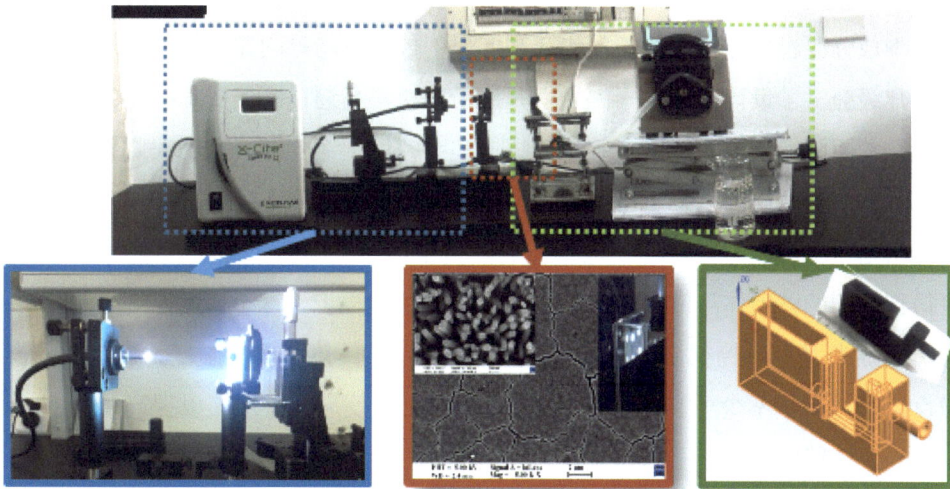

图 4-7　光定向电镀沉积高通量制备系统

在光定向电渡沉积时，由于光的非均匀性，同一光源照射出的光在不同位置处的光照强度是不同的。当光源正照射在沉积芯片左上角区域时，离左上角区域越远的区域光强会越小，故光电极的右下角区域的光强远小于左上角区域。因为光电极各处所受光照强度不同，沉积芯片的二氧化钛光电极不同位置的激发程度是不同的，故不同位置的二氧化钛内部的载流子浓度不等，电导率存在差异，在两极板间形成的电场也存在较大差异，因此在沉积芯片时，光照射强度不同的区域，颗粒受到的电场力是不同的。而在同一电场下，由于颗粒具有不同的粒子特性，颗粒表面带电量不同，故带电量更大的颗粒在电场作用下运动速度更快，更易产生沉积。由于光照的非均匀性产生了许多不同的电场，在每个电场中，颗粒的沉积速率又存在不同的差异，在这种非均匀电场与不同粒子特性的相互协作下，不同位置的沉积组分的元素比是存在差异的，由此形成高通量制备。光定向电镀沉积高通量制备设备已应用于金属-非金属等多相复合体系材料的高通量制备的研发。

（3）粉体材料高通量制备技术

粉体材料高通量制备是指在限域空间中快速制备阵列排布的多个样品，借助模具选控的方式有限分割各独立样品的制备空间，并将反应物向反应位精准输运，实现各样品成分的分立变化或准连续变化，获得一系列可比对的有效样品，从中筛选优值。粉体材料高通量制备分为基于液相前驱物和基于固相前驱物的并行合成两大类。

基于液相前驱物的并行合成技术研发始于20世纪末，德国、挪威、英国等国的科学家将生物医学领域应用的并行快速移动注液器移植到材料领域，在常规湿化学合成法的基础上发展了溶胶-凝胶高通量并行合成、多通道并行水热合成、超临界水热高通量连续合成等多种高通量制备技术，提高了材料研发效率。但早期开发的高通量制备装置由于缺少成分混合功能，获得的产物存在明显的成分不均等问题，这为后续高通量制备的优化升级提供了设计空间。国内最早开展粉体材料高通量制备技术研发的是中国科学技术大学的团队，该团队建立了基于微压电喷头控制的组合溶液自动喷射装置，实现了溶胶-凝胶高通量制备，通过程序驱动的匹配运动向阵列微反应器中每一个孔位逐次输运反应溶液；溶液喷射完成后，微反应器阵列整体经历机械混合、干燥、煅烧等处理，最终得到预期的阵列样品库。在此基础上，该团队进一步设计了梯度温场控制机构，发展了具有纵向温场调控机制的水热/溶剂热合成技术，最高反应温度为300℃；每层阵列微反应器排布了不少于100个反应器，可将多层微反应器叠层，以提高制备的样品数量。此外，该团队还研制了高通量阵列式溶液燃烧合成方法。中国科学院上海硅酸盐研究所的团队建立了基于双向注射泵的液相前驱物高通量并行合成技术和高能激光束并行快速加热技术与装置。可通过机械臂向微反应器阵列中各孔位输运反应溶液，每阵列样品数≥100；多激光束并行加热系统可遍历加热阵列样品库中所有样品，实现样品的快速（几分钟）和选区烧结、结晶或熔化，由此构建了粉体样品库成分及处理温度双变量筛选的高通量合成模式。此外，应用于生物医学领域的微流控芯片技术具有天然的高通量制样特性，可在纳米尺度对流体进行操控。浙江大学的团队发展了基于平行多通道微流控芯片的催化评价系统；天津大学的团队研发了可调变流场及温场梯度的、基于多通道微流控芯片的微纳粉体制备平台，通过控制前驱体溶液混合及浓度梯度生成条件和影响因素，可实现微流体的多次分裂合并，制备成分梯度变化的多样品。

基于固相前驱物的并行合成技术，以瑞士 ChenSpeed 公司早期研发的高通量固态粉体处理工作站为代表，其由称量、填充、搅拌混合、压制和烧结多个功能模块构成。中国科学院物理所的团队建立了非晶合金和高熵合金快速研制的高通量配料、制备及合金形成能力评价技术平台，以高温燃烧合成陶瓷材料技术为基础，研发了电场辅助固相前驱物并行燃烧反应合成陶瓷粉体和块材的高通量制备技术与装置，具备固态前驱粉体在阵列微反应器中的快速配置、填充、混合、压块功能和微反应器清洗功能，通过引入外加电场，诱发多通道内的样品的超高温快速燃烧合成，实现了电场辅助燃烧技术与高通量配料的对接。

① 溶胶-凝胶多通道微纳粉体合成技术。针对湿化学方法中并行合成设备通量较低、合成样品不均匀、实验条件控制有限等问题，近年来发展了基于溶胶-凝胶、水热-溶剂热的多通道微纳粉体芯片制备技术和装置。溶胶-凝胶多通道微纳粉体合成装置微反应器阵列单元数大于 100 个，可控化学组分为 3 种，具有机械和超声分散系统，反应温度为室温至 300℃。水热-溶剂热多通道微纳粉体合成装置微反应器阵列有 10^4 个单元，可控化学组分为 3 种，反应温度为室温至 300℃。

溶胶-凝胶多通道微纳粉体合成装置通过优化组合溶液喷射的喷嘴结构、控制软件和电路系统，实现了多通道液滴喷射的精确控制。喷头数为 8 个；喷射液滴平均体积为 10nL，误差为 ±2%；喷射频率 500 ～ 1000 Hz；可实现对水溶液、悬浮液等多类溶液的稳定喷射。

溶胶-凝胶多通道微纳粉体合成装置如图 4-8 所示，包括加热系统、机械振动系统、超声分散系统和微反应器阵列（每阵列样品数 ≥ 100，单个微反应器体积 10mL）。反应前驱体溶液通过组合溶液喷射合成仪引入微反应器阵列中。微反应器阵列集成了万向筛和超声层，通过机械振动和超声分散以确保不同反应物原料在微反应器中的均匀混合，加热层采用高导热性电热板或 U 形镍铬丝，利用多点热电偶测温，以保证阵列反应温度的均一性，可调节温度范围为室温至 300℃。此外，为快速、有效地表征所制备的样品库，设计并加工了多通道光催化性能评价系统。由于光催化反应需要考虑的反应特性较多（温度、光源、压力、反应物浓度等），该装置可以在 9 个样品单元并行表征的基础上，实现温度、光源、压力、反应物浓度的多反应条件的调变。

溶胶-凝胶并行合成装置成功应用于掺杂不同浓度过渡金属的 M-TiO$_2$（M=Fe, Co, Ag, Cu）材料的制备。结合 XRD、UV-vis DRS、BET 等表征技术，获得了高通量制备的材料在不同湿度下光催化降解气相甲苯、甲醛的活性，验证了该装置适用于溶胶-凝

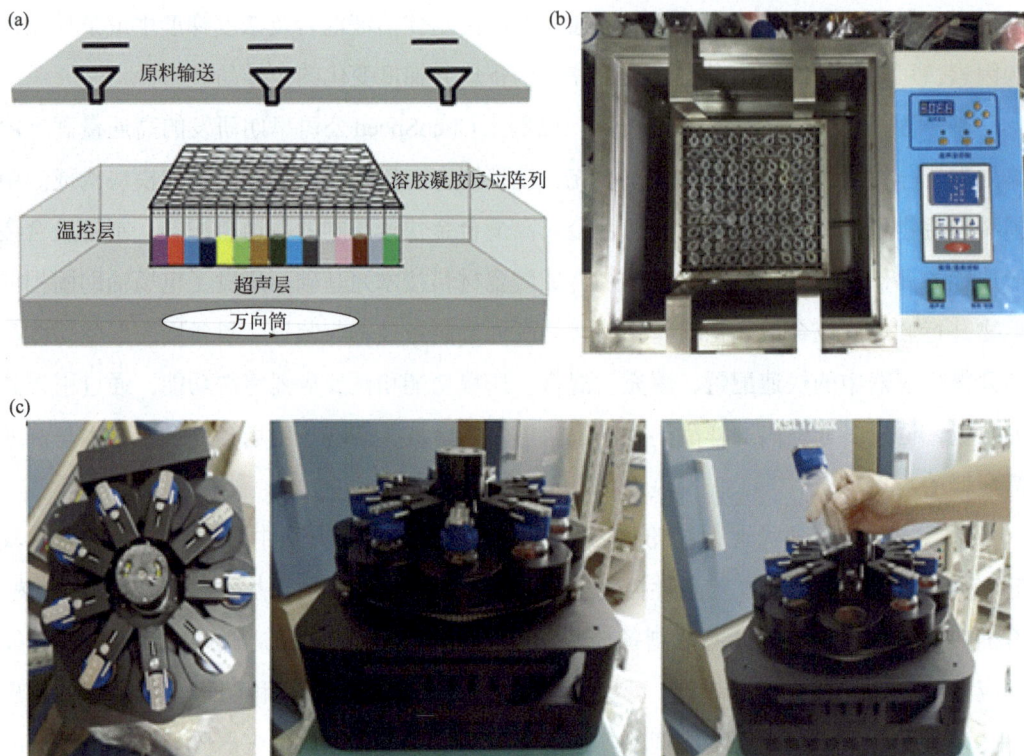

图4-8　多通道微纳粉体合成装置
（a）溶胶-凝胶并行合成设备结构示意图；（b）研制的溶胶-凝胶并行合成设备实物照片；
（c）设计并委托加工的多通道光催化性能评价系统

胶微纳粉体的并行合成。该多通道微纳粉体合成装置可制备每阵列样品数为100的样品库，合成效率较传统方法提高约90倍，时间缩短了近180天。该装置的研制在一定程度上解决了现有湿化学合成设备存在的设备较粗糙、通量较低以及粉体合成不均匀等问题。

溶胶-凝胶多通道微纳粉体合成装置还衍生了一类基于水热-溶剂热的多通道微纳粉体合成装置，如图4-9所示。该装置的反应器阵列样品数大于100个，采用分层结构设计，单个微反应釜体积可选（10mL、7.5mL、5mL），内衬采用聚四氟乙烯制造，并置于不锈钢外套中，通过法兰实现高压密封。反应前驱体溶液通过前期发展的组合溶液喷射合成仪引入微反应器阵列。加热层采用高导热性电热板，多点热电偶测温，以保证同一层反应器阵列的温度均一性。不同加热层采用独立控温方式，以实现不同温度梯度的并行反应。水热-溶剂热装置光催化剂的高通量制备已成功应用于一系列不同负载量的 MoS_2/CdS 复合光催化剂的开发。

为了快速表征高通量制备的大量样品，中国科学技术大学的研究团队研制了与微纳粉体并行合成系统相匹配的高通量荧光快速表征系统。在该表征系统中，使用光纤束将

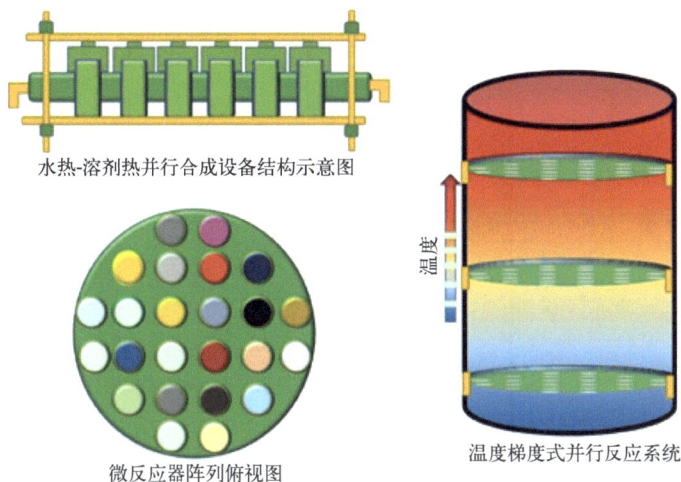

水热-溶剂热并行合成设备结构示意图

微反应器阵列俯视图

温度梯度式并行反应系统

温度

图4-9　基于水热－溶剂热的多通道微纳粉体合成装置结构示意图

大视场范围内的发光传递到更小的界面上成像，缓解了传统光学成像设备中大视场和大数值孔径之间的矛盾。同时，直接将光纤束耦合到CCD敏感面上，进一步减小了光收集损耗。相对于传统光学成像系统，该系统的采集效率更高（增益达到了55倍）且不存在光学镜头成像系统中的渐晕现象。此外，还开发了高通量表征的控制、处理软件，可以控制CCD相机对阵列发光样品拍摄，并对所采集的图片进行处理，将处理后的图像通过界面显示和保存。

结合微纳粉体并行合成系统和荧光快速表征系统，获得了不同助催化剂负载CdS材料库的光催化降解液相有机物的性能，建立了助催化剂负载CdS光催化剂性能的数据库。数据库包含的助催化剂体系包括：贵金属（Pt、Rh、Ru、Au、Ir等7种）、过渡金属（Fe、Co、Ni、Ag、Mn等14种）、金属氧化物（PtO_2、Ag_2O、Fe_2O_3等6种）、无定形物（CrO_x、RhO_x、RuO_x等5种）和有机物（PANI、ppy、PE等6种）。

② 激光并行加热多通道微纳粉体合成技术。中国科学院上海硅酸盐研究所的团队开发了激光并行加热多通道微纳粉体合成技术，基于液相前驱物，建立了集成"多通道并行合成"和"激光束并行加热"功能的微纳粉体高通量制备系统。基于液相前驱物的微纳粉体多通道并行合成，解决了在限域空间中反应物的精准输运、分配、混合及干燥等瓶颈问题。研制的多通道并行合成系统及其主要配置见图4-10，包括储液单元、机械臂和注液排针、超声振子、环绕加温温控显示和9×12阵列微反应器。在并行合成流程中，储液瓶中溶液通过进液管输送到吸/注液双向泵，再进入注液排针，通过机械臂驱动注液排针在X-Y平面移动，按成分设计方案将注液器中溶液逐次滴注到阵列微反应器的各孔位中；在溶液滴注过程中或滴注结束后，均可启动置于微反应器下方的溶液原位成分均化和干燥功能（≤140℃），最终获得符合初始成分设计的前驱粉体阵列样品库。

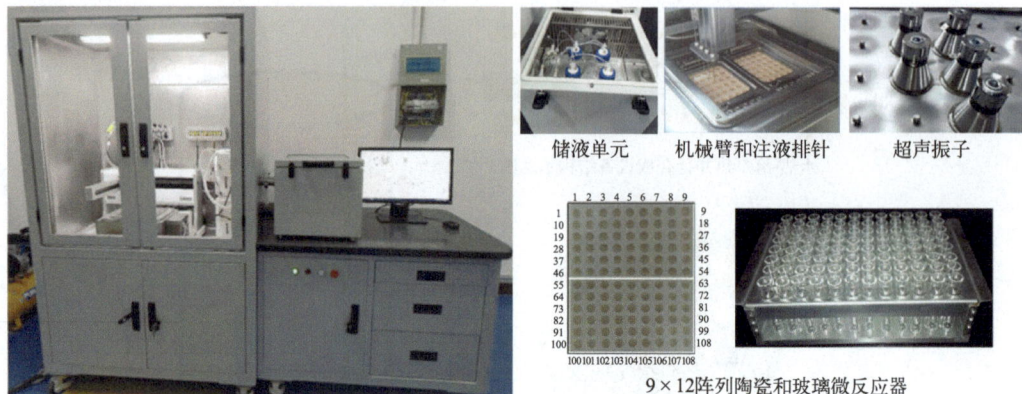

储液单元　　机械臂和注液排针　　超声振子

9×12阵列陶瓷和玻璃微反应器

图4-10 基于液相前驱物的多通道并行合成系统及其主要配置

每通道液滴控制精度达 1 ～ 25μL，可满足不同浓度和黏度前驱体溶液的输运和滴注；目前注液管体积可选择100μL、1mL和10mL三种规格，排针针孔直径可选择0.4mm和1.1mm两种规格，与所设计的组合化学成分所需注入量相适配。阵列样品数大于100个，一般情况下，制备108个样品（9×12阵列）仅需2 ～ 4h，样品合成效率较传统方法显著提升约100倍。针对溶液在储液及输运中因环境温度影响而出现的黏滞和析晶问题，增设了液相全输运路径的细电热丝环绕去晶化加热和温控单元，保证了溶液在全输运管路中的无冷点和流动性。

激光并行加热多通道微纳粉体合成装置的智能控制单元可通过电脑操作界面及手机App远程监控界面（安卓系统）实现人机交互操作。多通道并行合成装置的智能化控制程度高，提升了样品制备的可重复性及稳定性。

高温处理是粉体制备过程的重要环节，但针对阵列样品库的快速并行热处理技术稀缺。该装置包括用于阵列样品库热处理的激光束加热装置，具有快速、定向或选区、可聚焦等特点。激光束并行加热装置的主要功能模块包括：并行排布的高能量密度激光源，光路调控装置、温控装置及显示装置，阵列微反应器及二维移动台。激光束并行加热装置的结构如图4-11所示，包括：并行装配的数台二氧化碳激光器（波长10.6μm），适合加热无机非金属材料，可选择连续激光，以获得较平稳的加热效果；扩束镜和反射镜，可使激光束以一定束径通过激光入射窗进入样品加热腔，对需要处理的阵列样品进行加热；辐射温度计，可对样品温度进行实时测量和反馈，保证样品加热符合预设的加热曲线；监控相机，可实时监控样品的加热图像；X-Y二维移动平台，可将阵列样品移动至指定的加热位置，执行激光束对阵列样品台上所有样品的遍历加热；主控计算机，用于对加热参数进行设置，并实时显示加热的位置、激光功率、样品温度、加热曲线及加热图像，并进行动态反馈。

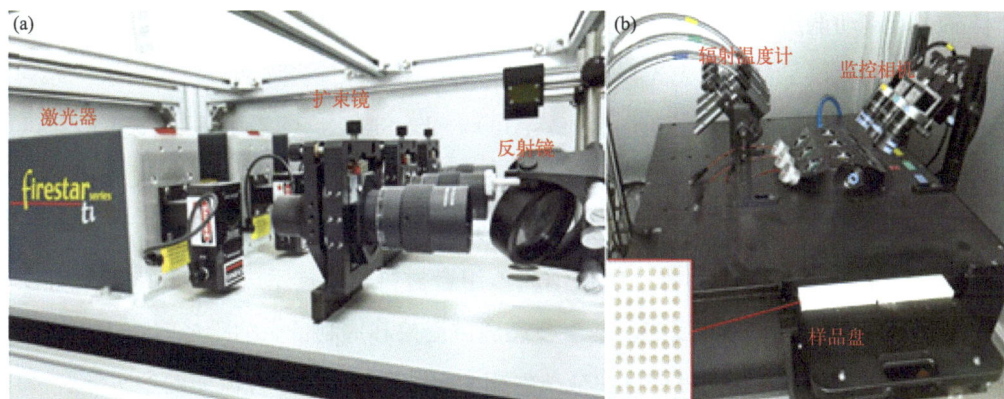

图4-11　激光束并行加热装置的结构

该激光并行加热多通道微纳粉体合成装置还匹配了一台多光束宽光谱表征装置（图4-12），以满足阵列荧光粉体样品库光谱测试的需求，并进行光谱数据及色度学参数处理，可实现阵列样品三通道光谱高通量表征，实现了荧光粉体高通量制备-表征一体化研发。

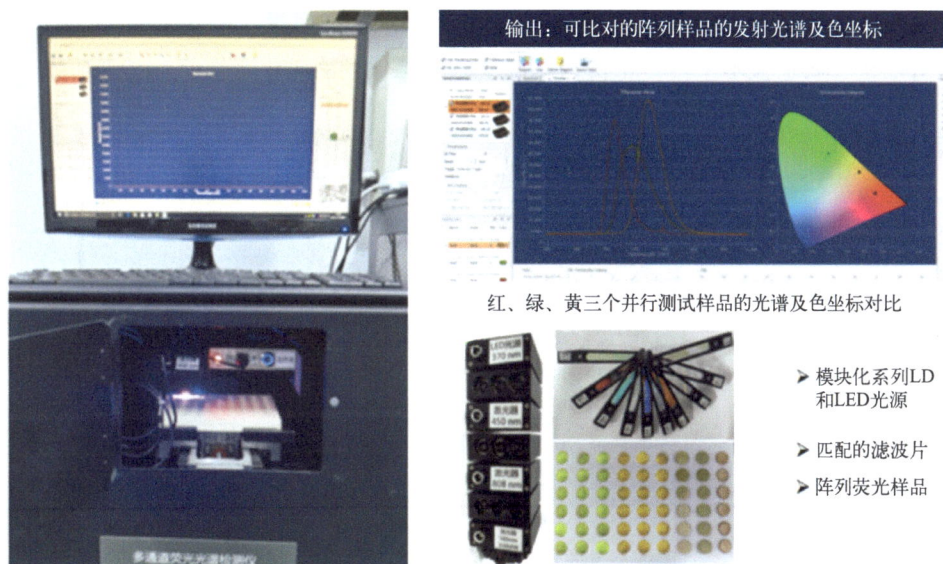

图4-12　多光束宽光谱表征装置及数据输出窗口、光源模块等

多通道微纳粉体制备-表征一体化装置的激发光源单元具备并列或阵列排布的多个激光器LD光源或LED光源，目前配置有波长为254nm和370nm的LED光源及波长为405nm、450nm、515nm、655nm、808nm、980nm和1060nm的激光器LD光源，还可以根据需要增配其他类型光源，光源组或光源阵列为模块化设计。目前研制的三通道宽光谱平台，通过实时移动样品台的位置可同时测试3个样品，当3个（一组）样品测试完后，样品台移动单元自动将样品台移动到新的测试位置，在程序控制下对样品库中的每

个样品进行自动遍历光谱测试。通过测试一组三个相同样品和一组三个不同样品考察了三通道宽光谱测试平台在荧光光谱测试上的一致性和差异性。该装置已应用于一系列荧光材料的筛选及研究，包括稀土掺杂 $Y_3Al_5O_{12}$、$La_2Si_2O_7$、$Ba(Zr,Ti)Si_3O_9$、$Ca_3ZrSi_2O_9$、$Y_2Si_4N_6C$、$Ca-\alpha-sialon$、$LiTaO_3$、Al_2O_3、$(Ba,Sr)TiO_3$ 基氧化物和氮氧化物发光材料，并建立了材料成分 - 性能数据库，为发光材料选材提供了依据。

③ 基于微尺度空间流体操控的微纳粉体组合材料芯片技术。天津大学的研究团队开发了可调变流场及温场梯度的、基于多通道微流控芯片制备微纳粉体的技术平台，通过控制前驱体溶液混合及浓度梯度生成条件和影响因素，可实现微流体的多次分裂合并，制备了成分梯度变化的多样品。如图4-13所示，在浓度梯度发生装置的基础上，结合蠕动泵、步进电机与反应阵列组建了合成装置。20根内径为1mm的硅胶管穿过该蠕动泵，其一端连接到储液瓶阵列，另一端连接到反应器阵列。当蠕动泵运行时，可将20个储液瓶中存有的前驱体溶液自动、定量输送到反应器阵列中。随后对反应器底部的具有温度梯度的PTC加热片进行通电、注入还原剂，充分反应后取出溶液并清洗，得到所需铂/钴基三元合金微纳粉体催化剂。为与高通量制备技术衔接，还搭建了具有20通道的高通量电化学表征技术平台，可快速测试所制备催化剂的电化学性能。

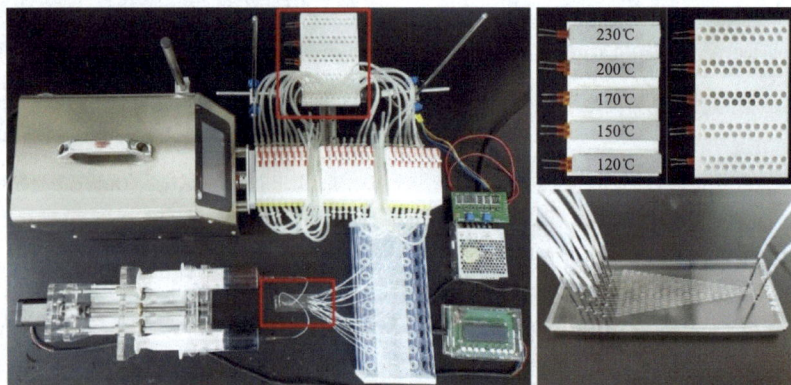

图4-13　基于微流控芯片的成分和温度控制平台，右侧为反应器阵列和微流控芯片细节

利用连续流动的微流控浓度梯度技术，自动快速生成具有不同浓度梯度的反应溶液。在现有技术中，通常验证实验所用微流控芯片具有3个入口和20个出口，直径均为0.5mm，内部微通道横截面为 $100\mu m \times 100\mu m$ 的正方形。从上级不同入口流入的溶液可以在微通道内部形成层流。溶液进入蜿蜒的圣诞树结构通道后，不同的层流流体在剪切力的作用下逐渐混合，形成不同浓度的溶液，在微流控芯片的网络中一层层逐级分配后，最终形成了一系列浓度梯度的溶液。如果将液体注入口改为2个（相应地，微通道级数增加了一级），其他特征和规格与三组分微流控芯片保持一致，采用相同的工艺，

可以制备二组分微流控芯片，作为三组分微流控芯片的替换模块。

利用基于微流控技术制备微纳粉体的装备，将20个储液瓶中存有的前驱溶液自动、定量输送到反应器阵列中，高通量地制备了5组铂/钴基三元合金微纳粉体材料：Pt-Ni-Cu，Pt-Ni-Au，Pt-Cu-Au，Pt-Rh-Ni，Pt-Rh-Cu。结合EDS、SEM以及自建的高通量电化学表征平台对制得的5组三元合金微纳粉体材料进行表征，获得了三元铂基和钴基粉体制备工艺参数-组分/尺寸/形貌-电化学性能关系，由此建立了三元铂基和钴基粉体制备工艺参数-组分/尺寸/形貌-电化学性能关系材料数据库。

④ 电场辅助燃烧合成微纳粉体材料芯片制备。针对固相前驱物的高通量合成技术，中国科学院理化技术研究所的团队研发了集成"高通量固体粉末配制"和"电场辅助高通量燃烧合成"功能的电场辅助燃烧合成红外陶瓷粉体高通量制备系统，实现了固相粉末在10～100个通道模具内的快速、精准配制和微米尺度的均匀混合，提供了0～20V/cm的辅助电场和3000K以上瞬态超高温，用于系列化氧化物/非氧化物红外陶瓷的快速研发、制备和工艺优选。

以固相粉末为原料，通过粉末造粒和体积控制来实现准确定量出料。研制了自动控制位移台的联动机构，解决了在限定尺度、分立的小体积范围内填充合成目标粉体所需原料的问题。所设计的高通量装置模具通道尺寸为ϕ5mm×5mm～ϕ10mm×10mm，旋转料仓送粉量控制在5～100μL/次，送料精度可达0.005g。为减少粉料损耗、合理排布料罐，将原设计方案中的传送带直线型配料更改为圆周排布料罐旋转放料，如图4-14所示。

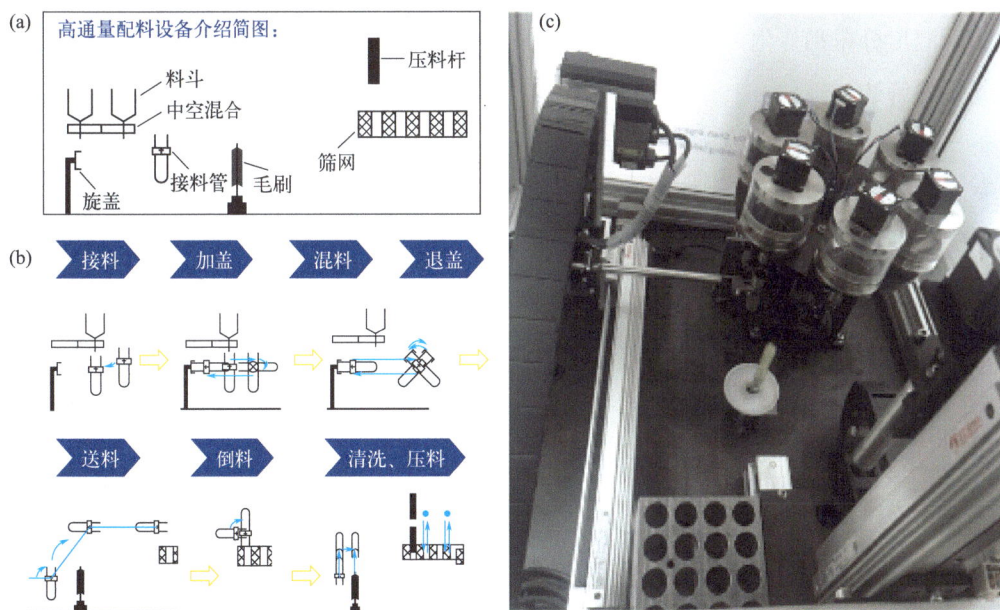

图4-14 （a）高通量配料设备简介图；（b）配料流程图；（c）内部结构照片

在研发的高通量电场辅助燃烧合成装置中，采用优化的接线方法将碳毡和铜接线柱进行连接，使用铜接线柱与石墨螺栓连接，再用石墨螺栓对碳毡进行压紧和固定，从而最大限度降低碳毡与石墨螺栓、铜接线柱的接触电阻。碳毡在螺栓拧紧时发生压缩，碳毡与石墨螺栓间紧密接触。此结构设计的电极，解决了热腐蚀问题，内部加热温度可高达3000 K以上。图4-15所示为电场辅助燃烧合成装置设计示意图。

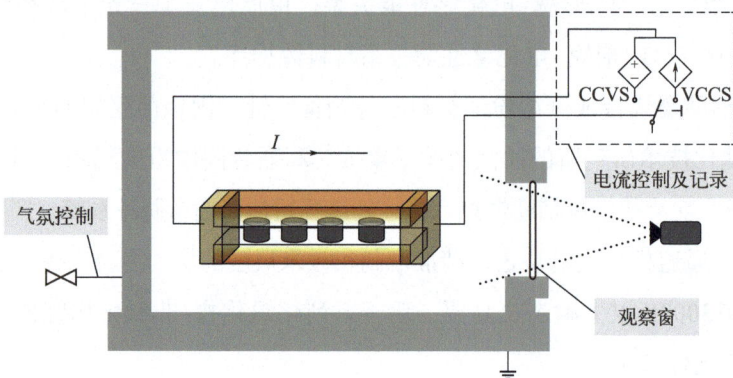

图4-15　电场辅助燃烧合成装置设计示意图

为实现对具有不同发射率的红外陶瓷材料的高通量快速筛选，直观比较出不同样品的发射率差异，中国科学院理化技术研究所的团队还搭建了高通量表征技术平台（图4-16），以红外热像仪为主体设备，通过测量样品在$8 \sim 14\mu m$波段的红外辐射的强度，在不直接接触物体的情况下，计算出被测试样品表面的辐射温度，并以伪彩色图像的形式直观地呈现温度分布和变化，通过对红外陶瓷材料发射率的比较，实现对红外陶瓷材料的高通量快速筛选。

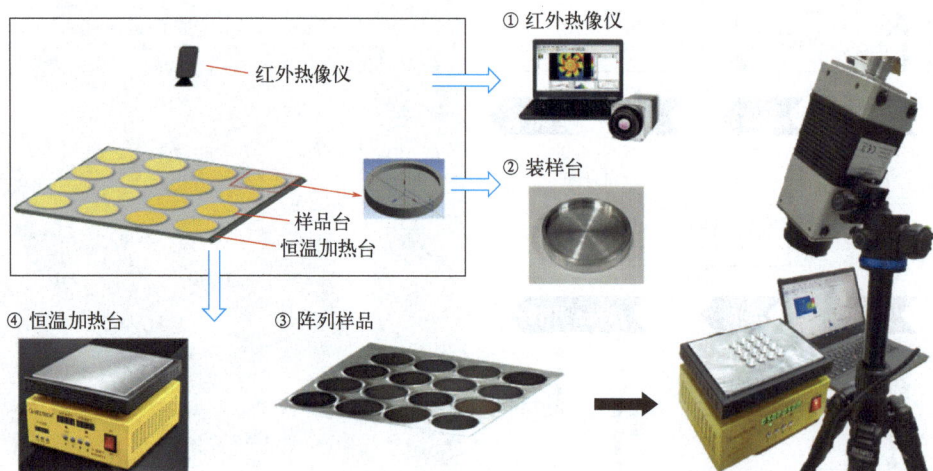

图4-16　基于红外热像仪的高通量表征示意图与实物图

研发的高通量制备技术已成功应用于 $BaTiO_3$-$LaAlO_3$ 体系、Zr-Ti-C-B 及 Zr-Ti-C 体系、SiB_6 基陶瓷粉体、Ca^{2+}/Fe^{3+} 掺杂 $LaAlO_3$ 材料体系、Cr^{3+} 掺杂 $NiAl_2O_4$ 尖晶石等节能材料的筛选。其中，以 SiB_6 基陶瓷粉体为基料，加入辅料配制成节能涂料，已用于山东钢铁集团有限公司莱芜分公司中型厂的钢铁加热炉，涂层厚度 200μm，涂敷面积 145m²，考核期 1 年，节能率大于 8%（10% ～ 13%），符合考核指标。同时，建立了年产 5t 的陶瓷涂料生产线。

（4）纤维材料高通量制备技术

① 高通量静电纺丝技术。静电纺丝纳米纤维具有高比表面积、高孔隙率等许多优异的性能，通过静电纺丝方法不仅可以对纤维直径、纤维形貌、纤维结构进行调控，还能较容易地通过使用功能化聚合物或添加功能性化学物质来得到具有不同功能的纳米纤维。静电纺丝的实验室研发设备的设计原理与制备工艺取得了巨大的进步，可以便捷地调控纺丝过程中的纺丝溶液参数和工艺参数。其中，多通道核 - 壳静电纺丝、多通道微流控纺丝等方面的纺丝工艺与设备，可认为是高通量静电纺丝的前期尝试，这些技术可以通过改变供液流速而改变纤维组分比例。高通量静电纺丝技术结合微流控、多通道静电纺丝技术与自动控制技术，将各聚合物与掺杂材料配置成不同的单组分溶液，在纺丝过程中各单组分溶液分别通过不同的纺丝液通道输入到喷头处，并在喷头实现原位混合，随后即进行纺丝，以此可以实现不同组分的聚合物、不同掺杂材料的复合纤维的连续制备。

高通量静电纺丝技术实现了多组分复合纳米纤维材料的组分连续可变的快速制备。传统的静电纺丝机只有单一纺丝液的流道、注射器与喷头，而高通量静电纺丝设备则可以实现 2 个流道同时进液的控制，再通过静态混合器实现高黏度纺丝液在低流速情况下的均匀混合，并通过高压静电将纺丝液拉伸固化形成纳米纤维。一方面，通过改变供液单元的供液速度实现纤维组分连续可变的制备；另一方面，通过接收单元实现不同组分纤维材料的连续接收。最新的高通量静电纺丝装置可从高通量配液、高通量纺丝和高通量纤维形貌表征三个环节实现高通量制备。

高通量配液环节可实现 15 个组分的纺丝液的自动化进液与配比工作。在高通量静电纺丝环节，通过 5 个独立控制的进液通道控制液体，每个通道的输入速度、供液时间与间隔时间可以单独控制，实现了多通道不同流速的单独供液与共混供液，混合方式与接收参数可同步设置，一个组合参数运行完成后自动跳到下一个组合参数，从而实现不同组分纳米纤维材料的连续制备，能在短时间内获取不同组分的纳米纤维样品。

在纤维高通量形貌表征环节，联合扫描电镜开发了纤维形貌表征平台。在硬件方面，开发了由 36 个孔组成的 10cm×10cm 测试板，可与电镜平台适配。在软件方面，开发了自动拍摄与纤维形貌分析软件，可以实现36个样品的自动定焦连续拍摄，同时还将该电镜的数据库平台与纤维形貌自动分析软件相连，可以在20s内精确测出纤维平均直径并形成直径分布图，从而实现纤维形貌的高通量表征。基于该高通量制备平台可以快速获取功能纳米纤维的样品，不仅可将原来每天制备1～5个样品速度大大增加至每天制备30～50个样品，极大缩短了纳米纤维材料的研发周期，降低了成本，还可以快速获得功能纳米纤维的制备参数与理化性能数据，建立纤维组分-微观结构-纤维性能之间关系，并建立不同高分子、不同应用领域的功能纳米纤维材料的制备参数与性能参数数据库。

② 高通量液相直写技术。高通量制备高分子聚合物的特征包括：

a. 合成或制备不同种类的备选聚合物，即在一次实验中完成多组分材料的制备；

b. 快速分析测试，即简单快速无损全面的成分和结构分析，如红外光谱分析、核磁共振分析和热分析等；

c. 计算机数据处理；

d. 材料物性数据库的建立和数据标准化，以及数学模拟和计算预测等理论方法的加入。

南方科技大学基于高通量液相直写设备研究了高分子前驱体的高通量制备。研发的装置具有多通道精确投料和多通道反应的功能，流量计精度为±0.2%RD，可同时调整5种材料组分，单次实验可同时合成10种不同组分的高分子材料。这台设备主要包括储液、计量和反应三个部分，储液部分主要由5个密闭储液罐组成，可确保惰性气体氛围，保证前驱体溶液的稳定性；计量部分由精确计量泵和过滤器组成，过滤器的主要功能为保护计量泵不被污染、堵塞，计量泵流速为0.5～5mg/min；反应部分则主要由10个独立的反应釜构成，可分别加热反应，并提供惰性气体保护。基于高通量液相直写设备完成了碳纤维前驱体共聚物的筛选并最终得到一种性能优异的高分子前驱体共聚物。

4.1.3　高通量表征技术

（1）基于大科学装置的高通量表征技术

大科学装置，包括同步辐射光源、自由电子激光和散裂中子源，具有很高的光亮度和光通量，是满足材料芯片样品跨尺度、快速表征的有力工具。同步辐射光源、自由电子激光和散裂中子源这三种典型的大科学装置，在各类材料成分、结构、性能的高通量表征中功能互补，能够以极高的时间和空间分辨率产生涵盖晶体结构、电子结构、自旋结构、表/界面特征、动态过程演化信息、大工程试样信息等在内的全面的、海量的材料数据。利用大科学装置开展材料高通量表征可分为3个层次：

① 样品多种信号同时采集的高通量表征技术。多信号同时采集技术是指将制备好的材料样品放到同步辐射光源或中子源中进行成分、结构和性能的同步高通量表征，结合自动数据采集软件实现高通量的数据获取。1998年，Issacs等利用同步辐射X射线衍射、荧光和吸收谱，快速表征了磷光氧化物组合材料样品库的成分、结构和稀土元素的价态。2003年，南方科技大学利用同步辐射X射线衍射在Fe-Co-Ni三元合金相图中发现了2个非晶区域。大科学装置的高亮度光源和高时空分辨率，不仅可以快速表征静态的材料组合样品，还可以实现瞬态和动态的原位表征。2014年，基于斯坦福同步辐射光源研发了同步辐射X射线衍射和荧光联用技术，高通量表征了Bi-V-Fe氧化物的成分和结构，每日表征通量可达5000个样品。2015年，上海交通大学提出了白光X射线结合能量色散面探测器的表征技术（2D-EDXRD），实现了微区样品的组织结构和组成成分的高通量表征。白光X射线光源结合能量色散面探测器收集全部有效的衍射信号以及荧光信号（图4-17），衍射效率相比于ARXRD和EDXRD可以提高4个数量级，大幅提高了材料结构和成分数据的获取速率。英国钻石光源也在发展了相关白光X射线技术来实现衍射、小角散射和吸收谱的高通量表征。

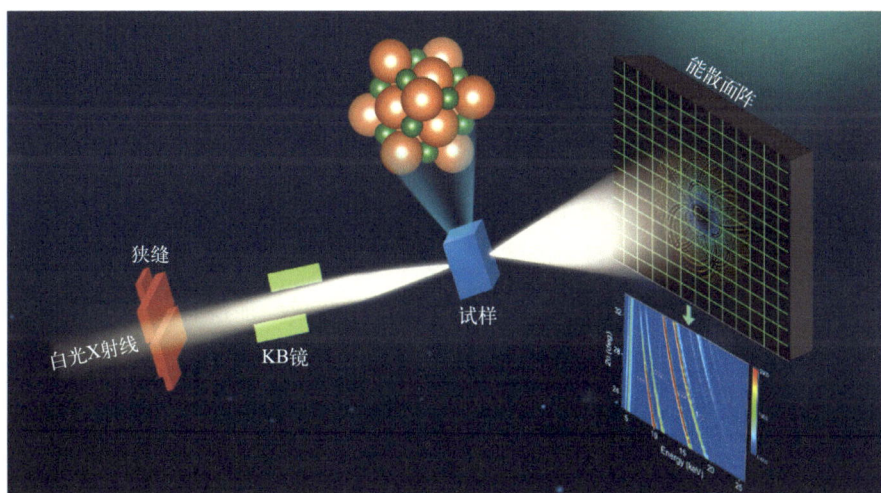

图4-17 白光X射线能散面阵衍射及荧光系统示意图

② 原位加载的高通量表征技术。原位加载的高通量表征技术是对制备好的材料样品进行加载和测试，原位、实时地监测材料在服役环境中的响应和变化，表征工程结构材料在温度、外力作用下缺陷结构的产生、演化等。中国科学技术大学研制了一套太赫兹近场高通量材料物性测试系统，该系统通过集成可调谐预聚束太赫兹自由电子激光与宽谱脉冲光源，以及探针和样品双扫描模式等核心技术，来测量在可控的温度、磁场、电场等条件下功能材料的复光学常数，揭示与之直接关联的功能材料特征物性，可以实

施材料物性精密测量和进行材料快速筛选。深圳材料基因组大科学装置平台依托东莞散裂中子源建设了高压中子谱仪和高分辨高通量中子粉末衍射谱仪，可实现材料微结构、缺陷、应力等多层次、多维度、多尺度演化的快速原位分析和表征，以及材料成分、结构、物化性质及动力学规律的高通量获取。

③ 高通量制备/表征一体化。通过在现场进行材料制备，并在制备过程中进行原位、实时表征，研究工艺参数对材料成分、组织结构、性能等的影响，从而构建完整的"工艺-成分-结构-性能"相图。根据特定实验和特定材料的要求，设计和搭建制备/表征一体化系统。

（2）高通量白光 X 射线表征技术

由于同步辐射光源能提供高光子通量的白光 X 射线，利用同步辐射光源是解决表征问题的最佳方案。但是，目前国际上的同步辐射 X 射线衍射线站普遍存在光束尺寸过大、测量速度慢（报道的最快单点表征时间在秒级）等各种缺点，不能用于多种成分组合的大量样品阵列（阵列中每一个样品单元的大小仅为几十微米）的高通量表征。因此，现有的 X 射线衍射技术无法满足高通量结构与成分表征的需要，不能在短时间内完成多种成分组合的大量样品阵列的测量，亟需发展能够快速获取材料成分和结构大数据的表征技术，以加快新材料的研发。而基于弯铁光源的白光 X 射线能散面阵（2D-EDXRD）技术的衍射效率比角分辨 X 衍射（ADXRD）技术高 4 个数量级，有望将现有 XRD 单点表征时间提高到亚毫秒级。进一步结合光学元件聚焦或扩束对光斑进行调节，可实现短时间内对大量样品阵列进行结构和成分的高通量表征。

X 射线吸收谱（XAS）是目前能够无损原位研究样品中特定元素化学价态及精细结构的唯一手段，高通量表征对 XAS 技术提出了更高要求：能源存储与转化材料的原位表征要求 XAS 的时间分辨率由毫秒级提升至微秒级甚至纳秒级；极端条件下前沿材料、特种装备材料的研究往往需要光斑聚焦到几微米。尽管 ESRF 等世界知名的 ED-XAS 线站部分解决了数据快速采集和极端条件应用的问题，但目前国际上只有很少的线站可同时实现超高时间分辨率（微秒级）和高空间分辨率（微米级）。利用高亮度微结构阳极靶 X 射线光源，配合双抛物面 X 射线聚焦镜、高分辨率阵列探测器，以高功率微聚焦的 X 射线光源通过曲面晶体实现大立体角的 X 射线接收和波长色散，使光源利用率比传统的单色方法提升 1 ～ 2 个数量级，同时配合最新的二维阵列探测器技术，实现波长色散信号的大面积高效测量，10min 内即可在普通实验室获得标准样品的完整精细结构吸收谱。该技术的进一步发展是结合同步辐射光源以及超高时间分辨和高空间分辨条纹相机，实现了纳米级尺度/微米级尺度可调的空间分辨率（10 ～ 100nm）和超高的时间分辨率（1fs ～ 100ps）。配合高性能 X 射线条纹相机，该装置可实现样品微区吸收光谱和荧光光谱跨尺度、超快测量，捕捉微秒级反应过程的变化，可用于跟踪观测物质的制备过程、光/电/化学反应过程，从而帮助人们理解物质生长和催化剂催化机理。利用高通量白光 X 射线精细结构吸收谱系统进行样品无损检测和高精度快速分析，可实现多晶、非晶等材料的原位、跨尺度、快速表征及化学价态和精细结构的研究，满足对材料元素价态、原子结构、电子结构大数据的需求。

（3）超快激光表征技术与非平衡态相图绘制

以超快泵浦-探测光谱技术为基础，派生出了多种超快测量技术，如荧光转换光谱、超快时间分辨太赫兹光谱技术、超快时间分辨角分辨光电子能谱、时间分辨 X 光/电子衍射技术等。经过四十多年的发展，飞秒激光的波长已经覆盖了从软 X 光到太赫兹之间的所有波段，通过对吸收、反射、椭偏、荧光和光致发光谱的测量，可以得到非平衡态材料中电子和声子的分布函数，也能够提供电子和声子相互作用的信息，是理解电子、声子弛豫过程动力学规律不可或缺的手段。使用飞秒紫外光和软 X 光脉冲激发材料的光电子并进行分析，可以直接测量非平衡态材料的能带结构。通过测量材料对飞秒 X 光和电子脉冲的衍射效应，能直接观测材料结构在非平衡态下的演化。使用飞秒激光激发的光电子脉冲作为电子束探针，还可以直接对材料进行超快电子显微成像，具有电子成像的空间分辨率和飞秒泵浦-探测技术的时间分辨率。超快激光表征技术能够实现亚皮秒级时间分辨率，是研究非平衡态材料中复杂多重弛豫行为不可或缺的手段。近年来随着超连续激光技术的成熟，使用泵浦光产生的超连续激光作为探测光，既增加了波长选择的自由度，又保证了泵浦光和探测光的同步，能够全面获取非平衡态材料体系中多种相互作用的信息，已成为非平衡态研究的有力工具。

南方科技大学的研究团队研制了高速集成阵列椭圆偏振光谱仪、远场热力学参数测量系统等一批具有自主知识产权的超快光谱表征装备，促进了我国与非平衡态相关的高通量表征技术的发展。远场热力学参数测量系统将飞秒脉冲激光与条纹相机相结合，通过分光和光学延迟，同步采集入射光和参考光的光谱信息，实现了 0.1ns 超快测量金属样品的反射率，在 580nm 波长下的温度分辨率小于 100K。通过与原位热处理系统连用，可实现非平衡态相图的原位表征。

与传统平衡态相图不同，TTT（温度-时间-相过度转变）非平衡态相图描述了不同相之间（如液态晶体和晶体固体，非晶态和晶态或不同晶态）的瞬态转变规律。其不仅对研究具有优异性能的非晶-纳米晶合金及后摩尔时代非晶-纳米晶多态相变存算储材料等近年来备受关注的新材料形成机理至关重要，也关乎材料科学和凝聚态物理中一系列重要基础科学问题和研究。非平衡态相图是复杂多体相互作用的结果：相关体系具有复杂的原子和电子结构，体系内部没有长程序，能量上也处在亚稳态，具有复杂的多重弛豫行为。非平衡态相图的弛豫时间跨越多个数量级，最短可至亚皮秒级。为了实现非平衡态相图的可控制备，南方科技大学的团队开发搭建了脉冲激光温度可控的原位热处理系统。通过对脉冲激光时域和空域分布的仿真设计，优化脉宽与强度，获得了材料加热的时间和空间均匀性。在单个微区上通过激光参数调整实现了热处理温度可控，使样品逐步升温直至熔化。采用1064nm的红外脉冲激光对样品进行加热处理，对处理能力提供了从1ns到1000ns的短脉冲调控，可适应多种材料的相变条件。通过散射空间光整形片，将原有激光的高斯分布整形为均匀能量，同时可以将原有圆形光斑通过空间整形为方行光斑，有利于避免光斑间能量的相互叠加。设计开发的原位热处理与表征系统，内部采用高精度可编程自动扫描样品台，通过对样品台位移的控制实现对样品逐点加热，并实现了高熔点金属单质（钽、钼、铬、钛等材料）的相变和非晶转变。

4.1.4　发展现状和趋势

（1）高通量制备技术和装置蓬勃发展

随着材料基因工程研发理念的深入人心，高通量制备的实验方法已在较大范围被材料科学领域接受，应用于金属、陶瓷、无机化合物、高分子材料等的研发与产业化，并研发出了一批高通量制备装备，适用的材料形态从最初的薄膜形态扩展至块体、粉末、纤维、液体等多种形态，提高了材料制备与表征评价的实验效率。

在块体合金的高通量制备方面，开发了端淬梯度热处理、双圆锥台梯度热变形、多通道激光增材、螺旋梯度连铸、多组分静压固结、高通量微波烧结等高通量设备，可实现合金成分以及热处理和热变形等工艺参数的梯度控制。在薄膜材料的高通量制备方面，由于最先发展的组合材料芯片技术就是一类薄膜材料高通量制备技术，目前已发展出各类成熟的商品化的高通量制备设备，包括高通量磁控溅射、高通量电子束沉积、高通量分子束外延、高通量化学气相沉积等薄膜制备系统，单批次同步制备的样品数超过200个。在粉体材料的高通量制备方面，开发了基于溶胶-凝胶、微流体操控、激光并行加热处理、电场辅助燃烧等技术的微纳粉体高通量制备装置，并成功应用于荧光材料、催化材料等的高效实验筛选。在纤维材料高通量制备方面，开发了高通量静电纺丝和高通量液相直写设备。

（2）高通量制备与高通量表征加速融合，提升数据获取效率

高通量制备表征技术在发展的初级阶段制备与表征是分离的，制备获得大量样品后，仍需采用离位方法进行样品的后处理和性能表征，影响了新材料的研发效率。近年来，新开发的高通量制备技术与装置注重与高通量表征方法的融合，在获取大量样品的

同时在线完成相应的测试或表征，在短时间内获得材料的成分-性能关系。中国科学院上海硅酸盐研究所开发的激光并行加热多通道微纳粉体合成装置集成了多光束宽光谱表征装置，在高通量制备不同成分荧光粉体的同时，通过光谱进行在线测试，即时筛选出最优的成分范围。南方科技大学研发的高通量静电纺丝设备集成了原位形貌表征装置，结合自动拍摄与纤维形貌分析软件，单次可实现36个样品的自动定焦连续拍摄，并在20s内精确测出纤维平均直径并形成直径分布图，快速建立纤维组分-微观结构之间的关系。

高通量制备技术的蓬勃发展促进了表征仪器技术的创新发展。高通量实验制备的大量样品急需一系列与之匹配的精准、快速的表征仪器，尤其是对具有连续成分梯度的高通量样品的快速表征至关重要。高通量制备表征一体化装置的开发推动了材料、物理、化学、电子、仪器、机械和计算机软件等多个领域的人才的共同合作。

（3）高通量制备装置的自动化和智能化水平不断提升

在高通量制备技术的发展初期，各类制备装置大多处于原型机水平，用于验证高通量制备原理。这些早期发展的高通量制备装置大部分采用"梯度制备"，制备流程与后期的性能分析、表征都十分依赖人工。虽然一次可以制备大量样品，但是分析效率低，获取的性能数据与材料服役要求的性能仍存在"鸿沟"，通常借助物理模型才能建立工艺-组织-性能关系，高通量制备技术与数据分析处理技术脱节。近年来，高通量制备装置的自动化和智能化水平不断提升，各类高通量制备装置将智能控制、全流程实验数据管理等功能集成到装置上，重点发展了高通量制备全流程数据的自动采集、传输与存储技术。高通量制备装置的自动化和智能化要求制备装置产生的数据要进行标准化，同时要提升装置的可靠性和数据一致性。在高通量制备装置上融合材料计算软件、仿真软件和商业数据库等工具，实现了高通量制备产生的数据的"现场"加工、处理和分析，提高了材料成分、组织、工艺和性能的自动筛选效率，满足了不同行业对高通量制备技术的研发需求。

（4）基于大科学装置的高通量表征技术成为前沿研究领域

如何快速获得材料成分与结构的基础性数据一直是高通量表征技术的瓶颈。常规光谱分析的光源的波长范围和亮度都有限，难以做到多种表征信号的同时采集。同步辐射光源和中子源等大科学装置的发展为此提供了新的机遇。同步辐射光源在红外光至硬X射线光谱范围内均能实现高亮度微聚焦，还具有高准直性、全光谱、高偏振、高纯净度等优秀特性，能够很好地满足材料样品连续表征成像所需的亮度和空间分辨率要求。在超快表征领域，表征效率和检测精度受制于单脉冲光子数。相较于实验室的脉冲光源，同步辐射光源单脉冲光子数在可见光波段高1～2个数量级，而在太赫兹波段甚至高 3～4 个数量级。因此，宽波段高亮度的同步辐射光源可极大地提升材料表征速率，尤其是太赫兹波段，在材料的超快动力学过程研究中具有无与伦比的技术优势。另外，由于目前被测样品往往是单点表征，同步辐射光源的表征能力还远未得到充分发挥。若采用连续扫描，则可充分发挥其高亮度、高时空分辨率等特性，用于发展快速成像技术。因此，基于同步辐射光源在光源亮度、通量和时空分辨率方面的独特优势，可以解决传统接触式测量手段难以实现微区、快速表征电学参量的关键技术难题，进而发展出一系列非接触式快速、定量、高空间分辨率的变温远场光探针电学成像表征新原理和新技术。

中子谱仪主要利用中子穿透力强、对轻元素及磁自旋敏感、长于同位素甄别及相邻元素区分、精于晶体结构分析与声子频谱测量等独特技术优势，结合一定的环境平台，可实现在高温高压、低温强磁场以及高压渗流等极端条件下的中子衍射与中子成像功能，能在不同压力、温度、磁场等极端条件下对力、热、声、光、电等物理量进行多模式原位协同表征，高通量地获取集成化的材料数据。超高分辨率的中子粉末衍射谱仪则为新材料研究提供了高分辨率、高精度和高通量的结构分析手段，可用于获取锂离子电池材料中的离子通道、储氢材料中氢原子的位置、高密度存储和磁冷却的分子磁性材料的磁相互作用、量子材料的电子磁矩分布等其他表征技术难以获取的数据，为新能源、生物医学、电子科技等领域的新材料研发提供支撑。

4.2 材料原位表征与测试技术

4.2.1 概念与内涵

原位（in situ）的概念是相对于离位（ex situ）而言的，指材料在"原来的位置"生长、测试或表征，如早期的原位合成及原位观测/表征等。近年来，"原位"概念在材料表征领域逐渐由空间范畴扩展到时空范畴，即同时具有"原位、实时（real time）和动态（dynamic）"三个概念，表示在外场（如力、热、电、光、磁等单场或多场耦合）作用下，材料相同观测位置的组织或性能随时间演变的实时、动态变化。原位表征与测试技术是指对样品施加某种外场激励或将其置于某种环境中，利用透射电镜或扫描电镜等表征装置实时观察其受外场激励的过程或者在该环境中的状态演变的表征与测试技术。按外场激励方式与环境种类划分，原位电镜表征主要可分为原位热、力、电、磁、光、环境及多场耦合电镜表征等。

4.2.2 基于扫描电镜的原位表征与测试技术

扫描电镜作为一种功能齐全、用途广泛的微观组织表征装置，在耦合原位测试技术方面具有得天独厚的优势。首先是其样品室空间充裕，为开展外场条件（热、力、电、磁等）下的原位实验提供了硬件保障；此外，扫描电镜可配备多种信号探测器，如电子背向散射电子衍射（EBSD）、电子通道衬度（ECC）、能谱（EDS）探测器等，以满足材料多维度表征分析需求，实时地建立材料宏观性能与微观结构的关系。近年来，原位扫描电镜在材料科学研究领域得到了广泛应用[10]，发展了多种基于扫描电镜的原位表征与测试技术（图4-18），根据外场激励条件的不同，主要归为以下几类。

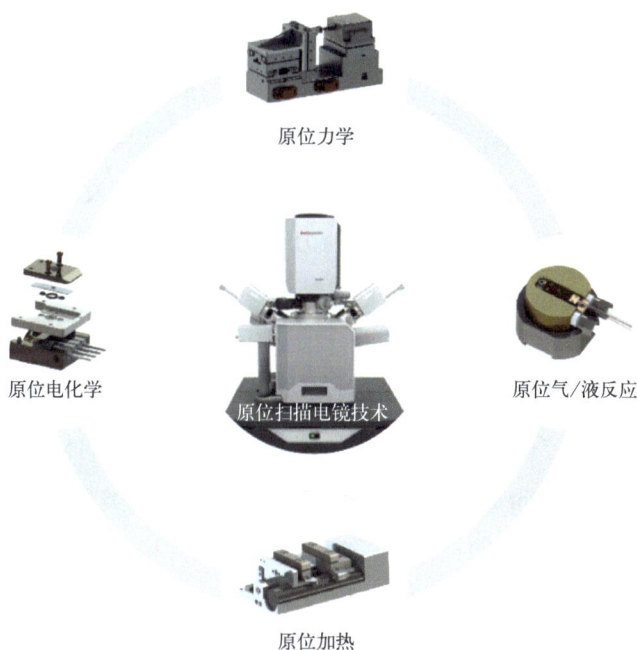

原位力学

原位扫描电镜技术

原位电化学

原位气/液反应

原位加热

图4-18 基于扫描电镜的原位表征与测试技术

（1）原位加热

原位加热技术是扫描电镜中最先发展的原位表征技术之一。通过在样品室加装加热/冷却系统与实验样品相关联，可进行原位的样品加热和冷却，同时进行实时的二次电子成像、背向散射电子衍射成像、背向散射电子衍射分析以及元素分析等，从而实现研究对象的原位表征。该技术通常用于加热过程中的相变、再结晶、晶粒生长、氧化现象以及材料变温性能的研究[11-12]。该技术的主要难点在于样品加热到高温后表面释放的气体会对真空造成破坏，以及热辐射电子会影响信号收集。当前的扫描电镜原位加热表征装置都具有水冷和热防护屏蔽功能以及高温成像时的附加偏压控制功能，基于软件的温度控制器能实现精确的温度控制和记录。

针对扫描电镜在加热条件下的原位表征，目前已经有很成熟的商业产品，如 Gatan 发展了专为扫描电镜设计的 Murano 原位加热台，可与扫描电镜中包含 EBSD 探测器在内的各种探测器兼容，且具有专为在 EBSD/二次电子（SED）/聚焦离子束（FIB）几何约束下操作而设计的块体样品支架，能够对大至 9mm×4.5mm×1.5mm 的样品进行快速加热，加热速率大于 100℃/min，加热温度最高可达 1250℃（对于 SED 成像）与 950℃（对于 EBSD 应用）。国内外很多科研团队也根据自己的需求设计制造了扫描电镜原位加热设备，如浙江大学、武汉理工大学、重庆大学等。早期，武汉理工大学利用热电偶将试样与加热、控温装置相关联，同时设置了加热程序控制加热速率，在扫描电镜中搭建了一套较为简易的原位加热系统，实现了再结晶不同阶段的实时动态观察。浙江大学在国家基金委重大科研仪器专项的支持下开发的原位高温扫描电镜，目前已经推向市场，该设备具有高温二次电子探测器，可实现对 1400℃原位加热组织的观察，还具有三维移动平台与大载荷拉伸平台、超大结构样品腔室等。重庆大学开发的高温拉伸加热样品台，可以实现拉伸和加热同时作用下的 SED 和 EBSD 表征。

（2）原位加载

原位加载技术也是扫描电镜最早发展的原位表征技术之一，目前既有商业化产品也有实验室自制装置。按照加载精度可将原位加载技术分为两类：一类主要针对厘米-毫米级样品（如迷你拉伸样品），代表性产品如 Gatan 公司的 MTest2000 原位加载台、ZEISS 公司的 In Situ Lab for ZEISS FE-SEM 等，这类样品台类似小型万能试验机，可实现数牛顿至数千牛顿载荷下的拉伸、压缩、弯曲、疲劳和摩擦磨损等原位表征与测试，力的分辨率为数牛顿，位移分辨率为百纳米左右；另一类主要针对微纳尺度样品，如纳米微柱等，是在纳米压痕技术基础上发展而来，依赖压电陶瓷的高精度传感器实现纳牛顿级别力的分辨率及纳米级别位移的分辨率，最大加载力在百毫牛顿左右，代表性产品如 Hysitron 的 PI-85 及 PI-88、Femto Tools 的 FT-NMT03/NMT04 纳米测试系统、Nanomechanics 公司的 NanoFlip inSEM 系统等，这类产品可实现纳米级压痕、拉伸、压缩、弯曲和疲劳等原位表征与测试。

此外，国内外的研究团队根据自己的需求设计制造了不同类型的原位加载装置与设备，如浙江大学和北京工业大学开发了 Mini-MTS，通过采用不同样品台，可针对厘米-毫米级样品进行原位拉伸、压缩、弯曲等加载，并实现了商业化及广泛应用；西安交通大学利用 FIB-SEM 的高分辨率高质量成像、可动态观测以及可加工微纳尺度力学测试试样（样品）等优势，与 Hysitron 原位纳米力学测试系统相结合，搭建了微纳尺度下试样制备、原位力学测试和组织实时表征的一体化实验系统。兰州空间技术物理研究所借助FIB-SEM双束显微分析测试系统，提出了一种微米尺度下原位进行三点弯曲薄膜测试的方法，有效评估了多种薄膜的形变能力及形变特性。浙江大学研发了基于扫描电镜原位动态滑动摩擦磨损观察的试验装置，实现了摩擦磨损试验时试样转速的无级调速和测定、样品表面形貌的动态直接观察、摩擦力及载荷变化的定时测定以及实验数据的采集与处理。中国科学院力学研究所郇勇等基于电磁驱动和转矩测量原理，研制了一种在SEM中使用的原位微尺度扭转试验机，转矩量程为1.6×10^{-4}N·m，分辨率为1×10^{-9}N·m，可实现微尺度扭转测试中材料变形本构关系及材料表面形貌演变的同步观测。

（3）原位环境

基于扫描电镜的原位环境表征是指在SEM样品室中调整压力、气氛、气体或液体类型及温度等，实现对材料在模拟环境中的组织演变的实时动态观察与检测。原位环境表征实现方式可分为两类：一类为专用的环境扫描电镜（ESEM），该类扫描电镜采用压差光阑和分级泵真空系统，使样品室实现大于水在常温下的饱和蒸汽压，而电子枪部分始终处在高真空环境中。ESEM可以观察常规SEM无法直接观察的绝缘及含水、含被测液体等"湿"样品。目前各大电镜厂商均有相当的商业化ESEM产品。另一类原位环境表征则基于MEMS技术，将气氛/液体环境微腔/芯片集成到扫描电镜样品台，通过在样品台上进一步集成加热、加载等模块，可在扫描电镜中制造可控的气液环境并对实验样品原位加热、加载等，实现在气液环境中原位、动态、高分辨地对样品的晶体结构、化学组分、元素价态进行综合表征，实时观测催化反应、氧化还原反应、低维材料生长/合成以及各类腐蚀等。采用原位环境样品台，一方面是因为其在常规SEM中具有普遍适用性，不需要购买专用ESEM，另一方面，是其大大提升了原位环境表征的内容、形式及测试手段，具有极大的灵活性，因此近年来的应用逐步增加。

（4）原位电化学测试系统

原位电化学测试系统将SEM与电化学测试设备联用，实现了在电池充放电过程中电极材料的形貌变化及元素分布等信息的实时动态观察。SEM具有样品安装空间大、样品损伤低、对环境真空度要求低等优点，通过构建接近电池实际工况条件，可以在微纳尺度原位观察块体电极在循环过程中的形貌和结构演变。常规电解液具有较高的蒸发压，无法在高真空环境中使用。日本大阪大学的研究人员采用离子液体，将基于离子液体的锂离子电池置入SEM并与电化学测试装置联用，在充放电过程中记录电化学数据，并同时利用二次电子和背向散射电子动态观察电极材料形貌与元素演变。北京工业大学自主设计并搭建了SEM原位变温电化学测试装置，可以实现变温条件下的原位电化学测试与形貌观察，该测试装置可连接不同的电化学测试，还可以拓展电化学-力学等耦合功能，适用于锂电、钠电和铝电等材料的研究。厦门大学开发了基于原位电化学检测芯片的多工位样品台。目前，基于SEM的原位电化学测试系统尚无成熟的商业化产品，原位电化学测试系统多为实验室团队自主改造，适用材料种类和测试手段都较为局限，亟待发展接近工况条件的原位电化学测试技术。

（5）原位多场集成系统

扫描电镜多场集成原位表征技术是在扫描电镜中通过原位样品台引入两个及两个以上外场，利用扫描电镜的SED、EDS、EBSD等表征技术，对多场作用下材料的形貌、取向、应力分布的变化过程进行研究，用于解决材料的相变、中高温蠕变、疲劳、高温氧化腐蚀等科学问题。

力-热耦合是最常见的一种多场耦合方式。重庆大学研发了一套集成在扫描电镜中的原位加热-加载平台，最高加热温度可达400℃。在加热样品的同时，同步进行拉伸试验，从而实现对加热、加载样品的实时观察。该拉伸装置采用70°倾斜设计，还可以在实验过程中对样品进行EBSD分析。北京工业大学和浙江祺跃科技有限公司开发了适用于高温拉伸的原位样品台，通过多层屏蔽保温结构设计有效规避了SEM高温（1000℃以上）原位加热时热电子与电磁场对二次电子探测器成像的干扰，实现了1200℃高温拉伸时材料微区原位的实时动态跟踪和高分辨率、高质量、长时间成像，已用于研究高温拉伸状态下镍基高温合金的组织演变过程。同时，高温原位疲劳测试系统可满足1000℃以下不同温度的疲劳测试需求，对于研究结构材料的高温疲劳行为和疲劳失效微观机制有重要意义。在此基础上，该团队开发出了大腔体高温原位扫描电镜，最高加热温度达到1400℃，最大拉伸载荷达10000N。

近年来，还发展了原位扫描电镜的光-电-力一体化系统，通过扫描探针控制单元，可在三维空间内对电学探针与光纤探针进行亚纳米级别精度的操纵与定位。通过电学探针施加电场，通过光纤探针施加光场，通过力学模块施加力场，从而在物性测量的同时，动态、高分辨率地对样品的晶体结构、化学组分、元素价态进行综合表征，极大扩展了扫描电镜的功能与应用领域。

（6）超快扫描电镜

扫描电镜原位表征的进展还包括超快扫描电镜。美国加州理工大学设计了一套利用超快激光脉冲对样品进行加热和实时观察的系统。在成像模式中，采用25.2MHz的飞秒激光脉冲对样品加热，即时间分辨率达到飞秒级别；在衍射模式下，使用12.6MHz的脉冲加热样品（即时间分辨率为10^{-10}s），并同时记录样品的菊池花样。此外，还开发了超快环境扫描电镜，实现了在空气或水气压下的超快过程观察，时间分辨率达到了约30ps，空间分辨率接近10nm。

4.2.3 基于透射电镜的原位表征与测试技术

目前，原位透射电镜表征主要可分为原位热、力、电、磁、光、气/液环境及多场耦合电镜表征等（图4-19）。从实现手段来说，主要分为原位样品杆和原位电镜改造。近年来，随着机械精密加工技术尤其是MEMS芯片技术的发展，各类原位电镜技术得到了长足发展，原位环境激励广度和分辨率精度均有很大突破。在空间分辨率上，目前各类原位电镜实验中均有实现原子或近原子分辨水平的报道。根据外场条件不同，基于透射电镜的原位表征技术主要归为以下几类。

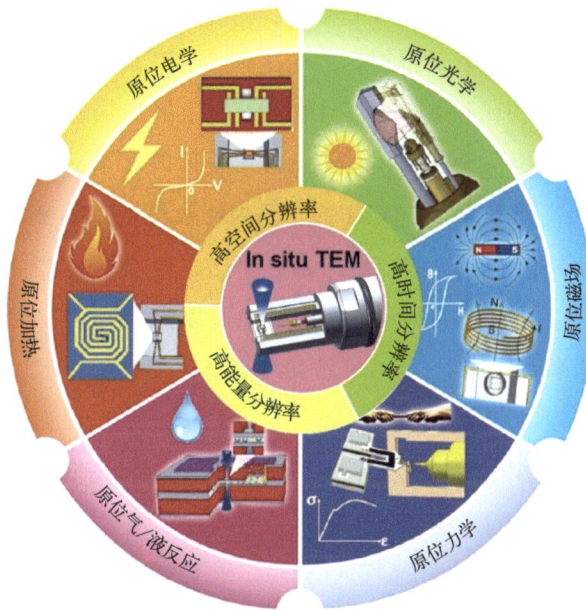

图4-19 基于透射电镜的原位表征与测试技术

（1）原位加热

透射电镜原位加热技术是近年来材料科学研究中广泛使用的重要原位表征与测试技术之一，也是在透射电镜样品杆头部狭小的空间内较容易实现的技术。原位加热表征系统通过在标准透射电镜样品杆上配置加热元件和外接控温装置，直接在透射电镜腔室内对样品进行加热实验，实现样品的微观组织和化学组分及其演变的实时、动态、高分辨率表征[13]。根据原位加热杆加热方式的不同，透射电镜原位加热技术可分为三种。

第一种是通过电阻丝直接加热样品。该方法简单易行，目前已经有较多成熟产品，如日本JEOL公司、美国Gatan公司等提供的产品。在实验室方面，日本研究人员设计制造了采用难熔钨丝作为加热源直接加热样品的原位加热杆，极限温度可达到1727℃，但无法实现双轴倾转功能。西班牙研究人员在此基础上，通过优化设计使加热零部件置于倾转台上，实现了双轴倾转，有利于进行高温下的电子断层分析。

第二种是坩埚加热方式，其可靠性和可控性较之第一种加热技术有较大提高。美国Gatan公司较早开发出了商业化单倾或双倾原位加热样品杆，可实现样品在单倾状态下1300℃加热，在双倾状态下1000℃加热。坩埚加热方式的加热功率大，高于500℃时样品杆需要通循环水进行冷却，水泵振动会对TEM成像形成干扰。与Gatan公司的原位加热样品杆相比，Hummingbird Scientific公司发展的坩埚加热式单轴倾转原位加热杆在使用温度高于500℃时采用自然传导的冷却方式，有效避免了循环冷却水可能产生的振动等影响，其加热最高温度可达到1000℃。

第三种是近年来出现的MEMS加热装置，也称芯片加热装置。该类加热装置最大的优势在于加热范围小，可以获得很好的稳定性，如在加热到1000℃以上的条件下可获得原子像；加热速率快，很容易达到1000K/s以上的加热速率，且易于集成，功率小，因此近年来应用广泛。如DENSsolution公司设计的基于MEMS芯片的单倾和双倾原位加热样品杆，最高可实现1300℃加热。国内泽攸科技有限公司开发的基于MEMS芯片的原位加热样品杆，最高可实现1200℃加热，控温稳定性优于±0.1℃。国内百实创科技有限公司生产的INSTEMS系列产品，可以实现1300℃加热，加热速率可达10000K/s，且样品漂移<50pm/s，能很好地实现高空间分辨率表征。

（2）原位加载

原位加载在透射电镜中运用已较为普遍，也是较早发展起来的原位表征技术之一[14-18]，对研究材料在加载过程中的组织演变，尤其是对与缺陷相关的微观机理研究十分重要。美国Gatan公司最初开发的力学样品杆（654型）在加载过程中无法实时反馈力的大小，位移只可通过透射电镜观察获得半定量数据，仅能半定量或定性分析样品在变形过程中的结构演变，而且样品杆仅具有单倾功能。北京工业大学基于商业化双倾样品杆，自主发明了胶体薄膜载网技术，实现了对一维纳米线、纳米管材料的拉伸、压缩和弯曲的原位表征与测试，但仍无法获得定量数据；基于加热样品杆，设计了热驱动双金属片技术，在保留样品杆双倾功能下可原位加载，实现了不同维度样品原位原子尺度的力学实验，突破了TEM原位力学装置难以可靠获得原子尺度表征的瓶颈[14]，但由于双金属片在高温下会发生失效，无法进行高温应力条件下原子尺度显微结构观察。

为解决早期TEM原位加载不可定量获得力和位移的技术瓶颈，Hysitron公司基于原位纳米压痕技术首先推出了商业化PI95型TEM原位力学样品杆，可在材料纳米尺度成像的同时获得力-位移数据，并可对力-位移曲线与TEM视频进行时间同步[15]。西安交通大学微纳尺度材料行为研究中心与Hysitron公司合作成立了"Hysitron中国应用研究中心"，与电镜生产商日立高科技公司成立了"西安交通大学-日立研究发展中心"，搭建了环境电镜下定量纳米力学测试系统，可实现气氛条件下单轴压缩、循环单轴压缩、悬臂梁弯曲等多种测试。中国科学院上海微系统与信息技术研究所基于微机电 MEMS 器件，设计了 V 形梁驱动的 MEMS 拉伸装置，可置于商业双倾样品杆中，实现了对铜纳米线原位拉伸测试，获得了原位原子尺度图像[16]；此外，基于静电梳齿结构驱动的 MEMS 器件，可结合图像检测样品受力与形变，实现了纳米尺度 TEM 原位定量化拉伸；后续发展了适用于商业化标准 JEOL TEM 双倾样品杆的原位拉伸装置，可在 ±10° 范围内实现 α 和 β 角倾转并原位进行拉伸测试。

浙江大学设计开发了五自由度纳米操作台，样品可进行 360° 旋转，成功消除了常规三维重构无法避免的"损失楔效应（missing wedge）"，通过集成纳米孪晶金钢石压头，实现了单晶金刚石微纳柱体的单轴压缩和原子尺度表征，观察到了单晶金刚石室温下位错主导的塑性形变，解决了长久以来关于金刚石是否存在室温塑性的争议。

（3）原位电学表征

针对原位 TEM 电学表征的研究，目前已开发了专业 TEM 样品杆、样品制备方法及原位实验程序[19]。对纳米结构的原位操纵和电学测量主要依靠在标准外形的 TEM 样品杆上加装控制系统和电学测量系统来实现。基于 MEMS 芯片的 TEM 电学样品杆中设置有多个端口，包括电流端口和电压端口，样品电极会自动与端口连接形成回路，通过电脑控制输入/输出的电流/电压，进行电学测量。这类样品杆有多个电流/电压测试单元，可一次测量多个样品，被大量用于电致迁移相关研究。另一种 TEM-STM（scanning tunneling microscopy）探针式原位电学样品杆，是在样品台头部安装压电驱动的探针，用以精确定位并接触待测量微区来实施电学激励，在研究纳米线、纳米粒子、薄膜等纳米结构中的量子化电导、电子隧穿等方面有着不可替代的应用。不同于基于 MEMS 芯片的 TEM 电学样品杆中样品固定在芯片电极上，TEM-STM 样品杆中细长的探针不够稳定，使高分辨率成像有一定难度。目前已开发出的样品杆可将 MEMS 和 TEM-STM 结合起来，在控制和测量的精度方面均有提升。

当前原位 TEM 电学表征技术引领了多个材料电学研究领域的发展。例如，在先进电池方面，原位 TEM 已实现在原子尺度直接观察电极材料充放电过程中的形貌变化和电化学界面的动态演变，可用于研究界面电化学的反应机理和可能的电池失效机制，为高性能电池设计提供重要参考信息。在铁电材料方面，利用原位 TEM 电学表征技术可实时观测电场驱动的铁电材料中各种电畴极化翻转现象，包括铁电畴成核、畴壁运动、铁电畴弛豫、铁电畴与缺陷相互作用、不同类型铁电畴相互作用以及铁电隧道结量子隧穿效应等，促进了铁电材料在高密度非挥发性存储器开发中的应用。此外，原位 TEM 电学表征技术在研究金属纳米线的量子化电导、纳米颗粒的单电子隧穿效应、铁磁材料中的磁阻效应等诸多方面均有重要应用。

（4）原位磁学表征

原位TEM磁学表征技术可通过在样品上施加不同方向和大小的磁场，实时观测微区磁畴、畴壁分布和磁化翻转等动力学过程[20-22]。原位TEM磁学表征实验中，在样品上施加磁场主要有两种方式。第一种是基于预制场物镜产生的剩磁场，剩磁场在样品面内方向的分量可作为外加静态磁场，将样品倾转到不同角度可实现面内外加磁场的变化。这种方式只需要普通标准样品杆即可完成。第二种是在特制样品杆上用多个亥姆霍兹线圈构筑磁化样品台，实现在样品的不同方向外加可控面内磁场，可用于研究磁畴、畴壁的场致运动。考虑到外加的磁场可能会导致电子束偏转而引起图像严重漂移的问题，还开发了多极电磁铁电子束偏转补偿系统。

目前基于TEM的磁学表征技术有洛伦兹显微术、电子全息术、微分相位衬度技术和电子磁手性二向色性技术[23-24]。洛伦兹显微术是基于电子束经过不同的磁畴后受洛伦兹力作用发生偏转，使磁畴、畴壁显示出相反的衬度，进而显示出磁畴分布和畴壁宽度。电子全息术利用物波和参考波形成干涉电子全息图，经过傅里叶分析将出射波函数的相位和振幅分离，从中提取出材料内部静电势和静磁势的相位分布，给出复杂磁结构内部及其周围磁感应强度的分布。这两种技术目前只能探测面内的磁信息，且分辨率在 1～2nm。微分相位衬度技术可在较大的视场对磁结构成像并进行定量分析，但有比较苛刻的实验条件。新兴的电子磁手性二向色性技术是目前所有磁表征技术中唯一可进行一种元素分辨、原子级空间分辨、自旋/轨道磁矩分辨的磁矩定量测量技术，可探测面外的磁信息。这些技术各有优劣，互为补充，有望联合起来进行三维磁结构的表征。

将上述TEM磁学表征技术和原位TEM技术相结合可表征磁化动力学、磁相变、磁输运等动态过程[25]。可施加变化磁场的原位洛伦兹TEM技术已广泛应用于观察磁化反转过程，例如磁畴成核、磁畴/畴壁运动、铁磁性材料磁畴一致翻转等，也被大量应用于观察磁性斯格明子的产生和湮灭的动态过程。此外，对样品原位加载变化的磁场并搭配电学测量系统加载偏压测量电阻，可以测量磁性材料的磁输运参数。这些研究对高密度磁存储材料和先进自旋器件的开发具有重要意义。

（5）原位液体表征

原位液体表征是指在透射电镜中对液体样品进行原位观察。常规液体具有较低的蒸发压，不适于透射电镜的高真空环境，同时液体对电子束具有极强的散射作用，因而在透射电镜中实现液体样品观察具有极大的技术挑战[26-27]。目前，借助透射电镜实现液态环境中样品表征的技术路径主要有两个：一个是通过改装TEM，构建差分泵真空系统，在样品台附近允许一定量的液体存在；另一个是将液体密封在两层薄膜窗口之间形成密闭腔室。相对而言，密闭液体腔技术价格便宜、适用性广，是目前应用最多的技术路径。IBM公司采用MEMS技术制作原位芯片，并在其中封装液体，使用氮化硅作为窗体材料，将原位TEM液体池分辨率推进到5nm。劳伦斯伯克利国家实验室通过改进液体池设计实现了原位TEM观测液体中纳米粒子生长，分辨率达到1nm。太平洋西北国家实验室采用离子液体实现了电池材料充放电过程的原位TEM观察。除采用氮化硅薄膜外，采用石墨烯作为观察窗口的材料，可以有效减少甚至忽略电子散射，实现原子级分辨率。除封闭式液体池外，有研究者开发了开放式液体池，在无需冷冻和干燥的条件下，实现了对细胞中单个分子的纳米尺度观察，空间分辨率达4nm。原位液态电镜运用于观察纳米颗粒生长、形貌演变、自组装过程、腐蚀行为等，使人们获得了通过传统离位表征无法获得的新认识，极大丰富了化学催化、晶体生长与融合机制等基础理论。

（6）原位气氛表征

原位气氛表征是指在不同气压、气体、温度等条件下，配合多种外场加载，实现对材料在模拟工况条件下组织演变实时动态的观察与检测。目前，该技术主要分为两类：其一，多级差分泵式环境电镜（ETEM）；其二，窗口式封装的气体杆技术。在差分泵系统中，环境气体通过喷嘴到达样品周围，形成气体环境，这些气体被样品上下的光阑组限制，每一个光阑附近都配备了额外的抽气泵，通过层层抽气，确保环境气体不会扩散到电子枪及透镜系统中影响成像。ETEM的优势是无窗口材料影响成像和X射线能谱（EDS），同时可适配各类样品杆进行更复杂的原位实验。但是，受真空泵能力限制，ETEM能达到的气体环境压力一般最高仅为2kPa。原位气体样品杆是将一个气体反应器安装在电镜样品杆上送入电镜中进行成像的器件。气体反应器有一个双层薄膜窗口，两薄膜之间是样品和气体，可防止气体逸出，同时保障电子束能有效穿透并进行成像。目前的原位气体样品杆有两种工作模式：一种为静态模式，即将定量气体输入气体反应器中，气体在实验期间始终在反应器中保持静态；另一种为流动模式，气体通过进气口和出气口在气体反应器中流动，排出的气体被送入质谱仪或气体分析仪进行反应分析。基于MEMS芯片的气体环境芯片可以引入激励电路、加热器等，实现在气体环境中的样品加热、加电等激励，从而进行复合环境原位实验。目前环境电镜多用于纳米颗粒催化反应、气氛条件下金属纳米晶表面重构等研究。

（7）原位多场耦合集成测试系统

透射电镜多场耦合原位表征技术在透射电镜中借助搭载MEMS芯片的原位样品杆引入热、力、电、光等两种及两种以上的外场，在透射电镜中搭建纳米实验室，利用透射电镜高空间分辨率优势，在原子至纳米尺度实时观察材料在多场耦合条件下结构、成分和价态的演变以及光电和力学响应等，可以用于研究复杂外场条件下材料的强韧化机理、蠕变、疲劳、失效和电池材料可靠性等[28]。

在力-热耦合原位表征方面，针对商业标准样品杆无法实现高温原子尺度表征的问题，浙江大学开发出原子分辨高温力学研究系统，成功解决了TEM有限空间范围内高温场与应力场同时施加所面临的高温场局域化、热膨胀致样品断裂、热扩散导致力驱动器失效等技术难题，首次在透射电镜中实现了1150℃高温场与毫牛顿级应力场的耦合加载。该系统已用于研究我国自主开发的第二代和第三代Ni基单晶高温合金及Co基单晶高温合金在高温应力耦合条件下的元素扩散行为，以及基体和强化相间位错形核和运动行为的微观机理。百实创科技有限公司将该系统产业化，推出了INSTEMS系列多场耦合原位样品杆，可以在透射电镜中对材料施加力、热、电等两种或三种耦合外场，最高加热温度1200℃，最大加载力100mN，具有恒压、恒流、程序化等多种通电模式，空间分辨率优于0.1nm。

在光场与其他外场耦合方面，在光学原位样品杆上加装扫描探针控制单元或将样品连接至皮安表，耦合光场和电场，可实现样品原位光电效应测量。东南大学将LED光源集合到了样品杆的样品放置部位，并将样品连接至皮安表，开发出了光学原位样品杆，实现了皮安精度的光电电流测量，同时获得了原子级的高分辨率电子显微图像，为研究原位光学相关效应和器件提供了技术基础。将激光与力学探针结合，利用原位光学样品杆，可以实现光-力耦合原位表征。日本国家材料研究院的科研人员研究了CdS纳米线在弹性弯曲前后的结构、光电流与能带结构变化，发现CdS纳米线在弹性弯曲下保持了纤锌矿结构及其光电流性能，而其光电效应截止波长增加了7.3nm，表明纳米线弯曲导致的晶格应变引发了能带结构改变。

由于MEMS具有空间尺寸小、易于集成、功率小等优点，易于在TEM中构建可控的多场环境（包括力、热、光、电等），可实现材料或者器件在多重激励下的原位表征。原位透射电镜表征正在向多场多维耦合方向发展，在透射电镜中搭建纳米实验室，可实现多种外场条件下的测试，并可实时获得微纳及原子尺度材料微观组织、力学响应等的动态演变，获得常规手段无法获得的数据信息，揭示材料失效、形变、相变、演化等内在机理，有效指导材料的智能研发与设计。

4.2.4　发展现状和趋势

（1）原位表征的时间与空间分辨率不断提高

原位表征最核心的内涵是观察材料内部的动态行为，表征技术的时间分辨能力是能否捕捉到某些动态行为的关键。如材料服役过程中微裂纹的形成与扩展，钛合金、锆合金及钢铁中的马氏体相变，以及六方结构金属中孪生形核机制等基础科学问题，其作用范围在微米至毫米尺度，但与之相关联的微观机制则作用在纳米尺度。

扫描电镜具有样品尺寸大、原位环境容易实现等特点，可以表征真实样品在力、热、电等外场作用下的变化，可实现很高的空间分辨率。然而，由于其逐点扫描成像原理的限制，每一帧图像的采集时间在秒级（$1 \sim 100s$），时间分辨率不高。扫描电镜中能谱或EBSD成像，每一帧图像的采集时间需要更长的时间，通常在数分钟以上。如何实现动态表征，提高时间分辨能力，是扫描电镜原位表征发展的重要方向。

现有原位透射电镜是通过在传统透射电镜基础上引入原位样品杆来实现热、力、电等以及多场耦合下材料微观结构的动态观察，其时间分辨率取决于相机的采集速率。目前，在512像素×512像素分辨率下，相机的最高采集速率为300fps，其时间分辨率约为1μs，这是目前在保证图像质量前提下原位透射电镜所能达到的最高时间分辨率。然而，材料中的一些动态过程，例如马氏体相变、原子受应力激发后产生形变、分子和原子的运动以及化学键断裂等，其时间尺度在纳秒甚至飞秒级，利用现有原位透射电镜不能直观揭示这些动态过程，这就大大局限了科研人员对材料在外场作用下的微观结构演变过程的认识。

超快透射电镜的发展推动着原位透射电镜技术的进步与应用。超快透射电镜利用脉冲电子来获得时间分辨率。基于飞秒超快激光激发原理开发的超快透射电镜的时间分辨率可以达到200fs，空间分辨率为0.4nm。基于静电剂量调节器原理开发的超快透射电镜的时间分辨率为100ns，空间分辨率与透射电镜基本相同。因此，将超快电镜与原位技术相结合是未来在更高时间和空间分辨率下研究材料在外场作用下结构演变过程的重要途径。发展超快透射电镜与原位装置耦合技术，实现纳秒至飞秒级时间分辨率的材料在外场作用下的结构演变过程的研究是电镜原位表征技术发展的重要方向。

（2）多场耦合原位表征装备逐渐成熟

现阶段比较成熟的原位表征技术，无论是成熟的商业设备还是实验室研究人员自主搭建的设备，大多只能实现一种外场下的原位动态表征，如加载、加热、加电等。而多场耦合的方式可以更贴近某些材料的真实服役环境，例如力-热耦合、力-电耦合等，也更有利于研究材料在多个外场作用下的结构演变过程。目前，多场耦合设备在成熟度和稳定性方面都有待提高，还缺少成熟的商业设备。在透射电镜中，多场耦合的挑战主要来源于样品台极靴之间的空间极为狭小，多场耦合装置难以兼容。国内外研究团队在实验室开发的各种原位设备，大多为实验室自组装设备，没有形成完整的成套设备，在与电子显微镜的兼容性、设备稳定性、功能的完备性，以及对不同材料的适用性方面还存在问题，目前尚无统一接口标准、评测标准等。如何将这些零散的多场耦合原件和模块整合为成熟的商业产品，并且具有对不同电镜和不同材料的兼容性，是多场耦合原位表征设备未来急需解决的重要问题。

（3）三维动态表征技术实现材料组织结构重构

基于透射电镜和扫描电镜的表征是对样品表面的表征。透射电镜虽然能穿透样品内部，但仍然是内部组织的二维投影，不能反映三维特性。而样品的表面分析，很难真实反映块体材料内部组织的演变。样品的表面效应，如表面合金元素输运、表面原子重排、二维应力状态、应力条件下的橘皮效应等，对材料在力、热等条件下的组织演变都会造成影响。目前能实现材料三维表征的手段主要有：三维原子探针、基于 FIB 的逐层成像重构技术、三维透射电镜技术和三维 X 射线显微镜技术等。其中，三维原子探针和基于 FIB 的逐层成像重构技术由于对样品具有破坏性，无法实现原位表征。三维透射电镜技术和三维 X 射线显微镜技术可实现原位动态表征，是三维原位动态表征的主要研究方向。

（4）原位表征海量数据的采集和处理成为瓶颈

随着时间分辨率及空间分辨率的提升以及三维表征和多场耦合表征技术的发展，电镜原位表征将产生海量的数据，人为处理数据显然难以应对。如何实现数据产生、采集与处理之间的高效匹配，实时、动态获得服役条件下组织与性能的对应关系，是电镜原位表征发展中急需解决的难题。开发合适的智能化软件系统，利用大数据技术实现对数据的有效挖掘、智能处理和存储是下一代智能原位表征技术的发展重点。数据处理智能化软件是超快表征、三维动态表征和多场耦合表征装置中不可缺少的部分。

4.3　材料服役行为高效评价技术与装置

4.3.1　概念与内涵

材料服役行为高效评价技术通过结合高通量实验与材料计算，缩短了材料或构件服役行为的评价周期。将高通量实验技术用于材料服役行为评价，主要指开发等效加速失效模拟实验技术，通过材料参数、环境参数、力学参数、尺度参数的改变，在失效机理等同的条件下进行实验，从而通过短时、多因素变化条件下的实验获取材料在复杂工程环境中的服役行为机制、损伤动力学与预测模型。将材料计算技术应用于材料服役行为评价，需要解决从电子、原子交互作用到宏观服役行为之间的跨尺度衔接问题。对于材料失效过程，既需要利用不同尺度计算方法模拟环境失效发生的不同阶段，也需要探究不同尺度之间的耦合关系，通过选择合适的计算模型对环境失效过程与机理进行模拟。服役行为高效评价技术是研究材料失效过程、预测材料长期服役性能的关键技术。

4.3.2　服役行为高效评价技术

材料的服役损伤广泛存在于人类生产、生活当中，例如腐蚀几乎涉及所有天上、地下、探海和地面的装备，疲劳在装备的动载荷部件上发生，蠕变则发生在高温部件上。在材料服役行为评价方面，法国研究人员通过元胞自动机模拟方法研究了点蚀、腐蚀产物膜生长动力学；美国科研人员运用高通量第一性原理计算自动流程处理方法，发展了稳定晶体结构预测技术。在实验技术方面，美国肯尼迪航天中心建立了环境暴露及实验室加速实验，用于积累典型航天工程材料的腐蚀数据；澳大利亚联邦科学与工业研究院通过高通量实验技术评价缓蚀剂性能。在数据技术应用方面，美国 DNV-GL 公司基于贝叶斯模型开发出 MARV 等评估软件，已被企业用于管道风险评估；西班牙加迪斯大学基于支持向量机模型研究了不锈钢点蚀行为。

我国科学家过去十余年在材料服役行为评价方面取得了重要进展，例如中国科学院金属研究所与广东腐蚀科学与技术创新研究院采用元胞自动机、第一性原理计算了点蚀过程，首次把应力作用加到点蚀的计算研究中，还建立了腐蚀数据库，并据此设计并获得了良好的耐蚀材料。在服役行为评价技术和装置方面，北京科技大学研发了基于膜致应力的高通量应力腐蚀敏感性测试系统、高通量电化学测试系统以及应力腐蚀开裂临界应力高效测试技术等。中国科学院金属研究所研发了多轴应力腐蚀高通量测试系统、腐蚀疲劳与微动磨损一体化测试系统以及三金属电偶腐蚀测试系统。上海大学研发了多环境因素耦合加速模拟实验技术等。国内其他研究单位也陆续发展出了微电解池、阵列电极、双极板电化学法、微液滴等高通量腐蚀实验评价方法。这些技术和装置（图 4-20）为材料服役行为高效评价提供了技术支撑。

（1）应力腐蚀高通量评价技术

应力腐蚀开裂是许多工程关键结构环境失效的主要形式之一。在材料发生应力腐蚀开裂失效的断裂总时间中，裂纹扩展时间仅占很小一部分（如在许多条件下约为10%），而裂纹的孕育和萌生时间占服役寿命的主体。也即应力腐蚀开裂裂纹一旦萌生并生长至一定长度，随后将快速扩展直至最后失稳断裂。由于裂纹萌生时间长，且在快速扩展之前裂纹都比较短，很难利用现有的分析技术观察到。而裂纹一旦被检测到，此时裂纹已经非常长了，更重要的是材料将很快面临失效断裂，所以应力腐蚀开裂的发生常带有突发性，之前没有任何预兆，但其一旦发生，将对工程的关键结构的服役安全带来很大

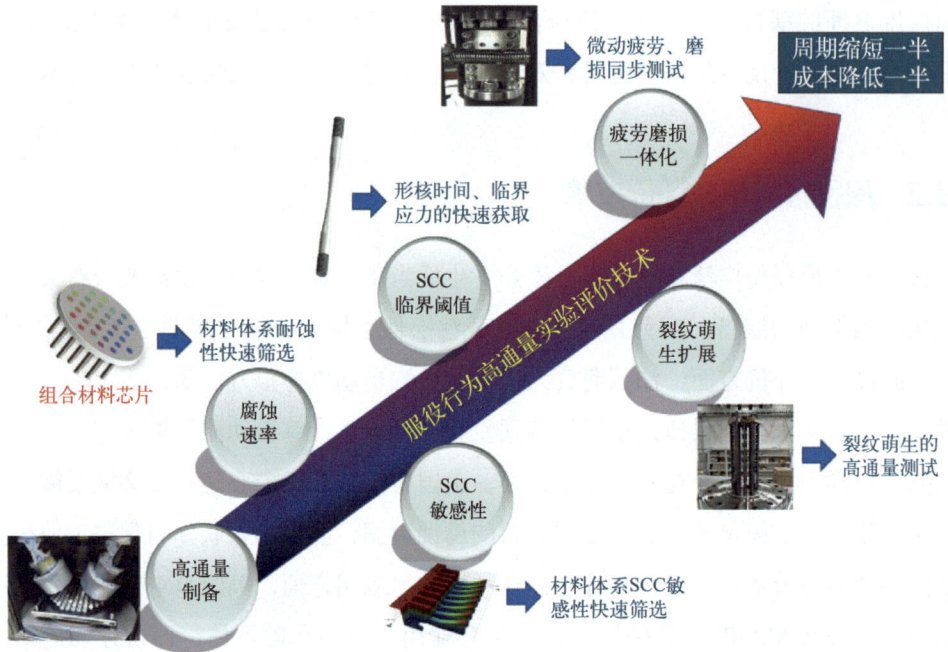

图4-20   服役行为高通量实验评价技术

的影响。在不同服役条件下，提取关键性腐蚀环境因素、确定各环境因素对腐蚀失效的影响权重，是材料腐蚀加速模拟实验设计的关键技术，直接影响到实验结果的等效性和加速性。研究这些关键技术，目前广泛采用的是单因素实验或基于正交方法的多因素耦合实验。但这些实验只能获取单一因素及其单一加速量值对损伤失效的影响权重，无法反映不同因素间的耦合效应，无法量化耦合效应的影响权重，给加速实验的模拟性带来很大偏差。

北京科技大学基于膜致应力与应力腐蚀开裂敏感性之间的相关性，研发了应力腐蚀开裂敏感性高通量实验评价技术。通过磁控共沉积技术在微悬臂阵列表面制备组合材料芯片，对各合金成分在腐蚀过程中产生的膜致应力进行测量，可快速评价各合金成分的应力腐蚀开裂敏感性，从而从广阔的成分空间中快速筛选出性能优异的抗应力腐蚀材料的成分。该研究团队利用小锥度试样，结合有限元模拟方法，研发出应力腐蚀开裂裂纹萌生临界应力的高通量测试方法。传统评价方法至少需要6～10个试样才能得到裂纹萌生临界应力，利用新研发的高效测试方法，仅需要1个试样即可得到该临界应力，评价效率提高至少3倍以上。

（2）辐照促进应力腐蚀高通量实验评价技术

腐蚀和辐照的耦合作用是造成核电材料服役性能劣化的主要因素。核电关键设备和部件面临着辐照、高温、高压、振动等恶劣服役工况，金属结构材料易发生辐照脆化、应力腐蚀或环境疲劳开裂等失效。我国早期建设的核电站已进入设计周期中后段，核电关键设备材料失效问题已成为影响核电站安全高效运行及延寿论证的关键因素。核电材料服役行为评价难度大、费用高、周期长，造成系统数据的匮乏，严重制约了其失效行为评价与寿命预测技术的发展。腐蚀疲劳是材料或构件在腐蚀性介质中承受交变应力（或循环载荷）作用产生的一种破坏形式，是结构材料最主要的失效形式之一。核电关键设备的服役环境苛刻复杂，尤其是在先进核能系统中，涉及高温高压腐蚀介质、高温液态金属以及高温熔盐等。研发等效加速评价核电关键设备材料的腐蚀疲劳行为，对保障我国先进核能安全高效发展意义重大。

中国科学院金属研究所研制了模拟核电高温高压水四轴拉伸高通量辐照促进应力腐蚀实验装置，采用4根平行拉伸轴，每根拉伸轴由独立的伺服电机施加载荷，可以同时进行四轴恒载荷和四轴慢拉伸实验，将实验效率提高4倍，首次实现了模拟辐照促进应力腐蚀开裂的高通量测试。该研究团队还研制了模拟压水堆核电站一回路高温高压水中多联应力腐蚀裂纹萌生/腐蚀疲劳原位测试装置，实现了核电高温高压水环境中3联18个样品同时加载，每个样品配备有直流电位降信号与电化学噪声信号的原位实时采集和测量装置，实现了高温高压水中应力腐蚀裂纹萌生高通量原位测试，比传统方法效率提高了18倍。

中广核苏州热工研究院有限责任公司开发了适用于模拟压水堆一回路高温高压水环境的应力腐蚀/环境疲劳高通量技术与实验装置。该装置采用4根平行拉伸轴，每根拉伸轴由独立的伺服电机施加载荷；每根拉伸轴上可以串联2～4个平行试样或多截面尺寸试样，使得实验效率提高了8～16倍；还配备有8通道直流电压降裂纹在线监测系统，可以同时监测高压釜内8个试样的裂纹萌生和扩展情况，高效获取可量化的裂纹萌生时间和裂纹扩展速率等数据。

（3）多因素耦合腐蚀加速模拟技术

上海大学研发了多因素耦合腐蚀加速模拟及原位高通量电化学测试装置，可分别实现金属材料在溶液介质和液膜条件下多因素耦合腐蚀的原位32通量电化学测试。结合高通量微区电化学表征技术，可实现金属材料组成及耐蚀性能的高通量、多尺度快速表征，进行耐蚀合金最优性能对应成分和组成的快速筛选，有效缩短新型耐蚀合金研发周期。中国科学院金属研究所与广东腐蚀科学与技术创新研究院通过拼装三金属阵列电极，采用多通道电偶腐蚀测试仪快速采集电偶腐蚀信息，并利用有限元模拟更多影响参数，极大地提高了三金属电偶腐蚀评价效率。

（4）腐蚀疲劳与磨损耦合评价技术

中国科学院金属研究所针对压水堆核电站蒸汽发生器在服役过程中遭受的腐蚀、疲劳、微动磨损复合损伤，研发了模拟压水堆核电站一回路高温高压水腐蚀疲劳、微动磨损复合实验技术与装置。该实验装置能够在高温高压水环境中开展单试样微动疲劳与多试样（≥3）微动磨损实验，极大地提高了实验效率。

（5）蠕变性能高通量评价技术

蠕变是指结构/材料在恒应力条件下变形持续增加的现象，具有时间长、应力低的破坏特征。从服役安全的角度看，蠕变已成为制约诸多高新技术工艺（如超超临界发电设备、先进核反应堆等）实现的瓶颈之一。衡量金属材料蠕变性能的指标主要有蠕变极限、持久强度和应力松弛稳定性。这些力学性能的评价动辄需要数万乃至数十万小时的测试，迫切需要蠕变行为高效评价技术。高温装备和部件一直是制约超超临界机组、下一代核电、航空发动机、大型石化等装置安全可靠运行的关键，然而提升高温装备和部件的可靠性必须有大量高温力学性能数据的支持。发达国家历经半个世纪的研发，积累了大量数据，建立了标准，支撑了技术进步，如日本国家材料科学研究所（NIMS）以1000余台高温蠕变试验机持续试验40余年，保障了日本相关制造业的国际竞争力。

国内外学者在工程部件与结构的强度测试、寿命设计与评定等方面不断探索，取得了一些重要进展，试图实现从经典强度设计到耐久性设计再到全寿命设计的跨越（图4-21）。首先，发展了高通量、小试样等先进测试方法，逐渐弄清了严苛环境中材料与机械结构多机制失效机理，明晰了性能衰退与失效演化过程；其次，构建了基于微观结构演化的失效动力学理论，通过考虑材料微观结构与失效之间的关联，形成了多尺度寿命预测模型与设计方法；最后，发展了基于概率统计理论的寿命设计与失效评定方法，完善了耐久性/损伤容限设计方法，构建了严苛服役环境中零件与结构可靠性评价准则与理论体系。

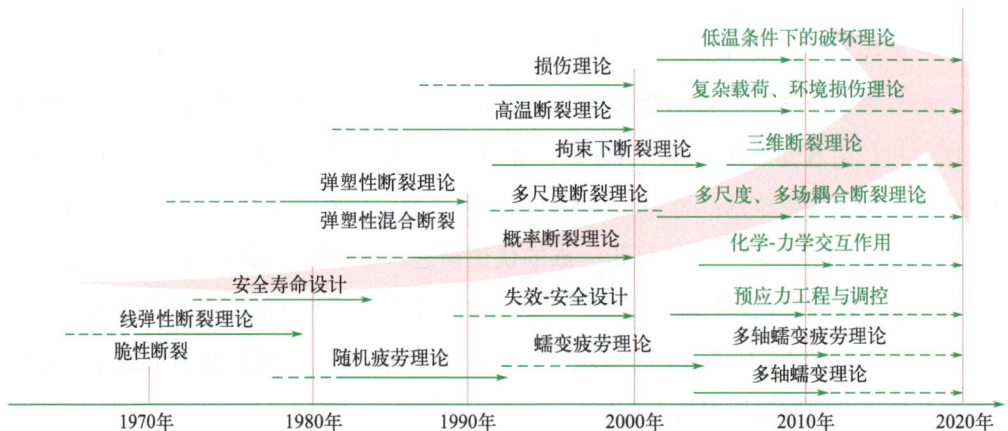

图4-21 工程结构寿命设计与评定方法发展史

在蠕变行为先进测试方法方面，研究者提出了多通道蠕变试验技术、串联式蠕变试验技术、蠕变强度外推方法以及小试样测试技术等。蠕变强度外推方法以时间-温度参数法最为典型。该方法认为时间和温度对蠕变变形的贡献可以互补，时间和温度可用一个参数表示，并将其作为应力的函数。主要包括Larson-Miller参数法、Orr-Sherby-Dorn参数法、Manson-Haferd参数法、Manson-Succop参数法等。小试样测试技术为高温力学性能数据的获取提供了一个新途径，其优点是可以实现在役高温装备的微损测试和安全评定，同时可以实现高通量测试，支持批量数据获取。工业发达国家高度重视小试样测试方法及应用的基础研究，欧盟标准化委员会（CEN）成立了小试样工作组协同欧洲各国的研究工作，并负责组织编写规范和召开小试样测试技术学术交流会议，阶段性研究内容包括SSTT测试技术的标准化、小试样测试装置研发、小试样与常规试样断裂性能的转换计算方法，其最终目的是形成国际标准。我国华东理工大学也在蠕变行为与测试方面取得了重要进展。

高通量、小试样等测试技术的进步，推动了基于微结构演化的失效动力学理论与强度评价方法的发展。尤其是新涌现的先进测试技术，可以界定材料内部损伤的几何特征，为损伤的定义和演化规律提供了明确的物理基础，受到了国内外学者的广泛关注。例如，在延性断裂方面，经典的GTN模型基于微孔洞形核、长大及合并过程的客观描述，已广泛应用于金属结构延性失效过程的模拟；在蠕变断裂方面，考虑基体晶粒黏塑性变形机制的蠕变孔洞长大模型，已成功预测了多轴蠕变断裂应变；在疲劳断裂方面，通过探究累积滑移、几何必须位错密度、局部储能密度等微观结构物理量，并结合晶体塑性理论，不同程度实现了对疲劳裂纹形核位置的预测。

4.3.3　发展现状和趋势

材料服役性能研究对工业生产和国民经济具有很强的指导意义，但在实验室条件下存在耗时长、成本高、数据少等问题，难以快速、准确地获取和预测材料在长期服役环境中的性能和失效过程。材料服役行为评价过程高效化、等效化、智能化是突破这一瓶颈的必然发展趋势，建立材料服役行为的数字化体系是该过程的关键。服役行为高效评价技术的发展趋势体现在如下几个方面。

（1）模拟真实服役环境的加速等效模型更加精准化

真实的服役环境条件苛刻，一方面需要模拟苛刻环境的方法，另一方面更需要加速试验的技术。例如，先进核能技术开发所需材料必须预先获得其服役行为，当前模拟先进反应堆服役环境的腐蚀疲劳高效试验评价技术与装置尚不成熟，模拟应力腐蚀早期的孕育与萌生是重要的研究方向，在实验室条件模拟参数可控的高温高压腐蚀介质与高温液态金属等环境也是重要的研究方向，加速试验更需要掌握其损伤机制和初步的损伤动力学。在氢能开发领域，多场、多尺度的氢脆评价高通量表征技术与装置是行业的发展方向，目标是实现材料组织、性能和环境数据的高通量高密度采集、无线传输及存储。在海洋工程领域，深海环境中材料应力腐蚀和腐蚀疲劳的高通量模拟试验技术是评价工程材料服役性能的重要方法。对耐蚀合金材料研发而言，不可能依靠外场暴露试验加速研发，外场数据只能提供最终评价，室内加速试验是研究主体。然而，仅仅通过增加模拟环境腐蚀当量，腐蚀加速效果可能还不够明显，寻求能够在不改变材料腐蚀机理的前提下基于腐蚀动力学或热力学进行可靠的极化等效加速模拟是下一代高通量评价技术的重点突破方向。

（2）服役过程中材料损伤的原位检测/监测技术越来越受关注

掌握样品、部件、装备的腐蚀、疲劳、蠕变、磨损等损伤状态是评估安全性与可靠性的关键。现有传感器只能掌握服役环境参数和损伤的部分信息，发展应变、裂纹长度、腐蚀电流电位、蠕变温度等多种参数的原位测量技术（包括监/检测技术及整体装备），是服役行为评价领域的重要发展方向。特别是借助智能化技术发展的智能监测/检测设备是促进服役行为评价技术发展的重要推力。

对于工程装备而言，面临腐蚀、疲劳、蠕变、氢脆、磨损等失效形式，由于服役环境复杂多变，多因素耦合，装备的安全性、可靠性及服役寿命的预测难度极大，寿命预测是服役行为领域的最大难题，原位检测/监测技术在这方面值得做的工作非常多。例如，发展应力腐蚀裂纹孕育/萌生与早期扩展的模型，特别是原位高通量测试方法；发展结构材料在近反应堆服役环境中的腐蚀疲劳监测模型，结合腐蚀疲劳数据、多物理场模型与机器学习，建立高保真腐蚀疲劳寿命预测模型；发展高效、精准的多因素耦合临氢环境中材料寿命监测和预测模型与准则，通过引入多参数修正改进现有理论预测模型的有效普适理论。

（3）从单因素模拟向多因素耦合、多损伤耦合、多场耦合发展

在材料损伤的多尺度力学性能关联方面，研究者在宏观尺度的结构力学、介观尺度的断裂性能、微观尺度的材料变形与损伤等多个方面均有了大量的研究成果。目前的研究工作还多局限在简单载荷、单一失效特征范畴。建立起复杂载荷状态下、多环境因素影响、多种损伤机制耦合的失效动力学与强度评价方法，突破连续介质的理论框架，实现低维尺度与高维尺度的衔接，是下一阶段的重要工作。在氢损伤方面，系统化、标准化临氢环境中材料微观组织、力学与电化学性能的数据库是关键，以尽可能少的试验工作来实现材料氢脆及氢损伤行为评价与寿命预测。在腐蚀方面，室内多因素耦合腐蚀加速模拟实验结果的等效性有待进一步验证。电偶腐蚀多发生在连接件、紧固件等异种

金属连接处，除了异种金属的电偶腐蚀外，异种金属之间还存在缝隙，会发生电偶腐蚀和缝隙腐蚀共存并加速失效的情况。目前的测试装置基本是研究单独电偶腐蚀或缝隙腐蚀的，其耦合情况的测试装置尚需更新优化。与单一电偶腐蚀或缝隙腐蚀相比，两者耦合后的影响因素更加复杂，若要明确不同参数的影响规律，测试时间将进一步延长，更需要快速评价方法。而且缝隙内部微区的信息很难测量表征，若能与仿真模拟技术相结合，将有助于实现电偶和缝隙腐蚀耦合失效行为的高效评价。

（4）计算技术和数字技术在服役行为评价过程中的应用日益重要

在服役性能的高效评价领域，目前主要是开展小试样的加速试验，研究工作较为分散，缺乏系统的、有组织的应用基础研究。未来主要发展方向包括：建立小试样、大试样和实际材料服役性能之间的关联关系，建立测试结果精度和有效性的评价方法，开发服役性能高通量测试方法，将高通量评价结果应用到实际结构的概率安全评价和可靠性设计中。发展计算与试验结合的服役行为评价系统方法，有助于推动相关制造领域的跨越式发展。针对蠕变、腐蚀、疲劳评价，建立从纳米尺度的微观结构到宏观以米为单位的结构装备之间的多尺度关联关系，将计算与实验技术有机结合，是实现服役行为准确评价的必经之路。

针对材料服役过程中多源异构数据的处理存储技术，需要根据不同的材料和服役性能进行定制化建设，从而能够契合数字技术的使用需求，并且可以使数据在众多研究者之间传播和共享。服役数据可视化技术需要将传感器检测/监测数据和离线数据展现到三维立体模型中，能够实时更新并与用户交互，需要计算机技术和材料科学技术的深度融合，这对于两个领域是一个极大的挑战。对于虚实模型交互传输技术，许多与物理实体和虚拟实体相对接的接口需要根据实际来撰写接口文档，每个材料服役性能的数字模型和物理模型都需要去探索和开发，建立共同的方法、标准或规范。材料应力腐蚀、腐蚀疲劳、蠕变等性能评估耗时耗力，材料服役性能的高效评价需要通过整合智能传感器、机器学习与数字孪生等数字技术来实现。

4.4　材料自主/智能实验技术和装置

4.4.1　概念与内涵

材料自主/智能实验包括材料自动化实验和材料自主实验两个层次。材料自动化实验是指借鉴工业自动化原理和技术，运用实验室技术资源、信息资源和智力资源，在无人或少人干预的情况下，按照预设的程序或指令自动进行操作控制、材料样本制备、检测、信息处理、分析判断等实验流程的技术[29-32]。自动化实验技术在减少人工干预的基础上可快速且一致地执行重复性任务，通过自动化提升实验的速度和可重现性。材料自主实验系统是指通过深度融合机器人、人工智能、数据科学、材料实验和软件工程等技术，以材料性能为输入量，以材料成分和工艺等为输出量，构建的人工智能和数据驱动的人机可交互式I/O系统[33]。材料自主实验系统依托高效集成的自动化实验架构和人工智能算法主导的闭环反馈信号迭代，以测试的材料性能数据迭代收敛于设定值为判据，具有自主设计实验方案、实验过程自动实现、实验结果智能分析等自主研究能力，在大幅提升材料研发效率的基础上，创新材料实验科学的研究基础，推动材料研发的智能化发展。

材料自主/智能实验系统是包含科技文献知识和数据自动挖掘和应用，材料自主计算和自主实验集成迭代，自主实验模块网络化协同调度，材料大数据综合分析挖掘，以及科学家知识和智慧等综合应用的材料科学研究系统[34-41]。以材料自主实验系统为基础，通过深度应用信息技术和互联网技术，实现异地自主实验和数据资源的统筹应用，人机知识和信息的实时交互和迭代，材料计算-实验-数据技术的深度融合[42-45]。智能化研究系统是新材料智能化研发的技术基础，将变革新材料研发模式，颠覆材料科学研究范式，推动新材料研究的跨越式发展。

4.4.2　自动化实验技术

自动化实验是指利用各种自动化设备仪器以及自动化技术和计算机技术等，通过对实验全流程的编程，实现材料样品制备、测试评估和数据处理等全流程自动化。自动化实验系统能够在减少人工干预的情况下，快速、高效且一致地执行重复性任务，更好地实现实验和变量的重现性和准确性。自动化实验通常由一系列能够执行复杂工作流的模块组成，依据实验流程和实验目标，定制自动化模块和相应的数字化控制系统。因此，在设计和开发自动化实验系统时，通用模块的共性技术和个性化设计都非常重要。以有机合成为例，合成反应涉及固相处理、液相处理、过滤、搅拌、温度控制、分析和转运等，如图4-22所示。自动化实验装置主要包括依赖于重力分配的料斗给料式或容积正排量式固相处理模块，含液体置换泵、流量阀门、管路和配有吸管或针型分配头的液相处理模块，含底部收集板的纤维素或膜基顶部过滤板组件的过滤模块，旋转式、翻滚式、顶置式或振荡式搅拌模块，含循环器或冷水机组的温控模块，以及笛卡儿（XYZ）系统或六轴机械臂的转运机器人模块等，通过系统编程，实现上述模块的自动化实验。

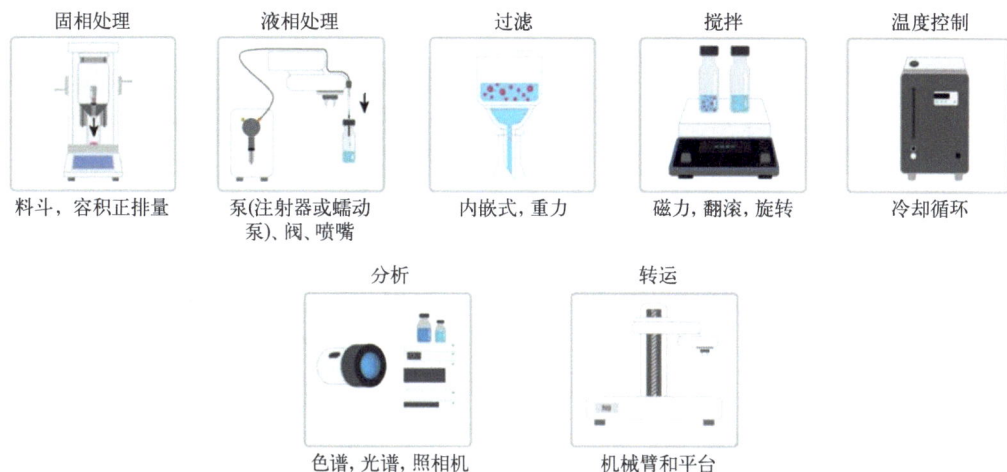

图 4-22　自动化实验模块的类型和选择示例

当前，国际上的化学和材料自动化实验技术发展势头迅猛，具有形成技术和市场垄断的趋势。以瑞士 CTC、英国 Labman Automation、美国 Unchained Labs 和德国 KUKA 为代表的自动化设备生产商和集成化设备制造商，已经研发了大范围、全流程的实验室级和工业生产级的自动化实验技术，针对用户需求开发和定制了众多个性化的实验模块，技术成熟度高，产品种类丰富，但价格高昂且关键技术对我国封锁。近年来，国内晶泰科技、奔曜科技、派特纳智能、华纳创新等企业，逐步跟进和开启了相关领域自动化设备的研发和生产，目前主要集中在工作站、流水线的定制开发和交钥匙服务等。

我国军事科学院防化研究院设计和构建了面向自主研究和智能发现的固液异相自动化/数字化反应平台（RoboChem），通过基于操作栈的硬件构筑、化学方案描述语言层的开发，以及数字化控制系统的开发，已经实现了无人值守情况下的数字化实验流程控制，为闭环自主系统的研究奠定了良好的基础。该平台的实现架构和布局如图 4-23 所示。通过含有双工位的合成平台可以全自动地实现固、液、气三相的精确定量/称量/分样/进样，异/均相前处理，搅拌、加热、冷凝回流和气氛变化的反应条件数字化控制，原位滴加、快速注射等双工位反应体系实时交互与复杂实验流程的指令化控制，以及后处理等主要化学步骤和功能。该平台主要包含仪器设备、独立功能机电器件和电气系统等硬件，化学方案语言描述读取与编译、机器代码执行、系统调度与控制、人机互动等软件，以及软硬件的通信协议和接口等三部分。通过采用基于操作基元栈的硬件构筑方法，在保证实验操作高效准确的前提下，最大限度地保证实验操作的灵活性和实验流程的覆盖面，使得实验系统具有完成化学家设计的复杂实验流程的能力。平台高度集成了模块化的第三方硬件，具有拓展功能和监测维护的简便性。该平台在材料合成领域具备良好的泛化能力，可以实现钙钛矿结构纳米材料，光电转化、光致发光、固态电解质、

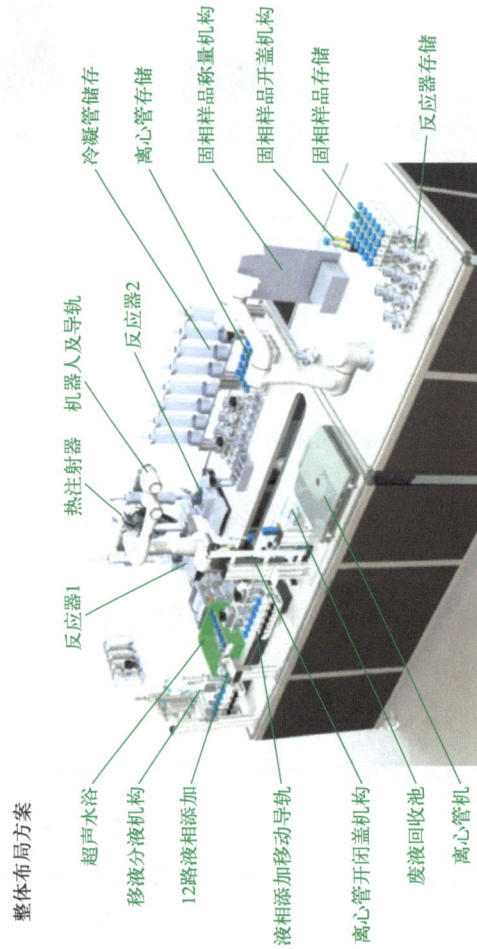
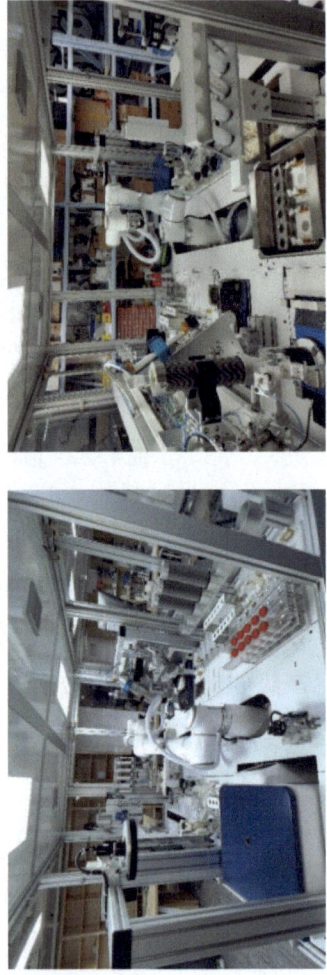
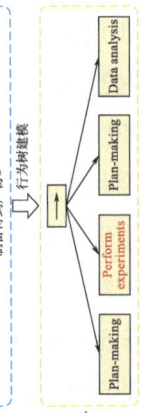
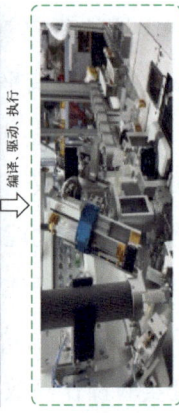

图4-23　RoboChem材料合成数字化实现架构及布局

催化、光伏效应等量子点材料，核/壳结构、多壳层、空壳等异质结构纳米晶体，高性能电极、超级电容器、光电对抗、电致发光等量子阱材料，智能、记忆、自修复等自组装材料，以及半导体材料的自动化合成。

4.4.3　自主实验系统

2010 年，美国空军研究实验室（AFRL）与空军理工学院合作，率先启动了全球第一套材料自主实验系统（ARES）的开发工作。该系统瞄准空军装备材料和材料自主研发能力建设的需求，目标是在无人干预条件下，依靠自动化实验和人工智能，实现自主的材料实验的设计、执行和数据分析，大幅缩短材料研发周期，彻底颠覆材料研究范式。2014 年，首次公布了 ARES 的建设成果和研发能力。ARES 通过每天 100 次左右的实验通量，结合高效的原位表征技术，以及逻辑回归算法降维参量网格，成功地从影响碳纳米管生长过程的十维参数网络中筛选出决定碳纳米管壁层数量的温度和烃压条件。ARES 的待集成算法库包含神经网络、支持向量机、随机森林、遗传等一系列算法和基于人工智能的解决方案。尽管当时的数据挖掘和预测通过人工离线的方式完成，但 ARES 已经展示出闭环自主实验系统的潜力。2016 年，利用 ARES 对碳纳米管的生长率开展了深入研究，通过先期 84 组实验获得先验知识，采用随机森林算法建立模型，通过遗传算法确定实验迭代的反应参数，在自主闭环模式下进行了 600 余次实验，最终成功地按照不同的预设生长率制备了碳纳米管。ARES 是世界范围内公开报道的第一套将机器人、人工智能、数据科学、材料制备和原位实验技术有机融合的材料自主实验系统。2018 年，研发团队在《自然评论》上发表文章指出，自主实验系统可能会使新材料的研发数据按照"摩尔定律"增长[46]。与此同时，自主实验系统可以比人类研究人员更快地完成多维参量空间内的研究工作，从而更加有效地满足材料研究愈发复杂和高维化的需求[47]。

2021 年 4 月，基于 ARES 的增材制造自主实验系统（AMARES）问世，标志着 ARES 具备向增材制造领域进行模块化拓展的能力。利用 AMARES，结合注射器挤压打印成型技术和云端机器学习优化算法，通过自主调节 4 个打印参数，实现了符合目标规格单层打印特征的直接写入，采用自动图像分析作为在线贝叶斯优化器的闭环反馈，在不到 100 次的实验迭代下实现了预定的打印目标特征。2021 年 9 月，在经历了近 10 年的研发后，用于全方位控制和驱动 ARES 的自主实验开源操作系统 ARES OS 问世。ARES OS 主要包含接口、数据分析及设计规划三大模块。据报道，相比于其他材料自主实验系统的控制或智能设计代码，ARES OS 的执行和研发效率更高，材料研发时间可节省数月乃至数年。目前，ARES OS 已在碳纳米管合成、流动化学和增材制造三类自主实验系统上使用[48]。

2017年，英国格拉斯哥大学的Cronin研究团队报道了利用自主机器学习机器人探索多金属氧酸盐簇的合成及结晶空间的工作。基于机器学习算法的搜索能覆盖约9倍的随机搜索结晶空间，能覆盖约6倍的人工搜索结晶空间，将预测精度提高到82.4%，高于人工实验的77.1%。

2018年，美国麻省理工学院的科研团队报道了一种含即插即用模块的连续流动化学合成系统[49]，如图4-24所示。该系统通过硬件和软件的集成组合，避免了烦琐的化学实验过程。系统软件可以实现用户自由选择试剂和单元模块（反应器和分离器），可进行过程反应分析（高效液相色谱、质谱、振动光谱），并可依据测试结果进行自动优化，可以用于研究C—C和C—N交叉偶联、烯烃化、还原胺化、亲核芳烃取代（SNAr）、光氧化还原催化和多步骤序列。该系统的图形用户界面能够使用户远程启动优化、远程监控实验进度和分析结果。

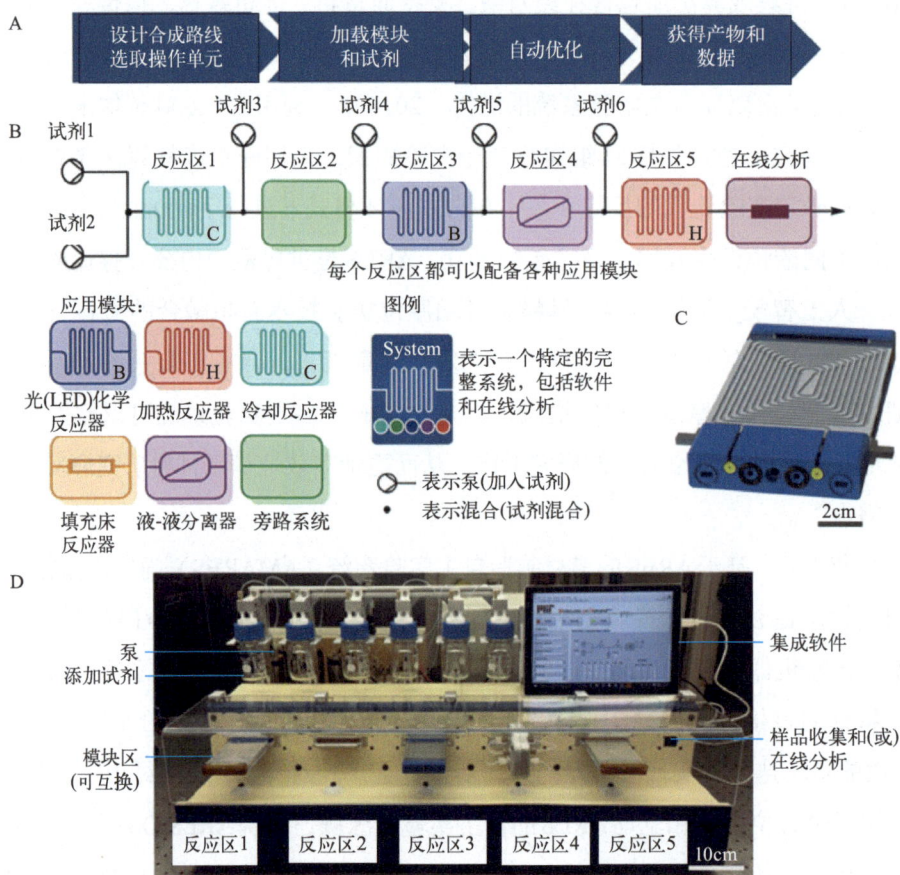

图4-24　即插即用、可重构、连续流化学合成系统

2020年，英国利物浦大学研究团队开发了一种称为"移动化学家"的自主实验系统 RoBoChemist，如图4-25所示。该机器人系统可以在实验室中自由移动，使用激光扫描和触摸反馈的组合，实现在尺寸为7.3m×11m的实验室空间内精确定位，(x, y) 定位精度为±0.12mm，取向精度为$\theta\pm0.005°$，高精度使机器人可以在实验室的各个站点进行灵巧的操作，与研究人员的执行精度相当。与许多只能分配液体的自动化系统不同，该机器人可以高精度、可重复性地分配不溶性固体和液体，扩大了其在材料研究中的应用。

图4-25 自主实验系统RoBoChemist

2022年，英属哥伦比亚大学的研究团队研发出了对材料多目标性能协同优化的自主实验系统（Ada），如图4-26所示，找到了燃烧合成钯膜的电导率和加工温度的最优性能边界[50-52]。该系统有效消除了研究人员先验知识对多个相互冲突性能指标的主观偏向，实现了材料性能此消彼长的协同平衡优化，提升了材料的综合性能，推动了新材料工程化应用的进程。

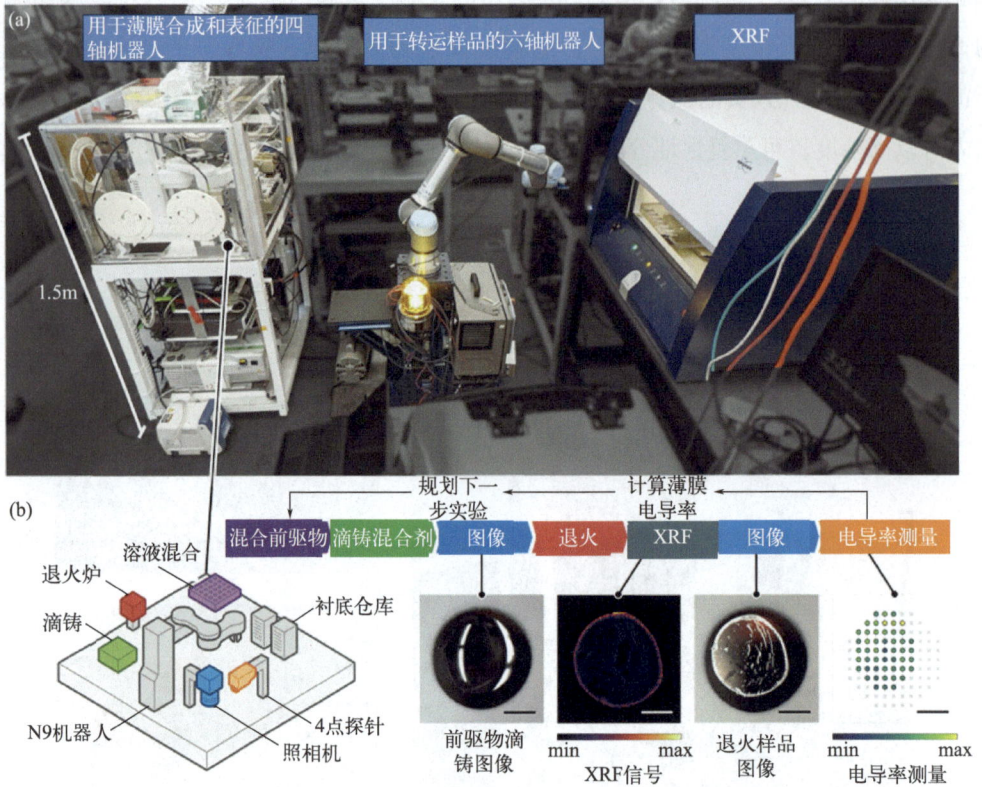

图4-26　Ada自主实验系统和自动实验工作流程

我国自主实验系统的研发尚处于起步阶段。2022年9月，中国科学技术大学集成移动机器人、化学工作站、智能操作系统、数据库等，研制出数据智能驱动的全流程"机器化学家"平台[53]，如图4-27所示，成为我国首个公开报道的自主实验系统。

机器化学家平台实现了大数据与智能模型双驱动下的化学合成-表征-测试全流程的自主化，具有智能和广泛的化学品研发能力，目前已涵盖光催化与电催化材料、发光分子、光学薄膜材料等的研发，且适用范围将随平台升级和拓展继续扩大。该平台可采用机器阅读智能查找和阅读文献，从海量研究数据中汲取专家经验，在前人知识与数据的基础上提出科学假说并制定实验方案。通过调度2台移动机器人和15个自主开发的智能化学工作站，完成高通量合成-表征-测试全流程的自主化。平台系统预留标准接口，具有可扩展性，通过配套的后台操作系统，实现了数据的自动采集、处理、分析和可视化，并装载了云端数据库，可实时调用和更新数据库信息。独有的"计算大脑"通过物理模型、理论计算、机器学习和贝叶斯优化，让智能模型融入底层的理论规律

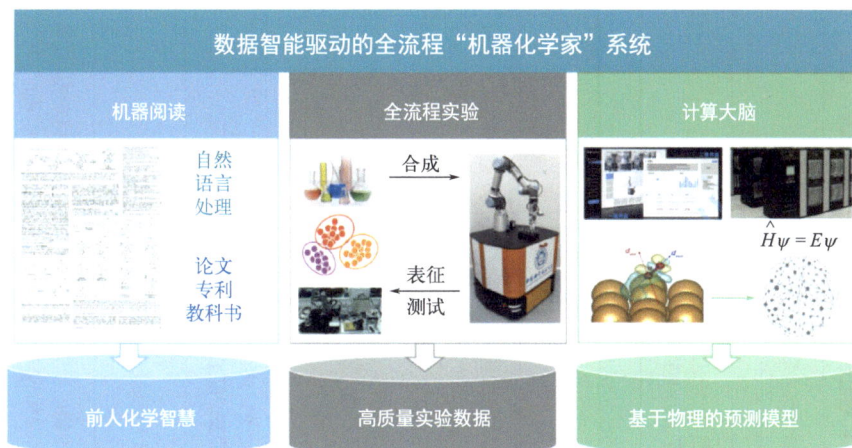

图4-27　中国科大研制的全球首个数据智能驱动的全流程"机器化学家"平台

与复杂的化学实验演化，使得机器科学家更加理解化学，更加擅长化学创造。该成果摆脱了传统试错法研究范式的限制，展现了"最强化学大脑"指导的智能新范式的巨大优势，引领化学研究朝着知识理解数字化、实验操作指令化、创制模板化方向发展。

　　自主实验系统将人工智能实验规划与自动化实验平台相结合，加速了科学发现。依托人工智能技术的兴起和快速发展，各类自主实验系统的研发方兴未艾，成为材料先进实验技术的发展趋势。目前国内外有代表性的自主实验系统如表4-1所示。

　　当前公开报道的自主实验系统具有如下共性特征：

　　①（半）自动化/机器人结合：基于流动化学、复合机器人、协作机器人或SCARA，通过第三方设备集成、机器人控制程序开发和部分硬件定制实现实验功能。

　　② 多通道/高通量特征：具有较高实验通量、快速连续的实验或流动化学系统。

　　③ 在线表征功能：表征手段多集中在以光谱、色谱和视觉技术等易于操作或表征前处理较为简单的测试仪器中，材料表征数据可实时获取。

　　④ 智能化特征：结合机器学习和优化算法，建立材料目标性能机器学习预测模型，通过实时表征数据进行预测，优化实验方案。

　　⑤ 自主性/闭环性：机器学习、人工智能与自动化实验高度融合，建立具有整体性的系统，通过材料合成-性能和结构表征-机器学习预测-优化下一次实验方案实现无需中断或人工干预情况下的自主实验。

　　闭环性是自主实验系统最显著的特征，实现闭环性一般涉及五个步骤：

　　① 定义实验策略以实现目标；

　　② 通过人工智能算法构建预测模型，对所有潜在的实验结果进行预测，推荐试验方案；

　　③ 利用先验知识或探索应用空间（application space），对实验进行评估；

表4-1　国际上代表性自主实验系统[54-56]

序号	系统名称	面向的材料种类或合成方法	表征方法	规划、设计和学习算法	实验量或实验目标	加速效果与基准
1	ARES	化学气相沉积方法制备纳米材料（CNT）	原位拉曼光谱	随机森林算法	通过600组实验获得了CNT的受控生长率	无
2	可重构、自动化、自优化多反应支持系统	基于流动化学方法的可溶性分子	高效液相色谱	黑箱优化软件（SNOBFIT）	通过112组实验成功优化了三个化学反应	无
3	好奇心算法驱动机器人（DropFactory），用于原始细胞液滴行为探索	基于注射泵系统的液相处理方法，针对水包油乳液体系	光学成像	基于支持向量机回归的随机目标探索	通过1000组实验探索了水包油乳液对温度的响应能力	实验量缩减为原来的1/8
4	贝叶斯自主实验研究员（BEAR）	增材制造法制备聚合物结构材料	机械单轴压缩、重量测量、光学成像	贝叶斯优化	单次100组实验重复6次获得最韧性优化材料	实验量缩减为原来的1/55
5	薄膜材料加速发现自驱动实验室	光敏混合物的旋涂方法	暗场光学像、紫外光、可见光、近红外光谱四点探头	贝叶斯优化	2组研究，每组35次实验获得最大空穴迁移率	无
6	人工智能化学家，用于自主量子点合成	基于流动液相量子点卤化物交换反应	原位紫外、可见光吸收和光致发光光谱	神经网络集成，贝叶斯优化	60个研究任务，每个25次实验，获得最大亮度的发射能量	对决策策略与预训练作了比较
7	移动化学家	基于反应瓶的溶液化学合成法	气相色谱	批处理、带约束的贝叶斯算法	8天完成688组实验	无
8	用于新材料探索和优化的实时、闭环自主系统	固相材料	同步辐射X射线衍射	基于物理知识和图像的贝叶斯优化（主动学习）	19组同步辐射测试获得性能最优的材料	相比网格方法，实验量减少为原来的1/10
9	Ada	金属薄膜	X射线荧光光谱	基于帕累托前沿的多目标优化		

④ 执行推荐实验，由机器人平台自动执行，依据推荐实验的结果与预测目标属性的一致性，定量确定推荐实验的最优点；

⑤ 最优点作为实验反馈，以完善（或验证）替代模型。

支撑闭环性得以实现的关键是人工智能，特别是机器学习和优化算法。机器学习模型可以识别变量之间的关系（例如反应条件和反应产率），通过训练的机器学习模型可以使用这些关系推测新实验的结果，从而实现在没有人工干预情况下的自主决策。此外，机器学习算法可以主动探索并发现候选空间，通过假设所有候选材料的性质，机器学习算法可以筛选出有潜力的材料进行深入分析。该假设是以以前进行的所有实验为基础构建的，并随着最近的测量而不断完善。这种对设计空间的定向主动搜索可以大大减少发现实验目标所需的实验数量。自主实验过程的另一关键要素是闭环过程中的实验规划器与自动化实验平台之间以数据流和信息流形式进行有效互动，相比于传统的高通量筛选方法，人工智能与自动化实验技术的有效结合可以将材料发现效率再提升一个数量级。

4.4.4　发展现状和趋势

① 基于材料自主/智能实验技术的材料研究创新范式初露峥嵘。科技发展日新月异，依赖于科学直觉与试错的传统材料研究方法，已不能适应今后对新材料快速设计研发的需求。当前，新材料从发现到应用通常需要10～20年的转化周期且成本巨大，材料到装备的转化效率和成本显然不足以应对快速发展的科技。变革传统的材料研发方法，加速材料从理论研究到实际应用的转化进程，已成为各国在材料领域进行重点布局的前沿方向和发展战略。美国国家科学院于2019年2月公开发布了面向材料研究的第三次十年调查——《材料研究前沿：十年调查》，描述了未来十年材料研究发展的机遇、挑战和新方向，其中以人工智能技术为主导的材料加速发现引起广泛关注。可以预见，未来的材料科学将构筑于大数据和人工智能的基础上，进而从根本上解决新材料研发效率低下、研发进程缓慢的问题。

创新范式正与人工智能等新技术叠加，推动科学进入"加速发现"时代，特别是对材料学、化学、生命科学等领域的驱动。2021年IBM发表了一篇文章，文中指出通过人工智能的支持和自动化水平的提高，科学发现的循环正在以显著的方式闭合，有望使得科学发现成为一个自我推进的、持续的、永无止境的过程。通过进行大规模的知识提取、整合和论证以更好地响应问题，使用深度生成模型自动提出新的假设，使用机器人实验室自动完成实验和测试，以及使用基于知识的机器表征取得能够引发新的问题和假设的新结果，"加速发现"将使得科学发现的整个过程更加快速，并且最终实现自主闭环，让人们完全脱离这个循环过程，科学家可以专注于需要人类直觉和创造力的其他更重要的领域。

② 自动和自主实验技术正逐步从实验室走向工业应用。不同于其他领域，材料科学中的各种实验流程通常需要高度定制的自动化设备，目前在商业产品中无法直接获得。即使有用于材料合成或表征的自动化工具，通常也需要手动将其连接。然而，最近出现的更安全、更便宜、更灵活和对用户更友好的机器人正在改变这种情况。这些新型机器人为材料科学的自动化提供了巨大的发展机遇。通过预编写的人工智能算法，机器人可连续不间断地工作，直至最终获得候选材料。这些候选材料中极有可能包含着未被揭示过的新材料。利物浦大学的研究人员就成功开发了一款可在标准实验室中独立自主地工作，并像人类一样使用各种实验仪器的AI机器人化学家。然而，与人类不同的是，它具有无限的耐心，可以同时考虑十个维度的变量，每天工作21.5h（剩下的时间用于充电）。在第一次测试中，这个机器人在8天中独立完成了688个实验，研发出了一种全新的高效化学催化剂。这项工作若由人工完成，将花费数月时间。不久前，日本大阪大学的团队利用1200种光伏电池材料作为训练数据集，通过机器学习算法研究高分子材料结构和光电感应之间的关系，成功在1min内筛选出有潜在应用价值的化合物结构，若用传统方法进行同样工作则需5～6年时间。材料自动化实验技术和自主实验系统具备向工业化和智能制造方向迁移和渗透的潜力，进而全面影响和改变材料研发模式，缩短材料应用转化周期。

③ 集约化、模块化和智能化成为下一代自主实验系统的发展方向。材料自动化实验技术和自主实验系统的发展必须紧贴实际、面向未来，在开放共享的基础上突出集约化、模块化和智能化特征，将发展目标定位在大幅提升材料研发效率、颠覆材料研究范式、创新材料研究组织形式以及重构材料研发基础设施上。

人工智能模型、云计算平台和机器人等要素的集约化，能够帮助科学家随时随地设计和合成新分子。IBM公司开发的IBM RXN for Chemistry系统体现了这种集约化的发展方向。科学家可以通过浏览器登录在线实验平台，利用图形化的应用构建目标材料的框架结构，该平台通过机器学习来预测所需的原料及其混合顺序。然后，平台将指令发送给远程实验室的机器人去执行，实验完成后，直接向科学家们发送结果报告。IBM RXN for Chemistry开展的工作包括：

① 读取文献、专利中的有机实验操作文本并按照简化分子线性输入规范转化为机器可读的操作元；

② 对反应数据进行预处理（生成反应指纹、数据增强、数据降噪、反应原料与产

物的原子映射）；

　　③ 有机反应正向预测；

　　④ 逆合成反应预测；

　　⑤ 反应产率预测；

　　⑥ 将所得预测结果按照规范转化成操作元。

　　以上这些工作构成了 IBM RXN for Chemistry 的云服务，同时也训练了一整套基于注意力机制的深度神经网络模型——Transformer 模型，从文献中提取实验操作和有机反应规律进行模型训练，通过分析同一分子中的原子以及在反应过程中与之相互作用的原子来强化分析预测能力，预测正向反应、逆合成反应并评判反应产率高低，最后可对某一个新反应提出设计合成方案，并进一步通过机器人实验接口指导自动化实验，一定程度上实现了"基于云服务与 AI 驱动的自动化有机合成实验室"的构想。

　　模块化的系统组件能够确保自主实验系统的灵活性，这些组件可动态集成到单个工作流程中。自动化实验室和自主实验系统的模块化配置是扩大其适用性、提升其泛化能力并减少其部署障碍的关键。研究人员可依托共享开放的标准库来修改或扩展单个模块，甚至可以在不干扰现有模块的情况下向自主实验室添加新模块。更重要的是，利用已建立的模块大大减少了其开发新模块的障碍。

　　高效人工智能算法的开发和部署将大幅提升系统智能化程度和新材料研发效率。合适的算法必须对数据噪声具有鲁棒性。目前的自动实验室通常只实施一种学习策略，因此，自主实验室的性能往往受制于所实施的学习策略。发展更强大的人工智能策略，为自主实验室配备多种学习策略，由决策者选择表现最佳的学习策略，将大幅提升自主实验室的智能化程度与新材料研发效率。

　　由于利用人工智能增强自动化平台具有巨大的潜力，自主实验室的发展不应止步于闭环实验的实施。自主实验室进行的实验可以提供相关的化学见解，甚至超出研究的应用范围。同时，机器学习模型最好使用广泛的示例进行训练，模型通过对不成功的实验的学习而得到改进，信息丰富的训练数据的获得要求将所有实验数据存储在标准化数据库中，实验规划者可从中得到训练。由于自主实验室控制着实验过程的各个方面，因此它们具有充分的机会来生成这些标准化数据库，并将其用于未来的实验规划。

4.5　问题与挑战

　　① 高通量制备与高通量表征技术的深度融合不足。尽管近年来在高通量制备和高

通量原位表征等方面都取得了不错的进展，但建立多组元材料的成分-工艺-性能的相互关系仍存在诸多挑战。当前高通量制备与表征技术最突出的问题在于材料制备与材料表征是分立的。近年来发展的高通量制备方法大部分属于梯度制备，制备流程依赖人工，制备效率仍有待提高。并且高通量制备获得的样品不能实现表征数据的实时、同步获取，制备与表征环节的分离严重影响了材料研发效率。而且现有大多数高通量制备和表征技术尚处于实验室阶段，没有形成统一的工艺标准，不同方法所得结果之间兼容性和共享性较差，不能有效满足新材料快速筛选和性能优化服务的重大需求。

高通量制备与表征技术的融合在粉体材料的高通量制备方面取得了一些可喜的进展。中国科学技术大学开发的溶胶-凝胶多通道微纳粉体合成装置集成了荧光快速表征系统，在材料制备完成后可即时检测光催化剂的性能。中国科学院上海硅酸盐研究所多通道微纳粉体合成装置集成了激光并行加热系统和多光束宽光谱表征装置，实现了荧光粉体制备-热处理-性能测试的高通量全流程实验，可即时筛选出最优的成分范围。目前，高通量制备与表征在基于分立样品的粉体材料高通量制备和表征中比较成功，但是在具有连续梯度变化的块体和薄膜材料的高通量制备和表征方面，两者的融合程度非常有限。在连续梯度样品中怎么准确表征微区样品的性能而不受周围样品的干扰是这类高通量实验装置面临的重要挑战。

② 高通量实验装备种类繁多，但商业化水平低。我国高校、研究院所等科研机构在高通量制备与表征、原位表征和材料服役行为高效评价领域发展了一系列高通量方法和技术，研发出了一批具有自主知识产权的高通量实验装备。在高通量制备方面能够覆盖块体、薄膜、粉体、纤维等多种形态的材料，在原位表征方面发展了基于扫描电镜、透射电镜和同步辐射大科学装置的高通量表征技术，在材料服役性能评价方面，建立了腐蚀、疲劳、蠕变及多场耦合损伤的高效评价技术与装置。但是，目前的高通量实验装置多是原理验证机或者原型机，在装备运行流程的标准化和制备精度方面离商业化还有一定距离，阻碍了高通量实验装备在整个材料研究领域的大规模应用。这些由国家项目资金支持研发的原型机需进一步提升技术成熟度及普适性，突破技术向产品转化的瓶颈，其中，强有力的后续开发资金投入是必需的，不妨借鉴美国高通量制备装备研发及入市的全路径。

欧美国家更为注重高通量实验装备的商品化及其应用能力开发，并且通过成熟的商业运作模式获得了良好的收益。美国加州大学伯克利分校的项晓东博士和舒尔兹（Schultz）教授研发的高通量制备和组合材料芯片方法在初期便获得风险投资，成立了第一家高通量技术公司 Symyx。之后公司快速上市，并募集了 10 亿美元的资金。Symyx 的投资者和团队创立了 Kinestral 公司，专门从事特种智能玻璃材料的组合化学和高通量筛选及材料的研究，建立了高通量技术材料开发、器件开发、产品及工艺开发线以及R/D线。Symyx公司的初创是成功的，发展了一系列聚合物、催化剂和材料领域的高通量设备和样品库，它的优势在于新的高通量筛选设备的使用和开发，如用于并行聚合的高压釜反应器、具有空间分辨质谱的催化反应器，可快速测定聚合物摩尔质量、粒径、黏度、熔体性能、流变学、黏附力或黏度系数等。Symyx公司多年来还专注于高通量技术信息化和智能化。另一家著名的高通量技术服务公司HTE公司为多种多样的过程应用和许多不同领域（比如能源和炼油、化工生产、聚合、环境催化及材料）的公司提供改进的催化剂。HTE公司开发的许多催化剂都进入了实际应用，是高通量技术应用于材料领域最成功的高产量公司，后来它被巴斯夫收购，但保持了部分独立性。壳牌石油公司成立了专门的子公司Avantium从事催化剂项目研究，开发了高通量并行气相和滴流床反应器以及软件。主营涂层材料的Flamac公司可为工业界和学术界提供高通量实验平台（合成、配方、应用、筛选和薄膜沉积）。

③ 关键设备和核心部件依赖进口，面临"卡脖子"风险。我国研发了数量较多的高通量实验技术和装备，在部分领域达到世界先进或领先水平，在高通量技术与传统光谱学表征工具的结合及其与大科学装置的结合方面取得了显著进展，提升了新材料研发效率。但是，我国高通量实验装置的关键设备和核心部件仍依赖进口，一旦被禁运则可能导致关键材料的研发制造无法自主实现。在材料表征领域的"卡脖子"风险尤其高，高端的透射电镜、扫描电镜、X射线衍射等分析表征设备几乎100%依赖进口。大多数高通量表征设备或原位表征技术都是在国外表征设备的基础上进行的二次开发，这是高通量表征领域面临的重大挑战。

为了提升高通量实验装备的自主可控能力，应提升关键功能模块的国产化水平。目前依赖进口的功能模块也应及时寻找或全新研制国产替代模块。集材料科学、装备制造、人工智能机器人、大数据、计算与算法、机器学习等领域的专家联合攻关，实质性推动具有自主知识产权的高通量实验装置的设计和建造。

④ 高通量实验装备的自动化、智能化水平较低，材料自主/智能实验技术刚刚起步。相较于国外方兴未艾的材料自动化实验和自主实验系统的建设，我国在该领域的研究发展尚处于起步阶段，目前多集中于基于流动化学和自动化控制下的中、高通量材料合成平台的开发，在联用表征、材料数据挖掘以及AI辅助决策和智能设计等方面涉及较少。以目前国外的发展趋势来看，自主研究系统有望通过15～20年时间在全球范围内以云平台形式完成集成。届时，这些系统将通过网络连接在一起，其中的实验、模拟和信息处理节点将与人类指导有机结合，形成自主的"合作伙伴"或"人机团队"，以当今几乎无法想象的速度产生新材料和新知识。错过当前的发展机遇，可能会导致我

们材料技术的落后。

当前材料自主/智能实验技术发展面临挑战：一是发展范式转换不畅导致材料性能出现代差。未能完成范式升级最直接的后果是材料更新迭代效率没有显著提高，在材料基础理论研究和新材料生成速度上与国际先进水平的差距进一步扩大，关键材料相较于发达国家出现代差，最终导致材料重点支撑领域"卡脖子"问题扩大化。二是具备自主知识产权的核心技术缺失，导致材料研发能力受制于人。自主实验系统采用的智能设计核心代码一旦被国外关闭或限制访问，那么依托自主实验系统进行智能设计的新材料研发将陷入瘫痪；自主实验系统使用进口操作系统也存在关键材料研发数据泄露的风险。

4.6　重点发展方向

（1）高通量实验装备的自动化与自主/智能实验技术

发展全维度和多形态的材料高效制备新原理、新方法、新技术和新装备，优化高通量实验装备的硬件和软件功能，提高高通量实验装备自动化水平，实现从原型机到商用装备的跨越，满足不同行业对高通量制备的需求。全方位应用自动化技术和智能化远程操控技术，开发材料制备机器人适用算法，赋予机器人自主实验能力，研发自动化和智能化制备技术与装备。研发可满足数据驱动的高效实验所需的先进技术与装备，实现跨空间尺度的成分、组织与结构变化，以及跨时间和温度尺度的物相变化的典型材料体系样品库的制备，为数据挖掘、材料信息学、应用选材提供材料库。

（2）材料高时间分辨率多维自动化表征技术与装备

基于先进电子光源、同步辐射光源和散裂中子源等大科学装置，开发四维电子显微镜、原位透射电镜和扫描电镜多场耦合高通量表征技术，辐照敏感材料高时间分辨率表征技术，跨尺度动态磁表征技术，超快同步辐射高通量衍射与成像技术，同步辐射多场耦合高通量表征技术，工程构件无损高通量表征技术，以及中子衍射三维成像技术，使装备的空间尺度覆盖宏观至原子尺度，时间尺度覆盖秒至皮秒。实现材料微观结构特性及其演变过程的跨时空高通量表征，建立多维度和多尺度下材料成分-工艺-组织-性能的关系模型。

（3）工程构件全尺寸多参量高效表征技术与装备

针对大尺寸（米级）工程构件（如高铁车轮、飞机轮毂等）的全域高通量表征需求，基于先进光谱、质谱、能谱、电镜、磁探测、应力应变检测、大科学装置等，自主创新开发和集成系列大尺寸全域表征技术和装备，空间尺度覆盖纳米至米级。建立材料大尺寸范围全域成分 - 结构 - 性能 - 工艺 - 服役环境的原位统计映射模型，用于前沿战略材料、关键工程材料等在研在役材料的优化提升和工程应用。

（4）多因素、多损伤、多场耦合评价技术与材料服役行为智能评价技术与装备

开发面向高端制造业材料、先进功能材料、高分子材料、新能源材料和极端服役环境材料等的服役行为智能评价技术，发展工程材料在疲劳、蠕变、腐蚀等服役条件下的等效加速模拟实验技术，构建多因素耦合、多损伤耦合、多场耦合评价方法，结合计算模拟与高通量实验，建立材料服役行为的多尺度关联技术，开发材料服役行为的智能评价装备，以支撑重大装备的寿命预测和维护保养。

（5）极端环境中材料服役性能高通量评价技术与装备

针对航空航天、海洋工程、核设施等重点工程对极端服役环境中高性能材料的重大需求，突破轻质高强、耐高温、耐腐蚀、抗辐射等极端环境材料的高通量制备和服役性能评价技术，开展面向极端环境材料的快速研发和工程应用研究，开发覆盖块体、薄膜、纤维、粉体等不同形态材料的高通量制备与服役性能评价成套装备，大幅提升我国耐极端环境新材料的研发效率和工程转化能力。

（6）材料高通量制备 / 表征耦合技术与一体化装备

发展高通量制备、表征和服役评价一体化关键技术，面向能源材料、信息材料、高分子材料、高端制造业材料和极端环境材料等不同类别的材料，形成高效制备和表征评价一体化集成平台，开展应用示范研究，建立多种典型材料化学成分 - 制备工艺 - 微观结构 - 性能 - 服役行为的多层级数据库，融合材料计算软件、仿真软件和商业数据库等工具，实现高通量制备产生的数据的"现场"加工、处理和分析，提高材料成分、组织、工艺和性能的筛选效率。开展典型材料高效研发示范应用。

参考文献

[1] Zhang P, Tang H, Gu C, et al. A direct measurement method of quantum relaxation time[J]. National Science Review, 2021, 8(4): 86-94.

[2] Wang X, Dong W, Zhang P, et al. High-throughput powder diffraction using white X-ray beam and a simulated energy-dispersive array detector[J]. Engineering, 2022, 10: 81-88.

[3] https://obamawhitehouse.archives.gov/sites/default/files/microsites/ostp/materials_genome_initiative-final.pdf.

[4] Hanak J J. The "multiple-sample concept" in materials research: Synthesis, compositional analysis and testing of entire multicomponent systems[J]. Journal of Materials Science, 1970, 5(11): 964-971.

[5] Xiang X, Sun X, Briceno G, et al. A combinatorial approach to materials discovery[J]. Science, 1995, 268(5218): 1738-1740.

[6] https://www.nist.gov/programs-projects/high-throughput-thin-film-materials-science.

[7] https://www.nist.gov/mgi/mgi-impact-stories.

[8] Miracle D B, Li M, Zhang Z, et al. Emerging capabilities for the high-throughput characterization of structural materials[J]. Annual Review of Materials Research, 2021, 51: 131-164.

[9] Zhao J. Combinatorial approaches as effective tools in the study of phase diagrams and composition-structure-property relationships[J]. Progress in materials science, 2006, 51(5): 557-631.

[10] 周建力, 任潇一, 张宜旭, 等. 基于扫描电镜原位高温疲劳测试方法研究[J]. 电子显微学报, 2021, 40(3): 215-220.

[11] Huan Y, Dai Y, Shao Y, et al. A novel torsion testing technique for micro-scale specimens based on electromagnetism[J]. Review of Scientific Instruments, 2014, 85(9): 095106.

[12] Yang D S, Mohammed O F, Zewail A H. Scanning ultrafast electron microscopy[J]. Proceedings of the National Academy of Sciences of the United States of America, 2010, 107(34): 14993-14998.

[13] Saka H, Kamino T, Arai S, et al. In situ heating transmission electron microscopy[J], MRS Bulletin, 2008, 33(2): 93-94, 96-100.

[14] Wang L, Zhang Z, Han X. In situ experimental mechanics of nanomaterials at the atomic scale[J]. NPG Asia Materials, 2013, 5: e40.

[15] Zhu Y, Espinosa H D. An electromechanical material testing system for in situ electron microscopy and applications[J]. Proceedings of the National Academy of Sciences of the United States of America, 2005, 102(41): 14503-14508.

[16] Yang Y, Fu Z, Zhang X, Cui Y, et al. In situ TEM mechanical characterization of one-dimensional nanostructures via a standard double-tilt holder compatible MEMS device[J]. Ultramicroscopy, 2019, 198: 43-48.

[17] Zhang Y, Bu Y, Huang J, et al, Atomic-scale observation of the deformation and failure of diamonds by in-situ double-tilt mechanical testing transmission electron microscope holder. Science China Materials, 2020, 63(11): 2335-2343.

[18] Bu Y, Wu Y, Lei Z, et al. Local chemical fluctuation mediated ductility in body-centered-cubic high-entropy alloys[J]. Materials Today, 2021, 46: 28-34.

[19] Arita M, Hamada K, Takahashi Y, et al. In situ transmission electron microscopy for electronics[M]. InTech, 2015: 35-68.

[20] Arita M, Tokuda R, Hamada K, et al. Development of TEM holder generating in-plane magnetic field used for in-situ TEM observation[J]. Materials Transactions, 2014, 55(3): 403-409.

[21] Sugawara A , Shimakura T , Nishihara H , et al. A 0.5-T pure-in-plane-field magnetizing holder for in-situ Lorentz microscopy[J]. Ultramicroscopy, 2019, 197: 105-111.

[22] Ngo D, Kuhn L T. In situ transmission electron microscopy for magnetic nanostructures[J]. Advances in Natural Sciences: Nanoscience and Nanotechnology, 2016, 7(4): 045001.

[23] Yu X, Onose Y, Kanazawa N, et al. Real-space observation of a two-dimensional skyrmion crystal[J]. Nature, 2010, 465(7300): 901-904.

[24] Midgley P A, Dunin-Borkowski R E. Electron tomography and holography in materials science[J]. Nature Materials, 2009, 8(4): 271-280.

[25] Wang Z, Tavabi A H, Jin L, et al. Atomic scale imaging of magnetic circular dichroism by achromatic electron microscopy[J]. Nature Materials, 2018, 17(3): 221-225.

[26] Liao H, Zheng H. Liquid cell transmission electron microscopy[J]. Annual Review of Physical Chemistry, 2016, 67: 719-747.

[27] Jonge de N, Ross F M. Electron microscopy of specimens in liquid[J]. Nature Nanotechnology, 2011, 6(11): 695-704.

[28] Zhang J, Li Y, Li X, et al. Timely and atomic-resolved high-temperature mechanical investigation of ductile fracture and atomistic mechanisms of tungsten[J]. Nature Communications, 2021, 12(1): 2218.

[29] King R D. Rise of the robo scientists[J]. Scientific American, 2011, 304(1): 72-77.

[30] Li J, Ballmer S G, Gillis E P, et al. Synthesis of many different types of organic small molecules using one automated process[J]. Science, 2015, 347(6227): 1221-1226.

[31] Bédard A, Adamo A, Aroh K C, et al. Reconfigurable system for automated optimization of diverse chemical

reactions[J]. Science, 2018, 361(6408): 1220-1225.

[32] Granda J M, Donina L, Dragone V, et al. Controlling an organic synthesis robot with machine learning to search for new reactivity[J]. Nature, 2018, 559(7714): 377-381.

[33] Nikolaev P, Hooper D, Webber F, et al. Autonomy in materials research: A case study in carbon nanotube growth[J]. npj Computational Materials, 2016, 2: 16031.

[34] Christodoulou J, Friedersdorf L E, Sapochak L, et al. The Second Decade of the Materials Genome Initiative[J]. JOM, 2021, 73(12): 3681-3683.

[35] Raccuglia P, Elbert K C, Adler P D F, et al. Machine-learning-assisted materials discovery using failed experiments[J]. Nature, 2016, 533(7601): 73-76.

[36] Jain A, Shin Y, Persson K A. Computational predictions of energy materials using density functional theory[J]. Nature Reviews Materials, 2016, 1(1): 15004.

[37] Wilson L A, Rao G R. Frontiers of materials research: A decadal survey[J]. MRS Bull., 2017, 42: 537.

[38] Steiner S, Wolf J, Glatzel S, et al. Organic synthesis in a modular robotic system driven by a chemical programming language[J]. Science, 2019, 363(6423): 144.

[39] Langner S, Häse F, Perea J D, et al. Beyond ternary OPV: High-throughput experimentation and self-driving laboratories optimize multicomponent systems[J]. Advanced Materials, 2020, 32(14): 1907801.

[40] Reichstein M, Camps-Valls G, Stevens B, et al. Deep learning and process understanding for data-driven Earth system science[J]. Nature, 2019, 566(7743): 195-204.

[41] Feldmann J, Youngblood N, Wright C D, et al. All-optical spiking neurosynaptic networks with self-learning capabilities[J]. Nature, 2019, 569(7755): 208-214.

[42] Burger B, Maffettone P M, Gusev V V, et al. A mobile robotic chemist[J]. Nature, 2020, 583(7815): 237-241.

[43] Corey E J, Wipke W T. Computer-assisted design of complex organic syntheses[J]. Science, 1969, 166(3902): 178-192.

[44] Badami B V. Retrosynthetic analysis: Art of planning organic synthesis[J]. Resonance: Journal of Science Education, 2019, 24(10): 1071-1086.

[45] Robert R. LXIII.—A synthesis of tropinone[J]. Journal of the Chemical Society Transactions, 1917, 111(1): 762-768.

[46] Tabor D P, Roch L M, Saikin S K, et al. Accelerating the discovery of materials for clean energy in the era of smart automation[J]. Nature Reviews Materials, 2018, 3(5): 5-20.

[47] Reyes K G, Maruyama B. The machine learning revolution in materials?[J]. MRS Bulletin, 2019, 44(7): 530-537.

[48] James R. Daneault, Jorge Chang, Jay Myung, et al. Toward autonomous additive manufacturing: Bayesian optimization on a 3D printer[J]. MRS Bulletin, 2021, 46(7): 566-575.

[49] Plutschack M B, Pieber B, Gilmore K, et al. The hitchhiker's guide to flow chemistry(Ⅱ)[J]. Chemical Reviews, 2017, 117(18): 11796-11893.

[50] Wang Y, Liu Y, Song S, et al. Accelerating the discovery of insensitive high-energy-density materials by a materials genome approach[J]. Nature Communications, 2018, 9(1): 2444.

[51] Stein H S, Gregoire J M. Progress and prospects for accelerating materials science with automated and autonomous workflows[J]. Chemical Science, 2019, 10(42): 9640-9649.

[52] Ament S, Amsler M, Sutherland D R, et al. Autonomous materials synthesis via hierarchical active learning of nonequilibrium phase diagrams[J]. Science Advances, 2021, 7(51): eabg4930.

[53] Zhu Q, Zhang F, Huang Y, et al. An all-round AI-Chemist with a scientific mind[J]. National Science Review, 2022, 9(10): nwac190.

[54] Grizou J, Points L J, Sharma A, et al. A curious formulation robot enables the discovery of a novel protocell behavior[J]. Science Advances, 2020, 6(5): eaay4237.

[55] Kusne A G, Yu H, Wu C, et al. On-the-fly closed-loop materials discovery via Bayesian active learning[J]. Nature Communications, 2020, 11(1): 5966.

[56] Peplow M . Organic synthesis: The robo-chemist[J]. Nature, 2014, 512(7512): 20-22.

新材料研发智能化关键技术

Key Intelligent Technologies for
Advanced Materials Research and
Development

第5章　创新平台与基础设施

　　材料基因工程创新平台与基础设施是新一代材料研发体系的载体，是支撑材料高效计算、先进实验、大数据分析与人工智能技术在新材料设计—制备—表征—应用全链条的创新生态系统，是推动新材料研发范式变革的重要保障。该系统主要由三大功能平台构成：一是高效计算设计平台，集成多尺度模拟算法与软件，实现材料组分与微观结构设计、制备与加工工艺优化、服役评价和寿命预测；二是先进实验平台，利用自动化、自主化设备与高通量技术提升材料制备与性能测试效率；三是材料数据基础设施，建立标准化、可追溯的多维度数据库及知识图谱，支撑数据驱动的材料研发决策。在建设和融合三类平台的基础上，通过构建跨领域协同创新网络，打破学科与行业壁垒，促进新材料领域产学研资源的动态整合与价值共享，支撑从材料成分设计到服役评价的全链条数字化与智能化。

　　本章内容分为四个部分。第一部分聚焦材料高效计算设计平台，探讨国内外高通量计算平台的建设情况、技术路径与发展策略；第二部分介绍国内外主要的先进实验平台，概述高通量、自动化、自主化制备表征技术和装备的进展与智能化发展需求；第三部分分析国内外材料数据库的主要分布，从数据治理机制、数据标准规范、可持续发展等方面探讨材料数据库的发展范式；最后提出材料协同创新网络的顶层设计框架，建立实验—计算—数据三元联动的技术协同机制和闭环化网络建设路径。通过对比国内外典型平台建设案例，结合新材料科技和产业发展需求，提出我国材料基因工程创新平台和基础设施分阶段实施策略。

5.1　高效计算设计平台

　　高效计算设计平台是为新材料研发和应用提供计算资源，支持从新材料发现、设计筛选、工艺优化到服役评价全流程计算和模拟仿真的基础设施。与传统的材料计算设施相比，平台不仅具有更强的计算能力和数据分析能力，而且能满足更高的新材料计算和设计需求，具备更完备的支撑能力和服务能力。平台围绕国家目标、区域或行业需求，建立功能全面或具有特色的材料计算软硬件设施，支持关键材料从实验室到工程应用的全链条计算模拟，支持新材料研发和应用的多尺度计算、高通量计算和集成计算等多种计算需求，获得候选新材料的微观结构特征、制备加工参数、物理化学性质、服役行为性能等信息，指导新材料的设计、筛选、制备、表征、工艺优化和服役评价。

　　平台依托超级计算机等高性能计算设施，具有强大的浮点处理能力，满足海量数据的存储与分析，并支持跨平台和云服务计算需求。平台具备完善的材料多尺度计算软件，支持从微观、介观到宏观材料体系的计算模拟；具备材料高通量计算环境，支持多用户密集作业调度、材料计算设计自动流程和庞大变量空间材料筛选；集成材料计算算法和仿真软件，支持新材料的智能设计、工艺优化和虚拟迭代升级。平台具备与材料计算一体化的数据存储和分析系统，支持用户与平台、平台与平台之间的数据互通和共享、多用户多终端远程可视化交互访问与工作流可视化、基于机器学习的模型设计和数据分析等功能。平台提供自定义开发环境，支持用户开发、集成和扩展材料计算软件，聚集和培养材料计算研究人员，构筑与材料实验和材料数据融合的创新框架，服务于新材料的研发与应用。

5.1.1　国外发展现状

　　在20世纪90年代，美国一些研究组认识到高通量计算在新材料设计和筛选中的重要作用和巨大价值，陆续开发了基于从头计算的高通量材料计算框架。在实施材料基因组计划后，高通量计算被视为材料基因工程的三个关键技术之一，在技术开发和平台建设方面迅速发展，建成了若干具有广泛影响力和各具特色的材料计算平台。欧洲一些国家的研究组也发展了高通量计算框架，与高性能计算设施结合，组建了一些材料计算平台。

　　（1）Materials Project

Materials Project（MP）[1]平台最初由麻省理工学院的Ceder等主持开发，加州大学伯克利分校的 Persson 等负责了后续的开发和运行。平台依托于劳伦斯伯克利国家实验室和国家能源研究科学计算中心，得到了美国能源部、美国国家科学基金会等的支持。近年来，平台的开发和推广工作进展迅速，迄今参与开发的人员超过了 240 人。

　　MP 开发了材料设计、计算和筛选的高通量自动流程，将传统材料计算的批作业方式转变为自动建模、自动设计工作流、自动配置计算资源、自动分析计算结果的自动流程模式，将人力难以完成的复杂材料体系的多变量优选过程交给计算机自动完成，以实现从较大变量空间中高效筛选候选材料。图 5-1 为 MP 平台的基本架构示意图。从数据库出发，按组合原理构建计算模型，组成批量计算作业，根据作业内容和所需资源，生成多个工作流并提交到计算机系统，经资源配置、完成计算后，提取有效数据，经分析获得该材料的结构性能参数，有效数据返回数据库或进入新一轮筛选，直到获得满足目标需求的材料信息。

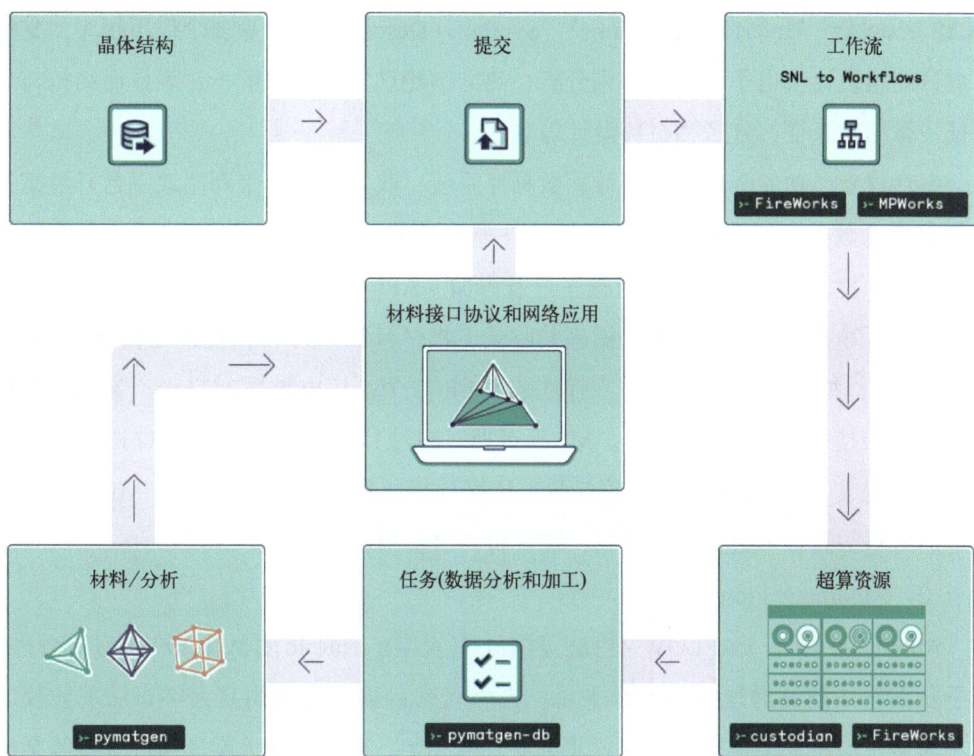

图5-1　MP 平台的基本架构示意图

　　Materials Project 平台的核心算法包括 pymatgen、custodian、FireWorks 和 Automate 四个模块。pymatgen 是一个开源的材料/分析 Python 库，主导了平台的主要功能，能进行高度灵活的结构单元操作，支持多样化的 I/O 类型和格式，满足对材料计算结果分析的需求，能够对海量的复杂计算数据进行分析和挖掘工作。custodian 是一个计算作业实时管理框架，封装有针对批量作业管理的错误识别、错误处理等子模块，具有强大的作业自我纠错能力。FireWorks 用于工作流的定义、管理和运行，在分散计算资源中实现自动流程计算，在大型计算中心用于高通量计算任务的运行管理，包括工作流动态设置、状态管理、作业调度、远程控制等，并兼容多种服务器作业管理系统。Automate 基于上述三个模块，实现它们的功能的自动配置和个性化调整，目的是让复杂的材料建模、作业管理和数据分析等过程自动化，实现在较大的变量空间搜索目标材料。目前 Automate 集成了 VASP 软件的主要输入和输出分析工具，设计了 VASP 计算涉及的大部分标准工作流，兼容多种作业管理系统，支持多工作流任务的自动流程计算。

平台开发了 "Materials Explorer" "Battery Explorer" "Crystal Toolkit" "Structure Predictor" "Phase Diagram" "Pourbaix Diagram" "Reaction Calculator" "Thermodynamical Data" "Compare Elements" "Nanoporous Explorer" "Molecules Explorer" "RFB Dashboard" "XAS Matcher" "Interface Reactions" "Synthesis Descriptions" 等多个应用程序，支持材料成分结构设计、电子和晶体结构分析、热力学和动力学数据解析、表界面结构与功能表征、微结构表征、分子和材料设计等功能。

平台建立了功能强大的材料计算数据库系统，收集了历年来利用该平台开展高通量计算得到的数据，其中部分数据开放给注册用户使用。为了用户能够快速有效地利用数据库，平台开发了友好的应用程序开发界面（API），为用户提供查询、导入、导出、比较、分析等支持。目前，该数据库共收录无机材料 144595 种，能带结构 76240 个，分子 63876 种，纳米材料 530243 种，弹性数据 14072 个，压电数据 3411 个，嵌入电极材料 4730 种，转换电极材料 16128 种。MP 平台拥有超过 12 万注册用户，针对 13 万种以上无机材料，完成了超过 100 万个计算任务，计算量超过 1 亿核时。特别地，MP 平台支持了锂电池材料、固态电极、压电材料、磁性材料等新材料的研发。

（2）Automatic Flow

Automatic Flow（AFLOW）[2]是美国杜克大学 Curtarolo 团队于 1999 年开始开发的基于从头算法的高通量材料计算平台。先后有来自美国纽约州立大学布法罗分校、马里兰大学、加州大学圣迭戈分校、北卡罗来纳大学、得克萨斯大学奥斯汀分校等学校和研究机构的 14 个研究组参与平台建设，得到了美国国防部、美国国家科学基金会等的资助。

平台集成了高通量材料设计、自动化流程计算、数据存储和数据查询等功能，基于密度泛函理论计算，结合材料信息学和结构筛选策略，对新材料的结构和性质进行计算筛选。图 5-2 是 AFLOW 中一个基于 VASP 程序的典型的自动筛选流程。利用元素和位置置换，产生大量的初始结构，自动生成计算输入文件，利用高通量计算策略，在 DFT 水平上完成结构弛豫和性质计算，得到材料的电子结构、稳定性和力学性质，然后存入数据库，并开始新的循环。

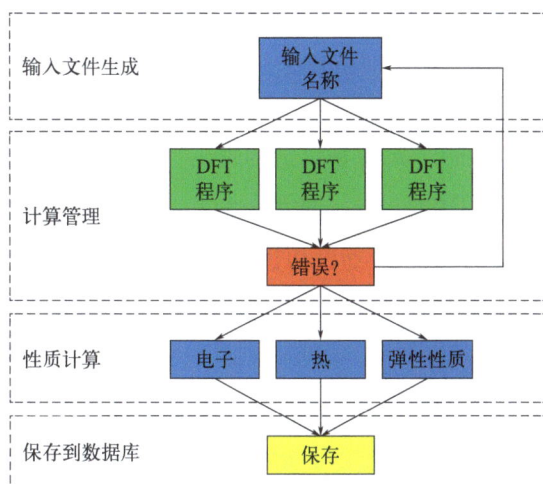

图5-2　基于 VASP 的 AFLOW 自动流程

平台开发了 SYM、Prototypes、CHULL、CCE、POCC、AEL、AGL、AFLUX、ML、XtalFinder、APL、QHA 等应用模块，分别用于对称性分析、计算模型生成、热力学、离子化合物、无序体系、热物理性质、力学性质、机器学习、晶体结构识别、晶格动力学、声子谱、准谐振近似等过程和性质的计算和数据处理。AFLOW 主要通过计算基态能量确定结构的稳态和亚稳态，支持相图构造、电子能带结构、声子谱和振动自由能、表面稳定性和污染物对表面的吸附、电子-声子耦合和超导性等计算，不仅能够对大量结构进行计算，得到系列可观测物理量，还提供数据挖掘和模型构建所需的一系列信息学工具，包括部分可视化工具等。整个计算、运行及分析过程采用自动流程完成，只需要极少的人为干预。计算所产生的材料性质数据可存入 AFLOW 数据库 AFLOWlib（aflowlib.org）中。截至目前，AFLOWlib 已存储了 3528653 种材料以及超过 733959824 个材料性质数据。

多所知名大学的科研团体结成联盟，对 AFLOW 高通量计算框架进行开发和服务，并通过 REST-API Wiki 共享数据、方法和研究计划，形成了通过网络汇集各地科学家、技术专家和工程师的全球化"合作实验室"。AFLOW 对于材料设计与开发的加速起到了积极的推动作用。AFLOW 平台成功应用于发现新材料，预测材料的成分、结构、热力学性质、声子谱、力学性质等。特别地，它预测了系列高熵合金、高熵陶瓷和金属玻璃的热力学稳定性和物理性质，发现了一些具有良好热力学稳定性的新材料。

（3）Automated Interactive Infrastructure and Database for Computational Science

Automated Interactive Infrastructure and Database for Computational Science（AiiDA）[3] 是瑞士的THEOS、MARVEL研究中心和美国剑桥的Bosch RTC研究中心合作，基于 Python语言开发的一种用于计算材料学的自动化交互式平台。

AiiDA是用户和高性能计算之间的桥梁，其基本设计思想是跟踪计算过程和数据产生过程，把复杂的材料计算流程编码成科学高效的自动工作流程，将自动流程的计算过程与数据采集过程相结合，以保障数据来源的透明性和可靠性。AiiDA支持和简化了材料计算中的四个关键环节，即自动化、数据、运行环境和资源共享（Automation, Data, Environment, and Sharing，ADES）。通过构建和执行复杂工作流，支持高通量计算作业，跟踪和记录各流程和节点的输入、输出和元数据，AiiDA建立了完整的计算数据采集、存储和应用系统。

平台的核心是AiiDA API，向用户提供了一个交互界面，实现了用户与计算对象、软件和数据的交互，解决了不同计算环境和数据存储环境的兼容性问题。用户可以选择命令行工具verdi或Python脚本等方式，也可以使用新插件扩展功能与AiiDA对话，登录远端计算机。AiiDA平台的架构如图5-3所示。AiiDA具有自动化模块和存储模块相互关联、工作流设计灵活、计算资源交互设计友好、模块化插件设计便捷等优点，可以帮助用户避免材料计算中一些容易出错的操作。AiiDA的用户群逐年扩大，开始形成良性的平台-用户生态。

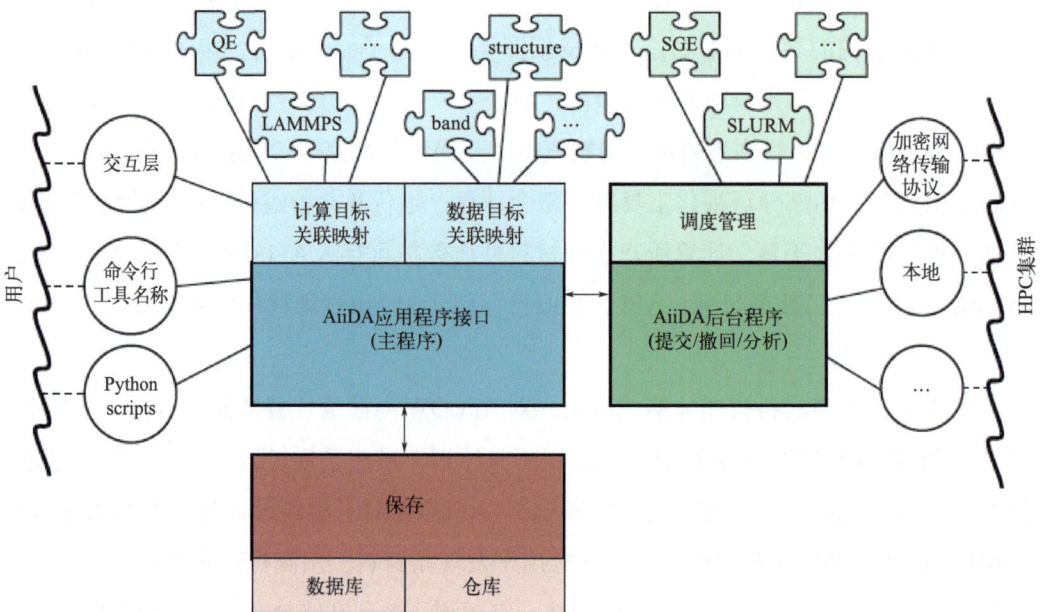

图5-3 AiiDA平台架构图

（4）Materials design at the exascale

Materials design at the exascale（MaX）[4] 是依托欧洲卓越中心建立的材料设计平台，受欧盟"地平线2020"计划资助，致力于运用当代和未来的高性能计算、高通量计算和大数据技术进行材料模拟、仿真、发现和设计。欧洲超级计算能力将在今后十年进入E级或后E级时代，为新材料研发带来新的机遇，同时也为材料计算软件的开发和数据生态系统的重构带来新的挑战。

MaX的目标是为材料研发者开发前沿新技术，应用于新材料的发现、设计和工业应用。为实现这一目标，平台集成了得到广泛应用的开源和商用计算软件，开发了高性能计算、高通量计算和大数据分析一体化技术，面向未来E级计算机运行环境发展了新算法，运用工作流设计和提供完整解决方案等方式拓展了学术界和工业界用户群。

MaX的开发者包括德国、法国、瑞士、比利时、西班牙等国家的10余个材料计算研发团队，CINECA、ETH Zurich、Juelich、CEA、Barcelona等5个欧洲超算中心，ARM和E4等2个技术支持团队，是欧洲高性能计算战略领域的贡献者。团队中包括部分CP2K、AiiDA、Siesta、BigDFT等材料计算软件的开发者。图5-4所示为MaX的主要组成部门。

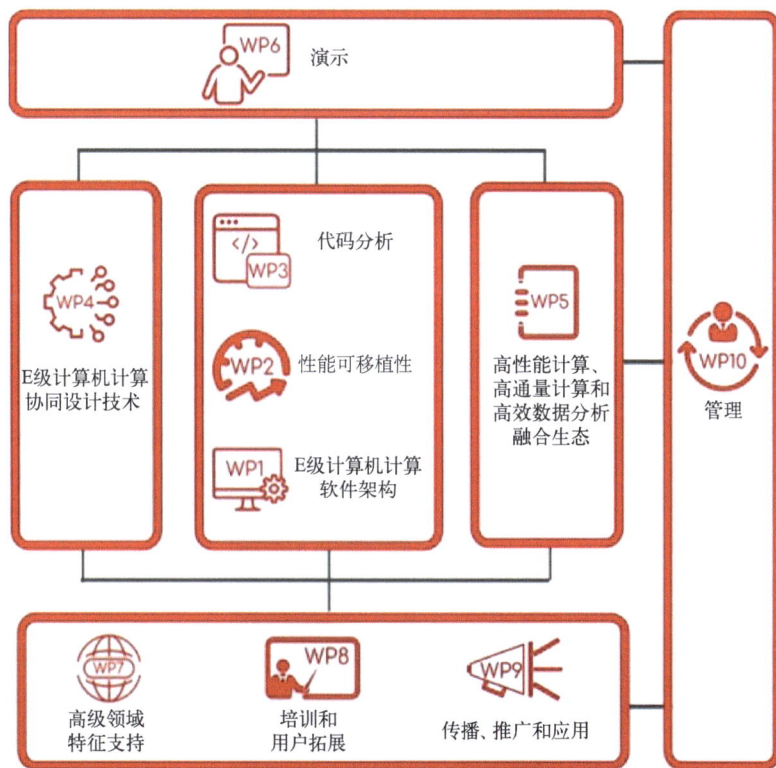

图5-4　MaX的主要组成部门

平台聚焦在业内广泛应用、功能强大的计算软件，包括采用第一性原理和多体微扰方法预测材料结构、电子性质、磁性质和光谱性质的计算软件，依托高性能计算环境，开发了适用于这些软件的高通量计算等应用工具集。平台的高通量计算采用了AiiDA框架，开发了该框架与主流材料计算软件的专用插件和工作流。

虽然MaX平台的建成时间较短，但平台已经拥有了世界一流的材料计算基础设施，集成了先进的材料计算软件、高通量计算系统和数据处理系统。平台已在新材料研发中取得系列成果，多个研究组利用该平台的Quantum ESPRESSO、Siesta、Yambo、CP2K、BigDFT和AiiDA等软件和计算资源，研究了二维材料、超导材料、电极材料等前沿新材料体系。

（5）The Novel Materials Discovery

The Novel Materials Discovery（NOMAD）[5]受欧盟"地平线2020"计划资助，由丹麦、比利时、英国、法国、德国、奥地利、意大利等国的10余个研究机构和大学的研究组及超算中心共同开发。开发者包括20余位核心人员，另有60余位包括来自中国的多国科学家作为共同开发人员，包括Intel、IBM、SIEMENS AG在内的近20家知名企业作为共同开发机构。

百亿亿次（E级）计算能够更真实地模拟材料的结构、性能及其演化过程，将对材料科学产生深远影响。为解决紧迫的能源、环境和社会挑战，需要针对E级计算机对计算材料学进行重大的方法学改进，以满足未来材料计算研究的需求。NOMAD CoE（卓越中心）的目标是将计算材料学提升到E级计算的新水平，以研究具有更高复杂性（空间和时间）的系统，并达到更高的可靠性和预测精度。

如图5-5所示，NOMAD CoE在三个方向开展工作：

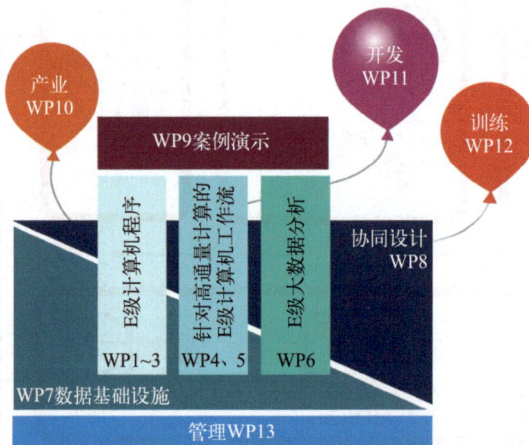

图5-5 NOMAD CoE 架构示意图

① 将第一性原理计算方法、从头算方法、多体理论方法、耦合簇方法等移植到 E 级计算机平台，以保证未来可以高效地利用 E 级计算机开展计算材料研究，在更大空间尺度和更长时间尺度研究更复杂的材料体系，得到更准确的计算结果。

② 将高通量工作流移植到 E 级计算机平台，针对 E 级计算机环境，开发类似于当前通用的 FireWorks、ASE 的高通量自动计算流程，不仅能够支持从头算水平上的高通量计算，而且能够在经典分子动力学水平开展材料计算模拟工作，并探索在 Beyond-DFT 水平上进行工作流设计，实现高精度下的高通量计算。

③ 将大数据技术升级到 E 级计算机水平，包括建设与 E 级计算机匹配的材料数据基础设施，开发在 E 级计算机环境中使用的人工智能技术，支持近真实空间和时间尺度下计算数据的分析等内容。

NOMAD CoE 是在 NOMAD 的基础上进一步开发形成的。NOMAD 是一个基于用户共享和共同开发的计算材料学及数据平台，由洪堡柏林大学的 Scheffler 研究组于 2014 年发起，以欧盟为主的全球多个研究团队参与开发，是当前计算材料学领域全球最大的计算数据一体化平台之一。基于其可访问、可互操作、可重复使用的基础数据设施，NOMAD 为用户提供了高级可视化、数据词典和人工智能工具集等各种服务。

目前，NOMAD 支持大约 40 种材料计算模拟软件的计算任务，包括所有先进的电子结构计算软件和陆续增加的量子化学计算软件与基于力场的材料计算软件。NOMAD 存储库（NOMAD Repository）保存了这些软件的数百万个输入和输出文件（这些原始文件根据提供者的要求，设置了保密期限），构成了平台为计算用户服务的基础。NOMAD 档案库（NOMAD Archive）存储了经规范化处理的数据，即将存储库中的原始数据解析为通用的、与计算程序无关的数据格式再进行存储。这种规范化有利于比较不同来源的数据，方便用户对数据进行统一处理。

NOMAD 开发了虚拟现实（VR）等高级可视化工具，支持多维数据的远程可视化。用户无须安装专门的硬件或软件，可以在本地计算机上交互式地执行可视化任务。将 VR 技术应用于材料计算数据的分析是平台的一个重要特色，2017 年在柏林举行的"科学之夜"活动期间向公众进行了展示。例如，基于 VR 技术，观众可以观察到 CO_2 分子在 CaO 表面的扩散和 LiF 材料中的激子迁移。

NOMAD 词典（Encyclopedia）是一个基于网页的公共平台，包含了从块体材料到低维体系的结构、电子、热学性质等参数，并提供计算方法、计算量等信息和指向外部资源的链接。NOMAD 开发了计算数据分析工具箱（Analytics Toolkit），提供了一系列算例和工具演示如何利用材料计算数据。例如，NOMAD 开发了一种"交互代码"工具，可以让用户以交互方式检查和运行该计算模型。

利用NOMAD平台，目前已经在催化材料、磁性材料、锂电池电极材料、太阳能转换材料等领域开展了科学研究和新材料开发等工作。

（6）Computational Materials Repository

Computational Materials Repository（CMR）[6]是丹麦科技大学的Landis研究组与量子材料信息项目（Quantum Materials Informatics Project）的研究人员合作开发的一个材料计算及数据库平台。平台基于Python语言开发的支持计算数据收集、存储、检索、分析和共享的环境，为计算用户提供标准模式和自定义模式的数据导入和导出。平台分为计算软件和数据库两个部分，可以分别或同时进行访问和操作。

CMR的核心模块是Atomic Simulation Environment（ASE），由一系列计算软件工具集和Python功能模块组成，用于材料计算模拟作业的生成、设置、运行、可视化和结果分析。ASE在2008年发布了测试版，十多年间经过了数十次更新。ASE具有界面友好、扩展性和兼容性良好、支持用户自定义专门化设置、开放共享等优点，目前支持Abinit、Q-Chem、Atomistic、BigDFT、CP2K、CASTEP、Crystal17、GROMACS、DFTB、DeMon、ESPRESSO、EMT、NWChem、VASP、GAMESS、Gaussian、Siesta、TURBOMOLE、ORCA等30多款计算软件。

CMR同时支持单用户和多用户两种模式。单用户可以将数据保存在普通文件系统中以供个人用户使用而不需要安装数据库。多用户模式下，通过MySQL数据库进行组间协作，可实现多用户间大量数据的传输和处理。CMR充分利用了互联网资源中的大量电子结构计算软件（www.psi-k.org/codes.shtml）。这些软件通常具有不同的输入和输出文件格式，而且这些文件格式中可能包含相同或者类似的信息，但以不同的形式存在。CMR可以灵活地存储不同类型的计算数据，将来自不同计算程序的结果数据转换为DB文件格式，然后进行分类分析，再使用Python、PHP或HTML/JavaScript接口协议访问。这样的设置有利于组内和组间协作，更好地支持了第三方分析工具。

5.1.2　国内发展现状

（1）MatCloud+

MatCloud+[7]材料云由中国科学院计算机网络信息中心牵头开发。MatCloud+建立了云端高通量、多尺度、自动化流程的材料计算模拟体系架构，将MatCloud直接连接高性能计算集群，实现了云端高通量、多尺度材料计算模拟、自动调整和纠错；通过软件定义材料计算模拟，将模型搭建、高通量建模、各模块间数据流动（如几何优化、单点计算）、参数设置、赝势处理/势函数匹配、计算数据后处理、计算数据储存，以及机器学习等关键环节图形化和组件化，便于用户通过鼠标"拖拽"方式实现高通量筛选逻辑的"自组装"；通过"建模→计算→数据→AI"云端自动化流程，解决了材料计算参数设置复杂、赝势处理烦琐、数据后处理易出错、计算数据易丢失等问题，帮助实现材料自动化发现。计算模拟一旦结束，自动形成材料计算数据库（见图5-6）。

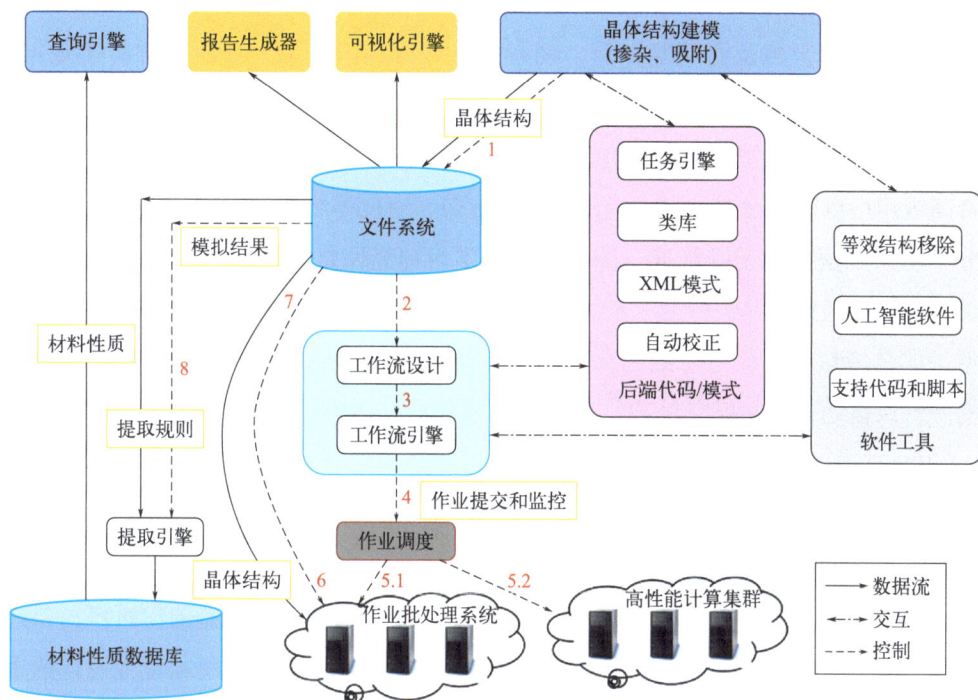

图5-6 MatCloud+ 技术架构

MatCloud+材料云采用"软件定义材料计算"及"AI+材料计算SaaS化"等方式，将材料"建模→计算→数据→AI"全流程操作置于云端，用户无须下载安装任何软件，通过网页浏览器登录/注册就可使用，并向社会公众开放（www.matcloudplus.com）。经过迈高科技4～5年的全面重构和持续迭代研发，MatCloud+材料云已基本具备国外同类微尺度材料集成设计软件80%的核心功能，现有来自10多个国家和地区的300多家高校、科研院所和企业的近5000个注册用户，成功应用于云南稀贵金属材料基因工程，帮助建成全国首个稀贵金属新材料高通量计算平台。

（2）Artificial Learning and Knowledge Enhanced Materials Informatics Engineering

Artificial Learning and Knowledge Enhanced Materials Informatics Engineering（ALKEMIE）[8]是北京航空航天大学自主开发的一套具有多尺度集成功能的高通量自动流程计算软件系统。ALKEMIE集合了材料基因工程三要素（高通量自动计算流程、材料大数据和人工智能算法），采用client-server架构，用户只需在本地安装客户端，即可通过网关连接到部署有计算引擎和作业管理功能的超算平台，易于部署和使用。ALKEMIE的主要特点：用户友好的高通量自动流程计算可视化操作界面；针对目标材料从建模、运行到数据分析全程自动无人工干预；支持单用户不低于10^4量级的并发运算；集成了第一性原理计算（VASP）、分子动力学模拟（LAMMPS）、热力学计算（GIBBS2、OpenCalphad）、动态蒙特卡洛模拟（KMC）和介观尺度相场模拟（Openphase）等软件，可实现单一尺度及跨尺度计算；拥有完整数据查询、存储功能的材料学数据库；可视化机器学习功能；适用于Windows、Linux等操作系统（见图5-7）。

ALKEMIE设计了多种特色功能，包括：为初级用户提供可靠的缺省参数配置，也适合高级用户自定义设置；自动构建晶界、掺杂、空位等结构；第一性原理计算和大规模分子动力学模拟的无缝集成，即利用深度学习神经网络拟合第一性原理高通量计算结果，生成势函数，并进行分子动力学模拟；自主开发的基于混沌多项式法（简称gPC模型）的体模量拟合；电子结构高效高精度计算算法LDA-1/2；拥有18万组材料结构数据，可以自动查询并提交任务；支持10种不同的VASP高通量自动计算工作流；支持LAMMPS高通量自动计算工作流；计算结果及数据自动分析并输出图像等。

目前ALKEMIE已部署于国家超算（天津）中心等5家超算中心，拥有国内外用户200多个。基于ALKEMIE软件高通量计算筛选的Y-Sb$_2$Te$_3$、C-GeSb等新型相变存储材料已获得实验验证。同时，ALKEMIE用户基于软件的功能模块在光催化材料、二维磁性材料、光电材料设计领域发表了大量高质量论文，展示了软件对材料理性设计的重要推动作用。

（3）The High-Throughput Computational Platform of Chinese Materials Genome Engineering

The High-Throughput Computational Platform of Chinese Materials Genome Engineering（CNMGE）平台依托国家超算（天津）中心构建的超级计算、云计算与大数据融合环境，开发了高通量计算、流程自动控制、大数据管理、远程可视化、机器学习等关键技术，构建了自主可控的跨域高效资源调度系统、图形化可编辑的高通量计算工作流、交互式作业管理系统、统一集成的数据接口等软硬件系统，实现了高通量、多尺度、自动流程的材料计算模拟和材料计算数据管理。

CNMGE平台打造了全新的在超算上开展材料模拟计算的模式，解决了用户多、计算量小、任务多、业务杂与超算系统庞大、运行管理复杂、使用专业化的矛盾。目前实现的功能有：快捷的资源管理和任务管理系统，一键式部署的软件仓库，一键式登录超算系统的Shell界面，高效地管理超算数据的网盘，可查询的海量晶体结构数据库和势函数数据库，快速地预测晶体性质的智能系统。平台提供了"材料建模→软件调用→参

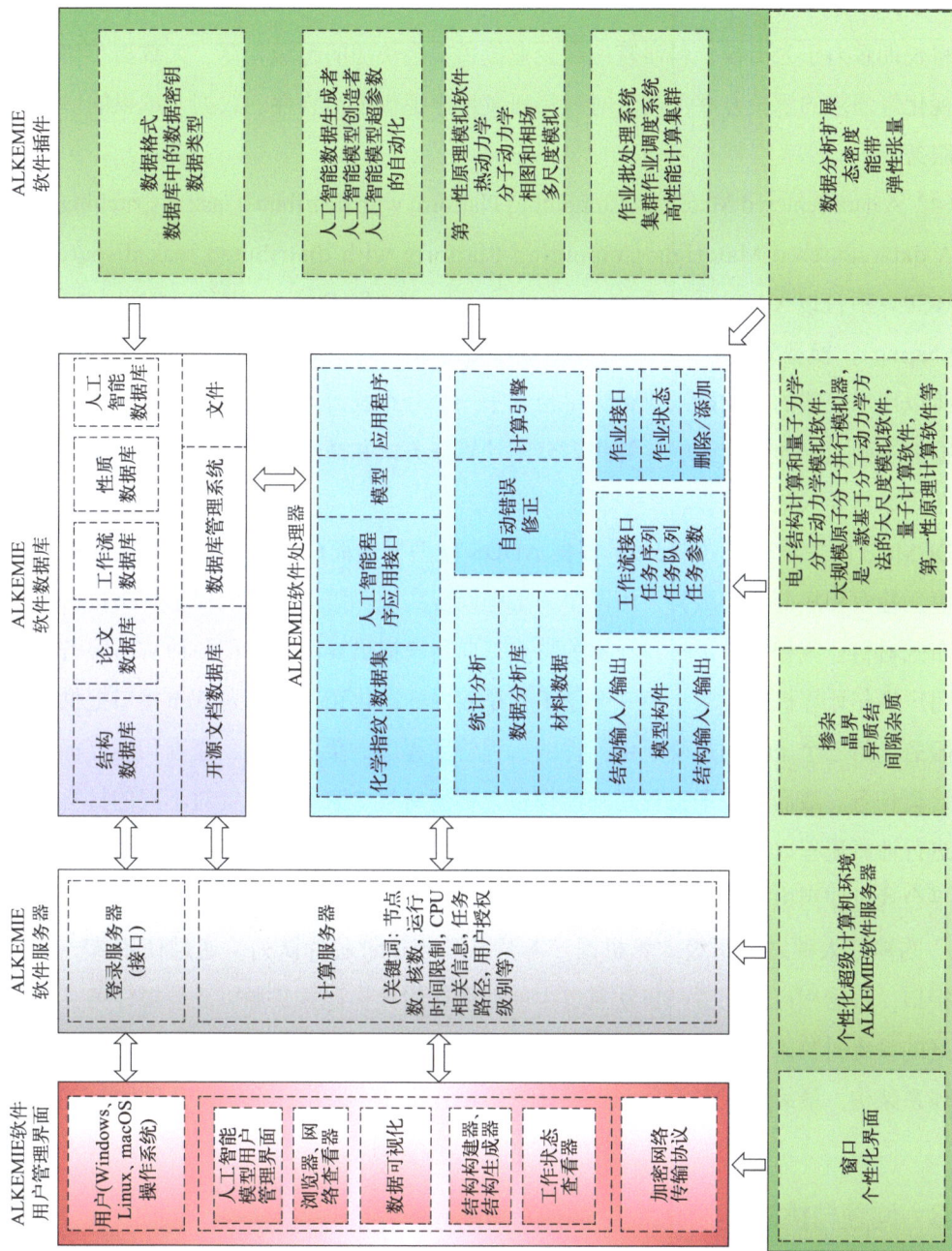

图5-7　ALKEMIE 分布式服务平台架构

数配置→模拟计算→结果查看与可视化"一整套流程服务。

CNMGE平台具备了对材料研发信息化的支撑能力，包括材料模拟计算的软件/硬件、工作流引擎、机器学习预测、数据可视化、数据库等多方面支撑能力，建立了"需求提出-技术供给-平台支撑-成果产出"交互迭代的产学研用协同的创新机制（图5-8）。平台将长期致力于为高校、科研院所和企业提供安全快捷的超级计算、大数据存储管理和可视化等需求的解决方案，实现对材料研发用户提供平台软件、数据、成果的快速共享和服务。

（4）A data centered Materials Computing Platform with distributed task dispatching

A data centered Materials Computing Platform with distributed task dispatching（DCMCP）平台以ADDS［自动化（Automation）、数据（Data）、调度（Dispatch）、共享（Sharing）］模型为核心，围绕一个数据中心，分布式派遣材料计算任务。各种计算集群将以用户配置的方式接入平台，平台基于一个分布式流程自动并发模块，在数据中心数据的基础上，为各接入的计算集群分配计算任务，并通过用户配置的接口从各集群上将结果数据导入数据中心。

DCMCP的主体框架（图5-9）根据ADDS模型搭建而成，其目标是提供分布式材料计算、检索和集群注册服务，由四个子工程同步实现。第一个子工程是Web接口，根据分布式材料计算和高通量材料计算的特点，向用户提供界面操作和多种Web服务，降低对用户操作计算机的要求。第二个子工程是数据标准化和存储，为Web接口提供数据操作服务。第三个子工程是基于中间件的远程管理程序，负责提交、查询和调度标准化后的计算任务。最后一个子工程是功能模板，根据材料专家的需求针对不同的材料计算任务进行计算流程以及计算参数的配置，以获得较为精准的材料计算结果。

平台通过使用中间件来整合各种异构的计算资源，包括自有计算小集群以及无锡超算中心的神威太湖之光超级计算机国产芯片队列和Intel芯片队列，通过使用统一的中间件接口，根据相应的配置来自动兼容中间件所在的异构计算资源以及计算任务，实现了良好的系统封装，使平台具有高度独立性、面向多种不同任务并对平台进行集成化管理的体系架构，最终实现自动化的计算任务传输、投递、监控、容错以及回收。

5.1.3　问题与挑战

（1）发展趋势分析

在新材料智能化研发技术日益发展的背景下，国内外材料计算平台建设均在快速推进并发展。受国家目标和市场需求的驱动，以及计算机技术和互联网技术发展的影响，

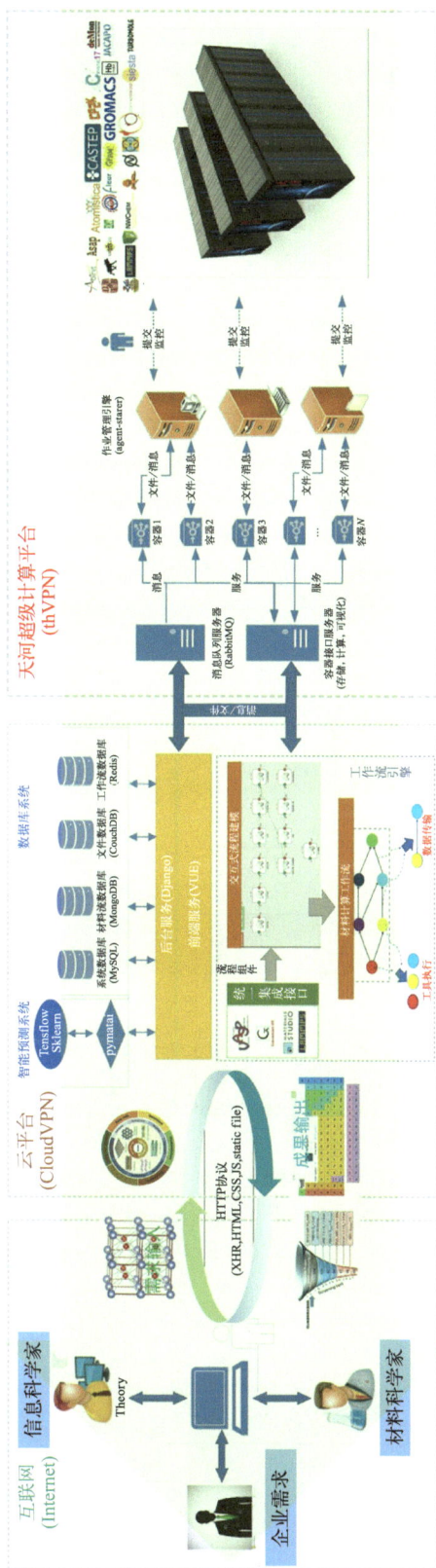

图5-8 产学研用协同创新机制

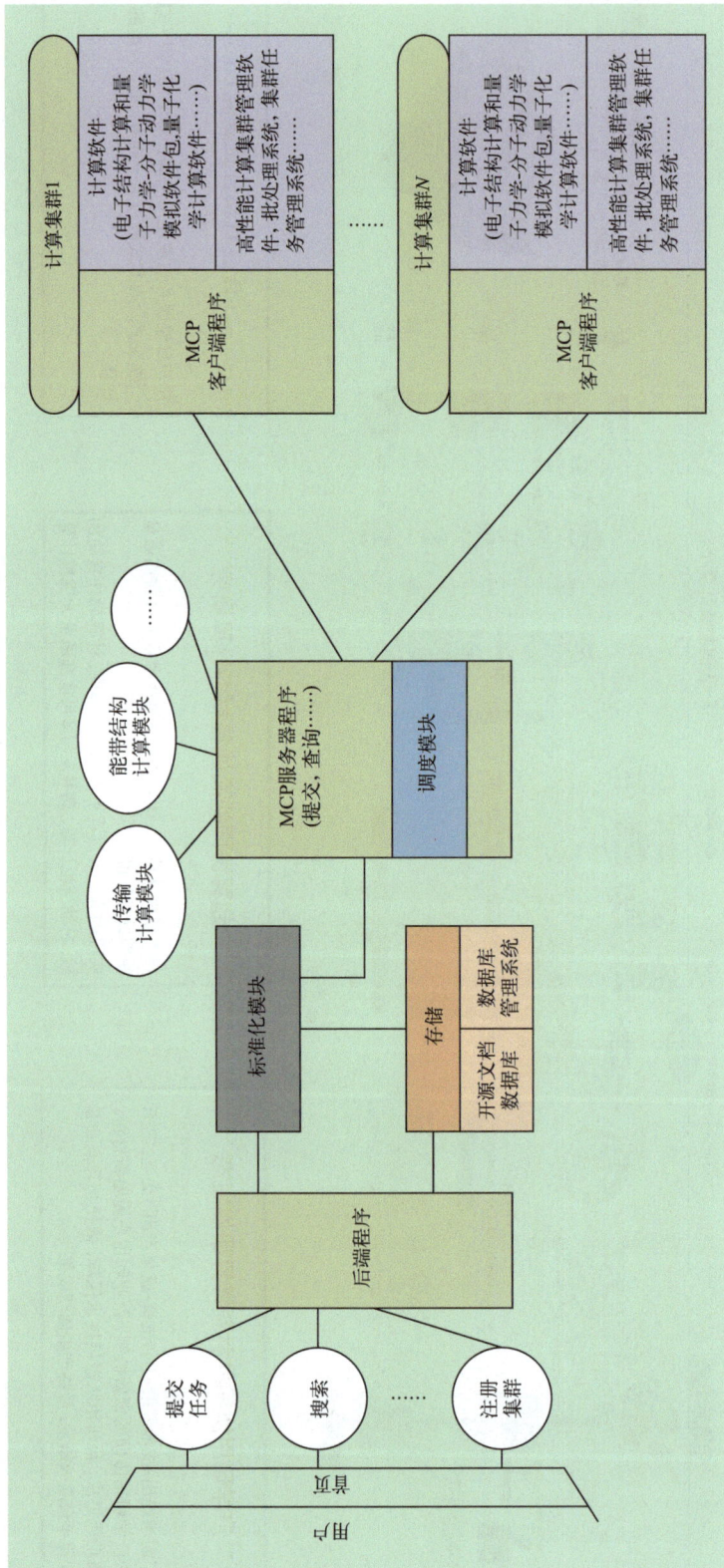

图5-9　DCMCP主体框架

材料计算平台的发展呈现新的趋势。

① 材料计算平台在服务国家目标和市场需求上的重要性日益显现，美国、欧盟和中国的材料计算平台蓬勃发展。材料计算平台拥有强大的功能和算力，在服务国家目标和重大需求时更能显现出其对新材料科技和产业的支撑能力。美国的 Materials Project 平台聚焦下一代锂电池材料，提前 3～6 年布局新型高端能源材料，以在未来的国家和市场竞争中占得先机。AFLOW 平台同样聚焦当前新材料前沿领域——高熵合金和高熵陶瓷，在极端环境服役材料上开展前期探索。鉴于材料计算平台需要依托超级计算中心的强大算力，美国、欧盟、中国、日本等在先进计算领域具有良好基础，且对新材料研发具有极大需求的国家和地区将致力于继续建设材料计算平台，强化平台的创新能力、服务能力和支撑能力。

② 材料计算平台与超算中心、互联网、云计算形成发展共同体，平台功能向综合性和专门性两个方向发展，覆盖面加速扩大。工业互联网和智慧城市已经成为社会发展和城市建设的热点，将为材料计算平台的发展带来新的机遇。基于互联网和云计算环境，实现超算之间、超算与用户之间快速、高效的信息交互，将提升材料计算平台的使用效率、应用范围和用户体验，加速提升平台在新材料研发中的应用地位。受应用驱动，一些平台向综合性方向发展，成为基础设施完善、功能全面、覆盖面广、服务能力强的国家级或国际级超大型材料计算平台；一些平台基于区域或行业优势，聚焦部分关键材料和产业，成为富有特色、具有先进技术水平和强大支撑能力的材料计算专门平台。两类平台互为补充，共同支撑材料基因工程技术的发展。

③ 材料计算平台与材料数据库互为依托，材料高通量计算和机器学习技术的融合加速计算平台和数据平台的一体化进程。当前，大多数材料计算平台与数据库共建，具备了良好的计算数据采集、存储、分析和利用能力。随着计算平台的功能日益完善和用户群体增加，计算数据量将迅速增加，将计算平台和数据平台共建，实施一体化建设和管理势在必行。一方面，材料计算技术和数据挖掘技术结合紧密，互为应用，这种结合随着人工智能技术的进步将更为密切。另一方面，计算平台和数据平台可以共享软硬件资源和数据资源，实现超算、云计算与大数据的底层融合，节约建设成本，大幅度提高数据利用效率。欧盟的 NOMAD、我国的天津超算中心和广州超算中心已经采取了材料计算平台和数据平台一体化建设模式，并取得初步成功。

④ E 级计算机将深刻影响材料计算的研究范围和研究方式，引发计算模型、算法和软件的迁移和重构，材料计算进入 E 级计算机时代。E 级计算机的成功开发为新材料研发带来了新的机遇。受模型、算法和算力限制，当前的材料计算仅应用于部分材料、部分性质、部分流程的设计和预测，研究范围、研究内容和预测精度远不能满足新材料科

技和产业的需求。E级计算机的应用将扩展材料计算的功能和应用范围，提高计算结果的可靠性和精度，更好地满足新材料设计和性能预测的需求。但E级计算机运行环境的改变给现有计算软件的应用带来挑战，需要对计算平台的材料计算软件、高通量计算流程、数据挖掘算法等进行移植或重构。欧盟的MaX和NOMAD CoE、中国天津超算中心已将E级计算机时代材料计算平台升级纳入工作日程。

（2）国内外发展现状对比分析

① 政府机构参与材料计算平台的建设和发展。AFLOW、Materials Project等平台是美国材料基因组计划的一部分，能源部、国防部、科学基金会、国家实验室等机构支持并参与了平台的建设。欧盟"地平线2020"计划是NOMAD平台的主要资助者，法国原子能委员会等政府机构和"地平线2020"计划参与了MaX平台的建设和管理。中国科技部支持了ALKEMIE、CNMGE等平台的建设。但是，中外政府机构在平台建设中的角色有所不同。美国和欧洲的大多数平台由各大学和研究机构的课题组主导，政府采取资金支持和政策引导等方式介入。近期建立的MaX平台具有不同的特点，政府机构的主导作用显著增强。中国的材料计算平台基本上是在国家重点研发计划重点专项支持下建立的，政府主导作用明显。

② 大部分平台以材料计算需求为导向，采取了高性能计算＋高通量计算的主体架构。高性能计算在材料计算中应用已有30多年，随着计算材料学的发展，研究向成分多样化、工艺多流程、服役环境复杂化方向发展，需要在更大的变量空间进行材料设计和优选。为了应对这一需求变化，材料计算平台引入了高通量计算模式，如FireWorks、pymatgen、AiiDA等，与高性能计算结合，实现计算模型建立、工作流设计、计算资源配置、作业运行管理、错误识别和纠错、计算结果分析的自动流程计算。高性能计算资源从传统的计算机集群走向超算，大部分材料计算平台依托超级计算中心建立，拥有强大的软硬件基础设施。

③ 材料计算平台和数据平台一体化配置。材料计算和材料数据关联密切。材料高通量计算的模型来源于数据库，计算结果存入数据库。材料计算既是数据库的使用者，也是数据生产者。利用基于数据库的人工智能技术优化计算模型和计算流程，也是下一代材料智能化计算技术的主要内容。因此，实施材料计算平台和数据平台一体化配置，既有利于计算材料学和材料信息学的协同发展，也有利于超级计算机软硬件资源的高效利用。AFLOW和Materials Project平台均建设了自己的数据库。一方面，数据库中绝大部分数据来源于平台；另一方面，数据库的资源已经成为用户开展高通量计算的重要支撑。

④ 研发团队相对固定，用户群体增长迅速。材料高通量计算技术始于10多年前，

国外主要有 Ceder、Persson、Curtarolo、Landis 等研发团队。这些团队常由核心成员和合作者组成，经过十余年发展，团队成员国际化趋势明显，规模不断加大。国内主要有北京航空航天大学、中国科学院网络信息中心、上海大学、天津超算中心等团队。与国外相比，国内团队仅有 5 年左右发展经历，且人员组成基本是重点专项的参与人员，合作团队人员数量和规模均显著小于国外团队。在用户群体方面，与国外平台差距较大。AFLOW 和 Materials Project 已经建立了良好的用户生态，为用户提供了良好的使用体验，部分用户已经开始从事基于平台的应用程序开发。国内材料计算平台用户较少，尚未建立起用户生态。

（3）问题与挑战

我国的材料计算平台建设仅有几年历史，虽然发展迅速，但仍然存在不少问题，总体上与国外计算平台存在差距，部分方面差距巨大。主要表现在：

① 对材料计算平台的基础设施建设重视不够、投入严重不足。我国过去及现行科研资助体系，鲜有对材料计算平台的支持，在国家重点研发计划"材料基因工程关键技术与支撑平台"重点专项中资助了几个计算平台，但从经费分配看，其中大部分经费用于利用平台资源开展材料筛选，直接用于平台建设的费用较少。

② 基础软件和应用软件严重依赖国外，自主知识产权不足。由于长期忽视和激励不足，我国的材料计算软件国产化程度较低，大量使用国外商用软件或共享软件，导致材料计算平台软件集成困难，存在较大的软件版权压力。由于计算平台常常被视作商业用户，不得不支付巨额版权费用，影响了平台的功能，限制了其用户的使用范围。

③ 目标导向和需求牵引不足，产学研用脱节。我国现有的几个材料计算平台基本是在材料基因工程的重点专项的支持下建立的，受"项目"驱动，而非"市场"驱动，在服务意识、服务范围和服务能力方面尚存在较多不足，与实验研究和工程应用之间的互动偏少，尚未建立平台与新材料研发和应用全链条之间的高效融合。

④ 管理和运行机制待建立，责权利待明晰。现有平台依托国家或地方超算设施建立，作为超算设施的功能之一。平台的运行方式与超算的运行方式保持一致，导致一些计算平台逐渐演化为"卖机时"模式，偏离了平台的定位。目前材料计算平台的政府定位与市场定位、责权利关系均不明晰，缺乏长效机制。

⑤ 专业人才队伍缺乏，现行体制不利于人才成长。现有平台的开发和管理人员主要来自超算中心、大学和科研院所等机构，基本上为兼职人员，没有建立专门的材料计算平台研发和管理人员团队。材料计算平台的研发需要高性能计算和计算材料学复合人才，还需要大数据技术、人工智能等方面的专业人才，现行科研体制对复合型人才的培养仍然存在机制缺乏、激励不足等问题。

⑥ 国际政治经济形势的变化，给材料计算平台建设带来了不确定性。我国材料计算平台无论在软件还是硬件方面，均受到国际政治和经济形势的影响，存在断供、"卡脖子"、垄断价格等威胁。由于欧美对中国的封锁和"制裁"，部分材料计算软件限制中国用户使用，或在软件功能上进行限制，一些被列入"黑名单"的单位不能购买或更新软件。美国对中国多家国家超算中心实施"制裁"，在硬件、软件和人员交流等方面进行严格限制，给我国材料计算平台的发展带来了不确定性。

5.1.4　重点发展方向

（1）材料计算与设计国家平台

面向国家对新材料科技和产业的重大需求，依托国家超级计算机资源，建设材料高效计算国家平台。围绕E级计算机应用，在集成国内外主流材料计算软件的基础上，发展具有自主知识产权的材料多尺度计算软件、高通量计算软件、集成材料计算软件、应用于流程优化和数据分析的人工智能软件，支持材料体系从微观到宏观的结构、物性和服役行为的计算和预测，支持材料发现、设计、制备、优化、服役、工程应用的全流程模拟和仿真。基于E级计算机运行环境，研发超级计算、云计算和数据库底层融合技术，实现超算资源的高效利用。开发国家材料计算平台网络共享系统，实现国内计算资源的高效共享，满足大量并发用户和并发任务的高通量计算需求。针对具有国家重大需求的关键新材料，开展高效设计筛选，实现材料研发的应用示范。

（2）材料计算与设计区域平台

面向区域经济发展，依托我国东部、西部和南方的国家超级计算机资源，分别建设材料高效计算区域平台，满足区域内新材料计算和设计需求，支撑区域内和区域间的新材料研发。针对区域内关键材料产业，平台要集成国际主流材料计算软件，发展具有先进功能的专门计算软件，支持材料发现、设计、制备、优化、服役、工程应用的全流程模拟和仿真，形成区域特色。针对区域内材料计算基础设施状况，建设超级计算、互联网、云计算、数据库相互融合的一体化平台，提升区域内材料计算的应用水平和覆盖面。针对具有国家重大需求的关键新材料，开展高效设计筛选，实现材料研发的应用示范，为区域经济的发展做出贡献。

（3）材料计算与设计专业平台

面向金属材料、无机非金属和高分子材料科技和产业发展需求，依托国家超级计算机资源，建设材料高效计算专业平台。围绕三类新材料的研发和工程应用，发展从原子尺度、微观尺度、介观尺度到宏观尺度的材料计算模型和方法及其模块化耦合技术，以及材料信息与产品性能分析和制造工艺模拟结合技术，实现材料成分、组织结构、制造过程和构件的设计最优化。开发跨尺度高通量自动流程计算软件系统，实现从材料到产品的全流程集成设计。建设支持大规模材料计算和设计的硬件系统和运行环境，建立材料集成计算和多场耦合服役行为评价计算仿真平台。针对具有国家重大需求的关键新材料，开展高效设计筛选、工艺优化、服役行为评估与寿命预测，实现材料研发的应用示范。

（4）材料计算与设计行业平台

面向国家和行业需求，围绕"卡脖子"关键材料，依托超级计算机资源，建设材料高效计算"双碳"平台和"芯片"平台。围绕"双碳"和集成电路关键材料的研发，在集成国内外材料计算软件基础上，发展催化、电子等材料的特色计算软件，支持材料从微观到宏观、从发现到工程应用的全尺度和全流程设计仿真。集成两类材料器件化、工程化仿真等工业软件，推进相关工业软件的国产化进程。建设支持两类材料的超级计算、云计算和数据库一体化的软硬件设施，满足新材料及产品的计算和设计需求。针对国民经济和国防建设急需的"卡脖子"材料，开展高效设计筛选和工艺优化，加速产品迭代，实现关键新材料研发的应用示范。

5.2　先进实验平台

材料研发智能化框架下的先进实验平台是指全链条数据驱动、全流程机器自主、面向任务目标迭代收敛的自动化高通量材料制备与表征装备集群，与材料数据库和材料人工智能学习建模紧密融合，具有人在环路外，机器自主操作、自主学习、自主决策、自主迭代等特征，可形象地比喻为"材料研发领域的AlphaGo"。2019 年 *Nature* 封面报道的化学机器人是一类材料研发智能化平台的典型案例[9]，如果材料的制备与表征采用高通量技术装备，即可看作是数据与算法驱动的智能化高通量实验平台的雏形。

5.2.1　国外发展现状

2011 年，美国政府提出材料基因组计划，以强化其全球制造业领先地位，缩短新材料研发周期，夯实制造业基础。快速实验方法、材料模拟计算和数据库技术并列成为 MGI 计划中的关键。欧盟委员会根据全球高新技术发展态势和欧盟的发展需求及相对竞争优势，将先进材料技术确定为欧盟工业可持续发展的六大关键势能技术之一。欧盟发布"地平线2020"计划，将支持全新技术理念、推动新兴技术和高性能计算技术发展、支持旗舰计划等方面作为工作重点。但是，智能化材料研发发达国家也处于初步探索阶段。此外，将大数据、人工智能算法与高通量实验平台紧密融合，实现全流程自主迭代和收敛的先进实验平台尚未见报道。

（1）美国层级材料设计中心

美国层级材料设计中心[10]（Center for Hierarchical Materials Design，CHiMaD）是在美国国家标准与技术研究所（National Institute of Standards and Technology，NIST）资助下，由西北大学牵头，由芝加哥大学、西北大学与阿贡国家实验室等共同组建的，总部位于芝加哥，是材料基因组计划的主要参与单位之一。该平台致力于开发新一代计算工具、数据库和实验技术，以加速新材料的设计与工业的集成，其目标是将这些应用在创造新的分层材料上，利用不同尺度的不同结构细节，获得材料的增强性能。该平台可以将数据科学、计算方法和实验结合起来，用于增材制造的合金到用于冲击防护的聚合物材料的设计与开发。目前，已经形成以下新材料智能研发能力：

① 增材制造用和高温可铸造可印刷用合金材料设计，极端环境中复合材料等结构材料设计；

② 热电材料、2D电子材料墨水等功能材料设计；

③ 自组装材料、聚合物电解质复合材料、高性能防冲击材料等软物质材料设计；

④ 人工智能和高性能数据挖掘、材料数据库等材料信息学；

⑤ 相场方法、相平衡和热力学的不确定度量化等设计工具；

⑥ 材料数据库、开放量子材料数据库、聚合物性能预测和数据库等数据资源。

目前，该中心已经可以实现面向各个领域的有机和无机先进材料的设计与工业集成，如自组装生物材料、用于自组装电路设计的智能材料、有机光伏材料、先进陶瓷和金属合金等方面，服务于美国Intermolecular、Symyx、Unchained Labs、Freeslate等公司。

（2）美国联合储能研究中心

美国联合储能研究中心[11]（the Joint Center for Energy Storage Research，JCESR）是在美国能源部资助下，由阿贡国家实验室、美国陆军研究实验室、康奈尔大学、劳伦斯伯克利国家实验室等20个机构组建的，是创造变革性能源材料的关键机构之一。该中心建立了原子与分子尺度计算设计、机器学习及合成实验室和电分析实验室等，采用"自下而上"模式开发新型电池材料，用于锂离子电池、多价化学电池、液流电池等能源器件，最终实现了成本、能量密度、充电率、寿命和安全性等性能的筛选与优化。目前，该中心已经与美国Wildcat进行商业合作。特别是JCESR搭建的非常低场到非常高场的核磁共振（NMR）系统，能够利用极低温到高温的窗口和环境控制进行高分辨率的液体和固体测量，以及最先进的高场动态核极化核磁共振。JCESR目前已经具备以下

6方面研究能力：

① 在液体和固体溶剂化科学推力和流动氧化剂科学推力中使用溶剂化结构的NMR；

② 固体溶剂化推力中的电泳NMR和脉冲场梯度NMR；

③ 计算NMR和动态核极化（DNP）NMR；

④ 先进的固态NMR；

⑤ 原位电化学NMR；

⑥ 材料复杂性科学中的操作合成。

此外，平台拥有高分辨率魔角自旋（MAS）和电化学原位核磁共振表征平台，可以实现材料的复杂性和大块固体中的离子迁移率以及新型储能材料的电化学界面的表征，以确定材料性能特征的关键结构的活性关系的化学成分，目前已经用于镁离子电池材料的局部结构变化研究。

（3）美国制造业创新研究所

美国制造业创新研究所是由美国国防部、能源部和商务部等5家政府部门和俄亥俄州、宾夕法尼亚州、西弗吉尼亚州的私营企业以及学校和组织共同出资组建的，位于俄亥俄州，其为工业界和学术界创建了一个共享的协作空间，用于企业研究新技术。该平台大大加快了美国制造商开发新技术的速度，并降低了风险。目前，该平台可以开发增材制造、数字制造和轻量金属设计、宽带隙电子、复合材料制造、集成光子学、柔性混合电子、工艺强化、智能制造、纤维和纺织品、生物制药、生物制造、机器人技术制造和回收再利用等技术。至2017年，美国制造业创新研究所拥有1291名会员，包括844家制造企业（65%）；297家教育机构（23%），包括大学、社区学院和其他学术机构；其他150个实体（12%），包括联邦、州和地方政府，联邦实验室和非营利组织。在制造企业中，549家（65%）是员工人数不超过500人的小型企业；295家（35%）是大型企业。

（4）美国极端环境服役材料中心

美国极端环境服役材料中心（Center for Materials in Extreme Dynamic Environments，CMEDE）是在美国陆军实验室资助下，由约翰·霍普金斯大学以及英国、德国和瑞士的18所大学和研究中心共同组建的，位于马里兰州，其联合学术界、政府、军方和产业界多方研发力量并致力于开发极端和动态环境中用的新材料。该平台开发了一套基于实验、计算模拟、合成和加工的一体化新材料设计流程，应用于新型金属、陶瓷和复合材料等的开发，为装甲应用开发新的防护材料、新的计算设计代码和工具，已经承担了多个美国军方军事平台防护材料的基础研究项目。

此外，欧盟、日本、加拿大等国家和地区也相继建立了多个先进实验平台，比如德国波鸿鲁尔大学的高通量制备与表征平台、日本国立材料科学研究院的高通量制备与表征平台等，可以实现多种金属、半导体、陶瓷、有机材料、纳米材料的高通量制备，化学成分、结构和形态、电磁性能等性能分析，形成了涵盖材料合成-表征-应用全流程的高通量研究平台。

5.2.2 国内发展现状

（1）高通量材料制备技术平台

中南大学在国家重点研发计划支持下发展了高通量材料制备技术平台，集成了20项高通量材料制备技术，完善了技术的可靠性、稳定性和重复性并形成了相应的高通量材料制备装置，建设了北京、上海、深圳、长沙四个互连互通的高通量材料制备装置实体子平台，通过高通量材料制备技术共享网站（http://htfpm.csu.edu.cn）开展高通量材料制备技术服务。平台构建了覆盖块体、薄膜、纤维、粉体和液体等多种形态的材料的高通量制备技术，形成了覆盖金属、陶瓷、高分子等多种类材料的快速发现、筛选和工艺优化的能力，可以为国内企业、科研院所和高校提供高通量制备研发服务，已经实现了高性能合金、航空发动机用高温合金、大飞机用高强韧钛合金、航天发动机用耐烧蚀涂层、碳纤维、碳化硅涂层、荧光粉体材料、超分辨光存储薄膜、新型冠状病毒防护口罩和核防护服用纳米纤维等典型材料的高通量制备及示范应用，可以满足国家重大装备对新材料快速研发的需求和人民生命健康防护的需求。目前，已经为深圳市万泽中南研究院有限公司、中实国金能力验证研究有限公司、珠海市润星泰电器有限公司、湖南金天钛业科技有限公司、上海贺宇科技有限公司、烟台大学等企业和高校提供了高通量材料制备研发服务100余批次，在高温合金、高熵合金、SiC涂层、荧光粉体材料、相变存储材料的成分和工艺优化方面起到了示范作用，显著降低了新工艺开发的材料和时间成本，减少了加工工艺的试错次数，加快了研发进度。图5-10所示为高通量材料制备技术平台的块体、粉体和薄膜材料制备设备。

（2）功能材料高通量制备及筛选平台

中国科学院上海硅酸盐研究所建设了功能材料高通量制备及筛选平台，由自主研发的高通量制备装备［14台（套）原型机］组成，包含磁控溅射组合材料芯片高通量制备系统、电子束蒸发组合材料芯片高通量制备系统、脉冲激光沉积组合材料芯片高通量制备系统、等离子体化学气相沉积高通量沉积系统、多组元高温多通道化学气相沉积系统、多源等离子喷涂和光定向电镀沉积厚膜组合材料芯片制备系统、基于液相前驱物的多通道并行合成及激光束并行原位加热系统、基于固相前驱物的高通量粉体配置及电场辅助

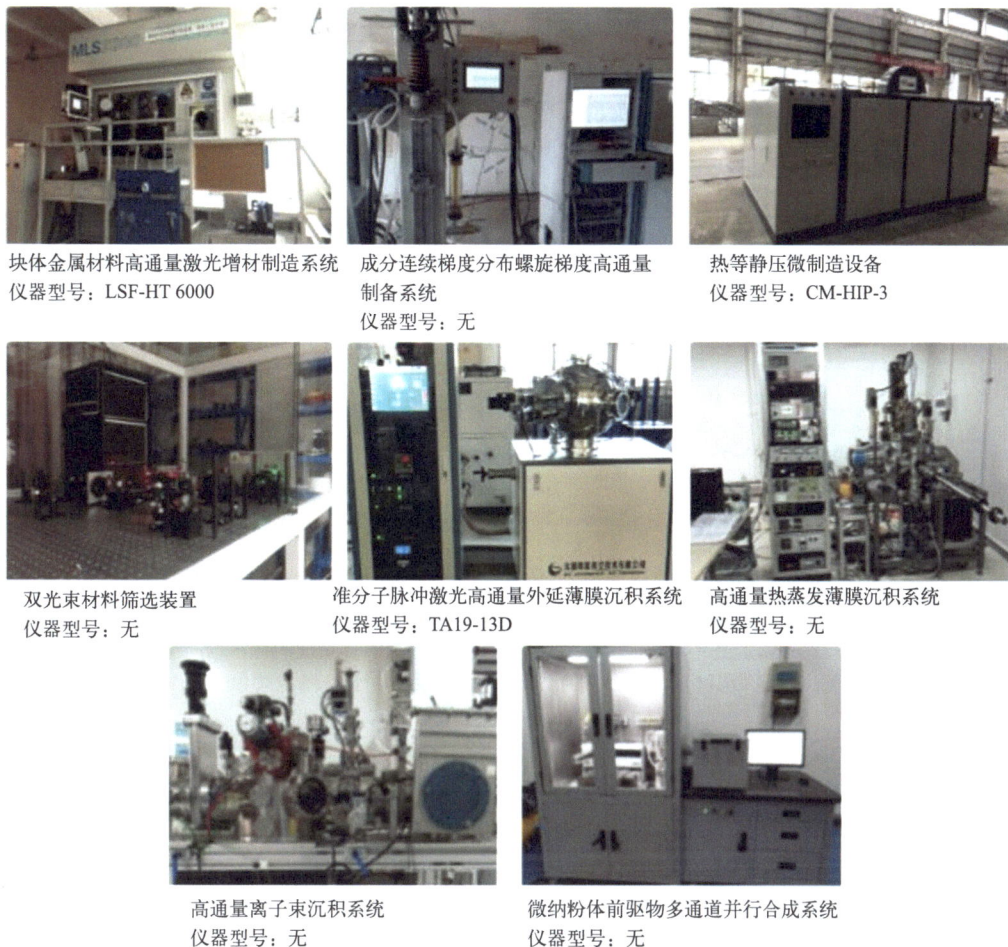

块体金属材料高通量激光增材制造系统
仪器型号：LSF-HT 6000

成分连续梯度分布螺旋梯度高通量
制备系统
仪器型号：无

热等静压微制造设备
仪器型号：CM-HIP-3

双光束材料筛选装置
仪器型号：无

准分子脉冲激光高通量外延薄膜沉积系统
仪器型号：TA19-13D

高通量热蒸发薄膜沉积系统
仪器型号：无

高通量离子束沉积系统
仪器型号：无

微纳粉体前驱物多通道并行合成系统
仪器型号：无

图5-10　高通量材料制备技术平台的块体、粉体和薄膜材料制备设备

燃烧合成系统、基于溶胶-凝胶/水热溶剂热的多通道微纳粉体制备系统以及基于微流控技术的多通道微纳粉体制备系统，形成了以薄膜、厚膜及粉体材料为特征的高通量筛选技术和装备原型机平台。基于该平台，可实现InAlZnO非晶氧化物半导体、Ti-Ni-Zr合金、$FeSe_{1-x}Te_x$高温超导材料、LiGePS固态电解质、掺杂硅薄膜和石墨烯、Si-B-C-N多组元高温材料、金属及非金属厚膜材料、荧光粉、红外热辐射材料、光催化材料、电催化材料等一系列材料体系的高通量制备和筛选示范应用。目前，已与成都京东方光电科技有限公司、惠州中京电子科技股份有限公司和深圳合众清洁能源研究院等开展了深入合作。图5-11所示为中国科学院上海硅酸盐研究所发展低维组合材料芯片高通量制备平台的主要设备。

（3）多维多尺度高通量表征平台

重庆大学建立了多维多尺度高通量表征平台[12]，如图5-12所示，主要由4个子表征

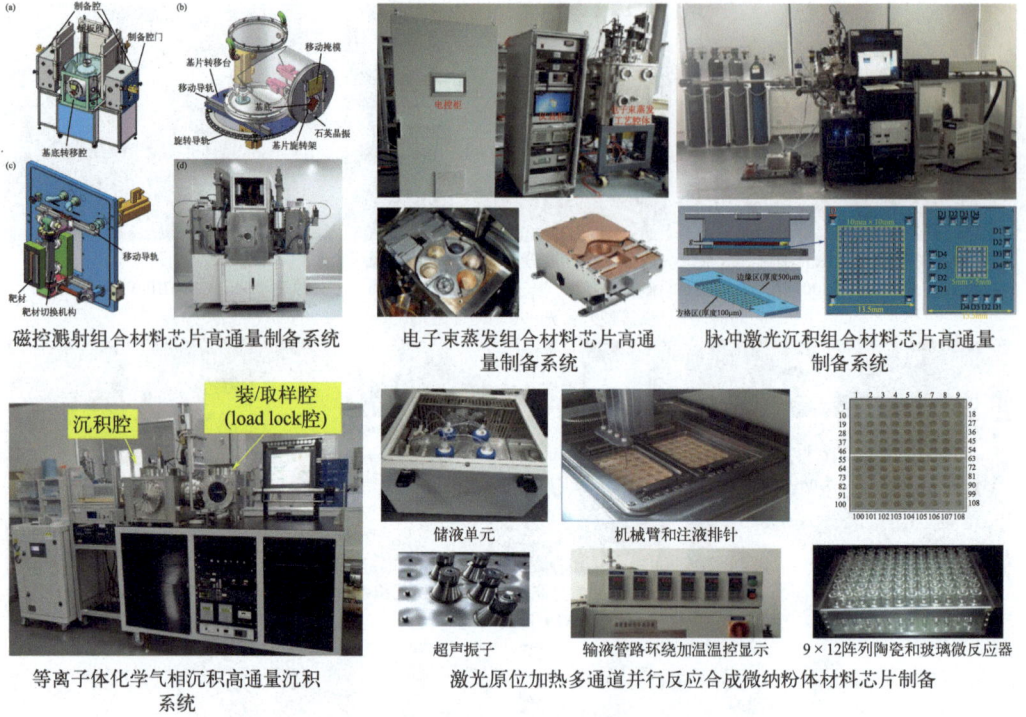

图5-11　中国科学院上海硅酸盐研究所发展低维组合材料芯片高通量制备平台的主要设备

平台组成：全尺度三维高通量表征子平台、原子尺度多参量高通量表征子平台、微纳尺度多参量高通量表征子平台、介宏观尺度多参量高通量表征子平台。其中，全尺度三维高通量表征子平台具备三维XRD数据重构、3DTEM/3DAP跨尺度表征通用样品接口、3DAP微尖阵列旋转样品台等功能，能实现同一样品组织结构和化学成分的三维重构的耦合；原子尺度多参量高通量表征子平台能够针对成分、晶相、厚度、应力、界面等参量的梯度变化外延铁性薄膜，实现皮米精度结构成像与原子尺度性能测量的高通量集成表征；微纳尺度多参量高通量表征子平台拥有FIB-SEM/EDS/EBSD-微纳力学集成系统，能够实现样品在SEM-EDS、EBSD、微纳力学多个模式下的自由切换，实现SEM中微柱阵列样品（典型样品数：10个）的制备、同一样品同一区域的成分-组织结构-力学多参量集成的高通量表征与测试；介宏观尺度多参量高通量表征子平台配置有同步辐射X射线白光劳厄衍射系统的软硬件，能够实现近使役状态下材料微观组织结构动态演化的高通量表征。因此，该平台可以实现纳米金颗粒、Al-Cu-Mg系合金和纯铝材料、超轻MgLi系列合金等材料的成分与结构的高通量表征，用于卫星支架和卫星波导天线等超轻卫星构件、镍基单晶高温合金DD6等航空发动机涡轮叶片材料的研发，目前已经与北京航空材料研究院及钢铁研究总院等单位建立了合作，助力我国卫星平台及武器装备轻量化发展。

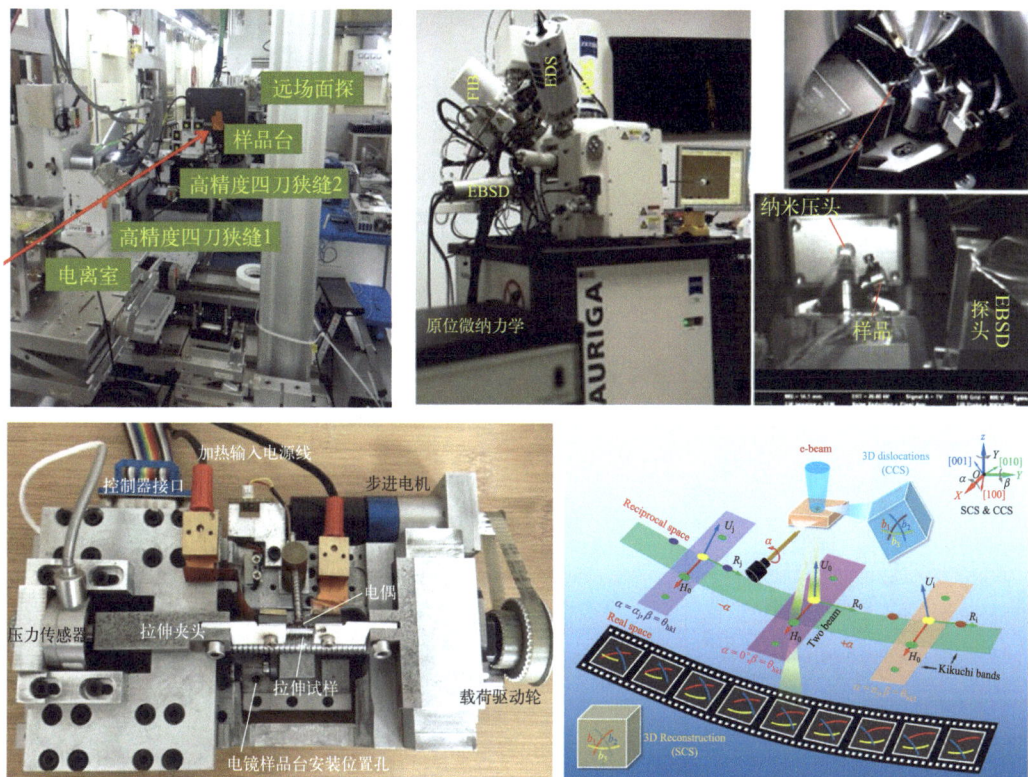

图5-12　重庆大学先进材料多维多尺度高通量表征平台

（4）基于先进光源的材料高通量表征平台

基于先进光源的材料高通量表征平台由同步辐射微束高通量表征子平台、先进中子源衍射和成像高通量表征子平台、先进光谱全尺度在线表征子平台组成。其中，同步辐射微束高通量表征子平台基于同步辐射弯铁光源，拥有多点探测装置，可实现组合材料样品成分、结构的高通量原位实时表征；先进中子源衍射和成像高通量表征子平台基于中国散裂中子源通用粉末衍射谱仪，拥有一套中子光栅成像系统，通过中子衍射与成像的结合，可以实现金属中氢元素分布的高通量中子成像表征；先进光谱全尺度在线表征子平台提供基于X射线衍射（散射）和成像、小角激光散射、红外及拉曼谱学的全尺度在线表征，借助于中国工程物理研究院中子散射平台和国家同步辐射实验室的纳米成像技术，可以实现高分子加工与制品服役的高通量表征。因此，该平台可以实现新型显示光学膜、新能源电池隔膜、健康领域的防护膜等功能薄膜的研究与开发，可提供薄膜加工研究装备、技术、企业等服务，从而提升我国高端功能薄膜生产加工基础研发能力，并提升相关行业产品的技术水平。图5-13所示为上海交通大学与四川大学基于先进光源的材料加工-结构-性能关系高通量表征平台。

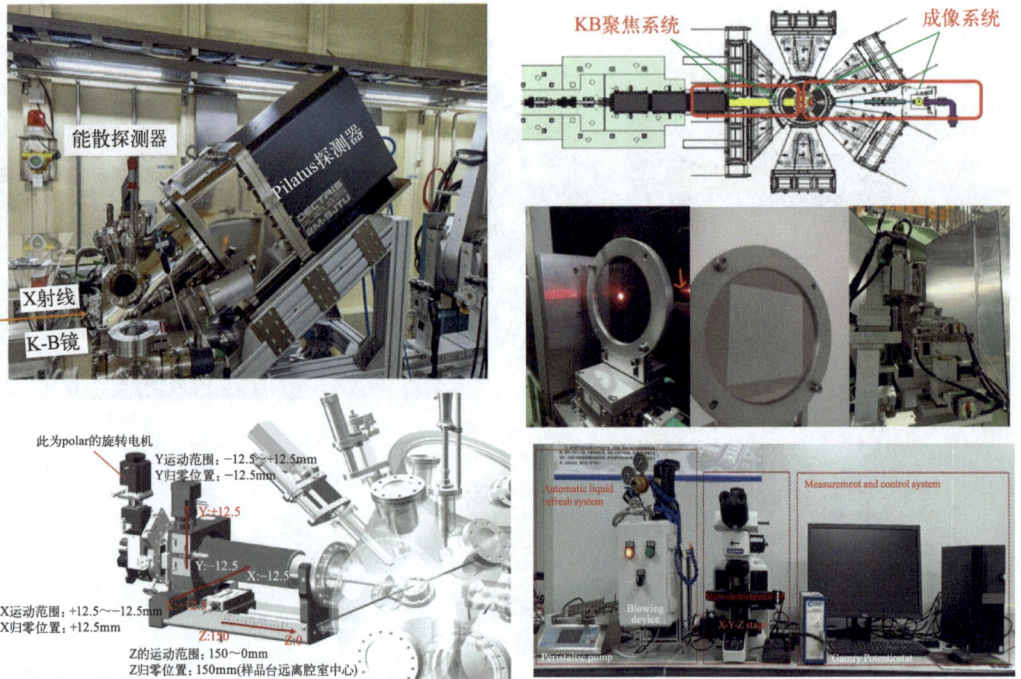

图5-13   上海交通大学与四川大学基于先进光源的材料加工-结构-性能关系高通量表征平台

5.2.3   问题与挑战

美国、欧盟等在材料高通量设计、材料合成装备、材料表征技术、数据挖掘以及智能化高通量实验平台等方面有较早的布局。自20世纪90年代以来，在美国国家标准与技术研究所、能源部、企业等联合资助下，以研究机构、企业等为主体单位，逐步建立了高通量材料制备平台、高通量表征平台、高通量数据分析平台等，部分高通量自动化装备平台已经实现了商业化，并初步在半导体、新能源（锂电池）、催化剂等领域形成了成套装备和自动化研发流程，已具备较为成熟的商业化材料高通量研发服务能力。

相比之下，我国在"十三五"期间，以高校为主体单位建立了包括薄膜、块体及粉体在内的多形态典型材料高通量制备与表征装备体系，在北京、上海、深圳、长沙等地建立了多个实验平台。但是，与国外相比，我国平台在系统性、自动化、信息化与智能化等方面还存在较大差距。具体如下：

① 实验平台系统性、完整性不足，难以支撑材料全流程研发。我国现有平台大多是在国家重点研发计划资助下，面向特定的块体、薄膜、纤维、粉体和流体等多种形态的材料的筛选需求搭建而成，只能针对材料在某些关键领域中的性能进行优化与示范性

应用，比如多元合金类材料、LiGePS固态电解质、Si-B-C-N多组元高温材料等，尚有较多的材料难以建立其微观-介观-宏观多尺度下组成-结构-功能-服役性能之间的关联关系，尚不能为种类繁多的各类材料提供全流程的高通量研发支持。

② 平台自身技术能力不足，高通量实验技术发展不均衡。我国研发了数量较多的高通量实验技术和装备，在部分领域达到世界先进或领先水平，在高通量技术与传统光谱学表征工具的结合及其与大科学装置的结合方面取得了显著进展，扩大了材料微结构和性能表征的范围并提高了精度。但是，大部分装备运行方式为单机单台且需人为操作，仅有少量装备可实现程序控制下的自动化实验与实验数据的自动局域网汇交汇总。再者，我国高通量实验技术发展不均衡，主要集中在少数几项技术上，导致核心关键装备对国外进口依赖大。此外，无论是局域网下的操作平台，还是跨时空、跨装备的广域平台，尚未有成熟的产品，基本的底层软件和基于其的可拓展的平台尚未建立，且与之配套的操作系统软件和个性化应用软件有待攻克。

③ 平台建设与需求和市场结合不足，商业化应用推进缓慢。我国平台主要依托于国家重点研发计划的项目建设，且大部分由高校牵头进行搭建，导致政府、产业界甚至军方等多方研发力量不足，缺少市场需求牵引的材料研发。此外，新材料从发现到市场化应用环节多，产学研机制不够完善，导致目前所搭建的先进实验平台商业化应用不足。

5.2.4　重点发展方向

为实现面向国家和社会重大需求，围绕我国在能源材料、电子化学品材料、催化材料、传感材料等关键材料上的研发需求，推进数据驱动的高通量实验平台建设，实现高度信息化、自动化与智能化的先进实验平台的搭建，提升我国的材料创新能力与研发效率这一目标，应重点发展以下方向：

（1）高度集成的高通量制备与表征装备开发

推进高度集成的高通量制备与表征装备开发。通过具有自主实验功能的高通量制备装置和技术、系统软件、人工智能技术等的开发，建立高度集成的、自主制备与表征的一体化装备，在同一台设备上同时实现材料在微观-介观-宏观多尺度下的组成-结构-功能-服役性能之间关联关系的建立与性能优化，进而显著提高材料发现-优化-制备-检测-服役的效率。

（2）数据驱动的高通量实验平台建设

发展全流程自主迭代和收敛的先进实验平台，通过大数据、人工智能算法与高通量实验平台紧密融合，实现材料筛选的全流程自主迭代和收敛。因此，需重点提升平台的信息化、自动化与智能化水平，具体为：在信息化平台搭建方面，重点开发自动化数据采集软件、数据传输协议、数据传输接口和数据标准等技术，实现跨平台和跨装备的数据采集、交互与分析，以构筑信息化实验平台；在平台自动化方面，重点发展自动化控制技术、传感定位技术、通信控制模块技术等，实现在无人或少人干预下自动完成材料制备或检测分析；在平台智能化方面，重点发展设备互联与组网技术、机器学习技术等，赋予平台自主学习、自主迭代和自主决策的能力，实现数据自动处理、实验方案自主决策、实验流程闭环迭代、实验结果智能优化。进一步，统筹考虑高通量实验平台的信息化、自动化和智能化建设需求，在高通量制备平台与表征平台互联的前提下，分别突破所涉及的数据交互、流程迭代和任务决策等关键技术瓶颈，最终实现跨时空、跨平台和跨装备的材料高通量研发。

（3）智能化实验平台商业化应用推进

重点瞄准高效催化、新型储能、稀土功能、电子封装、生物医药等材料需求，以有实力的示范性研发机构为主体，打通从平台设计、研制、技术成熟度提升、装备定型到产业链的全链条流程，实现硬件和软件、现场实验平台和虚拟实验平台建设紧密衔接，分层次建立面向不同材料领域（能源材料、环境材料、生物材料等）需求的专业化高通量智能实验系列平台，从而提升智能化高通量实验平台的应用能力，加快新材料进入应用领域的步伐，最终形成基于数据驱动的高通量实验平台和材料基因理念。

5.3 　材料数据基础设施

材料数据基础设施是指为材料科技创新、新材料发现、先进制造、重大工程建设、先进国防装备研发制造等应用场景提供数据密集型服务的数据平台，具体包括提供数据资源服务的材料数据库平台和提供智能应用服务的数字化协作平台。

材料数据库平台以材料数据库为核心，是面向新材料发现、设计研发、工艺优化、服役评价、工程应用等全流程数据资源提供托管、发现、访问、集成和分析加工于一体的集成服务的平台。其可满足材料计算、实验测量、工业生产和科技文献等多来源，数字、图片、音（视）频和文本等多模态数据的可发现（findable）、可访问（accessible）、可互操作（interoperable）和可再利用（reusable），即FAIR原则，保障数据资源在科学共同体中的高效存储管理、公平有序流通和安全交换共享，支撑数据在高通量自主实验、高效计算设计和大数据应用组件间的高效流转与赋能应用。

数字化协作平台（e-collaboration platform/e-science gateways）基于云计算、大数据

和机器学习技术，融合数据库与软件工具，支持数据在线分析与挖掘、软件在线开发与集成、产品在线交付与应用，实现集数据集成、可视化建模、流水线协作、快速交付与反馈优化等于一体的材料数据智能应用服务，紧密连接数据所有者与应用者，形成面向材料智能研发和可持续发展的社区和生态。

5.3.1　国外发展现状

（1）材料数据基础设施发展阶段

欧洲和美国长期注重材料数据的发展。20 世纪 60 年代，随着计算机和数据库技术的发展，欧洲和美国开始持续性地布局材料数据的积累和数据库的建设，不断推动材料数据的商业化发展和工程应用。2010 年后，随着人工智能技术的发展和应用，大数据的思想不断推动着"积累高可靠性和确定性的数据、集中开放共享"的数据发展理念的变革，利用现代技术，自动高效地积累满足人工智能技术应用（AI-ready）需求的数据资源，构建数据"可发现、可访问、可互操作、可再利用"的新数据治理模式成为目前材料数据发展的大趋势[13]。图 5-14 所示为材料数据基础设施发展的阶段与特点。

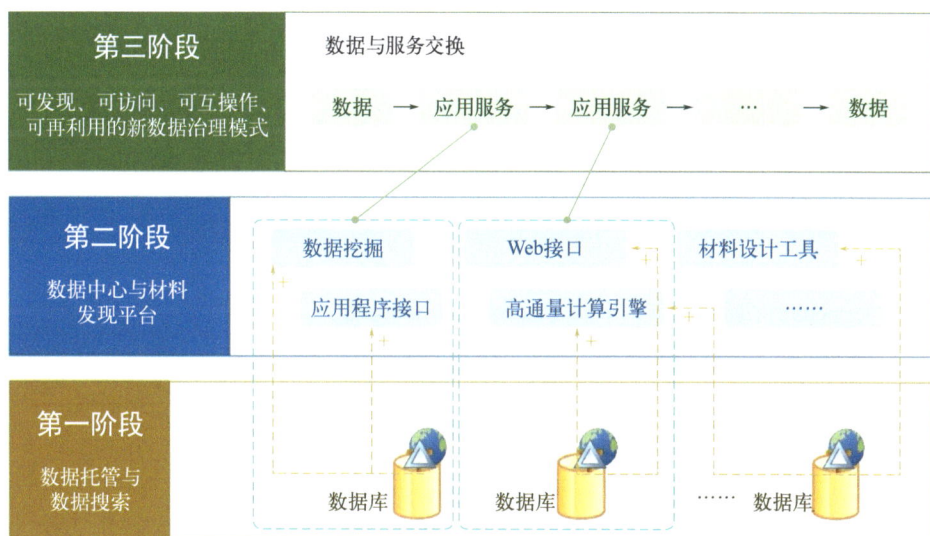

图5-14　材料数据基础设施发展的阶段与特点

2010 年以前是第一阶段，材料数据基础设施主要提供数据托管和数据搜索服务，以方便科学家查询和浏览数据，同时，鼓励材料科学家在更大的社区中共享数据。

2010 年以后，美国材料基因组计划推动形成了数据驱动的材料创新发展模式，材料数据基础设施发展进入第二阶段，成为提供原始数据、计算模拟和数据分析服务的数据中心，并很快在数据挖掘和人工智能技术的推动下转变成为促进新材料研发的材料发现平台。

互联网、人工智能和云技术的迅速发展，继续推动数据库发展进入多数据资源与应用开放互联和无缝共享的第三阶段，集成数据库、软件工具，支持软件在线开发、数据在线应用与协作反馈，在科研机构、企业、用户之间逐步形成了数据与知识连通的数字化协作平台和社区生态，支持可持续发展。

国际知名材料数据基础设施有50余个，其中16个为2010年以前建设的，在材料基因组计划推动下，2011年后新建30余个。材料数据基础设施的建设主体包括国家研究机构、出版集团、公司、大学、学术组织和联盟。表5-1显示了部分知名材料数据基础设施的名称、建设主体和主体性质。

表5-1　部分知名材料数据基础设施名称、建设主体和主体性质

序号	数据基础设施名称	建设主体	主体性质
1	Materials Project	劳伦斯伯克利国家实验室 Lawrence Berkeley National Laboratory	国家研究机构
2	ChemSpider	英国皇家化学学会 Royal Society of Chemistry	学术组织
3	Materials Design	材料设计公司 Materials Design, Inc.	公司 （建设单位为大学，后发展为公司）
4	MatWeb	MatWeb有限责任公司 MatWeb, LLC	公司
5	NIST Materials Resource Registry（NMRR）	美国国家标准与技术研究院 National Institute of Standards and Technology	国家研究机构
6	Open Quantum Materials Database（OQMD）	西北大学 Northwestern University	大学
7	Citrine Informatics	Citrine Informatics有限责任公司 Citrine Informatics, LLC	公司
8	Khazana	佐治亚理工大学 Georgia Institute of Technology	大学
9	Materials Platform for Data Science（MPDS）	MPDS公司 MPDS（by Pierre Villars）	公司 （建设单位为大学，后发展为公司）
10	Joint Automated Repository for Various Integrated Simulations（JARVIS）	美国国家标准与技术研究院 National Institute of Standards and Technology	国家研究机构
11	High Throughput Experimental Materials Database（HTEM）	美国能源部国家可再生能源实验室 National Renewable Energy Laboratory, U.S. Department of Energy	国家研究机构
12	The Materials Data Facility（MDF）	芝加哥大学 University of Chicago	大学

续表

序号	数据基础设施名称	建设主体	主体性质
13	NIMS Materials Database (MatNavi)	日本国立材料科学研究所 National Institute for Materials Science	国家研究机构
14	The Cambridge Structural Database (CSD)	剑桥大学 University of Cambridge	大学
15	CALPHAD	国际合金相图委员会 APDIC (The Alloy Phase Diagram International Commission)	学术组织
16	PAULING FILE	PAULING FILE公司 PAULING FILE (by Pierre Villars)	公司 （建设单位为大学，后发展为公司）
17	The Inorganic Crystal Structure Database (ICSD)	莱布尼茨信息基础设施研究所 FIZ Karlsruhe—Leibniz Institute for Information Infrastructure	国家研究机构
18	Granta Design	英国 ANSYS 公司 ANSYS	公司 （建设单位为大学，后发展为公司）
19	Total Materia	瑞士 Key to Metals 公司 Key to Metals AG	公司
20	Automatic FLOW for Materials Discovery (AFLOW)	杜克大学 Duke University	大学
21	Crystallography Open Database (COD)	剑桥大学 University of Cambridge	大学
22	Reaxys	爱思唯尔 Elsevier	出版集团
23	Springer Materials	施普林格·自然集团 Springer Nature	出版集团
24	The Novel Materials Discovery (NOMAD)	欧洲新型材料发现（NOMAD）卓越中心 The Novel Materials Discovery (NOMAD) Centre of Excellence	国际学术组织/联盟
25	Matmatch	德国 Matmatch 公司 Matmatch GmbH	公司
26	Materials Cloud	瑞士国家新型材料计算设计与发现中心 National Centre for Computational Design and Discovery of Novel Materials (MARVEL)	国际学术组织/联盟

（2）材料数据库平台

国外材料数据库平台建设起步于19世纪60年代，发展至今，第一阶段和第二阶段的数据基础设施分别在基础物性查询与选材、数据共享与分析方面展现出巨大的科学与应用价值。

① 面向基础物性查询的数据库平台。依托掌握的科技文献出版优势和积累的文献资源，欧洲成功建设了以晶体学数据、相图数据、材料物理化学性质数据、化合物与化学反应数据等物质基础性质为主的材料数据库平台，为材料研究提供基础物性数据。例

如，Elsevier的Reaxys整合汇聚了来自化学文献和专利信息中的化学结构、性质、反应、化合物的合成数据和供应商数据，达8亿多个，支持数据的检索与发现，以及实验结果与公开发表文献数据比对[14]。Springer Materials积累了29万个晶体结构和材料性质数据，包括Landolt-Börnstein吸附数据、无机固相数据、高分子热力学数据和热物理性质数据，同时提供图形交互、数据表动态分析和材料/性质的并列比较功能[15]。数据库的建设方法主要通过人工阅读大量科技文献并手动抽取数据。例如，欧洲目前最大的无机材料数据库（PAULING FILE），政府共出资3000万欧元，从1995年开始建设，共投入500人，从17万篇文章中收集到无机材料各类性质和相图数据50万个[16]。图5-15所示为无机材料数据库PAULING FILE。

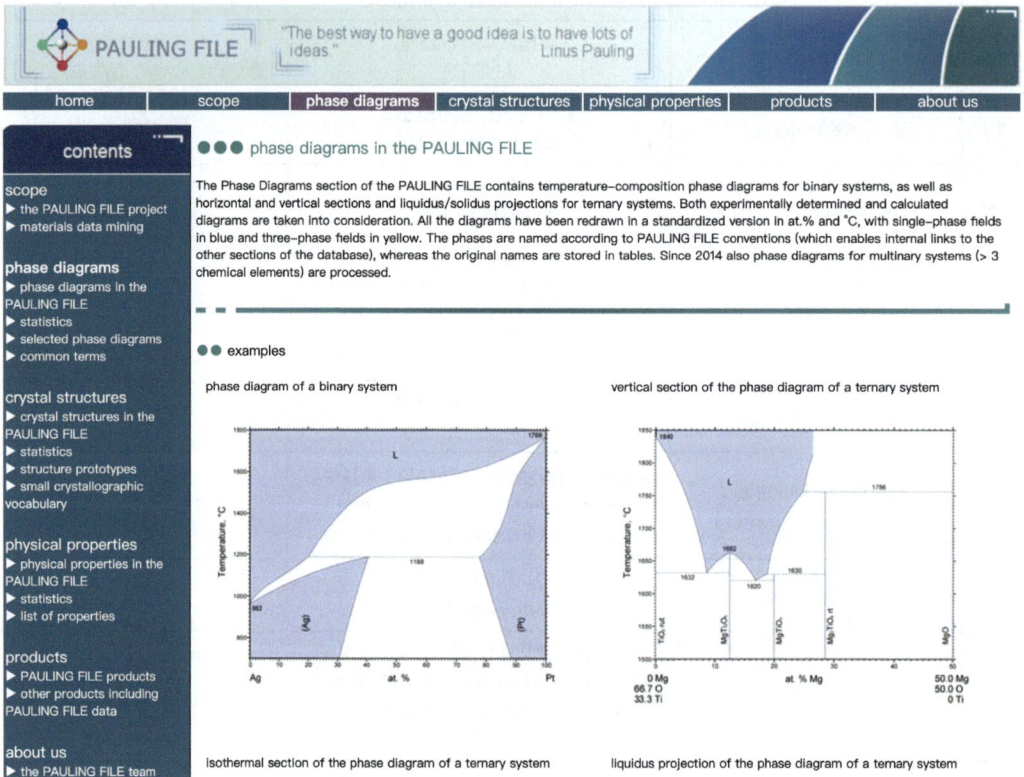

图5-15　无机材料数据库PAULING FILE

② 面向工业选材的商业数据库平台。随着面向工业选材应用的数据需求的加剧，以材料性能与供应链为主体的商业数据库平台相继涌现，例如瑞士Total Materia数据库、美国MatWeb数据库和德国Matmatch工业选材平台等。Total Materia材料性能数据库由瑞士Key to Metals公司建设，拥有来自全球超过74个国家和组织的约35万种金属和10万种非金属材料的数据，覆盖了化学成分、力学性能、物理性能、切削加工性能、

金相组织图、热处理曲线、材料并列对比，并提供材料快速搜索、高级搜索、近似替代材料对照表、材料供应商查询功能，为用户选材提供便捷服务[17]。图 5-16 所示为 Total Materia 材料性能数据库平台。

图 5-16 Total Materia 材料性能数据库平台

美国 MatWeb 创建于 1996 年，是免费的在线材料性能数据资源平台，包含 ABS 树脂聚合物性能数据、缩醛树脂工程性能数据、铝合金、复合材料、铜合金等 11 类 62000 种材料数据，总数据记录数高达 98000 个，其中 90% 的数据源于制造商实验测试、10% 的数据源于专业手册或专业协会，材料性质涉及物理性质、化学性质、机械性质、电气性质、热性质、光学性质和元素属性等[18]。MatWeb 提供了基于数值、基于类别和基于内容的三大检索模式，可实现材料类型和类别、属性、成分、牌号、供应商等信息的准确检索和可视化对比。

德国 Matmatch 工业选材平台（图 5-17）建立于 2017 年 9 月 20 日，涵盖了化学、物理、生物等各领域的 3 万多个材料的信息，涉及金属、聚合物、复合材料、生物材料、玻璃材料和陶瓷材料等的声学性质、化学成分、电学性质、磁学性质、机械性质、光学性质和热力学性质。平台数据由材料专家进行验证并发布，具有较高的可信度。平台提供了材料名称、应用行业、性质、类别、形状和尺寸等检索功能，同时提供材料供应商匹配与联系服务。

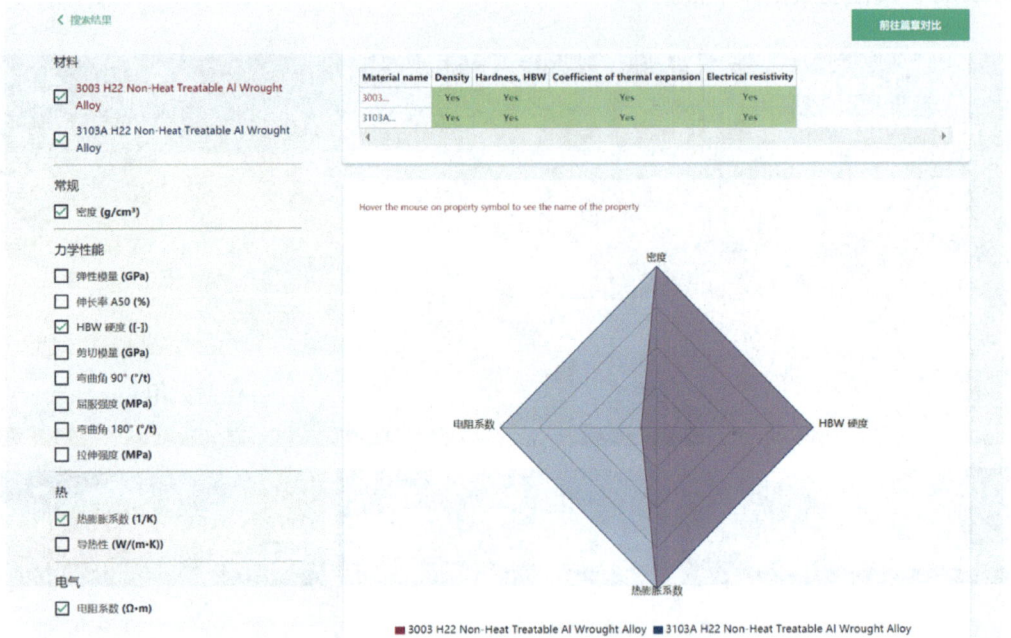

图5-17　德国Mat Match工业选材平台

③ 面向新材料设计与研发的数据库平台。材料计算模拟技术的迅速发展，带动了一大批以计算数据为主、具有数据共享与分析能力的材料计算数据库平台的出现。AFLOW集成了多个高通量第一性原理计算模块，积累了3556705种化合物的704227590个计算性质数据[19]。NOMAD是最大的计算材料学输入输出文件数据库，提供了超过292万个材料计算数据，支持主流计算材料学软件输入和输出格式的数据存储，以及大数据应用服务[5]。Materials Project材料在线开发平台是美国能源部建设的材料计算数据库，通过免费向用户开放算力资源，用户将数据免费汇交并开放共享的方式积累数据资源，目前已包含了144595个无机化合物、63876个分子和530243个纳米多孔材料数据，开发并集成了包括pymatgen、Custodian、Fireworks和autoMate的开源软件库与设计工具[1]。OQMD包含102万个无机晶体结构的密度泛函理论计算热力学和结构性质数据，支持通过qmpy python软件包进行数据下载与应用[20]。Citrine Informatics拥有超过402万个材料性能-结构-工艺关系数据，支持多尺度材料计算和材料检索发现，通过研发通用的数据接口（API），整合不同数据库的数据资源，促进了数据的可发现，推动了数据的共享，并为功能材料、金属、玻璃、塑料、合成等工业领域提供产业服务[21]。图5-18所示为Materials Project材料数据库平台。

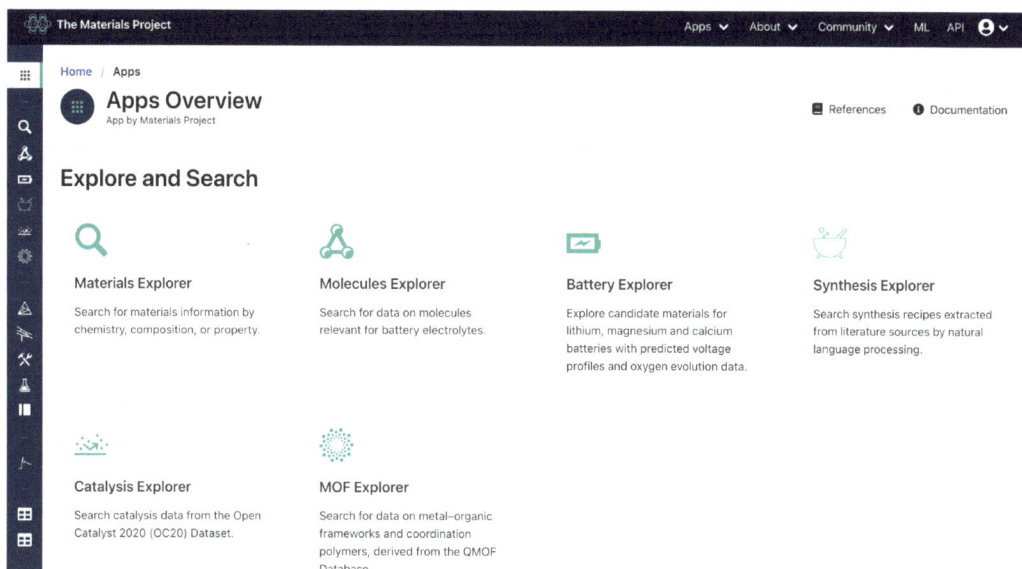

图5-18　Materials Project材料数据库平台

　　"材料基因组计划"的提出，推动了高通量实验数据库平台的探索性建立。图5-19所示为高通量实验数据库平台HTEM DB。HTEM DB（High Throughput Experimental Materials Database）由美国国家可再生能源实验室（NREL）开发，利用物理气相沉积方法高通量合成薄膜样品，并通过空间分辨表征技术进行高通量表征，积累形成了1891 个样品库和 82776个薄膜样品，涵盖55067个薄膜成分、65779个结构、46905个光学特性和19797个电学特性实验数据，为基于大规模高质量实验数据的新材料发现提供数据检索、过滤、可视化和引用服务[22]。

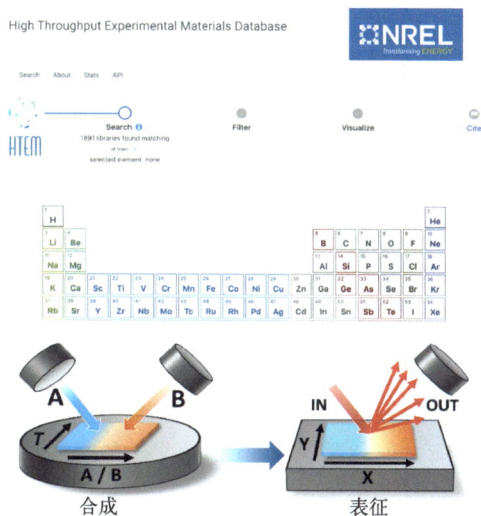

图5-19　高通量实验数据库平台HTEM DB

（3）材料数字化协作平台

自2002年以来，在美国国家科学基金会支持下，普渡大学建立了计算纳米技术网络（network for computational nanotechnology，NCN），并建设形成了nanoHUB 基础设施，如图5-20所示。nanoHUB搭建了自助分析、应用开发与快速交付系统，拥有快速增长的模拟工具集合，并支持在云端运行与互联网（Web）访问，提供以用户为中心、科学的端到端云计算环境，是纳米技术、材料科学和相关领域计算研究、教育和协作的开放和免费平台[23]。

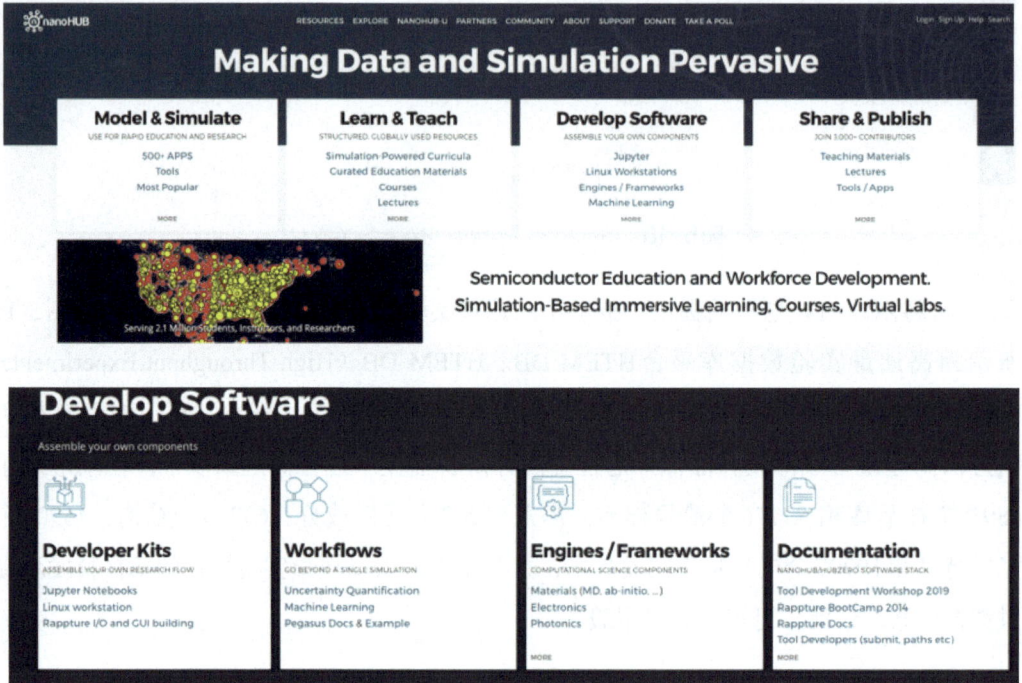

图5-20　纳米材料数字化协作平台nanoHUB

美国政府充分发挥美国国家标准与技术研究院（NIST）在数据集成和管理等方面的专业优势，以NIST为核心，辐射西北大学等近百家科研机构和企业，通过集成各机构和企业的材料数据、代码、计算工具等软硬件资源，建成了以Materials Data Curation System（MDCS）、Materials Data Facility（MDF）、Open Quantum Materials Database（OQMD）、NIST Materials Resource Registry（NMRR）、CHiMaD Phase Field等为代表的一系列材料数据库系统、数据服务平台、数据资源库、材料数据资源注册系统，以及材料数据应用软件与工具，通过材料资源注册平台进行多源异构数据注册登记，建立了数据交换协议和机制，实现了数据资源、数据库、软件和终端用户的桥接，引领了美国乃至世界的材料数据集成和应用，实现了更广范围的材料数据的共享和再利用。

2011年以后，在欧盟"加速冶金"和"冶金欧洲"研究计划的推动下，材料计算数据领域快速发展，联合欧洲多国的材料计算资源和研究团队，建立了NOMAD数据库。瑞士国家新型材料计算设计与发现中心（MARVEL）建设了Materials Cloud平台（图5-21），提供基于开源工作流和开放数据集的整体解决方案，以材料建模工作流驱动计算科学资源的共享，形成集数据出版、数据存储、数据发现、资源注册、在线开发、模型集成和应用反馈于一体的新型材料数据生态。MARVEL联合AFLOW、Materials Project、NOMAD等31个国际主流材料数据平台，创建了 Open Databases Integration for Materials Design（OPTIMADE）国际联盟，提出了材料数据库访问与交换的通用应用程序接口OPTIMADE，推动全球材料数据的FAIR准则，即可发现、可访问和可互操作、可再利用[24]。

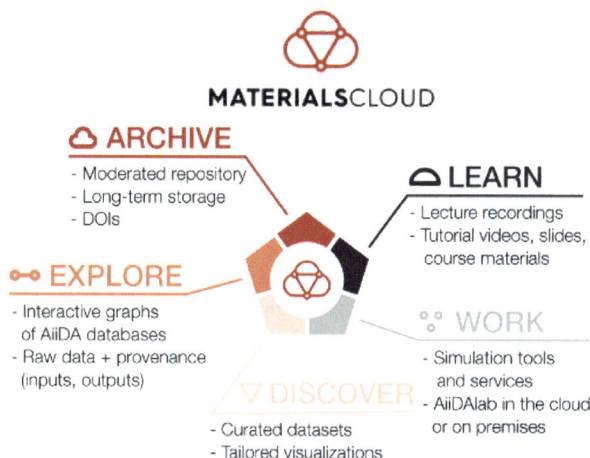

图5-21 Materials Cloud平台

5.3.2 国内发展现状

从20世纪50年代开始，我国开始了材料野外台网建设和腐蚀数据积累，启动了材料数据库的建设工作。2004年，科技部启动科技条件基础平台建设，在材料领域相继建设了国家材料腐蚀与防护科学数据中心和国家材料科学数据共享网。2016年以来，在"十三五"科技部"材料基因工程关键技术与支撑平台"重点专项支持下，建设形成了材料基因工程数据库、国家材料基因工程数据汇交与管理服务平台和国家新材料数据库平台（示范）。期间，高校、科研院所、大型国企自行建设了钢研·新材道、航材院的航空材料数据库、晶体之星、中国科学院系统的材料基础科学和化学类数据库等。行业、企业建设了寻材问料及汽车行业、紧固件行业等的商业化产品服务类数据库。据不完全统计，目前我国已建设的材料数据基础设施20余个，其中较为知名且可访问的有10多个。表5-2展示了部分国内材料数据基础设施。

表5-2 部分国内材料数据基础设施

序号	数据基础设施名称	建设主体	主体性质
1	国家材料腐蚀与防护科学数据中心	北京科技大学	大学
2	化学专业数据库	中国科学院上海有机化学研究所	科研院所
3	晶体之星	中国地质大学	大学
4	国家材料科学数据共享网	北京科技大学	大学
5	材料学科领域基础科学数据库	中国科学院沈阳金属所、上海硅酸盐所、化学所、纳米中心联合建设	科研院所
6	工程化学数据库	中国科学院过程工程研究所	科研院所
7	材料基因工程数据库	北京科技大学	大学
8	Atomly材料科学数据库	中国科学院物理所	科研院所
9	国家材料基因工程数据汇交与管理服务技术平台	北京科技大学	大学
10	钢研·新材道	北京钢研新材科技有限公司	公司
11	MatAi（材智科技）	成都材智科技有限公司	公司
12	寻材问料（有材商城）	深圳市寻材问料网络科技有限公司	公司
13	材数库（易紧通）	杭州中工科技有限公司	公司
14	中国汽车材料数据系统	中国汽车技术研究中心有限公司	公司

（1）材料数据库平台

① 国家材料腐蚀与防护科学数据中心。2005年，科技部组建了"国家材料环境腐蚀野外科学观测研究平台"[25]，2019年获批成为国家材料腐蚀与防护科学数据中心，由北京科技大学牵头，联合民口企业和国防部门共同建设运行，重点围绕国家重大工程建设和战略性新型产业发展，以及"一带一路""中国制造2025""海洋战略""载人航天""互联网+"等中国家重大科技和经济发展需要，建设了由20余个国家野外试验站和分布式腐蚀大数据观测试验站构成的国家级材料环境腐蚀和防护数据生产积累平台体系，建立了由47个行业团体标准和28个规范构成的环境腐蚀试验与评价技术新体系，持续开展了黑色金属、有色金属、建筑材料、涂镀层材料及高分子材料等5大类，600余种材料，最长达35年的野外试验、连续观测和数据积累，建成了我国数据量最大、内容最丰富的材料腐蚀数据库和数据共享平台，服务对象涵盖了钢铁、机械、航空、航天、兵器、船舶、石油、石化、水利、电力、电子、金融、铁路和交通等众多涉及材料

的行业以及科研院所、高等院校、政府部门等，年访问量超过50万次，每年为上千家
单位提供试验和数据服务。图5-22所示为国家材料腐蚀与防护科学数据中心

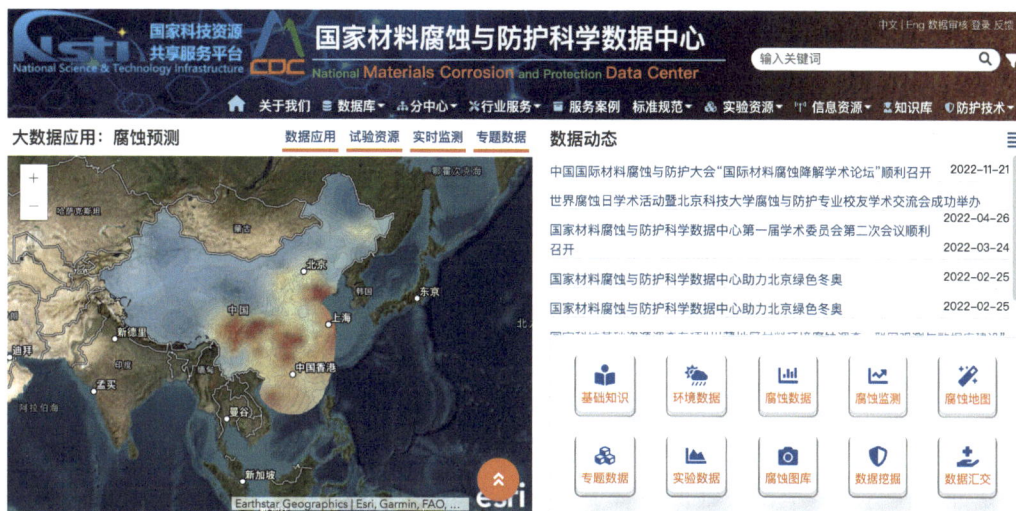

图5-22　国家材料腐蚀与防护科学数据中心

② 国家材料科学数据共享网。2009年，科技部支持了国家材料科学数据共享网（简
称"共享网"）[26]的建设，以整合、重构现有材料科学数据资源为基础，建立满足国家
不同需求的跨部门、跨地区、异构分布、有序共享的材料科学数据体系，研究制定符合
材料数据特点的共享机制和与数据共享相关的标准规范，构建面向社会的网络化、智能
化的材料科学数据共享服务平台和共享服务门户。共享网由北京科技大学、中国科学
院金属研究所、西北工业大学、中国科学院化学研究所、钢铁研究总院等16家单位共
同参与建设。共享网于2014年上线服务，实现了70万个材料科学数据入库，涵盖金属、
无机、有机等10余个材料体系，实现了纸质参考书电子化积累。

③ 材料基因工程数据库。2016年以来，在"十三五"科技部"材料基因工程关键
技术与支撑平台"（简称材料基因工程）重点专项支持下，研发形成了材料动态容器数
据库技术，建成了材料基因工程数据库（MGEDATA）[27]。材料基因工程数据库包含了
高温合金、能源材料、复合材料、稀土材料、催化材料、轻质高强合金和生物医用材料
实验与计算数据706083个，提供了高通量第一原理计算引擎、数据挖掘系统、材料设
计工具、高通量实验数据处理和材料科技文献文本挖掘系统等数据应用与服务，支持通
过应用程序接口对数据进行上传与访问，开发了满足材料复杂异构数据灵活定义模式、
规范化存储和便捷部署的材料数据库软件，在多家科研单位和企业获得应用。图5-23
所示为材料基因工程数据库。

图5-23　材料基因工程数据库

④ 国家材料基因工程数据汇交与管理服务技术平台。2018年以来，在"十三五"科技部"材料基因工程关键技术与支撑平台"（简称材料基因工程）重点专项支持下，我国建设成集材料科学数据发布共享、科研项目数据汇交评价于一体的综合管理平台[28]。平台采用动态容器数据库技术，实现了个性化、标准化兼容的数据采集与发布、全流程在线的项目汇交数据审核与验收、数据内容可见的多粒度数据查询与共享，实现数据的"可查找""可追溯""可访问""可再利用"。平台内嵌数据库开发接口（API），支持与材料数据分析挖掘工具协作，实现数据与应用软件的高效协作，充分发挥了数据的价值。平台已用于国家重点研发计划材料基因工程重点专项项目数据的汇交、积累、发布、共享与汇交验收。数据汇交、积累、发布方面，截至2022年4月，平台已经汇聚和发布了来自45个项目、涵盖1912种数据格式的1225万个数据，数据存储量达到104TB。数据共享方面，用户已累计从本平台下载数据200多万个。图5-24所示为国家材料基因工程数据汇交与管理服务技术平台（部分界面）。

⑤ MatAi（材智科技）[29]。MatAi建立于2015年，是专注于材料数字化技术研发与应用的数据库平台，提供从材料研发到应用的材料数字化解决方案，集成计算数据、实验数据、工艺数据、产品数据等材料数据，利用材料信息学与大数据技术，实现材料全生命周期数据管理。面向不同行业的应用场景，聚焦关键数据，具有灵活配置的数据管理机制，支持数据的集中管控和迭代管理。具有数据检索、数据导出、可视化分析、数据迁移与数据分享能力。面向航空航天、汽车与轨道交通、工业设备等装备制造领域，支持材料数据以多种材料数据卡片格式导出，用于有限元分析软件与CAD/CAE/PLM/BOM等系统的集成，满足产品设计中数据协同应用的需求。MatAi还提供材料数据的智能分析、材料数据的机器学习、材料数据的采集、材料数据的集成计算、文档中材料

图5-24　国家材料基因工程数据汇交与管理服务技术平台（部分界面）

数据的提取、材料实验室的智能管理和材料知识管理等功能。MatAi材料数据库平台如图5-25所示。

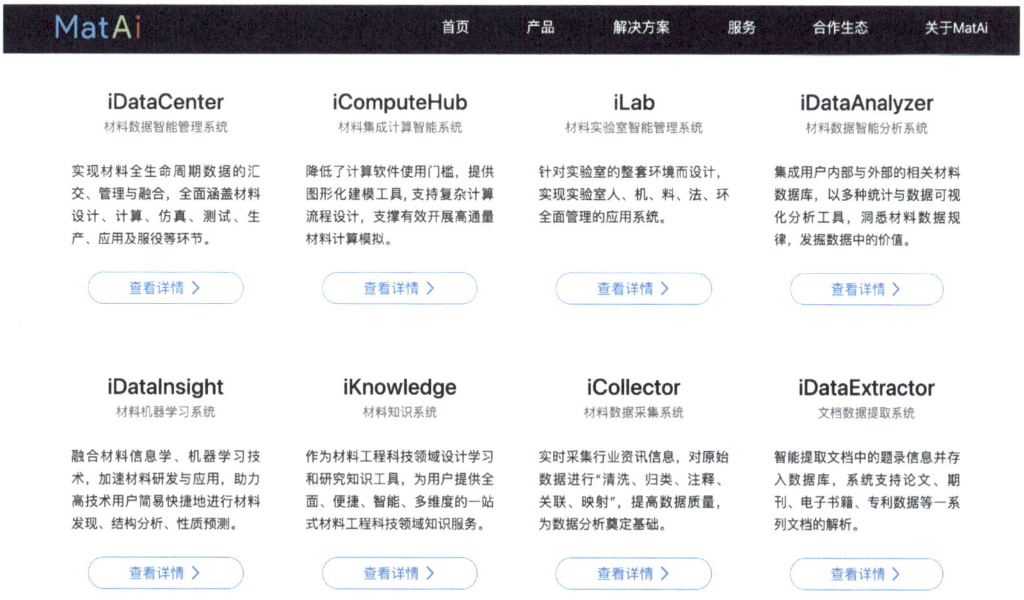

图5-25　MatAi材料数据库平台

⑥ 钢研·新材道。钢研·新材道材料云平台[30]（图5-26）由北京钢研新材科技有限公司（简称"钢研新材"）开发建设，依托中国钢研科技集团有限公司的研发团队，建有全球钢材牌号数据库、钢铁企业产品数据库、全球焊材标准及产品数据库，覆盖

20余个国家/公共标准体系、30余家钢铁企业产品体系和18家焊材企业产品体系，涉及钢铁材料牌号10万余个，焊材牌号1万余个，总数据量超过3000万个，用户覆盖10余个钢铁及钢铁用户行业。钢研·新材道为行业提供钢铁材料、焊接材料、有色金属材料的标准、牌号数据查询和智能匹配，研发检测数据关联共享，钢铁产品质量分级、升级、云检测、云制备和云定制服务。平台利用钢材大数据标记和匹配技术，建立了钢材研发数据关联共享协议，在明确数据归属权的条件下，实现了研发数据的部门级、企业级、行业级和产业链级共享。

图5-26 钢研·新材道材料云平台

（2）数字化协作平台

2021年，在"十三五"科技部"材料基因工程关键技术与支撑平台"（简称材料基因工程）重点专项支持下，建设了国家新材料数据库平台（示范），探索分散建设、集中共享的分布式材料数据资源建设理念，形成集数据积累、出版共享、整合集成、检索发现、智能分析、设计应用于一体的数字化协作平台原型，为材料研发提供在云端的自助分析、工具集成、应用开发与快速交付等服务。国家新材料数据库平台（示范）提供的功能包括云数据库、设计工作流、AI实验室和应用商店等。云数据库支持在云端进行材料数据库节点的创建与独立运行管理。设计工作流提供图形化、可自定义的材料数据处理与分析流程，满足低代码化的材料机器学习与数据挖掘需要。AI实验室整合了Jupyter Notebook在线编译环境，实现了更加自主开放的材料数据应用探索。应用商店提供了容器化的软件自助发布环境，实现了材料设计软件与工具在线应用和反馈优化。图5-27所示为国家新材料数据库平台。

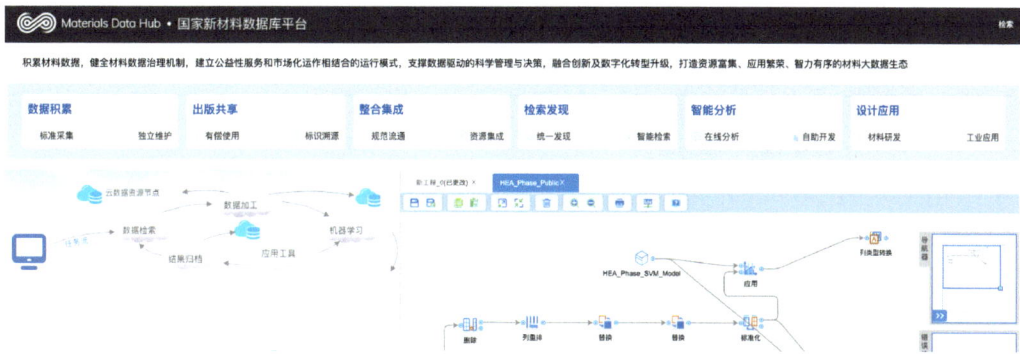

图5-27　国家新材料数据库平台

5.3.3　问题与挑战

（1）国内外对比分析

① 政府机构在材料数据领域的政策和措施。美国和欧盟长期注重材料数据的发展，随着计算机和数据库技术的发展，美国和欧盟开始持续性地布局材料数据的积累和数据库的建设，不断推动材料数据的商业化发展和工程应用。2008年以来，美国陆续提出了"集成计算材料工程""材料基因组计划"和新版"材料基因组战略计划"，将建设材料数据基础设施的重要性推向新高度，组织能源部、科学基金委、国防部、NASA、NIST，推动全美范围内科技数据共享，建立国家材料数据网络。欧盟快速响应，依靠在期刊文献出版和计算材料学方面的优势，提出"加速冶金"和"冶金欧洲"研究计划，支持建设系列计算材料学数据中心，形成了NOMAD、Materials Cloud等知名数据平台，并联合国际计算材料学中心，建立了材料设计开放数据库联盟（OPTIMADE），实现全球材料数据基础设施的互联互通与开放共享。

我国材料数据的积累和数据库建设起步较晚，2009年，科技部开始启动建设材料领域的"国家材料科学数据共享网"，初步实现了材料基础数据的电子化与开放共享。"十三五"期间，"材料基因工程关键技术与支撑平台"重点专项设立多项材料数据库和大数据技术项目，开展了系统的技术研发和示范性数据库建设，并批复了材料领域唯一的"国家材料腐蚀与防护科学数据中心"。表5-3展示了美国、欧盟和中国2008年以来在材料数据领域发布的政策和措施文件对比。

② 材料数据基础设施规模和功能。美国和欧盟知名数据基础设施数量多、规模大，同时数据质量高，科技、行业影响力大，数据库平台整体运行稳定且持续更新，用户访问量和数据利用率高。我国个别数据基础设施数据规模与美欧相当，但整体数据规模、数量，尤其是数据质量与美欧仍有较大差距，以至于对全球材料数据基础设施的影响力

表5-3　国内外政府在材料数据领域发布的政策和措施文件对比

时间	美国	欧盟	中国
2008年	公布"集成计算材料工程（ICME）研究计划"，强调建设材料数据基础设施的重要性	—	—
2009年	—	—	启动建设"国家材料科学数据共享网"
2011年	宣布"材料基因组计划"，将材料数据库和数据技术列为三大关键技术之一	提出"加速冶金"和"冶金欧洲"研究计划，支持建设系列计算材料科学数据中心	—
2013年	组织能源部、科学基金委、国防部、NASA、NIST，推动全美范围内科技数据共享	设立相关项目推动数据交换标准、数据交互工具的研发	—
2014年	—	多国共同支持建设NOMAD、Materials Cloud等数据平台	—
2016年	—	提出科学数据的FAIR原则（可发现，可访问，可互操作，可再利用）	"材料基因工程关键技术与支撑平台"重点专项设立多项材料数据库和大数据技术项目，开展系统的技术研发和示范性数据库建设
2017年	由NIST牵头，全美百余家大学、国家实验室、工业企业参与，形成数据网络	—	—
2019年	—	—	批复了材料领域唯一的"国家材料腐蚀与防护科学数据中心"
2020年	—	—	启动"国家新材料数据库平台建设关键技术"预研项目
2021年	发布新版"材料基因组战略计划"，强调建设统一的基础设施，建立国家材料数据网络	联合国际计算材料科学中心，建立材料设计开放数据库联盟（OPTIMADE）	—

较弱。同时，我国现有材料数据基础设施整体呈现分散、孤立、运行不稳定、更新速度缓慢的特点，用户访问量和数据利用率整体偏低。图5-28所示为美国、欧盟和中国材料数据平台规模对比。

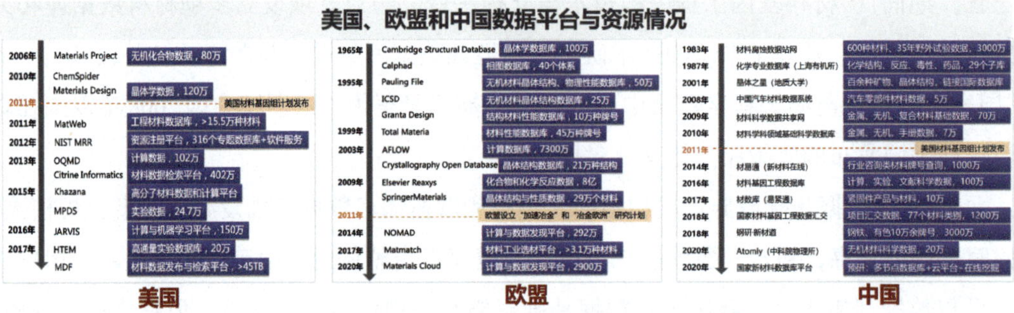

图5-28　美国、欧盟和中国材料数据平台规模对比

在材料数据基础设施功能设计上，我国开源的数据基础设施功能与美欧基本相当，均覆盖了计算数据和实验数据，同时支持数据上传和远程 Web 访问，并提供材料设计与分析工具，支持在线开发。

表5-4　国家典型材料数据基础设施功能对比

数据基础设施	开源	计算数据	实验数据	支持数据上传（DOIs）	支持远程访问（Web API）	在线开发	提供分析工具（App）	国家/国际组织
AFLOW	√	√			√		√	美国
Materials Project	√	√			√		√	美国
MatNavi/NIMS	√	√	√				√	日本
NOMAD	√	√		√	√		√	欧盟
Citrine Informatics	√	√	√	√	√		√	美国
Materials Data Facility	√	√	√	√	√		√	美国
材料基因工程数据库平台 MGEDATA	√	√	√	√			√	中国
nanoHUB	√	√	√	√	√	√	√	美国
国家新材料数据库平台（示范）	√	√	√	√	√	√	√	中国

③ 数据治理模式。欧盟和美国的材料数据基础设施建设和运营主体多样性较强，包括国家研究机构、公司、大学、出版集团、学术组织与联盟等，为了进行持续的数据积累、稳定的平台收益和长效的数据运营，建设和运营主体通过以技术和算力资源换取数据的供给和共享、保护知识产权赋予供给者荣誉以积累数据、通过出售数据使用权进行市场化推广、研发以数据为支撑的计算软件增值数据市场价值以及为用户提供广告业务获取收益等多种方式，扩大数据规模，提高数据影响力，创造收益，提升市场价值，形成良性可持续的数据治理模式。主要措施包括：

a. 以技术和算力资源换取数据的供给和共享：以美国 Materials Project、AFLOW 为代表的数据库发展的模式是通过研发高通量计算软件和数据挖掘处理工具，并提供相应的计算算力供用户免费使用，用户利用软件开展高通量计算和数据分析，产生的数据经用户使用后开放共享。这是美国和欧盟以计算为主的数据库快速发展的典型做法。

b. 保护知识产权赋予供给者荣誉以积累数据：OQMD 数据库主要是通过数据生产者免费提供数据，通过整理后发布，以此增加数据提供者的学术影响力，由此积累数据，并为更多的用户提供数据共享服务。

c. 通过出售数据使用权进行市场化推广：以 PAULING FILE 为代表的数据库，通过出售数据的使用权（licence）获取收益，以维持数据库的发展，这是数据库早期商业化发展的主要模式。

d.研发以数据为支撑的计算软件增值数据市场价值：以CALPHAD为代表的数据公司，主要是收集国际上发表的热力学计算基础数据，以基础数据为基础，开发材料热力学和动力学计算软件并出售，以此获取受益来维持发展。CALPHAD是目前最知名的国际热力学计算软件公司，据估算，其每年全球软件使用权销售收入超过1亿美元。

e.为用户提供广告业务获取收益：Total Materia数据库积累了超过45万种材料和产品的基本性能数据，以此为基础宣传企业产品，为用户提供产品信息而获取收益，从而维持数据库的良性发展。

我国材料数据基础设施的建设主体以国家研究机构、大学和公司为主，通过国家财政支持，以科研项目或企业自筹的方式，在材料科技和产业领域建设了一批小规模数据库平台，但由于"重建设、轻运营"，现有的材料数据基础设施较少具备持续的数据积累、稳定的平台收益和长效的数据运营能力，尚未形成良性可持续的数据治理模式。

（2）问题与挑战

① 材料数据体系建设和权威数据基础设施尚待完善。经过多年发展，我国材料科技和产业领域已积累了大量数据，但资源体系不系统，采集积累不完整，流通共享不畅通，分散且碎片化严重，"数据孤岛"和"数据壁垒"亟需打破。由于材料数据库建设主体各异，数据资源重复建设，同时缺乏具有权威性、公益性、中立性和可持续发展的国家级材料数据基础设施体系，严重阻碍了数据资源的聚集与应用。同时，材料研发与应用智能化需求对基础设施的牵引性较差，数据积累与数据应用仍存在鸿沟，亟需建设集数据发现、任务设计、自助分析、可视交互、软件封装、交付部署、反馈优化于一体的高效协作研发基础设施。

② 权益保护与共享激励机制不健全。尚缺乏材料数据溯源、标识、引用机制，数据价值和商业属性确认与保障机制，数据难以规范有序流通。数据生产者和使用者的合法权益和合理诉求无法得到满足，导致数据生产者不愿共享数据、共享后数据无法溯源，使用者不能正确引用的乱象。亟待建立数据共享激励、流通激励和应用激励机制，提高数据开放规模，提升数据共享质量。

③ 市场运营与共建共赢模式尚未形成。长期以来，我国材料数据基础设施呈现"重建设、轻运营"的特点，缺乏持续的数据积累、稳定的平台收益和长效的数据运营能力，尚未形成以应用带动发展的数据运营模式。有待建立公益性数据开源获取、商业性数据有偿使用、数据服务商业化发展的多元机制，健全数据内容、数据产品、数据应用的价值评估、交易保障、质量评价、服务反馈机制，构建材料数据溯源清晰、确权保

障、交易透明、收益合理、赋能显著的共享、共赢商业模式。

5.3.4 重点发展方向

（1）AI-ready 的材料数据资源体系与基础设施建设

AI-ready 的材料数据资源体系建设，以"可靠数据积累、高效融合集成、有序交换共享、无缝智能应用"为目标，充分利用人工智能和大数据等前沿技术，高效地采集、积累、检查、纠错、汇聚材料数据，建设形成完善的数据资源体系，为材料研发与应用智能化奠定坚实数据基础。融合人工智能技术革新数据库体系结构，突破多源异构数据集成表示，建设面向人工智能应用的数据基础设施，发展以用户为中心的材料数据密集型技术、服务、产品的便捷开发、快速交付、迭代测试和协作优化能力，实现云端在线服务与应用，形成数据驱动的研发、生产组织和产用衔接技术通路，打造面向材料研发与应用智能化的技术底座。

（2）国家材料数据网络建设

国家材料数据网络建设，以耦合和整合公共和私有数据基础设施，打通从实验设备到数据基础设施的自动化数据处理与加工流程为目标，利用区块链、人工智能和物联网等下一代信息技术，建立完善材料数据的标识、引用、评价和交易技术与标准体系，健全数据生产、管理和共享机制，实现数据分级分类和溯源确权保护，打破数据流通和共享过程的知识产权壁垒，保障独立自治的数据资源有序流通，并在更大范围形成数据共享与应用社区。

（3）以材料研发与应用智能化为牵引的数据运营与平台示范

依托大数据和人工智能技术，打造可靠、权威的材料数据公益性服务和自我造血的市场化服务。材料数据公益性服务包括开放基础性材料数据、标准、专利等数据资源，打通国际先进数据资源共享渠道；面向国家战略需求，提供数据可靠性校核和应用技术，为短板材料和前沿材料研发、生产和应用提供全生命周期数据支撑服务；为国防建设、重大工程建设和重大装备选材用材提供材料服役性能数据；为重大科研攻关等提供高质量、高可靠性核心数据、软件工具和数据产品；为政府产业发展规划、产业链优化、区域布局、重大项目部署、投资决策等提供数据支撑和技术服务。

材料数据市场化服务实现对关键材料成分、工艺和性能等高价值数据进行有偿共享、交易；提供专用数据库定制开发、特种材料数据工厂开发、机器学习建模及优化数据治理相关设计开发等应用服务；以下游重点用户的材料产品需求为牵引，定制化开发覆盖材料优化设计、产线工艺优化、产品质量升级、产业链质量控制、材料低碳设计及优化、材料-装备全产业链全生命期追溯等应用场景的数据模型与App等数据产品，构建"应用驱动数据交易"的模式，打造良性的数据共享和商业化发展模式，促进数据赋能和材料数据社区生态稳定长效发展。

5.4　材料协同创新网络

基于上述高通量自主实验、高效计算设计和材料数据中心等平台基础，解决限制平台互联互通的数据、协议和流程等方面的技术问题，形成跨平台的任务协同、资源协同和数据协同，总体实现"实验平台网络+数据云+计算云"多要素材料研发协同创新网络架构（简称材料协同创新网络）。各节点分别是具有统一数据协议、数据标准和数据接口，并统筹协调的独立计算、数据和高通量实验平台。实验平台网络由多个节点组成，包括跨区域的高通量实验平台，覆盖不同的材料类型和不同制备表征功能；数据云由集中或分立的材料数据中心组成，通过专用协议、标准和接口实现与其他各节点的信息共享；计算云主要由分布于国内各地的超算中心和其他计算平台组成，在创新网络总体协调调度下，自动进行资源分配、流程设计和作业实施。上述材料协同创新网络按照发展的不同阶段，可以只由计算、实验和数据等要素中的单个或多个组成，其中实验平台也可以只有制备或表征等单独任务节点，整体通过网络连接，实现跨区域、跨功能的节点协同工作。

5.4.1　国外发展现状

在美国材料基因组（Materials Genome Initiative, MGI）计划、欧盟"地平线2020"计划、日本"材料创新力强化战略"和加拿大"材料研发加速联盟"等项目的支持下，在全球范围内，目前已有一些协同创新"网络"的雏形出现，形成了一定程度上的跨区域或跨部门的实验-数据中心网络。例如：日本整合了以数据为基础的材料研发智能化平台，建立了能够持续有效地创造、积累、共享和应用的"material DX"平台网络；2021年，加拿大政府拨款5890万美元资助多伦多大学建设材料加速平台（MAPs），希望整合人工智能、机器人技术、工程和化学技术等方面的力量，快速实现所需材料的设计和研发；美国也形成了一些区域性或者针对特定类型材料的"协同网络"雏形，分布在美国各州，形成十余个节点。

美国国家标准与技术研究院（NIST）和国家可再生能源实验室（NREL）提出的

"高通量材料虚拟实验室"（HTE-MVL）是一个由高通量合成和表征工具、高通量计算工具和实验数据库等组成的联合网络，可以与现有的计算材料学相关平台实现集成，既可以实现高通量实验以产生海量高质量数据，也可以帮助现有高通量计算结果进行验证。该虚拟实验室通过将分布于世界各地的高通量实验、计算和数据库平台节点进行集成和互联，可以作为国家或国际材料研发协同网络平台。该虚拟实验室过去已为美国能源部开展的能源材料网络计划（LightMAT、CaloriCool 和 ElectroCat）提供了支持。在"协同创新网络"中，实验平台节点通过"集成协作环境"（ICE）和"及时可靠的协调数据框架"（T2C2）来实现实验室信息管理和结构化与元数据管理，可以实现平台内数据的自动化快速获取。此外，MDCS 系统也可以帮助实现结构化与元数据管理，Globus 可以帮助实现各机构与平台节点间的数据传输。

布鲁克海文国家实验室（Brookhaven National Laboratory）的国家同步加速器"光源 2 号"（National Synchrontron Light Source Ⅱ）每年产生 15～20 千兆字节的材料数据。哥伦比亚大学与该实验室展开合作，基于机器学习算法和大数据技术来发现和设计新的纳米材料。通过开发类似"DNA"的"接枝胶体构建块"（DBB）技术工具，首先构建"类 DNA 接枝颗粒"，并基于模型筛选可能组装的结构，在此基础上自动、可靠地组装所需的结构，目前已用于光学带隙可调和折射率可变超材料的设计，将集成到芯片中，推动计算机和通信技术的发展。类似地，通过共享相关数据，将大量计算和实验平台实现在一个"协同网络"下的共享和互联，可通过挖掘其中的材料数据，包括晶体结构、相图测定、材料性能、显微照片、原子间势和能量泛函等，建立成分和结构之间的构效关系，实现新材料的按需设计，并可以实现高通量实验过程中的动态数据分析。

虽然上述协同网络在政府资助下，已经在铝能源、合金材料等应用场景的新材料快速研发中实现了成功示范应用，但总体来说，尽管上述协同网络已涵盖了材料基因工程基础设施中的大部分组成要素，但由于各节点分布在不同的实验室中，相互之间缺乏优化协调和互动机制，导致在数据收集、任务协同和日常管理方面的统筹能力不足。针对上述数据共享问题，美国国家标准与技术研究院（NIST）的信息技术和材料测量实验室开发了支持"材料协同创新网络"的相关软件，包括"材料资源注册"（MRR）和"材料数据管理系统"（MDCS）。其中 MRR 允许全局搜索资源（如高通量数据存储库），其中每个资源使用不同的访问协议。而 MDCS 将实现各局域网数据和元数据的标准化，并允许使用 MDCS 软件在高通量数据库的分布式网络中搜索单个结果。为了促进 MGI 范式在材料开发生态系统中的广泛采用，NIST 正在建立基本的数据交换协议以及确保材料数据和模型质量的方法。其数据存储库采用基本数据交换协议和机制，以确保获得高质量的材料数据和模型，并促进数据共享和重用。这些努力将产生加速材料开发所需的新方法和能力。同时，NIST 正在与工业界、学术界和政府的利益相关者合作，开发能够获取、表示和发现材料数据的标准、工具和技术，实现跨多个空间和时间尺度的材料现象的计算机模拟的互操作性，以及材料数据、模型和模拟的质量评估。在美国商务部支持下，隶属于NIST的理论与计算材料科学中心（Center for Theoretical and Computational Materials Science，CTCMS）通过使用最先进的计算方法开发、求解和量化材料模型，为材料理论和建模开发强大的新工具，并加速其融入工业研究，完成材料测量实验室在材料测量和数据交付方面的任务。

作为美国NIST赞助的高级材料研究卓越中心，分层材料设计中心（Center for Hierarchical Materials Design，CHiMaD）由美国西北大学（NU）、芝加哥大学（UC）、阿贡国家实验室（ANL）、QuesTek Innovations 公司，以及专业协会 ASM材料教育基金会组成。CHiMaD专注于开发下一代计算工具、数据库和实验技术，以加速新材料的设计及其与工业的整合。通过设计和开发分层方法和材料来加速材料的发现和商业化，并通过建立强大的当前和未来研究人员团队来实现理论、计算和实验的完全整合。基于材料基因组方法的新材料研发，往往需要利用各种基础物理理论、先进的计算方法和模型、材料特性数据库进行复杂的计算。CHiMaD旨在通过分尺度的材料设计思想，针对原子到原子以上的不同尺度的特征，分别进行结构细节的设计，已实现跨尺度的材料研发。通过MRR中的专用高通量实验资源注册表功能，将可以实现对给定实验样本库的所有数据/元数据进行全局跟踪。具体为通过为各样本库设定唯一的可解析标识符，而该标识符作为指针，可以通过上述注册表获得与之关联的所有数据。此外，各高通量实验节点也接入了上述网络，通过二维码等手段，实现了实验室设备数据与基础数据库的集成，而通过在"协同网络"中进行数据建模和计算，也将帮助协调各实验平台节点间的数据共享和任务分配，以实现实验过程的最优化设计。此外，NIST开发的MDCS、ICE和T2C2等数据环境，将建立模块化局域数据标准，帮助实现各节点独立数据库之间的搜索、互访、操作和共享。但是，跨研究中心和跨地区的协同平台数据交互和调用水平仍需要提升。

近年来，随着材料基因组计划在美国获得越来越多的进展、材料研发取得成效，美国在推动材料智能化研发的协同网络方面投入了更多资源，并注重与美国制造业和应用领域密切合作。美国自然科学基金会（NSF）布局材料创新平台（MIPs）建设，推动跨学科和跨学科团队的密切合作，研发下一代工具和数据技术，加速新材料的研发。通过构建材料合成/加工、表征/评价、理论/建模/仿真等闭环式的迭代的研发模式和支撑条件，构筑新的材料科学生态系统，建设从业者社区，促进工具、代码、样本、数据、技术等共享，开展人才培养。2016年和2020年分两批建设了4个智能化研发平台：界面材料加速实现、分析和发现平台（PARADIM），二维晶体材料研发平台（2D Crystal Consortium），生物高分子材料创新平台（BioPACIFIC）和聚糖材料创新平台（GlycoMIP）。其中，BioPACIFIC建设了"生物车间"，成为国家级开放共享的基础设施，用于生物学和微生物工程的自动化合成，从微生物中生产具有精确重复单元、结构域和手性的单体和聚合物。在NSF连续资助下，康奈尔大学建设了界面材料加速实现、分析和发现平台（PARADIM），旨在推动跨学科和跨学科团队的密切合作，促进工具、代码、数据、技术的研发和共享，开展人才培养，加速新材料研发。2016—2021年，共有41所大学和国家实验室的170多个用户在PARADIM上联合工作，为科学家、工程师和企业家联合设计和研发电子产品新型材料提供了共享平台。

5.4.2　国内发展现状

目前，国内已形成了高通量计算、高通量制备与表征、结构与能源材料数据库、集成材料计算工程四个公共科学平台的概念，各个地区和高校已经着手建立材料基因协同网络。国家重点专项重点支持材料基因工程关键共性技术、软件和装备的研发，构建材料设计-研发-生产-应用全链条技术体系和创新平台，开展协同创新研究[31]。2015年，科技部投入8.4亿元人民币，设立了"材料基因工程关键技术与支撑平台"重点专项，构建了支撑材料基因工程研究和协同创新发展的高效计算、高通量实验和数据库等三类示范平台，研发了材料高效计算方法与软件、高通量制备与表征技术、材料服役行为高效评价技术、材料数据库和大数据技术等四大关键技术，在能源材料、生物医用材料、稀土功能材料、催化材料、特种合金材料等五类材料上开展了验证性应用示范，推动了材料基因工程新方法和新技术的研发和应用。其中，材料制造工艺优化、材料服役行为高效评价技术等的研究，是国家重点专项的重要特色之一。国家重点专项的主要研究任务为：

① 通过研发高通量和自动流程算法，实现新材料成分-结构-性能的快速筛选；

② 应用薄膜材料制备、3D打印、扩散多元节、连续定向凝固、梯度热处理等技术，发展适合不同形态（薄膜、粉体、块体）材料的高通量制备技术和装置；

③ 研发材料服役与失效的跨尺度模拟计算方法、高效评价方法及等效加速模拟实验、材料服役大数据等新材料工程应用关键技术；

④ 研发集数据自动采集、归档、挖掘、应用为一体的智能化数据库技术。

在国家重点专项的支持下，上述四个任务得到很好的完成，由此逐渐形成国内材料创新协同网络的雏形。

引导地方政府和企业投入，开展材料基因工程技术的工程化应用和新材料、新产品开发，促进研发部门和企业的实质性合作，提升企业的积极性和参与度，促进材料基因工程关键技术和装备的工程化应用。在国家重点专项牵引下，地方政府部门也积极支持材料基因工程研究。代表性的投入项目有：2017年北京市政府和中国科学院联合投入5.7亿元人民币，建设国内规模最大的材料基因工程研究设施；北京市政府投入5亿元人民币，建立"北京材料基因工程高精尖创新中心"，凝聚材料基因工程领域的顶级科学家开展合作研究和进行高层次人才培养；2017年深圳市政府投入7.1亿元人民币，建设材料基因组工程大科学平台；2018年以来，云南省政府针对地方新材料产业的特色，持续投入超过4亿元人民币，建设稀贵金属材料基因工程创新平台，承接国家重点专项的研发成果，开展稀贵金属新产品的研发；此外，上海市、广东省等省市和一些与材料相关的大型企业也设立了相关研究项目。为了支撑材料基因工程关键技术和应用的可持续发展，国家支持和引导开展材料基因工程的标准体系建设，协调构建材料基因工程的技术体系和标准体系。中国材料与试验标准委员会（CSTM）建立了材料基因工程标准化领域委员会，2019年发布了全球首个材料基因工程通则标准，为全面推广材料大数据模式奠定了基础。

北京材料基因工程高精尖创新中心，是在服务北京和国家创新驱动发展战略背景下，由北京市政府支持，依托北京科技大学并联合中国科学院物理研究所、中国钢研科技集团有限公司建设的高水平国际化创新平台。中心汇聚了国内外的优质创新力量和资源，通过原始创新，突破一系列国民经济和国防发展亟需解决的新材料技术瓶颈，降低我国关键材料的对外依存度，满足高端制造业和高新技术发展对新材料的迫切需求，努力实现我国新材料技术跨越式发展。中心围绕实现新材料"两个一半"的战略目标，构建我国材料基因工程协同创新的三大研发平台（通量计算、高通量合成与表征、专用数据库），研发四大关键技术（材料高通量计算设计方法和软件、高通量制备与表征技术、服役行为高效评价技术、面向材料基因工程的材料数据技术），并在高效电池材料、高效催化材料、稀土功能材料、光电材料、高熵合金、高温合金、轻量化高强度钢、高强韧铝合金等关键材料上开展示范应用。通过几年的努力，中心建设成为国际一流创新平台（国际材料基因工程高端研究人才的汇聚平台、新材料研发模式变革和技术创新的引领平台、助力实现北京"科技创新中心"的示范平台、中央高校-市属高校-科研院所学科交叉和科研创新能力提升的促进平台、北京市人才培养新模式的探索平台），为提升北京新材料研发和新材料产业核心竞争力，促进高端制造业和高新技术的发展做出了贡献。

除北京材料基因工程高精尖创新中心外，国内也逐渐形成一些网络"节点"，如依托中南大学、上海大学、四川大学等建设而成的材料基因研究中心或平台。但是，各节点仪器输出数据格式多样，数据描述不充分，缺少数据标准与协议，缺少相关的特定软件解读调用数据，很难实现数据共享和信息互联，只是工作机制上的协调和统筹，还未形成任务协同的概念，同时缺少跨时空、跨地域的材料基因工程数据汇交与管理服务创新网络平台。因此，迫切需要通过互联网协同机制，在研究布局和研究力量上，支持跨领域的研究设计和投入，促进不同科研机构之间的互联与合作，集结各个交叉领域的实验数据、分析结果等，实现区域网络协同进行新材料的开发，进一步吸引相关优秀的研究机构和企业力量强强联合，从产业链上形成创新合力，促进材料基因组研究的长远发展。

5.4.3　问题与挑战

① 关键技术有待攻克。总的来说，国外在材料基因协同创新网络建设方面起步较早，并取得了一些成果，各网络节点、网络之间已逐渐形成数据交换、共享机制。国内材料高通量计算设计方法和软件、高通量制备与表征技术、服役行为高效评价技术、面向材料基因工程的材料数据技术等四大关键技术尚处于发展初期，依赖于该四大关键技术的材料协同创新网络尚未形成。

② 信息化水平较低。国外部分材料基因研究平台具备了模块化的局域数据标准，已经实现各节点独立数据库之间的搜索、互访、操作和共享。国内平台由于各仪器输出数据格式多样，数据描述不充分，缺少数据标准与协议，缺少相关的特定软件解读调用数据，信息化停留在实验室仪器之间、实验室成员之间，很难实现数据共享和信息互联，跨研究中心和跨地区的协同平台数据交互和调用水平仍需要提升，信息化总体水平较低。

③ 多部门协调不足。美国材料基因协同创新网络受到了美国能源部、国防部、科学基金会、国家实验室、工业界科技企业等大力支持。而我国现阶段主要依靠政府和高校联合成立相关机构，但是关于不同实验机构之间的协同网络搭建和互联，并没有形成相关工程中心，多部门协调联动不足。

④ 政府支持力度不强。中外政府机构在平台建设中的角色有所不同。美国和欧洲的大多数平台由各大学和研究机构的课题组主导，政府采取资金支持和政策引导等方式介入。而中国的协同网络平台还在起步阶段，财政支持也仅限于一些重点专项，亟需资金和政策支撑搭建我国自主的协同网络平台，闭环链接各个实验环节和实验中心，实现高通量实验、计算和数据库平台节点的集成和互联。

5.4.4 重点发展方向

① 构建国家层面的材料基因工程协同创新网络。从国家层面瞄准材料协同创新网络的构建目标，融合高通量自主实验、高效计算设计和材料数据中心等方面的成果，采取顶层设计构建、局域网先行先试和广域网全面建设推广的"三步走"发展思路，逐步解决限制协同创新网络发展的数据共享、任务共享、价值分享、网络互联和信息安全等方面在协议、流程和模式上的问题，在资金和政策的支撑下搭建我国自主的协同网络平台，闭环链接各个实验环节和实验中心，实现高通量实验、计算和数据库平台节点的集成和互联。

② 建设专业领域的材料基因工程协同创新网络。根据行业特征、地区经济发展规划，建设专业性更强的材料基因协同创新网络。针对如航空航天行业、电子信息行业、医疗健康行业等特殊行业，针对如京津冀、长三角、大湾区、成渝双城等国家重要区域，建设发展专业性协同创新网络。

参考文献

[1] Jain A, Shyue P O, Hautier G, et al. Commentary: The materials project: A materials genome approach to accelerating materials innovation[J]. APL Materials, 2013, 1(1): 011002.

[2] Curtarolo S, Setyawan W, Hart G L W, et al. AFLOW: An automatic framework for high-throughput materials discovery[J]. Computational Materials Science, 2012, 58: 218-226.

[3] Pizzi G, Cepellotti A, Sabatini R, et al. AiiDA: Automated interactive infrastructure and database for computational science[J]. Computational Materials Science, 2016, 111: 218-230.

[4] https://www.max-centre.eu.

[5] https://www.nomad-coe.eu.

[6] Landis D D, Hummelshøj J S, Nestorov S, et al. The computational materials repository[J]. Computing in Science & Engineering, 2012, 14(6): 51-57.

[7] https://matcloud.com.cn/.

[8] Wang G, Peng L, Li K, et al. ALKEMIE: An intelligent computational platform for accelerating materials discovery and design[J]. Computational Materials Science, 2021, 186: 110064.

[9] Burger B, Maffettone P M, Gusev V V, et al. A mobile robotic chemist[J]. Nature, 2020, 583(7815): 237-241.

[10] https://chimad.northwestern.edu.

[11] https://www.jcesr.org.

[12] 黄晓旭, 吴桂林, 钟虓䶮, 等. 先进材料多维多尺度高通量表征技术[J]. 电子显微学报, 2016, 35(6): 567-568.

[13] Himanen L, Geurts A, Foster A S, et al. Data-driven materials science: Status, challenges, and perspectives[J]. Advanced Science, 2019, 6(21): 1900808.

[14] https://www.elsevier.com/en-gb/solutions/reaxys.

[15] https://www.springer.com/cn/materials.

[16] Villars P, Berndt M, Brandenburg K, et al. The pauling file[J]. Materials Science Forum, 2004, 443/444: 357-360.

[17] https://www.totalmateria.com.

[18] https://matweb.com.

[19] https://aflowlib.org.

[20] Saal J E, Kirklin S, Aykol M, et al. Materials design and discovery with high-throughput density functional theory: The open quantum materials database (OQMD)[J]. JOM, 2013, 65: 1501-1509.

[21] O'Mara J, Meredig B, Michel K. Materials data infrastructure: A case study of the citrination platform to examine data import, storage, and access[J]. JOM, 2016, 68(8): 2031-2034.

[22] Zakutayev A, Perkins J, Schwarting M, et al. High throughput experimental materials database[R]. The National Renewable Energy Laboratory-Data (NREL-DATA), Golden, CO (United States), 2017.

[23] Klimeck G, McLennan M, Brophy S P, et al. NanoHUB. org: Advancing education and research in nanotechnology[J]. Computing in Science & Engineering, 2008, 10(5): 17-23.

[24] Andersen C W, Armiento R, Blokhin E, et al. OPTIMADE, an API for exchanging materials data[J]. Scientific Data, 2021, 8(1): 217.

[25] https://corrdata.org.cn.

[26] http://www.materdata.cn.

[27] http://www.mgedata.cn.

[28] http://nmdms.ustb.edu.cn.

[29] https://www.mat.ai/home.

[30] https://www.atsteel.com.cn.

[31] Xie J, Su Y, Zhang D, et al. A vision of materials genome engineering in China [Z]. Elsevier Radarweg 29, 1043 NX Amsterdam, Netherlands. 2022: 10-12.

新材料研发智能化关键技术

Key Intelligent Technologies for Advanced Materials Research and Development

第6章　材料智能研发技术标准体系

人工智能（AI）正在从根本上推动材料研发范式向着数据驱动的智能化方向发展。AI的基础是数据，作为多种参数综合作用效果的承载体，数据为AI提供信息元素。因此，数据不是AI的附庸，而是其智慧的源泉。材料智能化研发技术相关的标准都是关于材料数据的标准。由于数据在新研究范式中的作用和价值发生了根本性变化，数据标准也需要与时俱进，以满足AI对材料数据的积累、整合和高效利用提出的全新要求。体系化的数据标准化是数据规范化治理的核心措施，不仅为组建高质量人工智能适配（AI-ready）数据库（集）提供关键保障，也为构筑材料大数据资源体系、充分发挥AI潜能奠定重要基础。当前，数据依然是材料领域全面运用AI的瓶颈，可以预见，系统性建立材料数据标准体系将成为今后一段时期全球关注的热点。

6.1　概念与内涵

材料研发智能化技术标准化是新材料研发智能化关键技术之一。标准化是指在经济、技术、科学和管理等社会实践中，对重复性的事物和概念，通过制定、发布和实施标准达到统一，以获得最佳秩序和社会效益。新材料研发智能化的核心是"数据＋人工智能"为标志的数据驱动模式。数据驱动模式围绕数据产生与数据分析展开，通过将人工智能技术应用于大量材料数据，更快、更准、更省地获得材料成分-结构-工艺-性能间的关系，从而实现材料研发由"试错法"向科学"第四范式"的根本转变。数据资源是构建大数据和人工智能驱动的材料新型研发范式的重要基础，是信息化和智能化时代新的生产要素，是国际竞争的关键战略资源和优先发展领域。构建材料大数据资源体系，建设材料数据库等基础设施是实现材料数据有序积累和规模化应用的重要途径。材料大数据资源体系主要包含两方面内容：数据与数据资源平台（数据库）。因此，材料研发智能化技术标准化的核心任务是：一方面，对材料数据的内容与格式进行规范，使其获取、存储与使用符合数据驱动模式的要求［这里将能够满足AI工作对数据的便捷查询、获取、集成和可靠利用要求的数据称为适合人工智能（AI-ready）的材料数据］；另一方面，还需系统性地建立和完善材料数据库相关标准、材料大数据技术应用标准和数据交互协议，从而打通数据的存储、流通、交互与使用环节，让数据流动起来。

6.1.1　适合人工智能（AI-ready）的材料数据

在传统研发模式下，数据的主要作用是提供事实，作为科学研究、技术设计、查证、决策的数值依据，主要以支撑性资料形式体现数据的表观价值。因此，现有的数据生态是围绕传统材料研究范式而建立的，数据的内容和格式取决于研究者的个人经验和习惯，由此导致不同来源的数据在内容和格式上的不统一，其他数据使用者，特别是不同应用方向的人很难对其正确、完整理解和重复利用，多源数据集成时因为内容和格式的差异也面临较大困难。在数据访问获取方面，大多数原始数据以本地形式存储，研究者主要通过公开的科技文献来查询、访问感兴趣的数据，这种数据共享方式使数据的信息量和可用性大幅压缩，且提取耗时费力，访问和获取难度极大。这些因素导致了数据的访问、获取困难，数据可再用性较低，数据间不具备互操作性，无法满足数据驱动对数据质量和规模化的需求。

在数据驱动研究范式下，材料数据在研究中的作用和价值发生了根本性变化。数据作为多种参数综合作用效果的承载体，为数据挖掘提供信息元素。人工智能方法通过对大量数据进行处理与分析，建立数据间的关联，挖掘出构成这种关联背后的参数及相互关系。在数据驱动模式下，数据从辅助性研究资料转变为研究的核心，可以更多地释放数据的内在价值。因此，在人工智能背景下，数据间内在价值的有效发挥强烈依赖于数据的质量和规模，对数据的管理方式提出了新的要求，标准的内容将围绕着数据的产生、采集、存储、共享、集成和智能化分析，以促进形成符合数据驱动的数据生态。

数据驱动模式在数据使用中表现出了新特点，对用于 AI 的数据在格式和内容上都提出了不同于往常的新要求。在数据驱动范式背景下，AI-ready 的科学数据不仅应满足数据产生者个人对 AI 模型构建质量的狭义要求，还应满足从整个研究社区角度保证数据能被本社区其他研究者获取和便捷集成利用的需求。

6.1.2　AI-ready 材料数据的特点

在数据集层面，AI-ready 的数据具有如下特点：

（1）海量的数据

人工智能本身融合了统计学的相关知识，需要有足够的样本量来表征所训练数据潜在规律的显著性，再将其学习到的数据关联知识用于新样本的决策判断中，随着模型训练集数据量的增加，模型愈加准确。因此，海量的数据是 AI 模型预测的有效性的基本保障。

目前材料领域海量数据获取途径可大致分为两个：

① 高通量技术。包括高通量实验技术与计算技术，是高效产生大量材料数据的直接手段。例如，以组合芯片为代表的高通量实验技术[1-2]，可在一块 1in 见方的基板上快速制备覆盖完整三元系成分的薄膜样品。采用同步辐射微束面探 X 射线衍射技术对材料进行表征，单点衍射表征时间可缩短到 1 ～ 2s，在一块组合材料芯片样品上获取 5000 点以上的衍射谱图，单日可完成 3 块组合材料芯片的逐点结构表征工作。以第一性原理计算为代表的高通量计算技术依托超级计算机的超强算力、智能纠错的自动化计算流程、规范化的计算参数设定，可高速批量化地产出大量服务于材料设计的计算模型数据[3]。高通量实验技术与计算技术是从根源上加快产生材料数据的有效方式，我国在"十三五"期间通过材料基因工程重点研发计划专项对高通量实验技术与计算技术进行了系统布局，并取得了诸多进展。各个材料细分领域正在持续推进该工作[4-7]。

② 从海量文献提取数据。前期科研产生的大量数据还存在于各种公开的科学文献中。迄今为止，研究成果大部分均以非结构化的异构文献形式公开，在发表的文献中汇聚了大量重要的科研数据，是学科发展成果的结晶，将现有文献中的数据收集起来具有重要意义[8]。PAULING FILE[9]是最大的人工收集无机晶体材料数据的项目之一，收集了从1891年至今材料科学、工程、物理和无机化学的科学文献中的晶体结构、物理性质和相图数据，迄今总共包含了超过350000个晶体结构、150000个物理性质和50000个相图，并于2016年推出了在线版本MPDS（The Materials Platform for Data Science）。同时，借鉴生物医学信息学领域的经验，研究者开始尝试采用自然语言处理、文本挖掘方法等计算机技术来自动化地从文献中提取数据。英国剑桥大学Cole开发了一个用于化学文本的自然语言处理工具包ChemDataExtractor[10]，并使用它构建了磁性材料相变温度的大型数据集[11]，以及电池材料电化学性质的数据集[12]。北京科技大学将半监督学习策略应用于材料专业领域小样本科技文献数据的抽取，从15000余篇高温合金的文献中，自动抽取出了高温合金成分 - 热处理工艺 - 性能等关联数据。

从文献中提取数据是对当前非结构化数据发表生态的一种弥补性方案。采用手动提取模式，需要专家知识来进行标注，数据精度较高，但耗费大量人工，效率较低；而采用自然语言处理和文本挖掘算法来自动提取文献数据效率比较高，但是精度比较低。从文献中提取数据是一种间接的数据收集方式，数据在非结构化发表和再次抽取的过程中，会导致大量有效信息损失。因此，有必要改革知识确权方式与共享机制，将有价值的研究数据直接发表。

（2）综合全面的特征量

材料数据中所包含的特征量决定了AI描述现象时的可能视角。如果数据中仅包含单一特征量，由此产生的认识必将局限于研究变量与此特征量的相互关系，而无法延伸至除此特征量之外的特征。一个能完整反映材料研究过程的特征集将有助于AI对数据间关联更精准的认识。人工智能方法的特点之一便是有能力处理高维度的数据。与此相适应，AI-ready的数据集应包括尽可能综合、全面的特征量，以充分发挥人工智能的潜力。由于人类生活在三维空间中，人脑仅可直接处理较低维度的研究问题，在科学推理时，经常采取理想化的形式来对自然现象进行简化，去掉一些复杂的干扰因素，只保留关键因素进行研究分析。在现代材料科学所采用的探究工具中，受限于技术条件，也经常采用假设来保证科学研究可以开展。这些简化反映在数据上，就是将复杂高维的现象以降维的方式来进行描述，以方便人类对自然的认识。当然，这也不可避免地导致了真实世界与认知上的一定偏差。从工作流程上看，实验驱动和计算驱动均是先提出可能的理论，再搜集数据，并通过表征或仿真方法进行验证。这种依赖先验知识的做法有利于聚焦已知特征参数进行高效优化，但受限于认知水平，有可能在无意中排除掉许多可能在实际问题中同样有意义的参数。这在实际工作中限制了我们的想象力[13]，导致一些未知的关键因素与我们擦肩而过。

人工智能对高维数据的处理，能为探究认识更真实的自然世界提供新途径。数据驱动范式从理论上说，在收集数据前，并不预设哪些参数是重要或不重要的，也就避免了在参数选用上的习惯与偏向。例如 Ward 等[14]围绕化学元素的计量属性、统计属性、电子结构属性、离子化合物属性等四个方面，创建了一组包含了145个材料参数的通用特征空间，可对任意化学元素组成的无机材料进行特征表示，结合各种机器学习模型和训练数据，能够对材料的物理、化学性能进行预测，并从晶体的带隙能量、比体积、形成能预测和新型非晶体的发现等方面验证了其通用性和有效性；同时，为了量化每种特征参数对目标性能的预测能力，依次采用二次多项式拟合方式来测量模型的均方根误差，发现对于不同的材料和性能，影响其最佳建模的特征参数可能会发生显著变化。比如金属间化合物的形成能与熔化温度的变化和组成元素之间的d层电子数最相关，而含有至少一种非金属的化合物与平均离子特征（基于组成元素之间电负性差异的量）关系最密切，这些示例中最相关特征的变化进一步支持了构建的机器学习特征集中有大量可用特征。该工作中所涵盖的145个材料参数虽然无法完全涵盖无机材料的所有特征，但朝着创建丰富的材料特征空间迈出了一大步，体现出全面的特征空间对于人工智能自动分析探索、获取未知规律的重要价值。

（3）数据记录的完整性

要组成大规模、全面的数据集，数据可能来源广泛。任何制备、表征、计算过程都包含了大量细节参量，必须对这些参量有足够完整的收集，使数据使用者对数据产生的条件、环境、过程有完整的了解，如同他们亲身经历过一样，才能真正确保对这些数据的合理使用。考虑到数据驱动范式下数据使用时空范围在不断扩大，不同使用者对数据利用的视角也愈发广阔，在进行原始数据采集时，应改变传统经验式的数据记录方式，需充分考虑研究过程中的数据，做到"应收尽收"，留下完整的数据记录，提供尽可能详尽的信息，以便不同使用者再利用数据。

（4）数据质量的一致性

AI本质上是一种数据应用，对数据的准确性有较高的要求，真实准确的数据才能构建可靠好用的人工智能模型。然而在实际的材料计算和实验中，误差一般与数据结伴而生，数据的不确定性将导致模型所反映的规律的偏差，降低模型的质量。同时，由于AI数据来源的多样性，数据产生环境的差异可能会引起误差，进一步影响模型的可靠性。因此，AI-ready数据应该具有误差控制机制，在随机误差不可预知和控制的前提下，应了解系统误差的可能来源，制定相匹配的误差控制策略，并寻求尽可能量化数据误差，从而提高模型的可靠性和精度。

（5）数据分布的均衡性

材料性能是多个物理、化学机制耦合作用的结果，数据反映了在特定参数条件下这种耦合作用的数值。人工智能通过找出多个参量间的相关性来揭示数据内在规律，若用于训练的数据集在参数空间不是平衡分布，将导致标准模型的判断结果产生偏差。在传统方式的材料科学研究中，研究者往往只选择与研究目标相符的所谓"积极数据"记录，而将与目标不符的"消极数据"直接忽视或舍弃，这样的数据用于人工智能模型训练时，会导致模型统计意义上部分客观性的缺失，并损失一些材料规律的潜在挖掘机会。

在单个数据层面，AI-ready数据应具有高度的可共享性。科学数据的重复利用，是关系到科研文化由单打独斗向共享合作的大科学模式转变的根本性要求。与此同时，为构成海量、多参量、均衡分布的数据集，单一来源数据往往很难满足要求，需要将多个来源的离散数据进行整合。这就要求离散的单个材料数据在形式表达上具备参与到数据密集型科学研究的特性，满足使用者对数据便捷访问、可共享使用的需求。可以说科学数据的重复利用也是大数据时代数据驱动模式的现实需求。

近几年，数据共享受到了广泛的关注，我国"十三五"材料基因工程重点专项也对数据汇交做出专门规定，提出硬性要求。美国2019年发布的《联邦数据战略和2020年行动计划》[15]、欧洲2020年发布的《欧洲数据战略》[16]、中国2018年发布的《科学数据管理办法》[17]等，均从国家战略层面制定了促进科学数据共享的配套政策和实施方案。在一些具体科学领域，也部署了促进数据共享的强制性措施，比如美国国立卫生研究院（NIH）规定，自2023年1月起，要求其每年资助的30万名研究人员和2500家机构中的大多数纳入数据管理计划，并最终公开其研究数据[18]。数据共享已在科学界形成共识。

然而，一直以来，科学数据大多存储在本地服务器上，且缺乏明确一致的管理规范，不同来源的数据在表达格式、表述完整性上参差不齐，使得数据既不容易访问，也不容易集成利用，共享效益较低。围绕科学数据如何能被更广泛和更充分地利用这一问题，国际科学界已经探讨了多年[19-20]。2016年，荷兰莱顿大学的Barend Mons教授联合学术界、产业界、资助机构和学术出版商等一系列与数据利益相关的行业的代表，共同设计认可了一套简明且可衡量的数据管理原则——FAIR（findable, accessible, interoperable, reusable）原则[21]，用于在更广范围提升数据的可共享性和可再利用性。FAIR原则得到了科学界的广泛认可，一些新型数据共享基础设施正在基于FAIR原则进行建设[22-25]。FAIR

原则的基本要求总结如下：

①　可发现（findable）原则针对AI研究所需的目标特征研究数据从何处查询、用什么来查询的问题提出，要求数据被全球唯一且持久的标识符标识，其典型代表为DOI系统（digital object identifier system）[26]，能够在公共互联网空间通过系统分配的唯一数据标识，为数据对象提供一种解析访问方法，找到目标数据的存储位置；同时要求用丰富的元数据来描述数据，并将其在可检索的数据资源平台中注册或设置索引，使查询者能够通过数据的特征属性来对目标数据进行精确检索，以满足目标数据能够被使用者查询到的基本要求。

②　可访问（accessible）原则针对所查询到的目标数据如何获取的问题，对数据的获取方式进行了最低实现程度的规定，要求在开放、免费、可普遍实施的标准化通信协议下检索数据及其元数据，使得数据能够通过网络基础设施免费、简捷地进行传递；涉及数据获取过程中的知识权益问题，允许数据所有者设置数据获取权限，在必要时对数据使用者进行身份验证和授权，在尊重数据所有权的基础上鼓励数据的开放；同时要求描述数据基本信息的元数据应能够持久访问，即便数据因为各种原因变更而不可访问，保证数据所携带的信息能在最低限度上被稳定地获取到；此外，可再利用（reusable）原则要求在数据发布时应包含清晰且可访问的数据使用许可要求，为数据能够被正确地访问、获取提供明确的注解提示。

③　可互操作（interoperable）原则要求使用正式、可访问、可共享和广泛适用的语言来描述数据，其中所涉及的词汇应从符合FAIR原则的词汇表或已有的权威术语中来选择，从而使其表达形式在领域内具有通用性，避免不同来源的数据集成时在数据语义、格式上的不兼容，使得不论是人或机器均可方便地对数据进行处理，为AI应用建立一套领域共识的可理解语言机制。

④　针对非自身产生的数据在AI模型构建时如何完整理解和正确使用的问题，可再利用（reusable）原则要求用多个准确且相关的元数据来描述数据，这些元数据应与数据的详细出处相关，且表达形式符合本领域相关的标准，使得使用者能够尽可能详细地了解到数据的背景和内容组成，促使其被合理利用并延伸至更多的应用场景。可再利用原则充分考虑了非数据产生者在完整理解数据时的需求，为AI模型对多来源数据的正确理解、解释、应用提供可靠的保障。

综上，FAIR原则为构建多来源数据AI大数据集，明确了数据在表达形式上具备可共享性的基本要求。在满足这些要求的基础上，研究者在构建AI模型时能够便捷地访问、获取、集成目标数据，使得AI模型构建难度大大降低；配合数据内容的完整、均衡要求，模型构建质量大幅提升，真正解决了数据好用的问题。

在理想的信息学研究条件下，研究者能够从多个数据源头快捷地访问到可靠的目标数据，并快速集成为大规模、多特征的数据集，供 AI 工具库调用。FAIR 原则为数据具备可共享性制定了原则性要求，破除了从多数据源头汇聚为 AI 大数据集这一流程中的技术障碍。

6.1.3　AI-ready 材料数据的标准化治理

数据标准为 AI-ready 数据库（集）的构建提供了重要的保障。材料数据具有数量大、种类多、形式多样、参与单位各异、知识产权归属复杂等特点，如果数据没有特定的标准可以遵循，不仅收录、存储更加复杂，也不便于使用。在当今多种数据基础设施共存的条件下，某种形式的标准化是广泛采用新范式所必不可少的[27]。因此，建立统一的数据标准是材料领域大规模采用人工智能方法的关键基础。材料数据标准化是为了保障"大数据＋人工智能"材料研究加速策略的实现，围绕数据的规范化治理所开展和采取的标准化活动和技术性措施。

AI-ready 对材料数据的海量、全面、完整、均衡、可共享需求，反映了数据驱动研究范式下新型数据生态的特点。其中，数据完整性和可共享性是单个数据的特性，可以通过标准化方式得到保障。标准化是为在既定范围内获得最佳秩序，促进共同效益，对现实问题或潜在问题确立共同使用和重复使用的条款以及编制、发布和应用文件的活动[28]。现实中的材料数据覆盖材料研发的全链条，从电子、原子、分子现象，多尺度下工艺条件对材料性能与服役表现的影响，直至应用设计与制造技术的细节。管理海量且多元的数据需要全领域协调建立共同的规则，从而无缝地实现数据的交换与共享，实现 AI-ready 的目标。传统材料数据库一般收集由原始数据处理得到的分析结果（如各种材料性能参数等），而原始数据通常分散在实验者手中，不被收录，且数据格式五花八门，不便为其他人再次利用。再有，这些数据产生时往往以特定应用为目标，包含的材料属性相对有限，缺乏综合性，这样，数据可关联的参数就比较有限，这与传统材料研究方式与数据产生方式有着极大的关系。因此现有的材料数据库大多不能满足材料基因工程的需要。在数据驱动前提下，有必要通过顶层设计，提出建立符合 AI-ready 要求的材料数据结构的通用规则，用于规范 AI-ready 数据的内容组成。

目前，AI-ready 数据标准化的实施可通过元数据或本体进行。元数据是一种较为直观的数据组织管理方式。元数据通常被定义为关于数据的数据，本质上是从某个角度对数据进行结构化描述的形式。例如对某个人可以通过姓名、性别、身高、年龄、性格等众多元素进行描述。从特定角度反映数据所具有的特征，需要选择相关元素组合形成特定的元数据模式。标准化就是以在一定社会范围内取得共识的方式来规范元数据模式中所涵盖的内容。在数据驱动模式下，元数据是数据检索和人工智能分析的实际载体。数据的完整性和可共享性可以通过在标准元数据模式中包含相应的元素来得到保证。由于材料体系复杂，种类众多，为材料科学开发信息丰富、详尽且适用性强的标准化元数据是一个突出的挑战[27]。目前在材料元数据标准建设方面，国际上尚处于起步阶段，现有的元数据标准不是完全缺失就是不完整，如国际标准化组织（ISO）为提供受控词汇表、数据格式和数据处理等元数据规范化相关的标准进行了许多尝试，但到目前为止还没有在领域范围内得到采用[29]。

　　本体（ontology）是对共享概念模型明确的、形式化、规范化说明[30]，用于描述某个领域内的特定概念体系及其中各元素之间的确定关系。在计算机科学中，"本体论"一词被更具体地指为实体的正式集合、这些实体之间的关系以及推理规则。材料科学中的材料本体是一个关于材料、性质、单位、条件及其相互关系的分类方式。定义本体实际上相当于建立一个标准，通过定义可用的搜索词及其相互关系，促进语义推理，进而提高复杂搜索能力与计算机可处理能力。在实际构建层面，本体自身并没有单一确定的表现形式。将本体设计转化为计算机可处理的模式，目前较为常用的本体语言是OWL（web ontology language），也可通过DAML、RDFS、IDEF5等语言表示[31]。各类本体在表达结构上具有相似性，均采用概念（也称为类）、实例、属性、关系、约束等基本构造元素来进行具体的描述[32]。举例来说，在描述45钢材料"抗拉强度"和"延伸率"等数据"属性"时，这个概念体系包括："材料"是一个"类"，代表所有类型的材料；在"材料"中还可包含"金属材料""无机材料""高分子材料"等子类（"子类"代表了它们之间的"关系"），"钢铁材料"是"金属材料"的子类；"45钢"是"钢铁材料"中的一个具体实例；这个实例具有"抗拉强度"和"延伸率"等多种"属性"，而抗拉强度460MPa、延伸率17%定义了"45钢"这个实例的两个属性值。再有，"铁素体钢"可以定义为一种包含至少一种铁素体组织的钢，可以用材料本体中的"钢""铁素体"和"基本组织"之间的关系来约束定义"铁素体钢"这一概念，这种约束令数据对人和计算机均有意义，是建立计算机对概念体系进行自动推理的基础。

　　本体与元数据均是描述数据资源的工具，二者均通过概念（或者说"术语"）来对对象所包含的特征进行表示，区别在于元数据通过树状形式来组织这些术语，在表达上更加模块化和直观；而本体通过网状形式来表示，为数据资源的理解和利用提供语义背景，更加凸显这些术语的相互联系。它们之间可通过其所包含的术语及其关系进行相互转化。这样一个本体或分类系统将成为材料科学元数据的基础，并将不同的材料科学语言演变为一种通用语言。

在材料科学中，现有材料本体是对材料、材料性质、单位和约束条件及其相互关系的一种分类方案[27]。标准化材料本体的建立将为材料领域内研究者提供一个共享的标准概念体系，促进领域内不同研究者对同类数据描述、管理的规范化协同，提升数据间的互操作性。多个异构数据库之间的数据交换可以方便地通过基于材料本体的中间数据表示来实现。随着本体的采用范围的扩大，还将释放机器自动推理、挖掘海量材料数据间所隐含的知识关联的潜力。目前，有关材料科学的本体建设刚刚开始，距离覆盖完整的知识体系还有很大差距。同时，各种各样的本体和不太正式的标准相互竞争[32]。如NOMAD Meta-info[33]、ESCDF[33]和OpenKIM[34]是原子材料科学中对计算结果进行分类的初期尝试，PLINIUS[35]用于陶瓷领域，ONTORULE[36]用于钢铁行业，SLACKS[37]用于层压复合材料，PIF[38]、Ashino[39]、EMMO[40]、MatOnto[41]、Premap[42]和MatOWL[43]用于一般材料科学数据等。还没有出现确保材料完整表示的标准化本体。虽然材料本体的发展过程已经加快，但其还没有像其他领域（如生物科学）那样成熟[32]，在工业应用中，这些公开可用的本体通常是不够用的，这迫使商业公司创建自己内部的、特定使用范围的本体[27]。

6.1.4　材料数据库系统与数据交互协议的标准化

材料数据的存储方式由数据库管理系统（database management system, DBMS）决定。DBMS分为关系数据库管理系统（RDBMS）和NoSQL系统两类。RDBMS使用表来表达数据以及这些数据之间的联系，每个表有多个列，每个列有唯一的名字，表中的一行代表的是这些列之间的联系，表是行的集合。由于二维表具有逻辑表达能力和数学运算能力，RDBMS在多字段组合查询和数据一致性上表现良好，但因需要严格遵循数据格式与长度规范，所以RDBMS关系模式的可扩展性很低。NoSQL系统无需预定义关系模式，易于扩展、可伸缩性强，在高并发、大数据下读写优势显著。许多材料数据库开始采用NoSQL系统进行数据归档与存储，例如Materials Project利用MongoDB数据库系统进行数据存储[44]。随着用户自定义数据描述方式的需求的不断增加，基于NoSQL系统的模板化数据存储系统逐渐成为多数据资源与应用开放互联和无缝共享的基础，通过提供可再利用的数据类型进行数据模板的自定义，满足不同工程应用、团体、机构和个人的个性化数据表达需求，实现材料数据模式的事后定义和标准化存储，例如Materials Data Curation System[45]和MGEDATA[46]。Materials Data Curation System由美国NIST开发，提供了包含双精度浮点型、单位型、不确定型等可再利用的数据通用基础类型，支持利用基础类型组合出新的复杂数据类型，进而形成用户定制的材料数据模板进行数据上传，数据以可扩展标记语言（extensible markup language，XML）的格式存储于文档数据库中[45]。

数据通过网络或计算机传输时，需要一种底层传输格式作为载体，最常用的是基于纯文本的 XML 和 JSON 格式，人们可以阅读并手动修改，但数据的冗余信息很多。基于纯二进制的格式，例如 Protobuf（https://github.com/protocolbuffers/protobuf），传输效率极高，但人们无法直接识别其内容，因此只能由特定的软件读取和修改。面对海量异构的材料数据，设计开发一种在可读性、传输效率间取得平衡的数据传输格式，仍有待于研究。

目前国内外的材料数据传输接口大致分为两类。第一类为数据库平台自身提供的数据检索接口（API）；第二类为综合了多种数据库的集成发现平台提供的综合检索 API，可以从多种数据库源检索数据。这些 API 几乎都基于 JSON 与 XML 等文本格式。

6.2　国内外现状

6.2.1　国外发展现状

近几年，材料信息学领域已经广泛认识并重视数据标准化的重要性[7, 27, 29, 33, 47, 48]。但在实际中，建立并推广标准是一件耗时费力的工作。尤其是在数据库基础较好的国家，形成各家共识本身就是非常困难的。材料数据基础设施的数字架构选择和建设要求十分重要，许多研究团队提出了各种框架和要素。例如，Dima 等[49]提出了两个关键要求，一是支持模块化的标准互操作平台，二是能够识别和分享材料分布式数据资源的基础设施。其推荐了基于 Python 的框架，使用可扩展标记语言（XML）文档来存储数据和元数据。Seshadri 和 Sparks[50]描述了用于热电和电池材料的交互式材料数据库，用户可以选择材料特性或其他元数据来绘制性能预测曲线[51-52]。当今使用最广泛的数据库仍需要标准化的格式来体现材料性能和信息，例如晶体学数据库为所有晶体学结构采用了格式化或者规范化的晶体学信息文件（CIF）[53]。Citrine 数据库平台[54]也是一种采用标准化数据格式的数据基础设施，是采用物理信息文件（PIF）模式，采用分层系统，利用多个关系数据库和自动数据提取方法创建的既可由人操作又可由机器读取和搜索的平台。Ward[55]等强调了数据可再利用的重要性，发展了数据管理概念，强调实施数据标准以实现可发现、可再利用和可交换。Kalidindi 等[56]提出，大多数材料科学和工程数据分为三类：合成或加工工艺、材料内部结构、属性或性能特征。材料结构数据多以表征工具产生的图像等形式出现，将其转换为可搜索的数字化数据具有挑战性，同时，同一个样品中还会显示出不同的信息，捕捉到不同的数据。对于材料数据基础设施，必须解决类似挑战，才能促进对大型数据集的挖掘，提取有用的信息。Kalidindi[57]建议，数据应以工艺（process）-结构（structure）-性能（performance）关系（PSP）为中心，将信息转化为"知识"，最后转化为"智慧"，利用PSP关系促进材料设计和优化，了解PSP关系是建立材料数据库的关键。Agrawal和Choudhary[58]进一步强调工作流程的标准化和自动化以及跨学科合作对材料信息学至关重要。

材料数据基础设施的两个关键组成部分包括标准化的数据格式和数据的可引用能力。目前国际上广泛使用数字对象唯一标识符（digital object identifier，DOI）系统[26]。通过DOI注册、解析与引用，保护材料数据资源在开放、交换与共享时的安全性与知识产权，保证数据流通过程中的引用和溯源，目前HTEM[59]、MDF[60]、NOMAD CoE[61]、Citrine[62]和MGEDATA[46]等已经应用DOI系统对上传的数据进行了标识。欧盟委员会联合研究中心的材料数据库（MatDB）[63]是一个在其平台内实现可引用DOI并使用标准格式的数据基础设施的具体例子。MatDB内的数据引用支持自动化，确保发布的数据集通过特定的质量控制检查，允许发布之前对数据进行初步验证，可以确保数据格式符合技术规范。在数据应用阶段，对所用材料数据资源进行规范引用，维护数据知识产权，可进一步鼓励和促进材料数据的开放和共享。国际上，APA、Chicago、MLA是三种常见的引用方式，用于提高数据的可识别度，使之成为合法的、可引用的学术记录资源。

目前国际上带有材料基因工程色彩的材料数据基础设施有二十几个，包括典型的非商业性设施如Materials Project、Materials Data Facility、MatNavi、NOMAD等，商业性设施如Citrine、Granta Design、Springer Materials等。这些材料数据平台的数据格式、定义、要求各不相同，甚至有些数据平台不对数据形式做过多限制，这必然会导致平台间数据互通的障碍。AI-ready数据的基础是机器可操作，只有当各方的材料数据使用一种共同的语言，才能令不同平台上的数据的机器可操作具有可能性，才能促进材料研发智能化技术的协同发展。这种对数据进行描述、阐明数据意义的语言就是元数据。因此，元数据的标准化是一项确保数据AI-ready的重要的基础工作，建立一套标准化的、信息丰富的、详尽的、自适应的元数据体系具有相当的挑战性，目前国际上尚处于起步阶段。

在欧洲，以德国为中心的NOMAD数据平台正在逐步推进材料元数据的标准化，作为以数据为中心的材料科学的关键基础[29, 47]。欧洲的科学家认识到未来以数据为中心的材料科学体系的数据必须满足 FAIR 原则。可再利用包括可再利用于原先没有设想的目的。建立一个能被广泛接受的元数据标准，需要全体材料科学社区的共同努力。按照他们的第一步计划，已建立了一套基于本体论的材料分类体系，如 NOMAD Metainfo[33]、ESCDF[33]、OpenKIM[34]、PLINIUS[35]、ONTORULE[36]、SLACKS[37]、PIF[38]、Ashino[39]、EMMO[40]、MatOnto[41]、Premap[42]、和 MatOWL[43] 等。欧洲材料建模委员会、研究数据联盟（RDA）以及无国界科学家与欧洲原子计算与分子研究中心（CECAM）合作，做出了令人鼓舞的努力，推动成立了材料设计开放数据库联盟（OPTIMADE）[64]，构建了一个统一的标准化接口，用于访问多个材料数据库平台的数据。德国的 FAIRmat（德国研究数据基础设施联合体）已经开始为不同领域中使用的词汇的数字翻译建立元数据和词典。下一步是描述它们之间的关系，从而开发本体。NOMAD Meta 系统（https://nomad-lab.eu/metainfo）存储了有关材料科学数据和一些相互依赖关系的描述性和结构化信息。

目前 NOMAD 开发的材料元数据标准还主要集中在计算领域，对于实验领域的材料元数据开发，其提出"应收尽收"的基本原则，哪怕当下还用不到[47]。在大科学装置领域如同步辐射、中子源等，大部分装置是非标、量身定制的，而且大部分数据需要与外界合作者共享，目前正在逐步形成一个名为 NeXus 的有关文件格式和元数据的标准[65]。NeXus 标准定义了元数据描述的分级结构和规则，而且兼容 HDF5 格式的文件。不仅是材料领域，与材料相关的化学领域也意识到为了获得知识集合，需要令数据开放并且可机器操作。2022 年发表于 *Nature Chemistry*[66] 的文章指出，单纯不断地发明新标准并不能令化学数据满足 FAIR 原则。从实用性的角度提出了大部分实现这个目标的技术是现成的，需要的是把它们联系起来加以改造，例如可以充分利用现有的工具，如实验室电子记录本来贯通数据的产生和自动入库的流程。为此，一些基于实验设备或计算软件数据产生特点的工作流控制软件系统被开发出来，比如美国 NIST 开发了一套电子显微镜实验室信息管理系统——NexusLIMS[67]，可以将用户使用 Nexus 电子显微镜时间段内所产生的所有数据和元数据，都打包到一个表示实验快照的结构化文本中，实现所有原始研究数据自动备份和归档存储，同时构建了一个基于网络的门户网站，用户可按日期、用户、仪器、样本或任何其他元数据参数搜索访问之前的实验记录。计算材料领域由于其天然的规范化和数字化特征，开发了多个围绕材料计算的自动化数据工作流管理软件，包括 FireWorks[68]、AFLOW[69]、Automate[70]、AiiDA[71] 等，可实现计算数据的自动化采集和存储管理，在数据完整收集上具有相对优势。进一步地，对于通用的制备、表征、计算、流程等应建立统一的数据模板，即数据标准，使得这些数据可以方便地共享。

　　进入21世纪以来，国际上开始尝试发起并推进材料数据的标准化协议。MatML[72]是由美国国家标准与技术研究院（NIST）于2000年发起的专为材料信息存储和交换而开发的一种可扩展的标记语言（XML）。MatML为其标签定义了连贯、一致的文档结构，确保任何编程语言都可以以任何需要的方式解析和处理数据，增强了应用程序对数据的理解和可操作性。最初，NIST成立了工作组来描述和开发MatML的范围和规范，并发布了Annotated MatML DTD（MatML 1.0、2.0和3.0版本）工作草案进行意见征求。2003年，由ASM International、材料信息协会牵头，组织了由来自学术界和工业界的专家组成的MatML协调委员会。目前由结构化信息标准促进组织（OASIS）管理下的模式开发工作组负责MatML标准化标记语言的开发和维护。

　　美国充分发挥NIST在数据集成和管理等方面的专业优势，以其为核心，辐射西北大学等近百家科研单位和企业，通过集成各类机构的材料数据、代码、计算工具等软硬件资源与服务，建成了以Materials Data Curation System（MDCS）[45]、The Materials Data Facility（MDF）[60]、Open Quantum Materials Database（OQMD）[73]为代表的一系列数据库系统、数据库服务平台、数据资源库，集成了材料高通量实验数据采集、计算、建模软件与工具，引领了美国和国际材料数据集成和应用的发展。通过材料资源注册平台进行多源异构数据注册登记，建立了数据交换协议和机制，实现了数据资源、数据库、软件和终端用户的桥接，实现了更广范围内材料数据的共享和再利用[74]。为了应对快速积累大量数据的需求，平台在初期采用了数据仓库的做法，即不限制材料数据的格式，将数据尽量多地收纳存储起来，以待今后进一步用工具进行整理、分析和挖掘。数据仓库的形式对于解决数据量瓶颈问题是个短平快的方案，同时也是对缺乏数据标准现状的一种妥协。随机技术和标准的进步，在后期固然可以对数据做一些标准化的规整，但原始数据缺失的信息是无法通过事后弥补的。

　　欧美国家注重对既有数据与数据系统的利用，尽力通过建立整套材料科学本体，改善多源异构数据的可互操作性，但这种元数据协调方式仍需开发数据转换器和共享数据模式。欧洲的新材料发现实验室（NOMAD）专注于收集、存储、清理计算材料学的数据，例如它们可以直接存储世界上主流的10多种从头计算代码产生的原始数据，然后通过开发翻译器的方法将原始数据规整为符合一定标准格式的数据[33]。NOMAD Meta系统（https://nomad-lab.eu/metainfo）存储了有关材料科学数据和一些相互依赖关系的描述性和结构化信息。FAIRmat[29]是德国国家研究数据基础设施（NFDI，https://nfdi.de）支持建设的数据联盟组织，正在为材料领域许多特定的数据库构建一个联合基础设施，所有参与的团体或机构将使用统一的框架管理其数据，即在计算、管理和存储中共用一个中央元数据存储库。由于不同子领域不同主题的元数据存在差异，在管理时采用自下而上的分层方式，提取共性元数据元素到上层中作为公共属性，比如材料的成分及研究方法，由此形成类似购物网站的层层递进的数据组织和查阅模式，基于这些元数据形成一本材料数据描述的"百科全书"，可同时支持非专家用户的普通查询和专家用户的特定需求查询。FAIRmat 已经开始组织多个科研机构的专家为材料领域不同分支中（如理论计算、合成、表征、实验，及若干应用方向案例）的数据建立符合 FAIR 原则的元数据模式和词典。下一步是开发本体，建立元数据之间的层级及其他关系描述，之后将标准元数据和本体部署到电子实验室记录本（ELN）和实验室信息管理系统（LIMS）中，实现不同团体所采集和存储的数据的可互操作性。但是不同的材料数据库的材料类别和性能等描述各不相同，且具有自定义的数据访问接口，使得跨数据库进行材料数据交换难度很大。因此，在复杂工作流场景下的数据调度过程中，需要开发统一的应用程序接口（application programming interface，API）。这样，自下而上的元数据规范化工作模式使得 FAIRmat 在连接新的子域时具有较高的灵活性。一个具体实施例子是 OPTIMADE[64] 发布的首个 API 版本，该 API 允许用户访问联盟的各数据库元数据模式项的公共子集，实现对分布式数据库的统一访问。目前已经实现 OPTIMADE 的国际主流材料数据基础设施有 AFLOW、Materials Cloud、Materials Project、NOMAD、Open Materials Database 和 OQMD 等。

6.2.2　国内发展现状

我国在开展材料基因工程方法探索与研究的早期便认识到标准的重要性。2017年在中国材料与试验团体标准委员会（CSTM）成立之时，我国科学家便前瞻性地提出成立 CSTM/材料基因工程标准化领域委员会，这是国际上第一个材料基因工程标准化领域的委员会，率先开展了材料基因工程领域标准与标准化的重要探索与示范。2017年11月22日，在第一届材料基因工程高层论坛期间，CSTM/材料基因工程标准化领域委员会（CSTM/FC97）正式成立，下设通则、计算、制备、表征、数据、应用6个技术委员会，分别负责对材料基因组的研究、开发、应用等各领域的（材料产品、材料工艺方法、材料试验方法、材料试验技术评价方法、材料评价方法、材料模型和软件、材料计算、材料数据规范、材料领域管理和工作标准）团体标准体系建设工作。

考虑到材料基因工程以数据为核心的特点，FC97委员会确定将材料相关标准的制定围绕数据展开。目前国际上尚无现成的材料基因工程数据标准可以借鉴。参考国际上材料数据标准建设中的实际情况，并结合中国材料研发领域特点与制度优势，FC97提出的标准化总体建设方针是：通过顶层设计，建立一个面向未来的、适合材料基因工程数据系统的数据标准体系。数据标准体系中将包含一系列标准与规则，覆盖材料数据的全生命周期各个环节所涉及的技术、流程与功能，规范数据条目必须收集的内容与遵循的格式、协议、规定，使获得、存储与使用的材料数据都满足AI-ready，符合数据驱动模式的要求。

（1）材料基因工程数据通则制定

首先，FC97选择在CSTM平台上从建立数据通用规则入手，基于最大化满足数据的FAIR原则这个基本出发点，确立了数据条目中所包含内容的原则。2019年8月，CSTM发布了由上海交通大学牵头，国内30余家材料研究主体单位共同制定的世界范围内首个关于材料基因工程数据的团体标准——T/CSTM 00120《材料基因工程数据通则》（以下简称《通则》）[7]，《通则》跳出了材料及分工多样性对标准工作开展的限制，从数据层面切入，提出了一套兼容性极强的材料数据分类框架。如图6-1所示，《通则》针对材料科学在数据驱动模式下对数据的需求，将数据分为样品信息、原始数据（未经处理的表征数据）与衍生数据（经分析处理得到的数据）三类，这里，样品可以是实验产生的实物，也可以是经计算产生的虚拟物。同理，原始数据可以来自表征或是直接的测量，也可以通过模拟计算产生。注意，这里每个数据以单个操作（样品制备/表征/计算/数据处理）为单位，仅收集与该操作相关的内容。例如，关于样品信息的一个数据中只包含关于该样品制备的信息，而不包含该样品表征的内容。对每个数据分别赋予独立且永久资源标识（例如依据国标GB/T 32843等规则，也可依据任何独立赋予的唯一且永久标识的体系）。

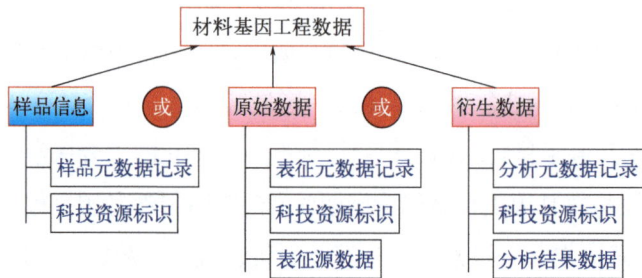

图6-1　《通则》对材料数据类别的划分及其内容的规定

《通则》的设计重点解决了以下三个问题：

① 原始数据（未经分析处理的数据）中包含大量的信息，它的多次利用，特别是为不同的目的多次利用是数据可再利用的重要保障。目前原始数据大多分散在生产者手中，不被收录，极大地限制了数据的可再利用。分类从制度上确保原始数据被记录下来，从而保证了被再次利用的可能。

② 传统数据目前以数据生产者视角将成分-结构-工艺-性能间关系一体式组织呈现，从形式上就限制了数据的应用范围，不利于扩大应用面。《通则》将数据条目内容单元定为单个动作（制备/表征/处理），在保障丰富的元数据前提下，单个数据可依据自身信息独立地流通使用，可方便地参与到使用者多元视角的材料探究中，在不同研究目的、情境下灵活自由地组合、重复使用。

③ 将样品单独列为一类数据是之前任何其他数据库都没有的做法。这样做的最大优点是使样品本身成为符合 FAIR 原则的公共社会资源，便于样品以数字代理形式共享、多用和重复使用。除此之外，还有以下几点重要考量：

a.避免在表征元数据和衍生数据中包含过多且重复的样品信息所导致的数据处理负担，特别是衍生数据中可能多到不可接受；

b.样品单独立项的前提假设是每个样品都是与众不同的个体，即便是两个表观参数完全相同的样品，其反映的重复性在材料数据科学中是具有统计意义的。传统数据库以一个样品作为同名样品的代表，实际上假设了所列参数是给定材料的特征值，客观上抹杀了由细节因素带来的差别。

充分的元数据是数据再利用的基础条件，是 AI-ready 要求的重要组成部分。目前，材料数据收录的元数据通常很不完整，达不到 AI-ready 的要求，因此，在《通则》中明确规定，在具体标准中必须本着应收尽收原则，收集足够的元数据。在目前阶段，由于数据/元数据产生/收集过程使用的软、硬件没有考虑到应收尽收的需求，要实现这样的原则必然伴随着大量的手工记录与录入，致使数据管理占用实施者大量的时间与精力，实施者不胜其烦，不可避免地产生懈怠甚至抵触情绪。解决这一矛盾的关键在于尽快完成数据标准化，并将标准规则贯彻于软硬件的配置中。随着高通量实验与计算技术的发展，数据产生/收集过程必将实现全面自动化，这个问题也必将逐步弱化直至消失。

（2）其他材料数据标准的发展

自《通则》发布以来，材料数据标准化建设从不同层面、不同材料领域迅速开展。在材料标准化通用要求层面，依托"材料基因工程关键技术与支撑平台"国家重点专项的支持，围绕《通则》所规定的数据标准化建设基本框架，CSTM 发布了 T/CSTM 00837—2022《材料基因工程数据 元数据标准化基本原则与方法》、T/CSTM 00838—2022《材料基因工程 材料数据标识（MID）》、T/CSTM 00839—2022《材料基因工程 术语》等通用标准，分别对数据标准化的规范化方法、标识方案、权威术语进行了规定，这些标准将《通则》的内涵和要求具体化，为材料数据标准化工作的全面开展提供指导方案。针对实验和计算这两大材料数据来源自身、共性特点，并结合《通则》要求，CSTM 发布了 T/CSTM 00796—2022《材料实验数据 通用要求》和 T/CSTM 00848—

2022《材料计算数据 通用要求》，分别对实验数据规范化和计算数据规范化的通用要求作了规定。参考上述不同层面的通用性标准的要求，CSTM发布了T/CSTM 00795—2022《材料实验数据 扫描电镜图片要求》、T/CSTM 00846—2022《材料实验数据 粉末冶金技术数据要求》、T/CSTM 00847—2022《材料实验数据 火花放电原子发射光谱数据要求》等针对特定材料制备、表征方法的数据标准，使标准化工作落实到具体的研究过程的数据管理中，给领域内对应主题数据的统一管理提供了共识基础，上述标准已在CSTM（http://www.cstm.com.cn）标准发布平台公开共享。

在其他细分材料领域，一些有代表性的标准化工作正以规模化方式积极建设中。在"云南省稀贵金属材料基因工程"重大科技专项支持下，围绕稀贵金属材料研究过程的数据标准化工作正在以云南贵金属集团为主要载体建设；贵金属数据标准化建设针对贵金属研究过程相关实验和计算方法，进行了系列以《通则》为基本要求的数据规范化探索，孕育了覆盖面较为广泛的数据标准化生态文化，一些有代表性的贵金属研究方法如合金扩散偶制备、声子热物性计算等方法的数据标准工作已经由CSTM正式立项，同时依据标准化要求构建了一个大型的贵金属材料专业数据库（http://ipm-int.matclouds.com）。此外，结合高速列车车轮车轴产业化国家重点工程与综合领域共同制定了若干大尺寸构件全域高通量原位统计映射表征技术标准，以材料基因工程创新方法为评价相关材料构件的质量提供了科学支撑，现已申请立项13项，提出立项计划30多项。围绕数据驱动研究对数据的组织应用需求，CSTM发布了T/CSTM 00629—2022 用于数据驱动的材料设计设计的钐钴基合金数据的规范，从研究数据的应用层面对钐钴基合金研究过程所需的样品、表征及数据处理内容进行了规定，也为其他从材料层面来建立数据应用规范的工作提供了借鉴。

数据驱动模式下的材料研究不仅覆盖了广阔的材料研究领域，在密集数据处理需求下，信息技术的重要性不断凸显，数据标准化工作同样离不开信息技术层面的支持，数据驱动材料研究所需的信息技术标准的建设工作，正在中国材料与试验团体标准委员会材料基因工程标准化领域委员会成员单位中积极推进。2022年6月，CSTM FC99在其资讯平台上发布了材料数据标准框架体系（http://www.cstm.com.cn/article/details/8ea3b4e7-1463-4bcc-9a4a-a85d5e984106）。该体系整合了标准化研究工作，以数据为主线，结合材料数据自身特点和材料信息学研究流程，横向覆盖数据获取、数据存储、数据管理、数据应用和数据安全的全过程，并考虑材料类型、表征手段、加工工艺、数据类型差异，纵向分类分级细化标准体系，在此基础上提供了材料数据现行及在研标准体系表。

对数据产权问题、安全问题的担忧使得传统的中心化存储和应用架构难以在产业链推广，形成大量的企业级工业局域网和数据孤岛。从技术层面看，区块链是目前数据产权存证领域唯一实用化的解决方案，国际上主要用于数字货币、信用存证、虚拟艺术品（NFT）等数字金融产品领域，但在工业领域的应用多处在探索阶段。立足材料-装备产业链的研发、生产、设计、制造、应用数据协同，中国钢研于2019年提出了基于区块链和隐私计算的、去中心化的数据发现、共享理念，包括基于材料特征提取和模式识别的跨平台数据发现、基于区块链存证的数据产权标记和价值评估、基于隐私计算的数据分布式建模等，旨在形成跨企业、跨行业的多维度数据资源共享生态。2020年在工信部"钢铁材料产业链应用大数据平台"项目支持下，联合多家企业建立了首个材料区块链原型平台InterMat，支持数十个企业节点间的材料数据发现感知、共享众筹、价值评估等。2022年6月中国材料与试验团体标准化委员会（CSTM）成立了材料产业区块链标准化领域委员会（CSTM FC91），下设通用基础技术、金属结构材料、金属功能材料、能源电力材料等多个技术委员会（TC），中国钢研、钢研新材、CCF区块链专委会、上海交通大学、北京科技大学等单位联合组织编制了全球首个基于区块链的材料数据发现共享规范——《材料数据区块链 通则》。随着该领域技术的逐步成熟、共享生态的逐步建立，结合中国庞大的材料工业和装备制造业规模，结合中国独有的产业链完整性优势、体制协同优势，有可能形成具有自主知识产权的材料-装备-工程全产业链全生命期数据融通的国际化解决方案。

MGEDATA[75]是我国"十三五"期间重点研发计划"材料基因工程"重点专项建设形成的材料数据库系统，其自主研发了支持用户自定义数据存储结构的动态容器技术，提供了包含字符串型、数组型、表格型、容器型和生成器型等10种高级通用数据类型，通过组合10种类型自定义数据模板，数据以BSON（Binary JSON）形式存储于MongoDB文档数据库中，满足了多源异构材料数据描述和存储的需求[46]。

6.3　需求与挑战

构建标准化、可发现的数据资源是材料创新发展的重要基础。数据和人工智能驱动的材料研发从根本上改变了新材料的研发模式，对材料数据积累、资源整合、高效应用提出了前所未有的迫切需求。国内新材料创新与应用发展迅猛，但支撑高效研发的材料数据独立、分散，数据资源孤岛化、碎片化已成为新材料研发智能化发展的关键瓶颈，急需构建和推广面向材料数据规模存储和人工智能应用的材料数据库标准体系。

数据是数字孪生、智能制造、先进制造快速发展的前提，在国际科技和产业竞争中的重要性日益凸显。材料数据的共享服务和大数据应用，已成为提升材料产品研发设计-生产制造-端链协作-系统集成-测试评价-健康服役全流程数字化和智能化的重要保障，高质量、规范化、可复用的材料数据资源已成为制造业智能化发展的重要生产要素，是材料数据库和大数据相关标准化工作的支撑。

材料大数据的标准化体系是材料科技和产业高质量发展的重要保障。材料发展的"第四范式"正在国际范围内迅速形成，材料数据基础设施建设与数据资源正加速整合，各类综合性或专业性材料数据库快速涌现；人工智能技术与材料高效计算设计和实验技术的融合，推动了材料自主计算设计和实验的发展；互联网和云技术实现了材料计算和实验数据的快速积累与共享，在科研机构和企业之间搭建了信息交流和数据共享的产学研用合作平台；数据资源和大数据技术的标准化体系已成为赋能材料科技发展和产业高质量发展的重要保障。

6.3.1　需求分析

完整的AI-ready材料数据生态需要围绕数据的产生、采集、存储、共享、交换、集成和智能化分析整个生命周期，构建完整的数据标准体系来保证。《通则》为AI-ready材料数据的标准化建立了基点、指明了方向，也是更广泛意义上的材料数据标准设立所遵循的基本原则。材料数据纷繁复杂，以《通则》为核心的数据标准化工作采取了一种自上而下与自下而上相结合的工作模式。首先，从顶层设计出发提出一套全面覆盖与材料数据相关的方方面面问题的标准体系构架，对需要建立的标准进行了整体规划。内容包括：数据通用规则；与数据产生过程相关的技术、流程；与数据的收集、存储相关的技术、流程；与数据的共享、使用相关的技术、流程。在实际操作中体现为以《通则》为核心指导原则制定的一系列数据标准，依据标准体系框架，发动各方面专家，发挥各自专业特长，从具体问题入手，逐步建立。材料基因工程数据标准体系框架从内容上可以划分为以下四大板块（图6-2）。

（1）基础通用标准板块

从多个角度明确对材料数据的通用性要求，从而勾勒并塑造出AI-ready数据体系的基本框架。其中《通则》对材料数据的标准化工作目标、内容提供了总体设计和规划。材料基因工程术语、数据标识符、元数据通用规范等标准，将《通则》对数据的各项通用要求具体化，分别为各类研究方法数据标准的制定提供权威术语、标识方法、标准化流程与方法参考，以更具体的服务指导数据标准化体系的整体建设。在材料数据溯源方面，形成对数据生命周期的全记录，实现数据接入、数据检索、数据应用的可溯源和可信交换。基于数据交换记录对数据资源质量与可靠性实施动态评价，形成良性的数据生态循环。

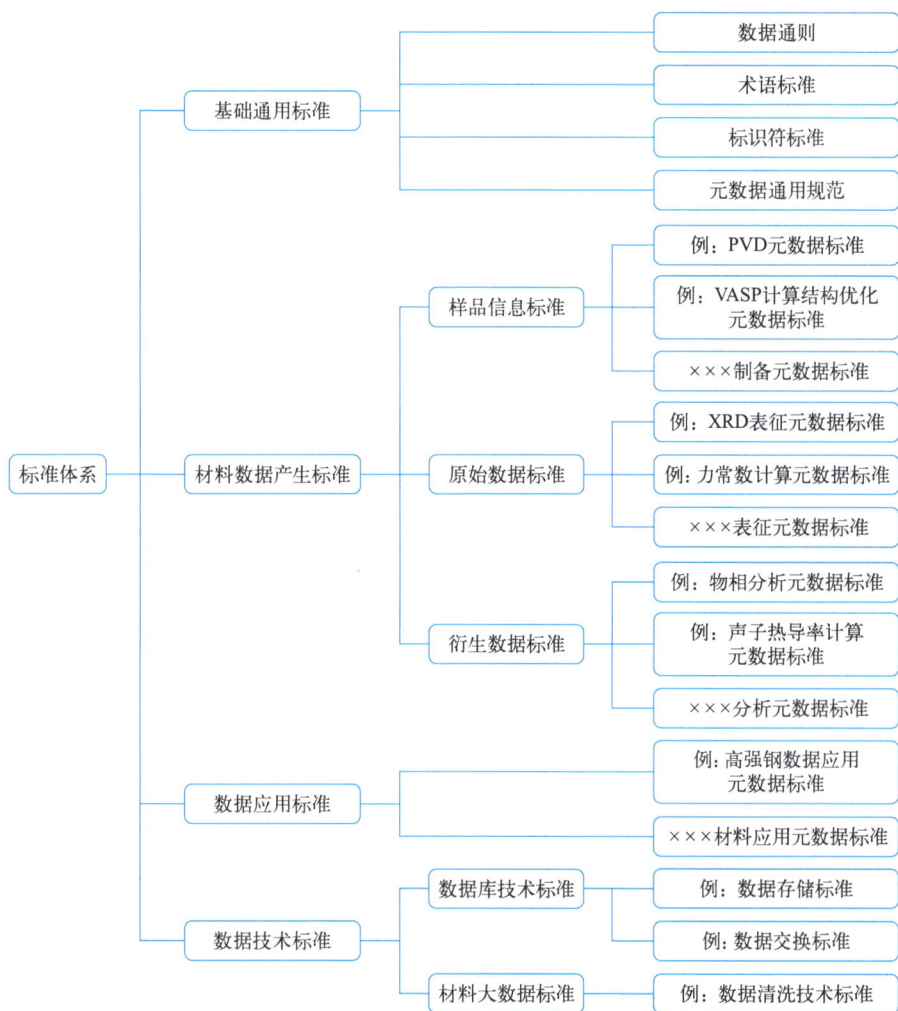

图6-2　新材料智能化研发数据标准框架示意图

（2）材料数据产生标准板块

包括实验数据、计算数据和衍生数据三个部分。相应的标准从材料数据生产者的角度出发，规定各种实验或计算方法产生的数据中应包含的内容。在具体执行上，需要重点关注三个方面：数据分类、标准建设粒度和标准化内容。首先，依据《通则》对材料数据的分类，按照实验制备/计算（虚拟）制备、实验表征/计算表征、数据分析几种数据的产生过程，将数据划分为样品信息、原始数据和衍生数据三类。每个标准以可独立存在的数据产生动作（样品制备/表征/计算/数据处理）为条目主题，以该动作（样品制备/表征/计算/数据处理）所采用的具体方法为载体。标准的内容则是以数据产生动作过程为描述对象构建标准化的元数据模式。例如针对"物理气相沉积方法"（PVD）制备薄膜样品的过程，建立相应的"物理气相沉积（PVD）薄膜样品信息元数据标准"；针对"X射线衍射分析"（XRD）表征，建立"XRD表征元数据标准"；针对"XRD数据物相分析"建立相应的"XRD物相分析衍生元数据标准"。计算数据标准实例如VASP结构优化计算元数据标准（虚拟样品）、VASP力常数计算元数据标准（虚拟表征）等。关于高通量实验与高通量计算数据的标准，除包含对相应的样品制备/表征/计算/数据处理基本技术的规定外，还应反映高通量技术的特点。

高通量实验技术包含材料的高通量制备技术和高通量表征技术两个方面。高通量制备是指一次实验可以制备或加工出多个样品，即几十、几百乃至成千上万个样品。高通量制备技术标准化，针对当前高通量制备技术，如组合材料芯片、集成扩散多元节、蜂巢阵列、增材制造等，参考相关制备技术特点制定高通量制备独有的制备数据标准。高通量表征是指一次实验可以对一批样品进行表征，或者通过一次实验获得样品的成分/结构/性能等多个参量的表征结果。高通量表征涵盖多个尺度上材料基本属性、材料应用属性的众多表征技术。例如涉及微观形貌表征部分有光学显微镜、扫描电子显微镜、透射电子显微镜；物相分析主要是光谱法（X射线、紫外线、红外线等）；波谱法有核磁共振、电子自旋共振等；成分分析有光谱（直读光谱仪等）、质谱（原子探针断层扫描等）、能谱（X射线能谱仪等）、色谱和化学分析等方式；热性能分析有热重分析、差示扫描量热法、差热分析。另外，还有力学性能、电学性能、光学性能、磁学性能、轮廓测量、BET比表面积测试等实验技术，不胜枚举。

材料研发智能化中高效计算技术标准一般包括材料多尺度计算标准、材料集成计算标准、高通量并发计算标准三个方面。其元数据模式包括描述计算活动的管理信息、方法、条件、输入量与输出量等元素。

① 材料多尺度计算标准。新材料往往具有成分多元化、组织结构复杂化等特点，不同尺度间的结构与性能的关系更加复杂。目前，各个尺度相关的计算方法和软件为不同尺度、不同层次下的材料结构与性能评价提供了支撑，同时这些方法也在不断发展之中。各个尺度下的材料计算方法主要包括（但不限于）第一性原理计算、分子动力学与位错动力学、合金相图计算、晶体塑性计算、宏观场有限元计算等方法。针对当前多尺度计算方法，可以研究不同尺度计算方法的核心原理与关键数据结构，并制定相关标准以达成单尺度计算准确、多尺度集成高效的目标。

② 材料集成计算标准。集成计算材料工程（integrated computational materials engineering，ICME）通过将材料设计模拟、制造过程模拟和产品性能分析中的信息串联集成，以提高材料研发与应用的效率。集成计算材料工程的核心是跨越原子模型、微

观模型、细观模型和宏观模型等多个层次，通过链接多个尺度、不同流程的计算模型来设计材料及制备工艺，关键是建立不同尺度、不同流程之间的组织结构与性能演变的关系，从而获得最终的目标性能，以及在特定的应用条件下选择合适的材料。针对材料集成计算，研究其关键要素、流程构架、集成方法等，并制定相应标准指导集成计算技术的开发与应用。

③ 高通量并发计算标准。材料多尺度计算或集成计算在方法选择、计算参数、数据输入等方面都具有一定的相似性，因此采用自动化的操作来调用软件、输入数据、控制运算步骤、分析计算结果十分必要，这种高度自动化的运算过程称为高通量计算。高通量计算具有高性能、可并行、可扩张等优点，有助于设计材料筛选的最终方案。针对高通量并发计算，数据的规范化、方法的标准化，是高效计算技术实施的基础。

（3）数据应用标准板块

数据应用标准板块包括一系列从材料数据在研究中应用的角度出发，根据不同材料细分领域所关注的制备工艺、材料成分、结构、性质等参数建立的标准化应用数据集元数据模式。比如针对低合金高强钢研究，人们通常关注其关键成分、力学性能、组织结构、加工工艺等参数。领域内专家根据多年经验，构建了包括该材料常用特性的元数据模式，并形成了领域共识，使其成为"低合金高强钢应用元数据标准"。数据应用标准依据材料类型划分粒度，为使用者提供了专家经验视角。

从表面上看，应用数据形式上直接建立了材料成分-结构-工艺-性能间的关联，这与现行的手册式数据别无二致，但二者在内涵上有着本质区别。首先，应用数据标准仅仅反映了当前相关应用领域对构建数据集所关注的参数的共识，相当于在构建工作数据集时所使用的专业主题词的集合，而非对数据获取、收集、生产环节所做的规定。其次，现有的数据鉴于获取方式与来源特点，获得的数据局限于同样的目标材料，而材料基因工程数据体系下的应用数据集还包括与原本目标不同的材料体系中的数据及相关参量（即repurposed），有利于应用大数据技术超越传统认知范围与思维定式。

（4）数据技术标准板块

主要内容分为两大类：

① 材料数据基础设施关键支撑技术的配套标准。包括从计算机科学视角出发，为材料数据的存储、交换、挖掘、质量控制、数据安全等方面建立的共识性协议、规范、标准，以及为数据在机器层面的一致性管理和互操作性提供的信息技术保障规则。

针对现有材料数据库资源整合、开源材料数据汇聚、材料文献数据采集挖掘、材料计算平台与实验平台数据接入、专题材料数据积累等材料数据资源建设场景，制定异构数据统一交换的应用程序接口，实现数据资源注册、接入、访问和下载的标准化。加强数据安全管理，确保材料数据安全交换。利用区块链技术的优势，探索材料数据交换机制，实现数据接入、数据检索、数据应用的可溯源和可信交换。

针对用户自定义数据结构的材料基因工程通用数据库系统与软件，优化可嵌套、可复用的材料数据标准化模板体系，实现以用户为中心的多源异构材料数据的灵活描述和存储。形成全面、系统和标准化的用户级数据库应用程序接口，为数据资源共享服务提供通用数据库系统软件和测评标准。

针对与智能制造和大数据深度融合的材料云的基础设施与标准，形成支撑材料多源异构数据存储、管理、共享及材料大数据应用的材料云的基础设施解决方案和规范化的构建、测试、评价标准体系。建立材料数据规范化发布与共享、大数据软件开发和发布环境，支撑材料数据与工业软件和工业互联网以标准化接口传输，实现材料数据高质量应用和服务。

针对材料数据库可持续发展的运行生态和服务定位，建立长效和可持续的数据共享、数据管理、数据服务、数据安全、知识产权保护和数据评价等机制和措施，形成面向产业应用的市场化服务的材料数据价值赋值和商业化模式，构建材料大数据资源整合与服务的良性自主发展生态，营造积极良好的数据共享环境，对产业发展形成支撑。

② 材料大数据关键技术与配套标准。从材料数据智能挖掘、深度学习、集成建模等大数据应用技术出发，构筑材料全生命周期的大数据应用技术体系，实现材料研发-生产-应用全链条的智能创新发展。

针对材料数据信息自动挖掘、图像信息识别、材料数据清洗等技术，服务于研发机构碎片化数据整合和制造业企业数据采集的智能化技术，推动配套技术标准体系建设，提升材料数据汇聚整合能力。建立材料实验检测数据的采集标准，支撑大量分散数据源的高效整合与集成。建立针对材料高效计算、集成计算、模拟仿真的数据采集标准，支撑计算数据高效存储，减少计算数据存储的冗余和资源耗费。

面向产业智能化升级需求，针对新材料研发、材料理性设计、综合性能匹配、生产工艺优化、制造流程数字化和智能化、性能损伤与寿命预测、材料服役安全保障等，围绕材料数据挖掘、机器学习、深度学习等模型、算法和软件的开发与服务，建立数据交互协议、软件性能测评标准，支撑材料数据服务技术与工具的商业化应用。

6.3.2　问题与挑战

新材料研发智能化的核心在于以"大数据＋人工智能"为标志的数据驱动模式。数据资源是构建"大数据＋人工智能"驱动材料研发新范式的重要基础。构建材料大数据资源体系，建设材料数据库等基础设施是实现材料数据有序积累和规模化应用的重要途径。因此，新材料研发智能化对材料数据和数据标准的依赖程度越来越高，亟待形成对材料数据基础设施和数据管理、共享、应用、服务起到支撑作用的计算机与材料学科的交叉技术、工具相关的标准和协议，从而提升材料数据利用效率和数据赋能水平。但是目前材料数据标准建设不尽如人意，难以支撑数据驱动模式的需要。存在的主要问题与挑战有以下方面。

① 亟待建立统一规划设计的标准化的材料数据资源体系。数据驱动的材料创新是一个完整全面的技术体系，涉及材料研发的方方面面，包括数据、数据平台、实验工具、软件工具等，各部分必须协同发展。目前在传统模式的框架下，材料制备、表征、设计、研发、应用等环节各自推进标准化，环节之间缺少关联和规范化的衔接，缺少将新材料研发智能化和材料数据标准相结合共同发展的整体规划。必须通过顶层的通盘考虑，设计一套贯通材料研发全链条中各个环节的规则，如术语的统一、数据标识唯一性、数据关键字段的一致性等，特别是适应 AI-ready 的长远发展需求，从而以统一的标准规范，整合碎片化的材料数据资源，破除专业或地域壁垒，形成规模化的材料数据资源优势，建立逻辑统一和物理分散的分布式材料数据资源节点，使之成为具有权威性、可靠性、公益性和可持续发展的国家级材料数据基础设施体系。

② 新材料研发智能化技术标准体系在动态中发展。在材料基因工程实施过程中，人们急切地希望标准能够先行，为实际操作提供指引。就目前情况看，材料数据标准规范的建设是远远落后于材料数据库的发展和数据资源的积累。在全球范围内，数据驱动体系都在发展过程之中，尚未形成完整的、成熟的经验可以照搬。因此，材料数据库建设往往先于数据标准和规范的建立，大多数材料数据库在建设初期都需要自行建立规范，进行特定的数据结构和完整性约束，这也造成了标准化工作的困难。必须看到，研发模式的转变不可能一夜之间发生，相关标准的建立也一定是在发展中进行的，没有捷径可走，必然要经历一段漫长的摸索、尝试、优化时期，只能通过实践不断摸索、迭代，逐步优化、成熟。

③ 标准建设资源投入不足。标准建设未能更快发展的另一因素是资源投入不足。新材料研发智能化的材料数据标准建设是新型材料创新基础设施建设的重要部分，然而迄今为止在这方面提供的经费支持非常有限，一般是包含在材料计算、高通量实验技术或具体应用案例等项目的经费中，还未有专门的标准建设项目的支持。在早期，由于需要不断探索标准建设的路径，这种做法显然是符合实际情况的，但这样星星点点的尝试很难在较短时期内迅速形成较为完整的标准体系框架与标准集。CSTM试图将标准制定的动力推向市场，但客观上完全依赖市场的力量将不得不受到标准制定功利化、碎片化

的制约，导致新材料研发智能化的材料数据标准体系建设旷日持久，直接影响国家材料基因工程计划的推进。此外，在CSTM框架下，标准需要不断更新修订以及时应对快速的市场变化，这与新材料研发智能化的材料数据标准体系建设的发展阶段非常吻合，但缺乏资金支持将影响标准修订更新的意愿与速度。

④ 标准建设基础薄弱，难以一蹴而就。面向新材料研发智能化的材料数据标准体系建设，需要很多跨领域的沟通协调，特别是AI-ready对数据提出了有别于传统的要求，对应制定的《通则》也对数据的内容做了不同于传统的规定，为建设标准体系提出了更高要求。由于传统思维的惯性，早期的标准制定者对数据驱动模式下数据的特点理解不够深入，导致在撰写标准时难免脱不开传统数据模式的影响。此外，目前参与材料数据标准制定的人多为材料专家，对标准制定方法、流程、规范与技巧了解不够深入。这使得标准制定的难度增加，影响标准制修订的周期和标准的发布实施速度，无法满足材料研发智能化的需要。整个标准体系包含的标准内容广泛、数量繁多，建设标准体系工作量巨大，难以在短时间内完成，需要长期不懈的努力。

6.3.3　发展思路与重点任务

（1）发展思路

数据驱动的材料创新是一个完整全面的技术体系。作为新型材料研发基础设施的重要组成部分，新材料研发智能化标准体系涉及材料研发的各个方面，包括数据、数据平台、实验工具、软件工具等，各部分必须协同发展。因此，新材料研发智能化标准体系的构建应该基于以下两个原则：

① 框架的完整性。这有赖于发挥顶层设计的优势，预先对标准框架体系进行自上而下的系统设计，使得这个体系在出现之初就有着明确的架构和功能模块，可以完整地支撑基于数据驱动的新材料创新基础设施的运营。

② 部署的快速性。在框架设计的基础上，有必要填充具体标准，实现整体系统的功能，从而在最短的时间内将人工智能技术带来的巨大潜力充分发挥出来。

基于以上对新材料研发智能化标准体系的需求分析，结合目前存在的问题与挑战，我们提出今后一段时期的发展思路是充分发挥我国集中力量办大事的体制优势，将自上而下的体系设计与自下而上的群众性标准建设运动相结合，动员整个材料领域参与到数据标准开发中，使新材料研发智能化标准体系建设过程成为有组织的技术攻关。在国际上，率先在建立新材料研发智能化标准体系方面获得突破，从而将我国目前取得的制定AI-ready材料数据标准体系方面的领先真正转化为系统性优势，从而在未来的国际竞争中占得先机。

（2）重点方向

① 通过顶层设计，重点发展完善独立自主的新材料研发智能化标准体系框架，满足我国新材料产业在数据驱动模式下对数据资源与工具不断增长的需要，为我国在新的国际竞争形势下的快速发展提供支撑；

② 重点发展自主开发的数据标识系统，建立完整的标准词汇、术语体系；

③ 在《通则》指导下，建立制备数据、表征数据、计算数据（包括衍生）的次级通则标准与流程，为细则标准建立提供指导，同时，在各个细分方向上发展一批具有代表性、展示性的标准示范案例，为标准细则制定的大范围展开提供有借鉴意义的模板。

6.3.4　政策与措施建议

数据标准是实现材料数据 AI-ready 的关键保障，是数据驱动材料数据基础设施的重要组成部分。在全球范围内，数据驱动材料数据基础设施与 AI-ready 数据标准都是新生事物，因此在建设数据驱动材料数据基础设施的同时，必须同步建立相应的数据标准体系。

① 材料数据标准体系涉及的专业面广、工作量大，在框架结构顶层设计完成后应发动各专业领域专家共同参与制定。建议依托 CSTM/FC97 组织召开材料数据标准体系研讨会，根据专业领域分成若干小组开展头脑风暴式研讨，列出应设立的标准的清单，尽快完成材料数据标准体系建设。应在标准编制团队中邀请设备仪器供应商参与，以便将数据标准通过软件直接融入设备的输出性能指标中，实现产出的数据的整体标准化。

② 编制材料数据标准是一项紧迫的任务，仅依靠民间力量自然发展将旷日持久，难在短时间内形成规模。由于目前标准化建设经费来源不足，影响标准建设积极性；标准发布后修订积极性不高，也不够及时。建议设立国家级科研项目，对标准编制进行有组织的持续支持，批量化制定标准。特别支持标准优势单位建设一批典型的标准模板，为大规模开展编制工作提供借鉴，这有助于对数据 AI-ready 及相应规则（如《通则》）的理解与运用，降低编制门槛，加速编制速度。

③ 编制材料数据标准工作量巨大，涉及专业广泛，不可能一蹴而就，需要长期不懈地耕耘。特别是编制 AI-ready 数据标准时并无经验可循，要依赖大量创新性努力与孜孜不倦的尝试。同时，标准通过试用后有必要进行经常性修订。因此，不论是编制还是修订都是一项长期的工作。建议在建设国家级材料数据基础设施时，将标准建设与维护作

为其中的重要内容之一，设立专门的部门负责，将标准建设与修订工作列入国家级材料数据基础设施运营内容，保证标准的发展能够对材料数据基础设施的发展形成支撑。

④ 建立标准联盟。创新以技术标准促进科技成果转化应用的机制，拓宽科技成果转化为技术标准的渠道。针对全新领域，缺乏顶层设计和体系规划，涉及领域超出了现有标准化技术委员会已设立的标准体系的科技成果，试点设立对应的标准化工作组，调研产业发展现状，规划产业发展路径，完成该新领域标准体系的建立，针对新领域开展联盟标准研究。只有技术的持续改进才能使得技术在动态演进过程中实现能力和速度的改进，而不应从静态上看待技术的先进和落后。同时，要多开发符合市场需求的技术标准。我国存在巨大的市场潜力，然而目前却充斥着国外的技术标准，要扭转不利局面就需要在国内实施开放技术、进行技术联盟的策略，寻找推动技术前进的力量，寻求产品功能和应用上的创新。合作与联盟，可增强技术竞争力，减少制定和推广标准的阻碍。

参考文献

[1] Xiang X, Sun X, Briceño G, et al. A combinatorial approach to materials discovery[J]. Science, 1995, 268(5218): 1738-1740.

[2] Hattrick-Simpers J R, Gregoire J M, Kusne A G. Perspective: Composition–structure–property mapping in high-throughput experiments: Turning data into knowledge[J]. APL Materials, 2016, 4(5): 053211.

[3] Ceder G, Persson K. The stuff of dreams[J]. Scientific American, 2013, 309(6): 36-40.

[4] Liu Y, Hu Z, Suo Z, et al. High-throughput experiments facilitate materials innovation: A review[J]. Science China Technological Sciences, 2019, 62(4): 521-545.

[5] Zhang X, Chen A, Zhou Z. High‐throughput computational screening of layered and two‐dimensional materials[J]. Wiley Interdisciplinary Reviews: Computational Molecular Science, 2019, 9(1): e1385.

[6] https://digital-strategy.ec.europa.eu/en/policies/strategy-data.

[7] 宿彦京, 付华栋, 白洋, 等. 中国材料基因工程研究进展[J]. 金属学报, 2020, 56(10): 1313-1323.

[8] Kononova O, He T, Huo H, et al. Opportunities and challenges of text mining in materials research[J]. iScience, 2021, 24(3): 102155.

[9] Blokhin E, Villars P. The PAULING FILE project and materials platform for data science: From big data toward materials genome[J]. Handbook of Materials Modeling, 2020: 1837-1861.

[10] Swain M C, Cole J M. ChemDataExtractor: A toolkit for automated extraction of chemical information from the scientific literature[J]. Journal of Chemical Information and Modeling, 2016, 56(10): 1894-1904.

[11] Court C J, Cole J M. Auto-generated materials database of Curie and Néel temperatures via semi-supervised relationship extraction[J]. Scientific Data, 2018, 5(1): 180111.

[12] Huang S, Cole J M. A database of battery materials auto-generated using ChemDataExtractor[J]. Scientific Data, 2020, 7(1): 260.

[13] Moosavi S M, Jablonka K M, Smit B. The role of machine learning in the understanding and design of materials[J]. Journal of the American Chemical Society, 2020, 142(48): 20273-20287.

[14] Ward L, Agrawal A, Choudhary A, et al. A general-purpose machine learning framework for predicting properties of inorganic materials[J]. npj Computational Materials, 2016, 2(1): 16028.

[15] White House Office of Management and Budget. Federal Data Strategy 2020 Action Plan [EB/OL]. (2019-12). https://strategy.data.gov/assets/docs/2020-federal-data-strategy-action-plan.pdf.

[16] European Commission. A European Strategy for Data [EB/OL]. (2020-2). https://eur-lex.europa.eu/legal-content/EN/TXT/PDF/?uri=CELEX: 52020DC0066&from=EN.

[17] 中华人民共和国国务院办公厅.科学数据管理办法[EB/OL]. (2018-3). https://www.cgs.gov.cn/xwl/zfw/201804/W020180403526880358641.pdf .

[18] Kozlov M. NIH issues a seismic mandate: Share data publicly[J]. Nature, 2022, 602(7898): 558-559.

[19] Mauthner N S, Parry O. Open access digital data sharing: Principles, policies and practices[J]. Social Epistemology, 2013, 27(1): 47-67.

[20] Tenopir C, Dalton E D, Allard S, et al. Changes in data sharing and data reuse practices and perceptions among scientists worldwide[J]. PLoS One, 2015, 10(8): e0134826.

[21] Wilkinson M D, Dumontier M, Aalbersberg I J J, et al. The FAIR Guiding Principles for scientific data management and stewardship[J]. Sci. Data, 2016, 3: 160018.

[22] Research Data Alliance [Internet]. Available from: https://www.rd-alliance.org.

[23] GO-FAIR [Internet]. https://www.go-fair.org.

[24] FAIR-DI [Internet]. https://www.fair-di.eu.

[25] https://www.fairmat-nfdi.eu/fairmat.

[26] DOI [Internet]. https://www.doi.org.

[27] Himanen L, Geurts A, Foster A S, et al. Data-driven materials science: Status, challenges, and perspectives[J]. Advanced Science, 2019, 6(21): 1900808.

[28] 中华人民共和国国家质量监督检验检疫总局、中国国家标准化管理委员会.标准化工作指南：第1部分 标准化和相关活动的通用术语（GB/T 20000.1-2014）[S], 2014.

[29] Scheffler M, Aeschlimann M, Albrecht M, et al. FAIR data enabling new horizons for materials research[J]. Nature, 2022, 604(7907): 635-642.

[30] Studer R, Benjamins V R, Fensel D. Knowledge engineering: Principles and methods[J]. Data & Knowledge Engineering, 1998, 25(1-2): 161-197.

[31] 杨涛.基于本体的农业领域知识服务若干关键技术研究[D].上海:复旦大学, 2011.

[32] Zhang X, Zhao C, Wang X. A survey on knowledge representation in materials science and engineering: An ontological perspective[J]. Computers in Industry, 2015, 73: 8-22.

[33] Ghiringhelli L M, Carbogno C, Levchenko S, et al. Towards efficient data exchange and sharing for big-data driven materials science: Metadata and data formats[J]. npj Computational Materials, 2017, 3(1): 46.

[34] Tadmor E B, Elliott R S, Sethna J P, et al. The potential of atomistic simulations and the knowledgebase of interatomic models[J]. JOM, 2011, 63(7): 17.

[35] Vet P E, Speel P H, Mars N J I. The Plinius ontology of ceramic materials [C]//Eleventh European Conference on Artificial Intelligence (ECAI′ 94)Workshop on Comparison of Implemented Ontologies. New York: John Wiley & Sons, 1994: 187.

[36] Sainte Marie C, Iglesias Escudero M, Rosina P. The ONTORULE project: Where ontology meets business rules [C]//International Conference on Web Reasoning and Rule Systems. Berlin: Springer, 2011: 24-29.

[37] Premkumar V, Krishnamurty S, Wileden J C, et al. A semantic knowledge management system for laminated composites[J]. Advanced Engineering Informatics, 2014, 28(1): 91-101.

[38] Michel K, Meredig B. Beyond bulk single crystals: A data format for all materials structure–property–processing relationships[J]. MRS Bulletin, 2016, 41(8): 617-622.

[39] Ashino T. Materials ontology: An infrastructure for exchanging materials information and knowledge[J]. Data Science Journal, 2010, 9: 54-61.

[40] https://emmc.eu/emmo/.

[41] Cheung K, Drennan J, Hunter J. Towards an ontology for data-driven discovery of new materials[C]//AAAI Spring Symposium: Semantic Scientific Knowledge Integration. Menlo Park: The AAAI Press, 2008: 9.

[42] Bhat M, Shah S, Das P, et al. Premλp: Knowledge driven design of materials and engineering process [C]//

ICoRD'13 International Conference on Research into Design. India: Springer, 2013: 1315.

[43] Zhang X, Hu C, Li H. Semantic query on materials data based on mapping MatML to an OWL ontology[J]. Data Science Journal, 2009, 8: 1-17.

[44] The Materials Project [Internet]. https://next-gen.materialsproject.org.

[45] MDCS[Internet]. https://github.com/usnistgov/MDCS.

[46] MGEDATA [Internet]. www.mgedata.cn.

[47] Ghiringhelli L M, Baldauf C, Bereau T, et al. Shared metadata for data-centric materials science[J]. Scientific Date, 2023, 10(1): 626.

[48] Ramakrishna S, Zhang T, Lu W, et al. Materials informatics[J]. Journal of Intelligent Manufacturing, 2019, 30(6): 2307-2326.

[49] Dima A, Bhaskarla S, Becker C, et al. Informatics infrastructure for the materials genome initiative[J]. JOM, 2016, 68(8): 2053-2064.

[50] Seshadri R, Sparks T D. Perspective: Interactive material property databases through aggregation of literature data[J]. APL Materials, 2016, 4(5): 053206.

[51] Gaultois M W, Sparks T D, Borg C K H, et al. Data-driven review of thermoelectric materials: Performance and resource considerations[J]. Chemistry of Materials, 2013, 25(15): 2911-2920.

[52] Hall S R, Allen F H, Brown I D. The crystallographic information file (CIF): A new standard archive file for crystallography[J]. Acta Crystallographica Section A: Foundations of Crystallography, 1991, 47(6): 655-685.

[53] O'Mara J, Meredig B, Michel K. Materials data infrastructure: A case study of the citrination platform to examine data import, storage, and access[J]. JOM, 2016, 68(8): 2031-2034.

[54] Ward C H, Warren J A, Hanisch R J. Making materials science and engineering data more valuable research products[J]. Integrating Materials and Manufacturing Innovation, 2014, 3(1): 292-308.

[55] Kalidindi S R, De Graef M. Materials data science: Current status and future outlook[J]. Annual Review of Materials Research, 2015, 45: 171-193.

[56] Kalidindi S R. Data science and cyberinfrastructure: Critical enablers for accelerated development of hierarchical materials[J]. International Materials Reviews, 2015, 60(3): 150-168.

[57] Agrawal A, Choudhary A. Perspective: Materials informatics and big data: Realization of the "fourth paradigm" of science in materials science[J]. APL Materials, 2016, 4(5): 053208.

[58] HTEM [Internet]. https://htem.nrel.gov.

[59] The Materials Data Facility (MDF)[Internet]. https://materialsdatafacility.org.

[60] The Novel Materials Discovery (NOMAD)Laboratory [Internet]. https://www.nomad-coe.eu.

[61] Citrine Informatics [Internet]. https://citrine.io.

[62] Austin T. Towards a digital infrastructure for engineering materials data[J]. Materials Discovery, 2016, 3: 1-12.

[63] Andersen C W, Armiento R, Blokhin E, et al. OPTIMADE, an API for exchanging materials data[J]. Scientific Data, 2021, 8(1): 217.

[64] NeXus [Internet]. https://www.nexusformat.org/.

[65] Jablonka K M, Patiny L, Smit B. Making the collective knowledge of chemistry open and machine actionable[J]. Nature Chemistry, 2022, 14(4): 365-376.

[66] Taillon J A, Bina T F, Plante R L, et al. NexusLIMS: A laboratory information management system for shared-use electron microscopy facilities[J]. Microscopy and Microanalysis, 2021, 27(3): 511-527.

[67] Jain A, Ong S P, Chen W, et al. FireWorks: A dynamic workflow system designed for high‐throughput applications[J]. Concurrency and Computation: Practice and Experience, 2015, 27(17): 5037-5059.

[68] Supka A R, Lyons T E, Liyanage L, et al. AFLOWπ: A minimalist approach to high-throughput ab initio calculations including the generation of tight-binding hamiltonians[J]. Computational Materials Science, 2017, 136: 76-84.

[69] Mathew K, Montoya J H, Faghaninia A, et al. Atomate: A high-level interface to generate, execute, and analyze computational materials science workflows[J]. Computational Materials Science, 2017, 139: 140-152.

[70] Pizzi G, Cepellotti A, Sabatini R, et al. AiiDA: Automated interactive infrastructure and database for

computational science[J]. Computational Materials Science, 2016, 111: 218-230.

[71] Kaufman J G, Begley E F. MatML: A data interchange markup language[J]. Advanced Materials & Processes, 2003, 161(11): 35-36.

[72] Saal J E, Kirklin S, Aykol M, et al. Materials design and discovery with high-throughput density functional theory: The open quantum materials database (OQMD)[J]. JOM, 2013, 65(11): 1501-1509.

[73] Materials Data Resources [Internet]. https://www.nist.gov/mgi/materials-data-resources.

[74] Liu S, Su Y, Yin H, et al. An infrastructure with user-centered presentation data model for integrated management of materials data and services[J]. npj Computational Materials, 2021, 7(1): 779-786.

新材料研发智能化关键技术

Key Intelligent Technologies for
Advanced Materials Research and
Development

第7章 高层次创新人才培养

在全球数字化转型与人工智能浪潮下，材料研发智能化已成为国家竞争力的战略焦点。我国虽拥有全球最完整的制造业体系，却面临关键材料核心技术受制于人、创新生态协同不足、跨学科高端人才供给不足等深层次挑战。传统材料学科教育体系在多学科深度交叉融合、前沿技术和产业需求响应敏捷度、国际规则参与等方面显现出明显代差，难以匹配国家战略对颠覆性技术突破的迫切需求。解决这一问题的根本途径是打破"跟踪模仿"路径依赖，培育具备跨学科知识、实践能力与国际视野的高层次创新人才。面向未来，以智能化转型为契机，通过教育、科技与产业的协同重构，构建跨学科融合创新网络，培育能够贯通"基础理论－计算模拟－人工智能－工程验证－产业应用"创新链条的战略型高端人才群体。

本章分析了材料研发智能化发展对材料、信息、计算机、人工智能等多学科交叉人才的新需求，明确了高层次创新人才培养的目标。通过对材料人工智能教育教学发展现状的调研与分析，提出了面向材料研发智能化发展需求的高层次创新人才培养方案、培养模式与实施举措。

7.1 材料研发智能化对多学科交叉人才的需求

7.1.1 材料研发智能化促进多学科交叉

传统材料学的研究方法依赖于科学家的直觉，采用一个样品、一次实验、一个材料数据的试错法[1]。近年来，全球新科技革命和产业变革快速演进的新态势，催生了材料科技领域颠覆性前沿技术——"材料基因工程"，它旨在发展和应用高效计算、先进实验、大数据和人工智能技术，变革传统"试错法"研发模式，快速高效构建材料的"基因"-性能内禀关系，加速新材料的研发应用[2-3]。材料基因工程理念的提出，正式开启了材料研发智能化时代。材料基因工程的工作模式，可总结为实验引领、计算引领和数据引领三种模式。以"数据＋人工智能"为标志的数据引领模式围绕数据产生与数据挖掘展开，代表了材料基因工程的核心理念与发展方向[4-5]。材料研究由"试错法"向科学"第四范式"的根本转变，将更快、更准、更省地获得材料成分-结构-工艺-性能间的关系，并揭示其科学内涵。在数据密集型科学时代，快速获取大量数据的能力成为研发的关键，基于高通量实验和计算的"数据工厂"是满足材料智能化研发数据需求的重要平台。

随着材料基因工程十余年的高速发展和完善，正逐渐形成以高效计算设计、高通量实验、材料数据库与大数据、材料服役性能高效评价为核心技术，信息、计算机、人工智能与材料等学科交叉融合的新学科——材料人工智能。面向未来材料研发智能化需求，明确人才培养理念与目标，建立较为完善的课程体系与教材体系，创建跨学科、国际化、高水平师资队伍，打造面向国家重大需求和经济/社会发展需求、创新能力和工程实践能力突出的人才培养模式是新学科建设的核心内容。

7.1.2 材料人工智能交叉学科发展现状

（1）新材料研发智能化新模式

模式1：以实验引领的模式，基于高通量合成与表征实验，直接快速优化与筛选材料。这种模式的典型代表是高通量组合材料芯片技术。受集成电路芯片与基因芯片启发，在一块基底上，通过精妙设计，以任意元素为基本单元组合集成，可以快速表征成千上万种成分、结构、物相等。实验通量的大幅提高带来研究效率质的转变，使通常需数年完成的三元相图（结构及物理特性）可在几天内完成，实现材料搜索的"多-快-好-省"[6-7]。在化学反应合成方面，Merck公司、Pfizer公司相继开发了自动化高通量反应筛选平台[7-9]，能够直接测定反应产物对靶标蛋白的亲和性，并进行排序[10]。

模式2：以计算引领的模式，或称理性设计指导下的高效筛选。首先基于计算模拟，预测有希望的候选材料，缩小实验范围，再进行实验验证。Ceder研究组在美国"材料计划"（Materials Project）高通量计算平台上，通过大规模自动计算流程并按照一定的判据对电池的电极材料、固态电解质材料进行了筛选，从130000种候选材料中筛选出200多种潜在的碱性电池电极材料，然后再进行实验研究[11]。Allison等给福特汽车公司设计了一套针对铝合金的虚拟铸造系统[12]，根据产品设计和选材，利用有限元、相场模拟等方法，对发动机缸体的制造流程从材料制备、器件制造和加工工艺等方面进行了全方位的设计、模拟和实验研究，实现了工艺过程和组织性能可设计、可控制的效果。Olson结合计算相图热力学方法（CALPHAD）指导合金设计，在飞机起落架高强钢Ferrium M54的开发中，成功地从Ferrium S53 8.5年的开发周期缩短为5年[13]。

模式3：以数据引领的模式，或称材料信息学模式。基于大量数据，采用机器学习找出关键特征参量，进行数据挖掘（人工智能+数据），筛选或设计出候选材料。所谓机器学习[14]，一个比较严谨的定义是指计算机代码能从经验E中学习完成以表现P为考量的任务T，且它在完成任务T时的表现（由P考量）能随着经验E而改进。近年来，利用人工智能进行材料研究的成果开始大量涌现。例如Raccuglia等采用机器学习中的决策树方法从之前"不成功"的实验数据中学习规律，成功预测了新的金属有机氧化物材料[15]。对比有经验的化学家的人工判断，机器预测结果的成功率以89%:78%胜出，充分展示了机器学习的强大能力。薛德祯等利用贝叶斯线性回归等多种回归模型加速了形状记忆合金、压电材料等的开发[16-18]；Ren等报道了通过高通量实验结果与机器学习模型间的迭代加速了发现金属玻璃的工作[19]。Waller等报道了采用人工智能技术进行药物自动化开发的工作，利用深度神经网络+蒙特卡洛树的方式实现了化学反应逆向合成路线设计[20]。

从模式3中得到的一个重要启示是：只有不好的"结果"，没有不好的数据。结果好坏取决于人的判断，是主观的；而数据永远是对自然规律的反映（如果不考虑操作失误的因素），是客观的。在实际工作中，存在大量被认为与应用目标不符的"失败"数据，通常沉睡多年，然后随着相关研究人员的隐退而永久地消失，这客观上是对社会资源的巨大浪费。如能有意识地将它们唤醒，很可能从中发掘出宝藏。

另一个重要的启示是人工智能方法擅长在纷繁的数据中发现隐含的关联关系。材料是由极大数量原子构成的，描述材料的重要参量不仅有成分、结构，还包括缺陷等，十分复杂。材料性能通常是多个物理机制耦合的结果，很少只受单一因素影响，因此仅仅建立起性能与某一个参量相关的简单模型则很难描述。利用人工智能方法可以同时研究多参量耦合的效果，增加理解问题的维度。它的引入对理解与发现各种材料参数与性能间的关联有极大帮助，Mueller等[21]和Liu等[22]分别综述了机器学习方法在材料学领域中的应用现状。

当前，随着硬件技术和软件平台的发展，云计算使数据存储和访问成为一种廉价商品。当真正能获取大量数据的时候，如何从中提取出有效信息则成为关键。人脑推理活动的本质是建立因素间的关联性，每个人解决问题的能力各不相同，取决于知识的丰富程度和推理能力的高低。以统计、拟合算法为基础的人工智能方法，利用计算机长于重复运算的特点，可以突破人脑所能关联因素的数量限制，从而在高维参量空间中构建关联关系。神经元网络具有学习高层次抽象特征的能力。利用深层神经元网络（深度学习），已能够在两幅照片间构建像素级的关联关系，使图像判读的精准度达到甚至超过人脑的水平。

（2）材料研发智能化与科学"第四范式"的融合

从人类认识自然的过程来看，数千年来，科学探索模式跨越了实验观测、理论推演、计算仿真三个阶段，正进入"人工智能分析密集型数据"的"第四范式"[23]。从远古开始，人类对自然的认识是从亲身经验（也就是实验观测）开始的。当实验观测积累到一定程度，从现象中可以归纳总结出理论规律，人们开始使用数学方程这种简明的语言来描述具有共性的现象及其规律，并由此通过假设推演出结论（理论推演）。最具代表性的理论如牛顿定律、热力学三大定律、电磁波麦克斯韦方程、狭义及广义相对论、规范量子场论等。然而，现实中许多问题的数学模型过于复杂，受限于求解能力，无法获得解析解。于是，出现了数学方程的数值近似解。

自1946年电子计算机问世以来，特别是20世纪80年代以来，计算机的计算能力出现了爆炸性增长，模拟仿真技术也随之快速发展。当今，根据已知关系模拟结果做出预估的方法，已经在科学与技术领域广泛使用，越来越成为通行的做法。随着数据量的迅速增长，科学探索正在进入数据密集型的"第四范式"。正如已故微软公司著名科学家、图灵奖获得者吉姆·格雷（Jim Gray）在 *The fourth paradigm*（《第四范式》）[24]一书中所描绘的，"今天在科学的很多领域里，科学家们已不再直接透过望远镜观察……新的模式是由仪器采集或模拟产生数据，经过软件处理，将产生的信息或知识存储在计算机里。"应该看到，"第四范式"中的数据处理计算与"第三范式"中的模拟仿真计算有着截然不同的意义。模拟仿真计算是基于由已知物理规律决定的因果律的认识进行的推演；而数据密集型范式则是基于算法对数据进行分析，从而建立起多维参数间的复杂关联关系。科学范式改变的基础在于当今数字时代强大的数据产生能力和处理能力，同时它们也为分析解决复杂体系科学问题提供了新的途径。

材料智能化研发的3种工作模式与科学探索的4个范式是密切关联的。实验引领在认识过程上属典型的"第一范式"，其加速效果的实质是以量取胜，类似于快速穷举法；计算引领是地地道道的"第三范式"，是根据现有理论的模拟仿真计算，再进行少量的实验验证。这个过程避免了大量试错实验的进行，取得降本增效的结果。但不可否认，二者均是在传统思维下基于事实的判断或基于物理规律的推演，并未从根本上改变原有思维模式与工作套路。

数据引领与前2种模式形成鲜明对比，它以大量数据为前提，运用机器学习、数据挖掘技术，更快、更准、更省地建立起成分-结构-工艺-性能间的关联关系。数据引领模式是科学"第四范式"在材料科学中的具体体现，它秉承了完全不同的思维逻辑，为材料科学引入了真正的革命性元素，也代表了认识的更高境界，它的全面应用必将产生颠覆性的效果。

鉴于认识范式的差别，数据引领模式的研发路径与传统研发路径有着根本性的不同，远大于与实验模式和计算模式间的差别。受限于人脑对信息的处理能力，传统思维是以单一目标为导向，在实验设计中尽量降低变量维度（基本上每次只变化一个参数），按照理论与经验人为地确定探索方向。当结果符合目标方向，将沿同一方向继续尝试；如果与目标渐行渐远，便进行调整。经过大量试错，最终得到一条沿目标方向曲折前行、不断渐近的轨迹。形成鲜明对照的是，数据引领模式基于对大量数据进行分析，这些数据可能来自现有数据库，或高通量表征，也可能通过高通量计算得到。它们覆盖较广阔的多维度参数空间，其中既包含了传统意义上与目标一致的"好"数据，也包含与目标不一致的"不好"数据，因此分布不再局限于起点至目标连线周边，所得到的规律也将更具有普适性。简单来说，传统路径是以目标为导向，追求直接效果；而数据引领模式的路径更加注重全局，通过对完整、系统的数据的分析，找出背后隐含的关系。显然，数据引领模式对问题的认识更加深刻、更加本质、更加全面。

（3）数据驱动的研发新模式逐渐成为核心

数据驱动的研发新模式已成为材料研发智能化的核心，数据引领模式代表了材料研发智能化最核心的理念和最先进的方法。互联网时代令数据传播、分享的门槛大大降低，移动终端设备的普及令数据的产生发生了爆炸式的增长，计算机硬件计算能力的提升又令大数据的计算分析成为可能，从而催生了科学"第四范式"。随着"第四范式"的诞生，所能解决的问题的复杂度有了进一步提升，在这样的循环中推进了科学技术的发展。可以看到，在人工智能时代，数据是最核心的资源，也是实践材料科学"第四范式"的必要基础。

当前，数据分析在不同科学领域中的应用状况，与这些领域中的数据量有着重要关系。例如，天文学和粒子物理方面每年产生的数据超过1 PB，主要由大型科学装置产生。美国的大型综合巡天望远镜（LSST）每晚的观测数据量是15 TB[25]。中国郭守敬望远镜（LAMOST）截至2016年12月已经发布了768万条光谱，成为世界上获取光谱数量最多的望远镜[26]。在生命科学领域中，数据则主要来自高通量实验。根据维基百科报道，美国国立卫生研究院（NIH）的生物基因序列库GenBank迄今已收录了超过2亿条基因序列，并正以大约每18个月翻一番的速度增长[27]；深圳华大基因研究院每月仅与原始测序相关的数据量就达到60TB以上。与此同时，随着计算模拟能力的不断提高，高通量计算也成为大量数据的重要来源之一。

数据是材料研发智能化的要素之一，各国都十分重视材料数据库的建设。美国国家标准与技术研究院（NIST）的Materials Data Facility收集的数据量已达到12.5 TB[28]；美国的Materials Project、OQMD和AFLOW等高通量计算平台收录了超过280万种化合物的数据；瑞士的PAULING FILE数据库，收录了4.6万余个相图数据，32万个晶体结构数据，12.5万余个物理性能数据，是世界上最大的无机化合物数据库[29]；英国的Granta Design公司提供的材料天地（Material Universe）和工艺天地（Process Universe）数据库收录了3900种材料、240种工艺的数据[30]；日本国立材料研究所（NIMS）建设的MatNavi数据库是世界上关于高分子、陶瓷、合金、超导材料、复合材料和扩散的最大的数据库之一[31]。据估计，中国公开的材料数据库中也收录了数百万个材料数据[32-33]。

美国Citrine Informatics公司建立了以PIF（物理信息文件）为标准数据模式的Citrination平台，试图在普适性、灵活性和结构化之间找到平衡，使数据的存储与使用过程尽可能简单[34-35]。美国密歇根大学的Materials Commons和美国国家标准与技术研究院（NIST）资助建立的Materials Data Facility等数据平台突出其数据收集的功能，将格式问题留给用户自行处理[36]。

人工智能在材料研发中的应用正在成为大数据经济的下一个战场。事实上，2017年12月，国际领先的人工智能企业DeepMind（AlphaGo和AlphaGo Zero的开发者）的联合创立人Hassabis表示他们已将下一个挑战目标放在了材料科学问题上[37]。2018年4月19日，美国Citrine Informatics公司宣布腾讯和奥地利私募股权公司B&C工业控股联合向他们投资800万美元用于发展材料研发人工智能，则是这个趋势的最新明证[38]。

7.1.3　材料研发智能化对人才培养提出了新的需求

材料研发智能化需要深度融合大数据、人工智能、高效计算和先进实验等颠覆性前沿技术，全面变革材料的研发文化和理念，催生材料领域新型知识体系和人才培养模式。2011年以来，欧美发达国家持续制定战略规划，推动以"材料基因组计划"为代表的材料研发智能化的发展和人才培养，抢占材料科技前沿制高点。

我国的科技发展正处在从学习、跟踪、模仿向并跑甚至领跑转换的关键历史时期。尽管近些年我们站在前人的肩膀上迅速取得了巨大的进步，但需要清醒看到在很多领域与发达国家的先进水平还存在一定的差距。我国的崛起令很多科技领域的跟踪发展受到限制和防范，在国外技术封锁等限制下，已经很难再走模仿的捷径，急迫需要自力更生、原始创新的科技发展。"材料基因组计划"是美国提出的加速材料研发、重新振兴先进制造业乃至其他工业领域的国家级战略计划，其中把材料基因教育作为重要目标之一。如果我们不深刻理解这场材料研发模式变革的意义并采取切实有效的行动，在研究方法的改革上没有与时俱进地保持先进性，我们的新材料研发效率就要落后他人，落后的差距还可能进一步被拉大。而且这种研究方法上的落后影响的不仅是某一种关键材料，冲击的可能是很多材料领域的研发和工业应用水平，进而制约以关键材料为基盘的先进制造业的发展。材料基因工程理念和方法不仅希望材料领域科研人员掌握，而且作为通用有效的工程研究方法，从基础教育到高等教育以及工程教育的广泛领域的工作者和学习者都要学习了解。目前，完整系统的材料基因教育体系尚未建立，材料基因教育的建设普及和贯彻执行不仅是必要的，也是急迫的。

我国高度重视材料基因工程前沿研究和创新人才培养，"十三五"布局了"材料基因工程关键技术和支撑平台"国家重点专项，国家批准制定了"国家材料基因工程计划"。与材料基因工程科研计划相比，材料基因工程教育计划已明显滞后，亟需高等院校拓展材料人才培养体系，探索新的教学模式，以应对材料基因工程飞速发展对能将多学科知识交融的高质量人才的迫切需求。

材料基因工程本身具有多元学科综合交叉的属性，但并不是各学科简单的叠加，各学科间的交叉融合衍生了很多新的问题和解决方法。此外，材料基因工程还不断吸收当今科学前沿的新方法和新成果。现有传统的学科体系还不能准确完整地覆盖材料基因工程涉及的全部内容和方法。因此，有必要根据材料基因工程的内涵和特点，重新思考和构建相应的课程体系及相应的教材，发展有别于现有学科的具有自身特色的学科。同时，也要积极借鉴相关学科领域的内容，根据材料科学的特点和目的，为"材"所用，提取相关的知识和方法，进行有机的融合和再发展。虽然在原有学科基础上进行局部的改造比较符合实际，但从长远角度看，无论是集成融合还是创新发展，都需要建立新的材料基因工程教育体系，以便摆脱原有知识体系框架的束缚，更合理充分地体现材料基因工程的理念和内涵，最终更有效地实现材料基因工程的目标。

面向材料研发智能化发展，需要我们培养高层次创新型人才，其具体需求包括以下方面。

（1）掌握多学科交叉领域知识

发展材料人工智能交叉学科是应对未来材料研发挑战的必然之举。面向材料研发智能化发展，需要我们培养高层次创新型人才。他们首先需要掌握多学科交叉领域的知识，除熟练掌握材料科学的基本理论和基本知识，具有材料设计、制备、加工和性能分析等方面的基本技能外，还需要具有计算机、统计学等多学科基础知识，熟练掌握数据挖掘方法进行数据分析的能力，熟练操作智能化设备完成智能化实验的技能，熟悉图像分割、图像配准、形态分析等计算机图像处理技术。

（2）具有广阔的国际化视野

2011年美国率先宣布了"材料基因组计划"，2014年又将其提升为国家战略，以图研发和应用材料前沿技术和颠覆性技术，加速美国新材料和高端制造业的发展，抢占新材料前沿制高点和产业发展主导权。之后，欧盟、日本和印度也先后启动了相关的研究计划。世界各国在材料研发智能化进程中大有百舸争流之势。我国未来培养的人才，必须具有国际化视野，要能及时掌握国际前沿和领域的最新动态，具有更广阔的认知和创新思维，具有与不同文化背景的人沟通和协作的能力，从而在国际科研合作和交流中起到重要作用。

（3）具有综合战略领军能力

材料基因工程作为一项颠覆性前沿技术，在研究范式、科学内涵、知识架构等方面均与传统材料专业方向存在明显差异。人才队伍是学科发展的基础，建立较为完善的人才培养体系，持续培养具有洞察力、判断力、学习力、创造力，能胜任未来挑战的战略领军人才，是材料基因工程学科长远发展的重要保障。另外，西方国家对我国高端人才封锁日趋严重，要想尽快实现从"制造大国"到"制造强国"的转变，必须建设我国自己的高层次创新型人才培养体系。

7.1.4　问题与挑战

（1）仍然面临材料数据人才匮乏问题

由于材料的多样性与复杂性，已获得的材料数据只是沧海一粟，远不能满足数据科学的要求。例如从元素周期表60个元素中任取3个元素，可组成约10万个三元体系，按照数据密度为1%进行估算，每个三元体系有5000个数据点（多维热力学及物理性能参数），共应有约5亿个多维数据点；任取4个元素可组成约200万个四元体系，每个体系有50万个多维参数数据点，共应有约10000亿个多维数据点。因此，要使材料科学全面进入科学探索的"第四范式"，必须首先解决材料数据匮乏这一全球性瓶颈问题。

材料基因工程的另一个重要任务是改革材料界多年来形成的封闭型工作方式，培育开放、协作的新型"大科学"研发模式。为了突破长期以来研究数据私有性的局限，让数据为全体研究者共享，荷兰莱顿大学的Barend Mons等提出了数据可发现、可访问、可互操作、可再利用的FAIR（findable, accessible, interoperable, reusable）原则[39]。其中数据可再利用在材料基因工程中非常重要。传统材料数据库一般收集由源数据处理而得到的分析结果（如各种材料性能参数等），而源数据通常分散在实验者手中，不被收录，且源数据格式五花八门，不便为其他人再次利用。再有，这些数据往往以特定应用为目标，包含的材料属性相对有限，缺乏综合性。这样，数据可关联的参数就比较有限。这与传统材料研究方式和数据产生方式有着极大关系。同时，符合材料基因工程思想的材料数据模型标准和存储架构尚未建立，因此现有的材料数据库大多不能满足材料基因工程的需要。

解决以上问题的根本出路是建立一支专门的材料数据人才队伍。数据人才需要具有数字化研发先进理念，熟练掌握数据库、大数据和材料学科的知识，了解未来材料研发前沿趋势及产业研发数字化需求，具有较强的工程实践能力。

（2）材料人工智能学科基础设施建设尚在起步

作为在科学"第四范式"下的全新的材料科学研究套路，材料基因工程需要发展和建立新的技术体系及与之相适应的基础设施[40]。材料数据基础设施建设应包括数据存储库、数据工具和合作平台三个核心组成部分。针对我国当前的实际情况，一方面，需要建立以人工智能工具为基础的数据平台，同时构建起符合材料基因工程理念的数据库，或将已有数据库按照材料基因工程需要进行改造，更重要的是系统、快速地充实大量新数据。为此，快速获取大量材料数据的能力成为关键，而高通量实验与计算技术恰恰为快速获取大量数据提供了有效途径，可以作为数据的重要来源。于是，材料基因工程的3个技术要素实现了内在的协同，形成了缺一不可的深度融合关系。因此，除数据平台外，材料基因工程基础设施还必须包括高通量实验平台和高通量计算平台。

材料基因工程数据除了规模大外，还应保证数据具有高度完整性、系统性、一致性和多参量综合性。在理想条件下，这些数据可产生于一个集中建立或虚拟链接的平台，或可称之为"数据工厂"。实验"数据工厂"可以是基于大科学平台的大规模系统性的高通量综合制备与表征平台，或是集成原位制备和多参数表征手段为一体的实验设施，流水线般标准化地批量产生数据。计算"数据工厂"可以是各种高通量计算软件及硬件平台，通过批量计算产生大量系统的综合的材料数据。利用数据标识码技术[41]，结合高通量实验（或高通量计算）数据格式标准，就可以从实验线站上导出记录的样品信息、实验条件和实验源数据（或计算条件和计算源数据）的具有唯一标识的、符合FAIR原则的数据，以供使用[42]。"数据工厂"将数据产生由个体活动变为社会活动，数据由个体所有变为了社会资源，提高了共享程度，节约了社会成本，这种新型的数据产生形式必将引发材料科学的革命性变化。

迄今国际上尚未建成以标准化流水线般产生实验数据的实验平台。当前提出的数据库框架仅着眼于将各家产生的数据集中、收集、处理，因此收集的材料数据具有多源、分散、关联关系复杂的特点，不方便使用。

与之相比，将材料基础数据在统一的公益性平台上集中产生，可以极大地减少因多源数据格式不统一带来的麻烦。与其他国家相比，我国具有举国体制的制度优势与成功经验，有可能在国家统一领导下，建立集中的、系统的、为社会提供基础数据的"数据工厂"。这也为我国在材料领域弯道超车、后来居上带来了机遇。

7.1.5　建设思路与重点任务

（1）确立未来材料科技战略领军人才培养理念

在人才培养过程中，明确人才培养理念和培养目标是首要任务。材料研发智能化颠覆性地变革了材料研发的理念，同时也对材料学科人才培养提出了全新的要求。面对全球新科技革命和产业变革快速演进的新态势，把握新的历史机遇、抢占材料科技制高点的重大挑战，未来科技战略领军人才的培养理念应围绕"洞察材料前沿、因应未来挑战"这一核心内容提出。

首先，未来科技领军人才需要具备广泛的知识背景和深厚的学术素养。他们需要对材料、计算机等多个学科领域都有深入的了解，能够把握不同领域的发展趋势和前沿动态，从而更好地洞察国际科技前沿。其次，未来科技领军人才需要具备敏锐的洞察力和判断力。他们需要能够从国际科技前沿的发展动态中捕捉到有价值的信息和信号，判断哪些技术和方向是有前途的，哪些技术和方向是需要规避的，从而更好地引领我国科技创新的发展。再次，未来科技领军人才需要具备强大的领导能力和团队管理能力。他们需要能够带领团队在国际科技前沿领域开展创新性的研究和开发工作，协调和管理好团队成员的工作，保持团队的凝聚力和执行力。最后，未来科技领军人才需要具备高度的创新意识和实践能力。他们需要有超前的思维和眼光，善于在技术和应用方面进行创新和优化，同时还需要具备实践能力和经验，能够将创新想法转化为实际成果。

总之，未来科技领军人才应该具备广泛的知识背景、深厚的学术素养、敏锐的洞察力和判断力、强大的领导能力和团队管理能力以及高度的创新意识和实践能力。这样他们才能够更好地引领国际科技前沿的发展，推动本国科技创新的进步。

（2）构建汇聚国内外优势资源、学科交叉融合的人才培养体系

人才培养体系是培养未来科技领军人才的重要途径。该体系应包括以下几个方面：

① 跨学科课程设置。在课程设置上，应面向材料研发智能化多学科领域知识需求与学科交叉融合特点，建立跨学科教学与研究平台，汇聚不同学科背景的专家和教师参与其中，为学生提供跨学科的课程和研究机会。围绕材料基因工程四大关键技术开设多层次的课程，提供多元化的教学形式。鼓励学生在多个学科领域进行探索和涉猎，培养学生对不同学科的认识和思维方法，提高学生的综合素质和创新能力。面向跨学科课程，完善教材建设。

② 拓展国际化视野。可通过多种形式，邀请国际高水平专家学者来华工作或讲学，为学生提供国际化的教学和科研指导，让学生及时了解国际前沿的科技创新动态和研究成果，拓展国际化的视野和创新意识。与国外高校、研究机构等建立合作关系，为学生提供海外学习、交流的机会，让学生在国际化的教育背景中成长，提高学生的竞争力。鼓励学生积极参与国际合作项目和国际学术交流活动。

③ 打造优质师资力量。应该汇聚海内外优势资源，建立国际化、多学科交叉的优质师资力量，为学生提供高水平的教学、科研指导和服务，提升学生在材料基因工程前沿研究方向的活跃度，培养学生广阔的研究视野和开放的学术理念。开拓多元化教育教学模式，将课堂讲授、实习实践、学术讲座、网络教学、国际会议等多种资源交互融合。

（3）打造产教融合的高层次创新人才培养模式

践行寓教于研、教研融通，将材料研发智能化基础理论、前沿技术、工程应用的最新进展和教师最新研究成果融入课堂教学，创新产学研合作人才培养模式，坚持面向材料科技前沿、国家重大需求、经济主战场和人民生命健康，强化人才培养目标牵引。打破产学研人才培养界限，突出企业在人才培养中的作用，提升研究生的工程创新能力，全面推动"人才技术双转移"。开创实践型教学模式，鼓励学生参与科研项目、创新竞赛等活动，提高学生的实践能力和创新意识。促进产学研结合，与企业、行业协会等建立紧密合作关系，为学生提供实践机会和行业前沿动态，提高学生的综合素质和创新能力。

7.2　高层次创新人才培养体系

7.2.1　高层次创新人才培养的目标

材料基因工程是未来材料研发最重要的工具，其成功实施取决于两个方面：

① 建立先进的材料基因工程基础创新设施（实验工具、计算/仿真工具、基于人工智能的大数据技术）；

② 培养未来一代具有材料基因工程研发理念的劳动力资源。

基于材料基因工程的材料研发涉及材料、机械、电子、计算机、数学和人工智能等交叉学科，决定了培养下一代劳动力资源的核心载体必然是大学。目前，我国材料学科教材、课程体系主要是从冶金材料学科体系继承而来，其核心主要围绕材料成分-微观组织-工艺-性能这一主线，课程体系中关于材料制备工艺和装备、材料服役场景/性能要求涉及内容较少，导致培养的学生的知识体系与企业实际需求存在明显的差距。以美国西北大学材料科学与工程学科为例，研究生课程除了我国大学已有的材料科学相关课程外，计算材料学、工艺设计和有限元仿真、工程材料设计的计算方法等摆在了非常突出的位置，学生通过这些课程的学习和训练，可以实际了解工业界的真实需求，企业也非常欢迎这些"实用的"毕业生。

材料基因工程不仅是材料科研领域的新方向和新趋势，也是材料专业教育和人才培养的纲领性指南。材料基因工程教育中的共性内涵和理念甚至可以推广到科学、技术、工程和数学领域的教育和人才培养（STEM教育体系，science, technology, engineering, and math）。材料基因工程教育的基本内涵是培养材料基因工程专用人才，改变传统材料工作者基于经验试错的材料研发思维模式，培养专用人才全新的高度融合集成和迭代循环实验、计算和数据方法，低成本加速材料从研发到应用的全流程材料研发新思维。材料基因工程教育的本质是材料研发方法论的变革和提升，包含其研究、传授、推广和实践应用。材料基因工程教育具有本征的多学科交叉特点，融合了材料、化学、物理、力学、计算机、信息学、数学等多学科，尤其是强调使用近年来新兴的人工智能技术和数据驱动研发方法，即在实验、理论和计算之后的"第四范式"。材料基因工程教育也深刻触及学术以外的文化和理念的变革，包括数据的开放透明和容易共享，知识信息在材料研发全流程各环节间的双向流动和反馈，以及跨学科和多部门的有效密切合作。材料基因工程教育涉及的对象范围也可以极其广泛，可覆盖从学前到高中的基础教育、本科生和研究生教育、博士后、高校和研究机构、职业培训学校和工业产业界等。材料基因工程教育的实施是战略性的举措和系统工程，对我国科技发展的影响必将是深远和富有成效的。

材料基因工程教材体系和课程体系是材料基因工程教育体系的核心组成部分，以材料高效计算、材料高通量制备与表征、材料服役性能高效评价和材料数据库与大数据技术四大关键技术为核心，构筑材料领域全新的知识架构。材料基因工程教材体系和课程体系极大拓宽了传统材料学科的内涵，是未来材料学科发展的基础。

7.2.2　材料人工智能教育教学发展现状

（1）国外材料基因工程相关课程调研情况

① 美国。美国矿物、金属和材料协会（TMS）针对材料基因工程相关课程体系的调研报告指出，虽然有越来越多的先进高通量实验技术、增强的计算工具、数据驱动的方法和现代机器学习方法，但仍然缺乏接受过材料基因工程方法培训的有能力的劳动力，这些材料基因工程方法将现代材料科学工具和方法与人们对基础科学和工程原理的深刻理解联系起来。美国在 2011 年宣布材料基因组（MGI）计划时就把培养下一代材料基因工程劳动力作为关键目标之一，并呼吁在大学本科和研究生教育中引入新的交叉学科课程。2014 年，美国将 MGI 计划提升至国家战略计划，并首次将 MGI 教育与 STEM 教育关联，反映出了 MGI 的理念和方法对于更广泛的科学与工程教育的启迪作用。作为 MGI 本科教育典型案例，着重介绍美国西北大学材料科学与工程系的"材料设计"本科课程（最早始于 1989 年）。本科生在博士生的指导下，集成最新的计算模拟方法、数据库和实验测量手段，对有资助的材料设计课题项目进行研究。低年级时参加理论设计预测的本科生可以在高年级时对自己设计的新材料及器件进行试验验证。2021 年的 MGI 计划十周年总结报告中把材料基因组教育扩展到 K-12 基础 STEM 教育［指从学龄前幼儿园（kindergarten）到 12 年级的高中（high school）］，要求发展新的 MGI 课程，包括从幼儿园到大学研究生都应了解甚至熟练掌握数据科学、信息学、计算模拟、实验表征，以及材料科学、制造和可持续发展等方面。此外，鉴于材料基因工程的多学科交叉的复杂属性，建议提供更多相关的就业实习机会和组建跨学科的团队。为了填补材料研发全流程中的知识间隙，需要扩大培训课程学科范围和创造新的就业机会。提议发展新的教学方法，教育和训练从 K-12 到研究生、博士后，以及教师和职业人员等各层面的人才。成功的材料基因工程教育将培养一支多元化的专业队伍，他们掌握各种解决问题的方法，并在材料研发全流程的各环节间进行交流。过去的十多年中，本科课程里增加了很多有关数据驱动和计算技术的内容，这包含"集成计算材料工程"（ICME）专业证书项目，向传统的学位课程里增加材料设计和数据科学课程，新增了材料基因工程方法有关的课程。即使如此，目前仍然缺乏数据相关的课程和实践机会。为了教育本科生应用材料基因工程方法，大学教师需要关于材料基因工程原理的教学工具和培训机会。

为了完全实现材料基因工程的目标，需要培养一批创新型的硕士和博士研究生，使其能够设计计算和试验方法，产生、验证、管理和集成数据及数据结构；能够在包含加工、结构、性质和制造以及生命周期、经济和可持续发展等因素的复杂参数空间里进行材料优化设计。为了应对这些挑战，需要发展具有交叉学科特点的研究生课程体系，包含从原子尺度到工业相关尺度的基础材料科学，能够产生高通量数据的计算和实验方法，能够基于调查结果进行思考的信息学，能够指导复杂的团队决策的工程设计理论等。聚焦材料基因工程理念的研究生课程的设置具有更多的灵活性，可以是辅修科目（minor）、证书（certificate），或者专门的硕士学位。

作为典型案例之一，在美国自然科学基金委员会（NSF）的研究培训项目初始资助下，美国得克萨斯农工大学（Texas A&M University，TAMU）开设了"数据驱动的能源材料的发现和设计"专业 [Data-enabled Discovery and Design of Energy Materials (D3EM) program]。在全校理工科六个系的支持下，D3EM专业目前可授予关于材料、信息学和工程设计的交叉学科的研究生学位证书。通过包含材料、信息和工程设计的交叉学科课程，D3EM专业涵盖了正向和反向的材料探索和开发内容。在要求学生掌握各自学科知识的基础上，D3EM专业提供了聚焦材料基因工程原理的训练，包括机器学习驱动的材料参数空间探索和基于目标导向工程设计原理的材料优化和设计。例如，开设了解决实际材料研发问题的项目课程"材料设计工作室"。D3EM专业还提供了交叉学科研究需要的交流和合作、科技写作和领导能力等方面的培训。为了帮助学生能够在未来的职业生涯中获得成功，D3EM专业还与空军实验室（AFRL）开展联合培养，进行从增材制造中的材料缺陷预测到具有新颖性质的二维材料的发现和设计的研究。目前D3EM专业已经培养了来自八个不同系的40名硕士和博士研究生，形成了一种全新的博士教育培养模式。

为了了解材料基因工程课程的现状，TMS向大学材料委员会（University Materials Council，UMC）成员分发了一份调查问卷，并收到了24份答复。对于本科课程，79%的受访者认为毕业前学习材料基因工程方法对学生是"有些重要"或"非常重要"的。对于研究生课程，这个数字增加到96%，这表明大部分人认为材料基因工程是对研究生教育更重要的高级概念。尽管如此，对提供的与材料基因工程课程相关的其他问题的回答表明，仍有空间让更多课程在本科和研究生教育阶段引入材料基因工程课程体系。

此外，TMS还对美国大学与集成计算材料工程和材料基因组计划相关的现有课程进行了单独调查。在大约114个美国本科和研究生课程中，共有50个接受了评估，以评估符合材料基因工程战略计划目标的课程的普遍性。在抽样的50所大学中，有40所提供了与计算材料科学与工程（CMSE）相关的课程，特别是课程名称或课程描述中包含"计算材料""建模"或"模拟"等关键字的课程。然而，将CMSE概念纳入MSE课程的成功尚未扩展到材料基因工程的第三个支柱——数据科学。

在接受调查的50所大学中，目前只有9所在本科或研究生阶段的材料科学系提供了关于"数据科学""数据处理"或"数据库使用"的课程。缺乏数据或数据科学内容的

MSE课程的开设表明，在MSE课程体系建设中仍然需要做很多的工作。这将有助于材料基因工程各领域的连接，让学生接触到未来工作场景中常用的概念和方法。

TMS协会提出以下建议：

a.以MGI内容实现材料学科专业课程现代化，并在整个本科和研究生教育中强化这一概念；强调本科生研究经验（REU）培养，以及建立MGI基础设施领域的研究生奖学金，并提供计算、实验和数据融合的示例。

b.确定、开发和集成可在专业课程中实施的教学模块。

c.开设有针对性的短期课程、训练营和暑期学校，以填补传统教育和培训模式未涵盖的教育空白，为MGI劳动力资源发展准备必要的教学工作者。

d.阐明MGI计划的创新目标，并建立推广计划。

② 德国。Max Planck Institut für Eisenforschung GmbH计算材料设计（CM）系，于2005年建立，专注于计算机辅助材料设计方面的工作，旨在开发和应用多层级、多尺度的无参数输入模型，大幅度提高对钢铁等相关材料设计的模拟精度。该系由精通各尺度模拟方法的课题组组成，每个课题组均可在同一个共享平台上实现多尺度模拟的无缝衔接，进行模块精度改进和集成工作。该课程/项目主要对具有材料科学背景的研究生进行培养。

杜塞尔多夫大学的ICME课题组开发了一个集成各类模型的软件平台，简称为"杜塞尔多夫先进材料仿真套件"（DAMASK）。DAMASK能够对不同受力情况下材料的塑性、疲劳损伤演化以及随温度变化组织界面的演变等进行描述，用于先进的合金设计及结构优化。最重要的是，它是一款免费的开源软件，可集成到应用范围更广的ICME工具链中，例如DREAM.3D、Neper、MTEX、ParaView和基于Python的NumFOCUS分析工具等，是为广大教师及学生开发与实践提供各种材料软件模拟的平台。

③ 瑞典。瑞典高等教育体系在人才培养方面一直推崇可持续发展战略。瑞典皇家理工大学依托工科的优势，在材料领域最早开设了计算机辅助材料设计系列课程。具体模式为：针对工业大类本科生，从本科入学阶段就灌输全流程、可持续发展模式，提供涵盖材料设计-生产制造-工业过程管理的课程包，本科阶段（研究生和博士生均可选）共计300学分，专业课程包括材料设计（初级）、材料设计（高级）、计算热动力学辅助材料设计、材料的设计与工业化、金属构件的打印过程和材料设计等，学生根据兴趣和年级情况选择对应的课程，以培养具备新材料智能化设计思维和能力的各层级人才。

（2）国内材料基因工程课程体系建设情况

① 北京科技大学。北京科技大学是我国材料基因工程的主要发起单位。2014年承

担了我国第一个材料基因工程项目（国家"863"项目），2015年成立了我国第一个省部级材料基因工程重点实验室，2016年获批建设材料基因工程创新引智基地（111计划），2017年成立北京材料基因工程高精尖创新中心。在平台建设的同时，北京科技大学深入探索、积极实施了材料基因工程教材体系和课程体系建设。主要建设内容包括：制定了材料基因工程的研究生培养方案；将数据科学基础、大数据技术、人工智能等融入材料学科专业教育；构建了国际上首个材料基因工程研究生课程体系。以材料基因工程基础理论和材料高效计算与设计等四大关键技术及其应用为教学核心，开设了全新的研究生课程11门，总计248个学时、15.5学分，已教学培养3358人次；建设了网络课程4门、电子教材6部，并建设了在线课堂、学科前沿资讯、学术交流社区等模块，打通了师生多维立体式沟通交流渠道。

② 上海大学。上海大学材料基因组工程研究院与首批国家教育试点学院——钱伟长学院早在2013年开始连续建设了三届"材料基因特色培养班"；在获得初步成效基础上，于2016年申请获批了全国唯一的以材料基因工程交叉学科为培养理念的"材料设计科学与工程"本科专业，属于材料科学与工程一级学科下的新增特设二级学科，针对创新交叉学科的专业特色制定了全新的创新交叉人才培养计划。硕士研究生培养包含材料、物理、化学、力学、计算机和数学六个专业，博士研究生培养包含材料、物理和力学专业。材料专业编写了新的聚焦材料基因工程理论和方法的课程大纲。在传统的材料学科课程基础上，加强了材料计算模拟和数据挖掘及高通量实验等课程。另外，也开设了"材料基因概论""材料数据挖掘"和"计算材料学原理"等材料基因工程特色课程，聘请校内外专家学者和企业家讲授材料基因工程领域前沿的进展和创新创业的准备等。

③ 重庆大学。重庆大学材料科学与工程学院聚焦新材料领域科技发展前沿、发挥学科优势、注重学科交叉，在材料基因工程理念指导下大力发展材料信息学专业方向。在本科生的培养大纲中增设"材料基因工程"教学模块，通过打造材料基因工程及大数据技术系列精品课程有的放矢地探索新材料工程人才的教育培养新模式。现有的课程体系中包含材料基因工程导论、材料高通量制备与表征、材料高通量计算、材料大数据技术、材料智能设计与应用五门核心课程。同时，为了配合课堂理论教学，学院也正在开展面向材料基因工程的材料信息学数字化教学平台的建设，为学生提供高通量计算、大数据分析等上机实践的平台，以期通过教学与实践相结合的方式更好地开展相关课程的教学。

（3）国内材料基因工程教材体系建设情况

国内使用的材料基因工程相关教材主要是由北京科技大学建设，包含六本，为高等院校材料科学与工程专业本科生、研究生的教材，也可供从事材料基因工程方面研究的科研人员、利用大数据技术进行材料设计与应用研发的科研人员等参考使用。六本教材如下：

①《材料智能设计与制造》（谢建新 著）。本书主要阐述机器学习、集成计算材料工程和智能控制等前沿理论与技术及其在材料成分设计与工艺优化方面的应用。主要内容包括概论，数据采集、挖掘及知识繁衍，新材料研发智能化关键技术，材料制备加工过程中的在线监测技术与控制，高端新材料智能制造技术实例等。

②《材料大数据技术》（宿彦京、薛德祯、姜雪 著）。本教材从材料基因工程数据库、材料数据挖掘与机器学习及材料优化设计三个方面，介绍服务材料设计与研发的大数据前沿技术与应用案例，从数据库、机器学习基础算法原理、材料优化设计方法逐层深入，为初入材料大数据技术之门的读者提供理论、经验和指引。

③《材料服役行为的高通量评价与模拟》（高克玮、董超芳 著）。本教材围绕工程结构材料和功能材料失效过程中环境多变、材料多样等特征，针对现有评价技术评价困难与方法效率低等难题，介绍通过高通量实验和计算技术对材料环境失效的机制进行评价。

④《材料高通量计算理论与方法》（杜强 著）。本教材主要介绍材料基因工程的基本内容，高通量计算的基本知识，高通量计算平台及其理论与方法，高通量计算的实现方法及前沿研究成果。

⑤《材料高通量制备与表征》（李静媛、黄海友、李时磊 著）。本教材主要介绍材料高通量制备与表征技术的基本理念、原理和关键技术；重点介绍不同类型材料的高通量制备与表征技术、装备及其在材料筛选中的应用，以及高通量制备与表征实验数据的处理技术；本教材还介绍了材料高通量计算、高通量实验、数据技术协同创新的理念和应用。

⑥《计算材料学》（钱萍、高磊、王栋 著）。本教材主要介绍密度泛函理论、分子动力学理论、相场模拟理论，及其在材料计算中的应用。主要内容包括计算材料学简介、材料基因工程与计算材料学、分子动力学、第一性原理计算应用——VASP、Linux 和LAMMPS 应用、相场动力学等。

7.2.3 问题与挑战

我国还没有建立系统的材料基因工程领域的课程和教材，由于材料基因工程多学科交叉性很强，能撰写教材和具有丰富经验的教师匮乏，建设完整的课程体系、教材体系和教师队伍还存在很多问题和挑战，主要包括：

① 大学和工业界联动的学科培养体系。材料基因工程的核心目标是降低从材料研

发到应用部署的周期和成本，提高企业的产业竞争力。材料基因工程学科建设和人才培养方案必须和企业结合起来做。我国材料领域的企业的研发实力与美国比有较大的差距，大学与企业研发、学生培养、学科建设有机结合是对我们最大的考验。

② 变革教师和学生的思想。需要在国家和大学层面变革材料学科教师的思想。材料研发的目标是解决企业的问题，提高产品竞争力，现阶段教师传授书本的知识与这个目标还有很大的距离。课程和教材的改革需要聚焦这个本质问题。同时，需要教师紧密跟踪国际前沿，例如人工智能与材料研发相结合来加速材料研发进程，需要教师和学生积极学习来拥抱未来的变化。这些都是巨大的挑战。

③ 多学科交叉知识培养。为了适应未来材料研发理念的变化，大学课程培养和教材设置必然要做出很大调整，但需要学习哪些学科的交叉知识，学习到什么程度（例如和人工智能专业的比较），一定是一个动态逐步演化的认识过程，这对"教"和"学"都有很高的要求。

材料基因工程教材体系和课程体系建设方面亟需解决以下重点问题：

① 亟需建设和推广材料基因工程课程体系和教材体系。传统材料课程与教材体系主要教授经典的基础理论，涉及知识内容相对陈旧，更新换代慢，难以适应材料产业变革和材料基因工程颠覆性前沿技术发展对高质量创新型人才培养的迫切需求。必须针对材料基因工程的关键技术，迅速建设全新的教材体系和课程体系。加大材料基因工程理念在全国高校及科研院所中的推广力度。加快材料基因工程教材体系和课程体系在高校材料专业以及科研院所材料研究领域中的布局。

② 亟需打造材料基因工程专业师资力量。材料基因组专业人才应该具备跨学科的专业技能，包括数据处理、计算建模、计算机仿真、可视化和软件管理等技能，材料多层次、跨尺度集成计算的技能，以及高通量和自动化实验的技能。保证材料基因工程高质量人才培养的可持续发展，亟需培养一批对材料基因工程理念有深刻理解，同时具备跨专业综合能力的青年教师。

③ 亟需打造材料基因工程教学实践平台。材料基因工程相关软硬件的投入与建设，不能满足于对教材与课程等理论知识"软"的支撑，还要有实验与实践平台等"硬"的支撑。构建材料高通量计算平台、高通量实验平台和数据库平台三大平台，实现材料研发"理性设计-高效实验-大数据技术"的深度融合和全过程协同创新与人才培养模式。

④ 亟需开拓材料基因工程教学模式的国际化视野。多种教育文化与教学模式的深度融合是培养高质量创新型人才的有效手段。现有材料学科研究生教育体系与国际接轨依然不足，国际化师资力量和国际合作平台欠缺，难以培养具有国际视野、把握学科发展前沿的高水平人才。

7.2.4　发展思路与实施举措

（1）发展思路

① 充分发挥高校的引领与支撑作用。材料基因工程是材料领域的科技前沿，是新材料研发的新方法、新理念和新范式，是材料工程与信息工程的深度融合。而在这一全新的领域，无论是其中包含的机器学习、数据挖掘，还是高通量制备和高通量表征，都需要许多新知识、新手段与新探索。而高校具有多学科交叉易、人才队伍强以及研究积累厚的优势，是人才培养与科学研究的结合点，能更好地与企业、科研院所合作，发挥在该领域的引领作用。

一方面，学校要组织跨学科的材料基因工程研究队伍。整合材料学科和信息学科为主体的教学与研究队伍，吸引包括多学科、高层次人才在内的科技工作者与教育工作者。另一方面，通过成立专门的材料基因工程研究院、研究中心，建设对外开放、协同创新的高通量计算平台、高通量制备平台、高通量表征平台，形成材料基因工程人才培养的基地，促进建立新材料产业快速发展的研发基地，从而更好地发挥高校的支撑作用。

② 推进产学研融合、服务科技创新战略。通过材料基因工程重大专项的实施，促进多学科交叉以及跨学校、跨区域的合作，提高科教融合与产教融合水平。此外，通过完善材料基因工程教材体系和课程体系、加强产学研紧密合作、产业技术联合攻关，培养一批基础理论扎实、面向产业实际需求的高层次创新型人才，从而更好地服务于国家科技创新"四个面向"的重要战略部署。

在面向世界科技前沿方面，通过先进完善的课程体系大力提升学生基础知识水平，充分发挥高等院校人才和理论基础优势，积极开展材料信息学科交叉布局，抢占高通量计算、制备与表征等基础研究的制高点，助推高校"双一流"建设。在面向经济主战场方面，立足钢铁、有色金属等支柱产业以及新能源材料等新兴产业，实施教学资源、科技资源开放共享，建立新型校企联合培养、合作研发平台。在面向重大工程需求方面，瞄准航空航天、交通、通信等国家重大需求，将材料基因理念应用并服务于新材料前瞻性研发，支持企业新材料产品提前布局，服务国家新材料产业高质量发展。在面向人民生命健康方面，通过发展医工融合创新中心、医工联合创新学院等模式构建新医科、新工科融合发展的高水平协同育人体系，将新材料应用于现代医学，造福人民生命健康，引领未来科技发展和产业升级。

（2）实施举措

面对材料基因工程发展对材料学科人才培养模式全方位变革的需求，可通过以下三方面举措解决材料基因工程学科人才培养的认知体系建立、国际化视野开拓、实践技能锻炼等关键问题。

① 建立完善的研究生课程体系。制定材料基因工程专业的研究生培养方案；将数据科学基础、大数据技术、人工智能等融入材料学科专业教育，建立多学科学分-学时互认制度；以材料基因工程基础理论和材料高效计算与设计、材料高通量制备与表征、材料服役性能高效评价、材料数据库与大数据四大关键技术及其应用为教学核心，构建完善的材料基因工程研究生课程体系。建设国际化教学网络平台，打通师生多维立体式沟通交流渠道。为培养研究生的材料基因工程理论基础和技术应用能力，促进理念和方法的传播奠定坚实的基础。

a. 借鉴美国成熟的课程体系，在大学材料工程专业开设材料工程集成计算课程。引进国际上现有成熟的教材，开设诸如相图计算、计算材料、有限元、材料工艺设计、工程材料计算方法等核心课程。

b. 设置多尺度计算软件和数据库操作培训课程。如将热力学计算（如 TC、JMatPro、Pandat）、相场模拟、有限元仿真（如 Abaqus，ANSYS、COMSOL、DEFORM、ProCAST 等）、机械设计、Minitab、DOE（实验设计）、六西格玛精益管理等作为核心选修课程。

c. 设置人工智能与材料结合的课程。目前国际上这方面还没有相关的教材，主要通过人工智能/计算机软件课程培训来完成。我们需要在这方面先发力，满足未来材料研发的新常态。

② 建立高水平师资力量和教学管理体系。依托材料基因工程高水平科研中心、海外合作平台等，打造高水平创新人才培养团队，开展国际化的研究型学习，培育具有国际视野的、创新能力突出的材料领域领军人才。健全教学管理体系。开展面向学科前沿和国家重大需求的科学研究。分设学位管理小组和教学督导小组，监督教学质量。

③ 构建多学科交叉、教学-科研-实践全贯通的高质量人才培养模式。以材料基因工程国家级重大项目和科技创新为依托，促进青年教师开展多学科交叉教学与研究工作，强化研究生多学科知识和技能，造就具备材料、计算机、人工智能等多学科知识与视野的高质量人才。以企业联合实验室为实践基地，提升青年教师对研究生在企业中进行科研教学的实践水平。突出企业在人才培养中的作用，包括参与研究生职业规划、全程培养并提供实践岗位；同时，高校为企业提供员工培训、核心技术人员继续教育等。践行以创新人才培养为导向的教学-科研-实践全方位深层次合作。

通过大学培养下一代材料基因工程领域的专业人才，广泛树立"材料基因"理念，解决材料研发难题，是未来一段时间的重点任务。

7.3　高层次创新人才培养模式

（1）产教融合的人才培养模式

产教融合即产业与教育融为一体。面向新材料开发的材料工程教育与国家产业体系融通结合，在宏观层面体现为产教融合，中观层面体现为校企合作，微观上体现为高层次创新人才共同培养。材料学科是随着社会需求的不同而不断发展的，社会经济发展和科学技术的进步也总是对材料的研究和发展产生巨大的推动和牵引作用。随着经济、社会和科学的发展，各种新材料的出现和广泛应用，计算机技术的发展，各学科之间的相互交叉、渗透、借鉴，使大数据、人工智能、材料基因工程等材料科学技术迅速发展。基础产业需要改造和升级，高新技术产业需要大力发展，人民的生活质量要不断提高。这些重大需求对材料领域人才培养提出了更高的要求，材料科学与工程学科本身的内涵越来越丰富。如何面对新的经济发展需求，培养更适应社会发展的高层次创新人才，是高等院校材料类专业面临的迫切需要解决的问题。我国材料工程教育要实现产教融合发展，必须基于我国材料工程教育发展的情况，借鉴国外先进经验和材料基因工程发展现状，建立起与我国国情相适应的材料基因工程方向的产教融合的高层次创新人才培养新模式。

（2）产教融合是创新人才培养的有效途径

高校应对接国家重大战略和区域经济、社会发展需求，通过产教融合，推动人才培养、科学研究与产业对接，提升创新人才培养能力。以产教深度融合促进材料工程教育高质量发展，始终坚持以服务求支持、以贡献求发展，始终遵循教育教学规律、经济发展规律，紧紧围绕社会对人才的需求，融入、服务地方经济和社会发展及产业转型升级。产教融合的政策体系日益完善。我国高校产教融合的材料工程教育理念经历了一段时间的历史演绎，但政策层面的布局在近些年才渐渐形成体系。2010年，教育部将"工学结合、校企合作、顶岗实习"写入《国家中长期教育改革和发展规划纲要（2010—2020年）》。2015年以来，一系列促进高校产教融合的重要文件密集出台。产教融合改革从"试水期"逐渐进入"深水区"，已然成为政府、高校和企业协同推进经济和社会发展的一个重要渠道。2018年，《关于加强实训基地建设组合投融资支持的实施方案》强化了产教融合的政策组合。同年，《国家产教融合建设试点实施方案》经中央全面深化改革委员会第九次会议审议通过，并作为产教融合促进产业升级的国家战略向全社会印发。党的十八大以来，中国特色社会主义进入新时代。党的十九大绘就国家未来发展新蓝图，提出"深化产教融合、校企合作"的新要求。随着我国进入材料工程教育高质量发展新阶段，新一轮科技革命和产业变革倒逼经济发展方式转变，对加快培育适应材料基因工程科技革命和生产方式变革的知识型、技能型、创新型、复合型人才提出了迫切要求。

深化产教融合、校企合作，是现阶段我国工程教育发展的核心，也是社会主义经济发展的重要组成部分。材料工程教育要为新材料产业培养高素质技术技能人才，各行业企业也要积极参与人才培养，校企双方通力合作，培养符合社会所需要的高层次创新人才。深化产教融合，加强材料基因工程训练，优化校企合作，需要进一步破解高校和企业间人才供需不平衡、人才需求差异化的现状，唯有如此才能推动我国高层次创新人才培养向纵深发展。党的十九届四中全会是我们党站在"两个一百年"奋斗目标历史交汇点上召开的一次十分重要的会议，是在新中国成立70周年之际、我国处于中华民族伟大复兴关键时期召开的一次具有开创性、里程碑意义的会议。全会审议通过了《中共中央关于坚持和完善中国特色社会主义制度、推进国家治理体系和治理能力现代化若干重大问题的决定》，指明了教育治理体系和治理能力现代化的方向。教育是党之大计、国之大计，是增进人民福祉、促进人的全面发展的重要保障。要继续推进高层次创新人才培养重大政策、重点任务落到实处，推动高层次创新人才高质量发展，特别是材料基因工程人才的系统培养。

（3）各国对创新人才培养模式的探索与实践

① 美国合作教育模式——产教融合模式的起源

产教融合起源于美国合作教育，该模式由美国辛辛那提大学的赫尔曼·施奈德教授发起，并在辛辛那提大学实施。美国合作教育会议把"合作教育"解释为一种将理论知识学习、职业技能培养和实际工作经验相结合的教育方式，是为了让学生在复杂多变的世界中更好地生存和发展。这样的教育理念直接影响了美国高等教育的发展，为此后理工科高校与相关行业的共同繁荣奠定了理论基础，也在高等工程教育中得到深刻的体现。从美国高等工程教育发展的历史来看，美国工程教育的人才培养目标是从技术范式到科学范式再到工程范式，更强调工程师的综合能力。在人才培养目标上，材料工程教育更注重创新人才的培养，致力于培养材料工程领域的优秀革新者。随着合作教育的进一步发展，单纯的材料科学与工程专业课程已不能满足社会需求。因此，美国高校往往采取更灵活的培养方式。在开展教学前就对学生进行合作教育理论方面的培训，使他们提前了解今后要接受的教育形式。同时，在合作教育的过程中与企业建立联动反馈系统，通过对社会需要和教学阻碍因素进行沟通来及时调整教学内容，实现课程体系的动态优化。

② 德国"双元制"模式——工程师培养的摇篮

德国工程教育尤为重视与企业的结合，创造了"双元制"的育人模式，为行业发展培养了大量基础人才。"双元制"模式于 1948 年正式提出，起初应用于德国职业院校。德国职业院校中的学生拥有学生和企业员工的双重身份，通过校企联合培养，满足人才供需的双向需求。随着多年的发展，"双元制"已成为德国高等教育的重要理念，在应用型和综合型大学中得到了实践。"双元制"模式的发展不仅是为了培养工程师，更是为了满足行业发展对人才的需求，把提升职业能力作为人才培养的核心，通过课程调整和实践教学，使学生具备扎实的专业知识和一定的社会行动能力。人才培养内容的不同是体现产教融合特色的关键。在德国高校中，课程呈现阶梯式特点，注重实践性，以职业活动为中心，体系完整且严密。在教学方法上，坚持以实践为导向，突出以提升学生实践能力为目标，广泛开展项目教学和案例教学。

③ 日本"产学官"模式——政府参与下产教融合的代表

日本产教融合模式的特点在于政府的深度参与，其独特的"产学官"模式不仅推动大学创造出了大量优秀的研究成果，也成为日本高科技产业发展的重要支撑。在政府的引导和推动下，大学、企业和研究机构的合作逐步加强，基础科学研究和技术科学研究取得重大突破，使日本高校竞争力不断增强，也促使日本高新技术产业走在世界前列。20 世纪六七十年代，日本经济持续高速增长，对人才的渴望愈发强烈，同时日本大学发展趋于同质化，无法满足市场对专业人才的需求。在这种情况下，政府开始开放办学理念。开放办学理念打破了日本大学传统的封闭办学模式，注重学校与社会的关系。在培养目标上，更加注重对学生能力的培养，使学生成为具有发现力、创造力和丰富性的"实力型"人才。这一目标的确立，要求高校重视与行业的联系，培养与社会发展相适应的人才。

④ 中国"产学研"模式

我国的产学研合作从 20 世纪便开始启动，发展至今取得了一定的成果。一方面，其政策体系渐趋完善，政策文件日渐丰富，国家层面（包括中共中央、国务院、全国人大、国务院所属部委）关于产学研协同创新的各种政策文件信息大约在 2000 条以上；另一方面，其技术成果输出快速增加，合作创新成果大量涌现，我国创新能力迅速提升，技术市场快速发展，技术合同交易额逐年上升。科技部数据显示，我国技术合同成交额从 2014 年的 8577 亿元上升至 2018 年的 1.78 万亿元。

高校和企业共同担负着决定行业国际水平的重大使命。高校有义务承担起协助企业打破技术壁垒、促进行业发展的责任，企业也有责任分享自身资源，协助高校进行人才培养。高校和企业打造创新联盟是实现共同发展的捷径，双方共同营造创新生态，使产业群与学科群形成良性互动，以市场导向推动科技成果转化，推动学科理论实现重大突破。

　　企业在培养材料基因工程领域高素质人才方面已开展了大量工作。宁波博威合金材料股份有限公司积极推进企业数字化研发平台建设，构建了仿真计算、大数据分析、高通量实验三大平台，建立了有色合金数据库，实现了"第三范式"与"第四范式"相结合的研发新模式，与上海大学、中南大学等高校开展了超高强、高强高导、高强中导铜合金高通量实验合作，开展了铜合金热力学动力学计算研究，共同建立了具有"材料基因工程"新思想、新理念的高素质人才队伍。在人才培养、数据积累以及项目共建方面，博威合金目前还与中国科学院宁波材料技术与工程研究所、北京科技大学、河南科技大学、中国兵器科学研究院宁波分院、江西理工大学、有研工程技术研究院有限公司、中南大学等单位全面展开合作，共建产教融合的高层次人才培养模式。

　　当前，高校科技产业园和创业园的建设为产教融合的发展提供了广阔的教学实践平台。高校要利用好平台优势，积极推进层次丰富、领域广阔的产教融合项目，为材料基因工程方向的学生提供方便的培训机会和有效的指导。

　　（4）问题与挑战

　　产教融合下的材料工程教育，企业与高校是两个主体，两者都起重要的作用。事实上，我国材料工程教育的产教融合、校企合作，绝大多数属于以学校为主的校企合作模式，其表现是产教融合、校企合作从观念到实践都面临着困难，主要是政府政策支持力度有待加强，法制有待健全，而企业则以效益为导向，双方难以形成长远的产教融合、校企合作机制。

　　① 高校和企业在发展理念上存在差异。在产教融合实践中，首先，学校与企业深度合作最大的障碍在于根本目标不同，高校的根本职能在于人才培养，而在市场经济中，盈利才是企业的重要目标。目标的差异使校企双方在对产教融合的目标定位和实施路径上产生了一定的差异。其次，校企双方的责任和收益划分很难清楚界定，难以平衡人才培养和经济效益，双方共同的最大利益可能是短期的，缺乏长久坚持的动力和基础。最后，校企合作需要长期资金、人力和管理的投入，在这一过程中常常会受到双方人事、政策、制度的制约，长期来看存在不确定性，这在一定程度上降低了校企双方对产教融合的材料工程教育模式上的热情。

　　② 政策、法律有待健全和完善。政府重视材料工程教育产教融合，学校也开展了大规模的试点、试验，但还未能形成一种长期有效的机制。原因在于政府、企业、学校三方面，最主要的是国家未能制定具有实际支撑作用的政策、法律，没有形成有效机制，未能对合作企业的利益制定相关的保护和激励措施。此外，也未能建立完整有效的合作准则和指导手册，没有建立专门的合作协调机构，使合作难以获得企业主管单位、人力资源部门、教育部门的充分支持。

③ 材料工程课程体系陈旧，与企业需求匹配度存在脱节。长期以来，材料工程教育的校内课程与生产实践存在一定距离。然而，纵观全球的工业化进程，从来没有哪个国家会像中国一样，处于这样深刻而又迅速的行业发展和变革中。材料工程教育作为材料类人才培养的重要手段，每年为社会提供了大量的制造业就业力量。然而相当数量的就业者未能从事与其在校所学相适应的岗位，人才匹配出现严重脱节，材料工程教育课程设置的变革已经到了亟待解决的时刻，在"碳中和""智能制造"等需求背景下，企业对人才有了新的需求。材料工程教育课程设置滞后于行业发展前沿。高校在科研上是超前的，但跟行业前沿相比，在课程的设置上又是滞后的。材料工程教育课程设置滞后的重要原因之一在于高校教师实践经验的不足，虽然很多材料工程教育专业课已经有课程设计等实践环节，但仍然无法与材料类行业发展看齐，无法将材料加工行业最新的技术、理念、经验带入课堂。基于产教融合的材料工程教育有望很好地解决当前课程设置的不足和缺憾，可以打破材料产业与课堂的鸿沟，将最新的行业知识和经验运用于课堂中，使课堂跟上行业和时代的发展步伐。

（5）发展思路与重点任务

① 加强政府顶层设计，为产教融合的材料工程教育提供强有力的政策支持。国家要明确立法，着力解决材料工程教育产教融合制度构架短板问题，促进相关主体的主动参与和深度参与。首先，要提高工程教育办学自主权。在高校发展过程中，政府需要给予高等院校一定的办学自主权，充分发挥高校的能动性。高校根据自身优势，探索产教融合模式，培养材料工程领域企业需要的人才。高校应在国家政策许可范围内灵活办学，在教师聘用、专业设置、职称晋升等方面自主管理。学校根据企业人才需求及合作意向，结合区域内产业发展特点和自身优势，科学合理地设置新专业，自主调整现有的专业及专业群，彻底改变以往学校间专业设置同质化的现象。教学管理采取灵活学制，课堂教学全面信息化，打破校与校之间的壁垒，突出自身优势，形成特色化办学态势。其次，要政策引领，提高企业参与教学的积极性。国家应出台相关政策，强制材料类企业参与材料工程教育，并对参加的企业在税收、贷款、员工培训等各方面给予支持。同时，各企业（行业）也应主动负起相应的社会责任。工程教育校企合作共同培养材料工程人才，既是为材料类企业（行业）储备人才，也是促进新材料行业稳定快速发展的保障。在产教融合过程中，校企双方要明确各自责权利，形成政府政策层面的约束功能和问责监督机制。

② 高校要转换办学思路，进一步提高办学自主权。高校要不断提升自身的社会服务能力，通过人才引进、与科研院所合作等方式积极参与到企业科技创新和新技术推广中，使企业在产教融合中获益。同时，高校也要勇于探索，积极创新，结合自身实际开

创新型产教融合模式。在国家政策支持下，要积极深入领会政策精神，通过创建产业学院、设立产业园、创办产教融合型企业等各种方式，在专业建设中融入行业企业的先进技术元素、先进技术标准和优秀的文化元素，在师资力量建设中充分发挥行业企业能工巧匠的作用，不断提升服务社会、反哺企业的能力，从而建设产教融合材料工程教育长效机制。

③ 完善"双师型"材料工程教育师资培养机制，为产教融合提供材料工程人才保障。各高等院校要打破传统材料工程教师人才引进机制，提供优厚的待遇吸引企业能工巧匠参与学校工程教育教学，充实"双师型"教师队伍建设。同时，对于校内优秀专业教师，可以出台政策，支持高校教师到企业进行工程实践，参与企业科技研发，为教师实践技能提升保驾护航。随着国家相关工程教育政策的不断推出，材料工程教育将迎来快速发展的春天，材料工程教育对既掌握专业技术技能又通晓教学理论和实践的复合型人才的需求会越来越大。

④ 企业参与材料工程教育课程规划，课程设置与时俱进。企业在经济活动中具有敏锐的嗅觉，经过市场变革的洗礼，能够成长为行业标杆的企业必然是市场优选的结果。企业在产品开发、生产及应用方面具有丰富的经验，了解市场对人才的需求点。国内的材料工程教育长期着眼于传统专业内容开展教学，相关材料类毕业学生也大多只能从事传统的岗位，对于企业在新时期发展所需的材料基因工程类人才难以满足，因此有必要针对企业的实际需求进行材料基因工程方面课程的设置及教学内容的补充，企业也应当积极参与材料工程专业培养体系的建设。

近些年，高通量、材料基因工程、机器学习、互联网、大数据、数字化、智能制造等新概念逐步融入材料行业，已不再是新兴行业的专属名词。《中国制造2025》里明确提出提高制造业创新能力、推进两化融合、主攻智能制造。这一主题在"十四五"期间上升为国家战略：《中华人民共和国国民经济和社会发展第十四个五年规划和2035年远景目标纲要》中第五篇论述了"以数字化转型整体驱动生产方式、生活方式和治理方式变革"。随后几年中，国务院或相关部委陆续出台支持政策，总计不下20项，平均每年不少于3项，其中2015—2017年和2020年是两个小高潮。这充分体现了政策层面对制造业举足轻重地位的确认，对基于材料基因工程在新材料研发的认可，以及国家对数字化转型的迫切要求。材料基因工程、大数据分析、仿真技术等数字化技术以往仅在互联网以及一些先进制造行业得到应用，大量传统行业未能享受到相关技术带来的红利。如今，随着产业升级的迫切需求，这些新概念、新技术在传统行业企业的研发、制造、应用等各方面参与度日益提高，是传统行业进行数字化转型不可或缺的技术支撑。在当下以及可预见的未来，"数字化"材料工程技术人才的需求缺口会日益增大。

材料工程教育除了着眼于传统的材料科学与工程专业及课程设置，也应当将目光放得更加长远，紧跟时代需求，加快数字化转型过程中需要的材料基因工程专门人才的培养。数字化技术对人才的需求是多样性的，与不同的行业相结合会对人才有个性化需求，而材料工程教育相对于普通高等教育具有贴近生产活动的先天优势，数字化、智能化等新技术不应当只是高等教育的单独专业，理应在材料工程教育中设置相关内容，为材料类生产企业的转型提供相关材料基因工程人才储备。具体而言，目前应用较为广泛的仿真技术在汽车、飞机、船舶等行业已经融入产品研发、生产及维护全生命周期的活动中。以往，由于国内产业水平相对落后、仿真技术准入门槛较高等原因，在传统行业中，除了部分行业龙头，难以看到其身影。如今，随着产业升级，相关行业达到相当水平，迫切需要引入材料基因工程提升研发制造水平，从以往的国际先进水平的追随者转变为行业的领跑者。材料基因工程在航空航天等先进制造行业中大放异彩，相关技术水平已经较为成熟，准入门槛相较以往大幅降低，以往在高等教育中单独开展的相关技术课程，应当在材料工程教育中有所开展。

此外，近年来大数据及人工智能等技术发展迅猛，智能制造等相关政策、社会环境在课程设置时也应被考虑到，科学计算分析、数学建模、计算机原理、软件工程、数据分析等课程可根据专业培养方案适时加入材料工程教育的课程中。在培养过程中，通过设置编程实验课程提高学生的实际动手能力，实现材料基因工程人才的培养。

⑤ 校企协同加快推进材料基因工程发展，培养高素质人才，突破高端材料"卡脖子"难题。材料是经济、社会发展的重要物质基础和技术先导，与信息、能源并称为现代文明的三大支柱。新材料发展水平衡量着一个国家的科学技术水平，对高端装备制造、新一代信息技术、新能源、生物技术等产业发展起着至关重要的支撑作用。但新材料从研发到产业化的周期十分漫长，如何加快新材料创新是各国面临的共同难题。以材料基因工程为代表的新材料数字化研发技术，从理念到应用已经历了十余年的时间，是集基础研究、共性技术、工业放大技术和产品集成技术为一体的综合性技术，贯穿发现、开发、生产、应用全生命周期过程，是加速新材料研发和产业化的有效手段。随着新一轮科技革命和产业变革加速，新材料产业与人工智能、大数据、物联网等新一代信息技术的交叉融合越来越紧密，数字化研发正成为新材料创新发展的革命性力量。

"十三五"规划中"材料基因工程关键技术与支撑平台"重点专项以"变革研发范式、提升研发效率、增强技术储备、培养材料人才、助力中国制造"为总体目标。依托北京科技大学、上海大学、中南大学、上海交通大学、中国科学院、国家超级计算天津中心等，成立了北京材料基因工程高精尖创新中心、上海大学材料基因组工程研究院、四川大学材料基因工程研究中心，开展了"高通量计算、高通量制备与表征和专用数据库"三大示范平台构建，研发了多尺度集成化高通量计算方法与计算软件、高通量材料制备技术、高通量表征与服役行为评价技术，以及面向材料基因工程的材料大数据技术等四大关键技术。在材料科技工作者的努力下，我国材料基因工程研究取得了令人瞩目的进展。但目前材料基因工程的人才、技术、设备仍集中在高校及科研院所，企业较少。

随着高新材料技术行业的崛起，同时为了满足市场对于材料越来越严苛的多样化的需求，传统的"试错法"研发已经无法对用户需求做出快速而有效的响应。为了适应新材料行业以及所服务市场的快速变化，以材料基因工程为首的新材料研发范式正在被新材料企业所应用。在"摸着石头过河"的发展初期，已经有部分企业在材料基因工程的运用实施中收获颇丰，但为了行业整体实力的快速发展，需要从学校开始培养相关的材料工程教育方面的人才。目前，材料基因工程已经成为材料科学的前沿领域，是新材料研发的力量源泉，是新一轮科技创新和产业变革的关键领域。材料工程教育的快速发展，需要加强校企联合研究，实施协同攻关，努力实现新的突破；在成果转化上深化合作，让更多研究成果转化为现实生产力；在人才培养上深化合作，培养更多材料类专业复合型人才。

对于材料科学与工程而言，材料相关的信息资源更像是一种无形的资产，蕴含着大量的信息和潜在的规律。如何对如此规模的大数据进行整合、处理、分析及应用并为使用者提供他们所期待的结果，是机器学习在新材料领域的目标。基于材料大数据的机器学习将能够合理且有效地解决一些纯人力方法或手段不擅长或无法解决的问题。机器学习及其相关技术恰好为解决材料大数据相关问题提供了方法和工具。机器学习方法使材料信息处理的速度更快、质量更优，并让人们更多地感受到在大数据时代信息科学及技术的重要和神奇，其作用越来越凸显。可以说，材料大数据问题的挑战促进了机器学习的发展，而机器学习在解决材料大数据相关问题时发挥了重要作用，其科学意义则更为深远。这从侧面显示了机器学习在大数据时代的重要作用。

从企业的角度看，为了快速提高竞争力，就需要跨学科的复合型人才的加入，在产教融合材料基因工程高层次人才培养方面，主要体现在以下两个方向：

① 以材料科学为主，掌握材料科学以及材料加工知识，同时具有基本的大数据分析能力，将大数据分析的思维和手段充分融入新材料研发过程中。在企业实践过程中，高通量计算及实验阶段主导材料的研发，根据材料专业知识首先摸索初步的材料成分及加工工艺范围，通过高效的实验积累数据，并协同团队对实验数据进行大数据建模分析，建立成分-工艺-目标性能机器学习模型，并以此推荐优化的成分及工艺。企业所要提供的是全流程的高通量计算及实验设备的保障，大数据分析的软硬件的保障。

② 以机器学习为主，熟悉材料的专业知识，深耕机器学习建模，建立领域知识嵌入的机器学习新范式。解决数据驱动的机器学习应用于材料领域面临的三大矛盾：高维度与小样本数据的矛盾、模型准确性与易用性的矛盾、模型学习结果与领域专家知识的矛盾。

2021 年《中华人民共和国国民经济和社会发展第十四个五年规划和2035 年远景目标纲要》中指出实施产业基础再造工程，加快补齐基础零部件及元器件、基础软件、基础材料、基础工艺和产业技术基础等瓶颈短板。依托行业龙头企业，加大重要产品和关键核心技术攻关力度，加快工程化产业化突破。为了使材料基因工程方法在企业落地实施，推动钢铁、有色、建材等原材料产业研发模式的变革，促进我国新材料、高端材料的研发，突破国外高端材料的技术封锁，企业需引入"材料基因工程"的新思想、新技术变革研发模式，与高校协同建设具有材料研发新思想和新理念的高素质人才队伍，实现研发模式的变革。首先要建立行业创新平台，横向整合纵向集成，以市场需求为导向，以生产技术难点为突破口，使高校的高通量计算、实验等理论研究与企业的需求紧密结合；其次，企业要构建高通量计算、高通量实验平台，变革传统试错法研发模式，将"理性设计 - 高效实验 - 大数据技术"深度融合、协同创新的新型材料研发模式引入企业新产品、新工艺的研发中，使"材料基因工程"研究成果更好地在生产中落地，显著提高新材料的研发效率，促进新材料的应用；最后，要校企联合开展材料工程高素质人才队伍的建设，以校企合作项目等形式开展新产品、新工艺研究，实施高校的理论研究与企业生产实践相结合的材料工程人才培养模式。

参考文献

[1] 汪洪, 项晓东, 张澜庭. 数据＋人工智能是材料基因工程的核心 [J]. 科技导报, 2018, 36(14): 15-21.

[2] National Science and Technology Council. Materials genome initiative for global competitiveness[R/OL].[2018-03-31]. https://www.mgi.gov/sites/default/files/documents/materials_genome_initiative-final.pdf.

[3] National Science and Technology Council. MGI strategic plan[R/OL]. [2018-03-31].https://www.mgi.gov/sites/default/files/documents/mgi_strategic_plan_-_dec_2014.pdf.

[4] 刘梓葵. 关于材料基因组的基本观点及展望 [J]. 科学通报, 2013, 58(35): 3618-3622.

[5] Green E D, Watson J D, Collins F S. Human Genome Project: Twenty-five years of big biology[J]. Nature, 2015, 526(7571): 29-31.

[6] Xiang X, Sun X, Briceno G, et al. A combinatorial approach to materials discovery[J]. Science, 1995, 268(5218): 1738-1740.

[7] Xing H, Zhao B B, Wang Y J, et al. Rapid construction of Fe-Co-Ni composition-phase map by combinatorial materials chip approach[J]. ACS Combinatorial Science, 2018, 20: 127-131.

[8] Buitrago S A, Regalado E L, Pereira T, et al. Nanomole-scale high-throughput chemistry for the synthesis of complex molecules[J]. Science, 2014, 347(6217): 49-53.

[9] Perera D, Tucker J W, Brahmbhatt S, et al. A platform for automated nanomole-scale reaction screening and

micromole-scale synthesis in flow[J]. Science, 2018, 359(6374): 429-434.

[10] Gesmundo N J, Sauvagnat B, Curran P J, et al. Nanoscale synthesis and affinity ranking[J]. Nature, 2018, 557(7704): 228-232.

[11] Ceder G, Persson K. The Stuff of Dreams[J]. Scientific American, 2013, 309(6): 36-40.

[12] Allison J, Li M, Wolverton C, et al. Virtual aluminum castings: An industrial application of ICME[J]. JOM, 2006, 58(11): 28-35.

[13] Olson G B, Kuehmann C J. Materials genomics: From CALPHAD to flight[J]. Scripta Materialia, 2014, 70: 25-30.

[14] Mitchell T. Machine learning and data mining[J]. Communications of the ACM, 1999, 42(11): 30-36.

[15] Raccuglia P, Elbert K C, Adler P D F, et al. Machine-learning-assisted materials discovery using failed experiments[J]. Nature, 2016, 533(7601): 73-76.

[16] Xue D, Balachandran P V, Hogden J, et al. Accelerated search for materials with targeted properties by adaptive design[J]. Nature Communications, 2016, 7: 11241.

[17] Xue D, Balachandran P V, Yuan R, et al. Accelerated search for $BaTiO_3$-based piezoelectrics with vertical morphotropic phase boundary using Bayesian learning[J]. Proceedings of the National Academy of Sciences of theUnited States of America, 2016, 113(47): 13301-13306.

[18] Xue D, Xue D, Yuan R, et al. An informatics approach to transformation temperatures of NiTi-based shape memory alloys[J]. Acta Materialia, 2017, 125: 532-541.

[19] Ren F, Ward L, Williams T, et al. Accelerated discovery of metallic glasses through iteration of machine learning and high-throughput experiments[J]. Science Advances, 2018, 4(4): eaaq1566.

[20] Segler M H S, Preuss M, Waller M P. Planning chemical syntheses with deep neural networks and symbolic AI[J]. Nature, 2018, 555(7698): 604-610.

[21] Mueller T, Kusne A G, Ramprasad R. Machine learning in materials science: Recent progress and emerging applications[J]. Reviews in Computational Chemistry, 2016, 29: 186-273.

[22] Liu Y, Zhao T, Ju W, et al. Materials discovery and design using machine learning[J]. Journal of Materiomics, 2017, 3(3): 159-177.

[23] Hey T, Tansley S, Tolle K. 第四范式：数据密集型科学发现[M].潘教峰，张晓林，译.北京：科学出版社，2012.

[24] Bell G, Hey T, Szalay A. Beyond the data deluge[J]. Science, 2009, 323(5919): 1297-1298.

[25] The Large Synoptic Survey Telescope[Internet]. https://www.lsst.org/lsst.

[26] 郭守敬望远镜（LAMOST, 大天区面积多目标光纤光谱天文望远镜）[EB/OL]. [2013-04-26]. http://www.lamost.org/public/survey.

[27] GenBank[Internet]. https://en.wikipedia.org/wiki/GenBank.

[28] The Materials Data Facility[Internet]. https://www.materialsdatafacility.org.

[29] Pauling File[Internet]. http://paulingfile.com.

[30] https://www.3ds.com/partners/partner-details/200000000040219_GRANTA_DESIGN_LTD

[31] http://mits.nims.go.jp/index_en.html.

[32] 国家材料环境腐蚀平台数据共享服务. http://www.ecorr.org.cn/dhTJDAOHANG/xinxiziyuan/qita/2013-12-04/5343.html.

[33] 国家材料科学数据共享网. http://matsec.ustb.edu.cn/index.jsp.

[34] Michel K, Meredig B. Beyond bulk single crystals: A data format for all materials structure-property-processing relationships[J]. MRS Bulletin, 2016, 41(8): 617-623.

[35] Puchala B, Tarcea G, Marquis E A, et al. The materials commons: A collaboration platform and information repository for the global materials community[J]. JOM, 2016, 68(8): 2035-2044.

[36] Dima A, Bhaskarla S, Becker C, et al. Informatics infrastructure for the materials genome initiative[J]. JOM, 2016, 68(8): 2053-2064.

[37] DeepMind wants to find the next miracle material—experts just don't know how they'll pull it off[EB/OL]. [2017-10-25]. https://qz.com/1110469/if-deepmind-is-going-to-find-the-next-miracle-material-experts-dont-know-how-theyll-pull-it-off.

[38] Citrine Informatics[Internet]. [2018-04-09]. https://citrine.io.

[39] Wilkinson M D, Dumontier M, Aalbersberg I J, et al. The FAIR guiding principles for scientific data management and stewardship[J]. Scientific Data, 2016, 3: 160018.

[40] Building a Materials Data Infrastructure: Opening New Pathways to Discovery and Innovation in Science and Engineering[EB/OL]. 2017. http://www.tms.org/Publications/Studies/Materials_Data_Infrastructure/Materials_Data_Infrastructure.aspx?hkey=d228f86c-e269-49a2-a638-395285b760e4.

[41] 中华人民共和国国家质量监督检验检疫总局, 中国国家标准化管理委员会. 科技资源标识（GB/T 32843—2016）[S], 2016.

[42] CSTM标准委员会. 材料基因工程数据通则（T/CSTM 00120—2019）[S], 2019.

新材料研发智能化关键技术

Key Intelligent Technologies for
Advanced Materials Research and
Development

第8章　发展路径与政策措施建议

新材料是现代各种颠覆性技术的基石。进入21世纪以来，以美国为首的世界主要发达国家加大力度开展新材料的研发和应用，表现出数字化、智能化的趋势。我国新材料产业发展迅速，但仍处于从材料大国向材料强国转型升级的关键时期，应抓住新材料研发智能化发展这一变革性机会，创新研发思维和模式，整合国家实验室、高校、科研院所和企业的相关资源共同搭建基础研发平台、建立数据共享机制和协同网络平台、拓展应用领域、加大人才培养力度；突破新材料研发智能化核心关键技术，统筹建设基础设施体系，扩展材料基础数据库，通过发展人工智能技术深度融合材料高效计算、自主/智能实验、大数据等共性关键技术及装备，建设以"高效计算设计平台、自主/智能实验平台、材料大数据中心、材料协同创新网络"为核心的智能化研发与创新基础设施，强化创新平台和关键技术的深度融合、协同创新，加速新材料的研发和工程化应用。

8.1　发展路径

8.1.1　突破新材料研发智能化的基础理论和关键技术

材料高效计算设计、先进实验和大数据与人工智能技术构成新材料研发智能化的基础技术体系。改变传统试错式材料研发模式，变革为全过程人工智能、数据驱动的快速迭代研发新模式，全面加速材料发现、开发、生产、应用等全过程的进程，要开展材料高效计算、智能计算原理和方法、材料大数据、数字孪生和人工智能基础理论和算法、材料自主/智能实验原理和方法、材料服役行为高效评价和智能预测等研究，构筑新材料研发智能化技术基础理论体系。突破材料跨尺度建模与设计、智能化计算与高通量实验、跨时空尺度材料行为表征、数据驱动的材料制造工艺优化设计等前沿共性技术、软件和装备，突破材料按需设计、理性设计、全过程综合优化和智能制造等颠覆性前沿技术。构建自主可控、可持续发展的材料计算设计软件和数据库技术体系。发展材料大数据和人工智能颠覆性前沿技术，研发材料人工智能核心软件，建立数据驱动的材料研发新型技术体系和发展模式，支撑创新平台建设和关键技术应用，奠定创新发展基础。

（1）探索新材料研发智能化的基础理论和重大科学问题

开展新材料研发智能化重大基础理论研究，推动材料科学与数学、物理学、化学、信息科学和软件工程等多学科的深度交叉融合，研究材料高效计算原理和算法、多层次跨尺度建模理论和方法、材料大数据、数字孪生和人工智能、材料智能计算和自主实验原理、跨时空尺度材料行为表征、数据驱动的材料多目标性能优化、新概念材料高通量制备和表征原理等重大基础理论，突破材料高通量实验、自主/智能实验原理和方法，材料服役行为高效评价和智能预测等一批重大科学问题，构筑新材料研发智能化理论体系。

（2）突破新材料研发智能化关键核心技术

研发材料智能计算与设计、跨尺度建模与设计、智能化高通量实验、跨时空尺度材料行为表征、数据驱动的制造工艺优化设计等前沿共性关键技术，突破材料按需设计、理性设计、全过程综合优化和智能制造等颠覆性前沿技术，形成系列化的材料智能计算设计-自主实验制备与表征-材料大数据与人工智能高度融合的一体化创新技术，突破一批材料人工智能核心技术，在材料自主设计、智能实验、性能评价、寿命预测等领域开发出系列关键技术，初步建立材料人工智能技术框架体系，促进材料研发模式的变革。

（3）建立智能化高端装备和核心软件自主保障体系

研发出一批材料智能计算设计和材料大数据技术和软件、材料高通量/自主/智能制备与表征关键技术与装备，研发具有自主知识产权的材料高效计算设计、跨尺度计算和集成计算设计、数据交互协同和挖掘分析、智能计算-自主实验-数据智能迭代等核心软件，构建自主可控、可持续发展的材料计算软件和材料数据库的生态，使具有自主知识产权的高端材料研发装备和核心软件的国内市场占有率大幅提升；构建具有国际领先水平和中国特色的新材料研发智能化装备和软硬件支撑体系。

8.1.2　构筑新材料研发智能化"基础底座"

数据资源是构建大数据和人工智能驱动的材料新型研发范式的重要基础，是信息化和智能化时代新的生产要素，是国际竞争的关键战略资源和优先发展领域。数据基础设施是用于生成、管理、集成和共享知识的载体，涵盖了从新材料发现和基础研究到工程设计和制造的集成、迭代耦合整个材料开发连续体，它将利用深厚而广泛的知识来加速材料创新向着产品开发、认证和应用转化。构建材料数据资源体系，建设材料数据基础设施是应对当前材料数据资源分散、碎片化严重、支撑材料创新能力不足等问题的有效方法，是实现材料数据有序积累和规模化应用的重要途径。材料创新基础设施应充分利用众多学科工具和知识，包括化学、物理学、材料科学、生物学等学科，同时还需要来自计算机科学、应用数学和统计学的见解，应统筹布局和规划，充分利用已有数据中心等相关资源，注重融合创新，在全国范围内整合资源，形成一个广泛且紧密联系的网络，最大限度地发挥作用。

研发材料数据库技术和软件，建立和完善材料数据开放共享机制和市场化发展机制，建立专题材料数据库，开发建设搜索引擎、分析软件、数据交互平台。通过协同创新网络建设新材料全产业链数据库，促进计算、实验、生产数据的远程存储与共享，以数据流为牵引，在科研机构、企业、用户之间搭建合作平台。建立协同创新的数据中心，探索数据服务模式，发展材料数据安全与协同网络，构筑独立自主的材料数据资源体系和共享机制，形成国家材料数据云战略资源，推动数据驱动的材料研发智能化创新发展。

（1）加强数据标准体系建设

由于材料问题的复杂性和多样性，不同材料研发体系的数据格式存在差异，多种数据技术或一种数据技术有多种标准并存，多个系统之间的信息并未完全打通，数据呈现碎片化、分散化的特点，存在"信息孤岛"，数据的互用性不强。目前，数据库的建立主要依赖收集、处理已有的多源头、分散、关联性较差的数据，存在封闭性、缺乏规范和标准等问题，亟需加强数据标准化建设，优化材料创新环境。提出有效的材料数据转换模式和交流协议，建立统一的研发数据标准格式，提高数据间的融合协调能力，保证数据的规范性和稳定性。研究编制材料数据标准规范框架体系、标准发展路线图、标准编制规划，优先制定和发布共性关键技术类标准，完善数据密级、数据脱敏、数据安全、数据溯源等管理技术标准规范，提出完整、异构的材料数据的有效分类和质量评估算法，形成有效、准确的科学化数据质量评估规范。加强材料基础数据的可接入性和可用性，建立数据标识和可追溯制度以保护数据和源代码，防止共享数据的盗用和滥用，加大力度鼓励基础数据共享和成果转化应用，破除数据分享顾虑。通过完善相应数据法律法规和规章制度，不断强化对基础数据知识产权的保护，优化材料创新环境。建立数据共享安全保障机制，消除潜在的数据风险，提高防范和化解材料研发数据重大风险的能力，促进多方协作以加速材料研发和生产，推动材料产业数字化转型。建立数据内容、数据产品、数据服务的价值评估与交易的规范，结合区块链技术，形成支撑性机制与标准体系。

（2）完善新材料基础数据库

数据和人工智能驱动的新材料研发智能化从根本上改变了新材料的研发模式，推动了材料科技创新的颠覆性发展，因此对材料数据积累、资源整合、高效应用提出了前所未有的迫切需求。随着信息技术的不断发展，材料领域沉淀和积累了大量的数据信息，包括材料基本物理化学性质和服役行为数据、晶体结构和相结构等属性数据、各类衍射谱图和显微组织等图像数据、动态过程演变等的时序数据以及以科技文献形式呈现的文本数据。但目前新材料研发的基础数据生产、管理和赋值机制不健全，采集积累不完整，流通共享不畅通，分散、重复、碎片化严重；缺乏统一、规范的数据标准，缺乏设计、实验和生产应用等基础数据，大量数据沉积在各个单位和科研团队；缺乏统一的材料数据体系架构和材料数据接口协议，使得异构数据资源整合需要针对每一个材料数据库进行访问接口的定制化开发，且难以适应数据库结构的变化更新，严重阻碍了数据资源的聚集与交换。因此，亟需建立新材料基础数据库，实现新材料研发的基础数据的完善和共享，减少数据冗余，统一、规范数据标准，为机器学习提供数据基础，通过自主学习、自主设计和计算挖掘潜在规律，实现数据驱动的新材料研发智能化。

（3）建立分级协同的国家数据中心

建立统一规划设计、协同创新的材料数据资源体系，以及具有权威性、可靠性、公益性，可持续发展的国家级材料数据基础设施体系。通过建设逻辑统一和物理分散的分布式材料数据资源节点，整合碎片化材料数据资源、破除专业或地域壁垒，形成规模化的材料数据资源优势。建设国家材料数据中心，构筑"1+3+N"的国家材料数据中心总体架构体系，即建设 1 个国家材料数据中心，3 个平台级枢纽，N 个关键领域数据资源节点。建设支撑平台级枢纽和资源节点数据资源整合、服务资源接入、数据流通调度的云基础设施；建设材料数据采集、存储、流通和应用等全链条技术标准体系，构建数据知识产权保护、共享激励、流通管理和服务保障等机制。通过云技术、区块链等，构建材料数据统一共享服务门户和网络交换体系，面向各类平台级枢纽和数据资源节点，形成数据统一发现和溯源能力；构建数据目录统一、应用服务统一、用户责权明确的服务模式，支撑数据的集中管理、精准检索、便捷交互、高效共享、开放服务，形成跨节点数据集成与多层次应用服务的能力。面向金属、无机非金属、有机高分子等材料体系，围绕前沿材料和高端关键材料、基础材料和新兴战略材料产品，形成专题材料数据资源节点，建设多元化采集、标准化存储、高质量汇聚的数据基础设施，涵盖材料设计研发 - 生产制造 - 应用服役全链条的计算数据、实验数据、工程应用数据和服役评价数据，在高端关键材料和材料产品的研发上获得突破，形成数据驱动的材料创新发展的范式，推动新材料研发模式的数字化和智能化变革。

（4）建立共建共享的数据服务机制

建立完善的数据管理制度，提高数据的质量和规范性；通过分级开放、共建共享机制和区块链技术，保护材料数据的知识产权，激励科技人员、科研单位和企业汇交和共享数据的积极性；充分利用材料领域科研单位、重点实验室、制造业创新平台、新材料测试评价平台等资源积累数据，保障数据资源的稳定发展；创新材料数据积累、共享和商业化机制。

8.1.3　打造协同高效的研发智能化平台体系

近年来，人工智能的应用逐渐成为各个领域的研究热点。通过引入人工智能技术，例如机器学习、深度学习等算法来分析海量的实验结果，预测新材料的特性，指导设计新材料，已取得了重要进展。人工智能已越来越多地应用在材料研发领域，以期发现采用传统方法无法发现的现象和规律。机器学习、深度学习等算法在数据分析、新材料特性预测等方面的应用已取得了重要进展。人工智能技术能够显著加速研究和发现规律，能显著提高数据利用率，将推动材料研发智能化加速发展。

大力发展材料人工智能技术，结合互联网和云计算等先进技术，研发材料高效计算、自主实验和材料数据融合的一体化技术。开发能够创建和捕获材料知识的机器学习系统，构建人工智能系统模型，以紧凑的形式封装大量有关材料科学的信息，建立能够将微观尺度现象与宏观性质自动关联的体系。发展适用于材料研发智能化的机器学习、深度学习、神经网络等算法以及数据驱动方法，加速新材料的筛选与设计、产品的开发与应用，并将其应用范围扩展到高效计算、高效实验、材料表征、服役评价等领域，以及研究仪器的自主控制、制造业的过程强化和质量控制系统，实现从材料发现到市场化的全流程服务，提高材料的研发与应用效率。

（1）建设一批以研发智能化理念和技术为核心的研发平台

以建立新材料研发智能化模式为目标，遴选一批已具备该理念和相关技术的科研单位和团队，建设集成了高效计算与设计、高通量实验、高效制备表征与服役行为评价、材料数据技术等的专业平台，加速新材料研发智能化关键技术的研发和应用。整合利用国家超算和大科学装置等现有资源，建设材料高通量计算设计、多场耦合服役行为跨尺度计算与模拟、工程材料集成计算与仿真等材料高效计算设计技术平台，材料人工智能和大数据技术平台，前沿新材料、特种薄膜材料、高端制造业材料、先进功能材料和新能源材料等典型材料高通量制备表征技术平台，以及超常环境材料服役行为高效评价技术平台。面向基础理论研究、共性关键技术创新与应用的需求，建设新材料研发智能化国家重点实验室；围绕国家高新技术产业，航空航天、能源环保和高端装备，特色资源及其功能材料，以及区域特色新型产业发展的需求，建设前沿新材料、先进结构材料、特色功能材料、新兴产业材料等智能化研发创新中心，推动航空航天、新型能源、前沿材料等领域的创新。

（2）运用新一代信息技术打造互联互通的研发智能化协同创新网络

以通信技术、人工智能为代表的新一代信息技术正开启万物智能互联时代，打造互联互通的智能化协同创新网络，实现资源优化从浅层次走向深层次，形成更加依靠数据、信息、知识等要素的智能研发模式，构建让数据说话、用数据决策、靠数据驱动的新研发体系；实现资源优化的广度从单点走向全局，全面打通研发智能化价值链、业务链和产业链，推动研发资源优化的范围从实验室、团队、高校、科研院所、企业拓展到跨学科、跨区域、跨领域，协同优化全局资源，充分挖掘大数据的内在价值。打造技术先进、功能完善、兼容适配、安全可靠的协同网络环境，开展数据建模分析、海量沉淀知识挖掘、高效设计算法等技术的研发，构建一批高质量、广覆盖、易应用的模型库、算法库、知识库和工具库，推进平台功能的持续迭代和演进升级，支撑研发智能化资源的泛在连接、弹性供给和高效配置。实现研发资源从多数据源向统一数据源演进，研发主体从研发部门向多部门协作、跨企跨域协作、众创众包演进，研发流程从串行向并行演进，研发模式从单向优化向循环创新演进，从而不断提升研发效率、缩短研发周期和降低研发成本。

8.1.4　树立数据赋能的典型应用示范标杆

在目前科技布局基础上，优选有实力的示范性研发机构先行先试，进一步强化专业平台基地建设，硬件和软件、现场实验平台和虚拟实验平台建设紧密衔接，提升材料研发智能化技术的研发和应用水平，分层次建立面向不同材料领域需求的专业研发智能化平台，积极吸纳头部企业参与应用示范。

大力推广和应用新材料研发智能化技术，以应用需求为导向，促进研发智能化关键技术和方法在材料研发周期内全链条的深度交叉融合，产学研用的高效协同创新。加强材料数据与工业互联网的深度融合，支持企业建立基于材料数据的数字孪生技术，建立与第三方科学计算软件和工业应用软件的无缝衔接，形成对全产业链数字化研发与智能制造的技术支持，构建可持续发展的商业模式与生态。在国家重大战略需求方面，实施推动一批集挑战性、创新性、开创性为一体的重点项目，选取基础较好、需求迫切的企业先行先试，提升新材料研发智能化水平、应用水平和效率，增强高端关键材料的自主保障能力，提升自主创新能力，通过示范带动效应逐步拓展应用领域。

（1）选择一批战略性先进材料开展研发智能化示范

选择一批"卡脖子"的高技术新材料和战略新兴产业先进材料，利用新材料研发智能化的新理念和新技术开展研究，探索深度交叉融合、高效协同创新研究的机制体制，重点开展高技术新材料、战略新兴产业先进材料的应用示范研究，以及新材料和新效应的探索发现，攻克一批"卡脖子"的关键材料的技术瓶颈，发现一批具有国际引领和工程应用前景的新材料，为解决高端制造业关键材料受制于人的问题，实现关键材料的自主保障做出贡献。围绕国家重大战略发展需求，在高性能纤维及其复合材料、高温合金、特种合金、新型显示、第三代半导体、稀土新材料、生物医用材料和高效催化材料等领域开展应用示范研究；探索新材料和新效应，在拓扑材料、二维量子材料、多铁性材料、高性能超材料等前沿新材料领域取得重要突破，引领世界前沿新材料的发展。

（2）在核心关键材料领域依托国有大型企业开展一批工业化示范应用

从新能源、集成电路和信息等新兴产业和钢铁、有色、建材、化工、轻工、纺织等基础材料行业中，选择一批行业龙头国有大型企业，集中优势资源开展新材料研发智能化攻关和工业化示范应用，充分发挥企业创新主体和产业龙头优势，形成一批原创性、引领性关键技术，不断强化原创技术供给，带动产业链上下游加速创新要素聚集，加大科研投入，加快构建龙头企业牵头、高校院所支撑、各创新主体相互协同的创新联合体，完善产业链上下游、大中小企业协同创新合作机制，推进产学研深度融合，着力优化创新生态，以示范应用带动和促进原创成果转化。

8.2　政策措施建议

（1）完善新材料研发智能化创新生态

加强政府主导的顶层设计，实施部门、地方一体化规划和全链条安排。完善新材料研发智能化体系化布局，强化政府政策主导，按照"整体部署、分步实施、分层落实"的原则，充分发挥部门、地方各自的作用，完善促进新材料智能研发技术和应用发展的政策法规，鼓励各类资本投资相关产业，建立创新发展模式，形成部门地方联动、多层次协作共享、多平台融合创新的产业生态环境。

充分利用新媒体、培训、科普等方式加大宣传，增强人们意识和理念的转变。通过各种渠道展示技术水平、软件工具、实验能力和计算资源等要素，为创新项目提供信息，推动创新链、产业链上下游的资源整合，推动人工智能研发人员在互动和协作集成方面的深层次合作。开展定期和非定期的学术交流、成果推介，搭建信息交流共享平台，在学术界和工业界之间建立更深入的交流合作的协同关系，让材料研究人员的想法、设计和企业的实际需求紧密融合，加强利益相关方的整合。

加大智能研发成果转化推广力度，展示以需求为牵引的应用实例。鼓励应用企业以需求为牵引，整合内外资源，完善创新体系，优化市场布局，提升研发智能化关键能力。拓宽应用场景的广度和深度，加速推动产业应用能力的成熟，以标杆企业、样板工程为抓手，大规模复制、推广成功经验，推动材料智能研发向系统化、多样化发展。

（2）建立稳定的政策和资金支持机制

政策保障方面，将"国家材料基因工程计划"作为面向2035国家材料科技创新的指导性文件，由国务院启动实施，保障政策连续性，确保材料基因工程的可持续发展，加速材料研发智能化理念的变革，促进材料科技创新和产业高质量发展。加强顶层设计，配合计划出台路线图，挂图推进；制定材料研发智能化的产业发展的扶持政策，出台技术创新成果转化、知识产权保护、人才激励等措施，实施税费优惠政策，积极引导高校、科研院所和企业加大研发智能化的力度。

资金保障方面，落实中央财政资金，保障基础理论研究、共性关键技术研发和国家材料数据中心建设；发挥政府资金引导激励作用，推动地方和企业投入，共同建设技术创新平台和融合创新中心；引导企业投入，突出企业技术创新的主导地位，开展产业化应用示范和材料产业产品数据平台建设；营造良好的商业环境，激励金融机构和各类基金对计算软件、数据库、关键科研装置的投入，推动新材料研发智能化的产业化发展。

构建多层次融资担保与再担保体系，中央财政可通过建立智能化研发融资担保平台等形式，支持开展新材料研发智能化的企业在传统金融机构融资，对为企业提供融资担保的机构给予财政支持，提高融资担保机构的风险承受能力，构建多层次、多主体参与的融资担保与再担保体系。

落实渠道方面，充分发挥新型举国体制优势，利用现有国家科技创新体系布局，形成"整体谋划，梯次布局"的态势，在国家自然科学基金中设立专项，支持基础理论研究；在国家各类科研计划中设立专项，或在新材料研发中强调应用智能化技术；在国家实验室、全国重点实验室和技术创新等平台上部署研发智能化的内容。采取"创新券"补贴制度，为重点企业开展材料智能化性能检测、质量评估、模拟验证、数据分析、表征评价和检测认证提供支持，减轻企业负担。

（3）探索形成全方位有效的税收政策

探索建立支持企业数字化和智能化发展的税收激励政策。数据作为关键生产要素是企业数字化和智能化研发的重要特征，充分考虑数据要素的特殊性制定税收政策，依据企业产生和应用数据的成本、收益，在应纳税所得额中增加数据要素的抵扣项，扩大享受减免应纳税所得额、费用抵扣、税率优惠等税收优惠政策。加大对研发数字化和智能化基础设施建设的支持力度，作为公共基础设施项目纳入企业所得税优惠目录中。进一步完善针对传统产业研发数字化和智能化改造的税收政策，充分发挥产业融合在新材料研发智能化中的重要作用。

（4）探索形成全面协同的产业环境

探索建立研发智能化激励机制，分类实施各类奖励措施，加大科研成果应用的绩效奖励力度。建立知识产权保护和基础研究激励机制，确保从事数据库建设和软件开发等基础性工作的研发队伍的稳定，综合运用期权、技术入股和股权奖励等激励方式；利用"揭榜挂帅"和"定向发布"等机制遴选创新能力强、研究基础雄厚、掌握核心技术的单位承担关键核心研究任务；充分调动部门及地方的积极性，保障材料研发智能创新平台、融合创新中心和国家材料数据中心的良性发展，探索有机融合、协同创新等新机制，形成协同创新网络，提升原始创新能力和水平。

成立由头部企业主导的新材料研发智能化专项基金，解决研发成果"死亡之谷"问题。由中央财政基金作为母基金，引导行业头部企业成立新材料研发智能化专项基金，用于技术研发、成果转化和应用示范，推动解决重点领域和薄弱环节的资金、市场、技术等瓶颈问题，最大限度地提高资源配置效率。发挥基金的引导和撬动作用，针对企业、高校和研究院所在新材料研发智能化的重大项目、重大技术应用等方面，建立灵活的领投和跟投机制，实行股权投资、贷款贴息等多种投入方式，扶持技术工程化、规模化、产品化验证，提高科技成果到产品的转化效率。

加快推动国家标准的制定，围绕新材料智能化细分领域，制定明确的国家标准建设路径，加快出台相应国家标准，规范行业发展秩序，引导新材料研发智能化迈入绿色、健康、可持续发展轨道。在国家有关标准的领航行动中，明确新材料研发智能化方向为重点支持方向，确保相关领域标准建立比例不低于30%。建议推动新材料研发智能化产业的标准化试点示范，提高新材料产业现有技术标准水平。

建立材料研发智能化联盟，联盟坚持服务材料研发智能化发展方向，最终目标是实现新材料研发智能化发展和应用。由国家遴选该联盟的参与单位，包括科研机构、生产企业和最终用户。联盟单位内部签署知识产权协议，保障各方权益。

加强重大发明专利、商标等知识产权的申请、注册和保护，鼓励国内企业申请国外专利。健全知识产权保护相关法律法规，制定适合新材料研发智能化发展的知识产权政策。建立公共专利信息查询和服务平台，为新材料研发智能化发展提供知识产权信息服务。针对我国企业在对外贸易投资中遇到的知识产权问题，尽快建立健全预警应急机制、海外维权和争端解决机制。大力推进知识产权的运用，完善知识产权转移交易体系，规范知识产权资产评估，推进知识产权投融资机制建设。采取有力措施，在新材料智能化等重点领域，对国家认定的新技术成果制定保护政策，对侵犯知识产权的行为进行严厉打击，保护新材料产业相关企业的科研成果。

（5）改革一体化人才培养模式

推进材料科学与工程教育体系的变革，加快形成材料科学理论、计算材料学、材料信息学等有机融合的材料学科新体系和人才培养新模式。变革材料科学与工程本科教育，设计研发智能化课程体系，强化与人工智能、数据技术等课程的交叉融合。研究生培养增设研发智能化方向，培养和造就一批具有材料研发智能化新思想、新理念，掌握新方法和关键技术的创新人才，奠定人才基础和优势。

积极培育和引进新材料研发智能化领军人才。打通不同学科之间的通道，大力培养复合型材料创新人才。构建国际化的材料创新平台，通过加强国际交流与合作，吸引国际一流的科学家来进行合作研究和学术交流。与国际先进的实验室开展合作，建立联合实验室或研究中心，培养新材料研发智能化领域的创新型领军人才，形成多学科交叉融合的协同创新队伍。

改革人才绩效评价模式，稳定研发队伍。深化科技人才评价机制的改革，要以解决基础理论、重大科学问题、关键核心技术等方面的能力为标准，强调长期考核和稳定资助，破除"唯论文、唯职称、唯学历、唯奖项"的评价制度，建立健全以创新能力、质量、贡献、绩效为导向的评价体系，营造让科技人才潜心研究、追求卓越、风清气正的科研生态环境。建立分类评价体系：从事基础研究的人才，着重评价其提出和解决重大科学问题的原创能力、成果的科学价值、学术水平和影响等；从事应用研究和技术开发的人才，着重评价其技术创新与集成能力、取得的自主知识产权和重大技术突破、成果转化、对产业发展的实际贡献等；从事社会公益研究、科技管理服务和实验工作的人才，重在评价考核工作绩效，引导其提高服务水平和技术支持能力。

加大对科技管理人员的专题培训，将研发智能化理念融入科技管理工作中。充分发挥中国科协、国家和地方专业学会和协会等社会力量，大力开展新材料研发智能化的专题培训和科普宣传，建立具有新思想、新理念、变革性发展思维模式的新材料研发智能化应用型工程技术人才队伍和管理人才队伍，推动材料产业发展文化和理念的转变，促进智能化研发新技术的应用。

（6）加强军民融合发展

完善与军民深度融合相适应的新材料研发智能化发展管理机制和协同创新机制，实现有序竞争、协同发展。建立成熟度评价机制和第三方评价机制，从制度上约束不具备技术优势的材料研发智能化应用方向。建立协同机制，促进形成跨越军民口的具有实质意义的产业与智能化技术共同体，如组建"基础原材料 - 材料智能化制品 - 型号应用"联合团队，形成完整的产业链；组建"前沿探索与基础研究 - 材料智能化研制与应用研究 - 产业化与工程应用"联合团队，形成完整的研发技术链。

充分发挥装备管理部门的职能作用，组织国内材料研发智能化单位与装备应用考核单位组成国家队，汇聚军地双方优势，充分发挥各方积极性，加强协同，形成合力，确保军用材料重点工程研发取得实效，获得重大成果。

由政府有关部门牵头协调军用新材料在民用重点领域的研发智能化与产业化开发，通过规模需求带动军用材料研发智能化技术的成熟稳定和成本的降低，推动军用材料在整个国民经济中的大批量应用，形成良性互动，提高市场竞争力和拓宽应用领域，推动国家新材料技术水平提升和产业结构升级。

建议建设新材料研发智能化发展军民融合发展集聚区，鼓励兴建新材料研发智能化产业军民融合发展产业园。投资额超过2亿元的新材料研发智能化产业项目，优先列入重大建设项目计划，享受"绿色通道"待遇。

（7）深化国际科技合作

主动布局和积极利用国际新材料研发创新资源，努力构建合作共赢的伙伴关系，建立开放创新的国际合作机制，吸引国际高端科研机构和知名科学家参与新材料研发智能化，充分利用全球智力、技术和资金，利用国外已有的先进技术、高端装备和基础设施，广泛开展技术交流、知识共享、信息传递，建设国际合作基地和创新平台，推动新材料研发智能化基础理论、共性关键技术的研发和应用，确保研究成果的高质量、高水平和国际引领。